职业教育"岗课赛证"融通系列教材

建筑工程识图与绘图技能实训

吴承霞 韩 超 赵 霞 主 编
广州中望龙腾软件股份有限公司 组织编写

中国建筑工业出版社

图书在版编目（CIP）数据

建筑工程识图与绘图技能实训/吴承霞，韩超，赵霞主编；广州中望龙腾软件股份有限公司组织编写. —北京：中国建筑工业出版社，2022.9（2023.3重印）

职业教育"岗课赛证"融通系列教材

ISBN 978-7-112-27410-9

Ⅰ.①建… Ⅱ.①吴… ②韩… ③赵… ④广… Ⅲ.①建筑制图-识图-高等职业教育-教材 Ⅳ.①TU204.21

中国版本图书馆 CIP 数据核字（2022）第 084728 号

责任编辑：司　汉
责任校对：党　蕾

为了便于本课程教学，作者自制免费课件资源，索取方式为：1. 邮箱：jckj@cabp.com.cn；2. 电话：（010）58337285；3. 建工书院：http://edu.cabplink.com；4. QQ 交流群：768255992。

教学服务群

职业教育"岗课赛证"融通系列教材

建筑工程识图与绘图技能实训

吴承霞 韩　超 赵　霞 主　编

广州中望龙腾软件股份有限公司　组织编写

*

中国建筑工业出版社出版、发行(北京海淀三里河路 9 号)

各地新华书店、建筑书店经销

北京鸿文瀚海文化传媒有限公司制版

北京同文印刷有限责任公司印刷

*

开本：787 毫米×1092 毫米　1/16　印张：20¼　字数：505 千字

2022 年 9 月第一版　2023 年 3 月第二次印刷

定价：**49.00** 元（赠教师课件）

ISBN 978-7-112-27410-9

（39606）

前　言

"建筑工程识图与绘图技能"作为土建类专业学生应具备的基本技能，已被写入 2019 年教育部新颁布的《高等职业学校专业教学标准》土建类专业的基本能力目标中，同时"建筑工程识图"也是教育部 1＋X 职业技能证书的试点科目。"掌握投影、建筑识图与绘图、建筑构造、建筑结构的基本理论与知识，能熟练识读土建专业施工图，准确领会图纸的技术信息，能绘制土建工程竣工图和施工洽商图纸，进行 CAD 操作实训"等已成为土建类专业学生具备的基本能力。全国职业院校技能大赛高职组"建筑工程识图"赛项，对学生的识图及绘图能力提出了更高的要求。"建筑工程识图"大赛及"1＋X"证书中对于"建筑工程识图"是要求：掌握建筑工程制图与识图、建筑构造、建筑结构、结构平法识图、建筑 CAD 等综合技能。本教材即是基于以上考虑，在上述课程学习之后，为提高学生综合识图能力而编写的。本教材按照《混凝土结构施工图平面整体表示方法制图规则和构造详图》22G101 标准图集和《混凝土结构通用规范》GB 55008—2021 等最新标准和规范编写。

国务院印发的《国家职业教育改革实施方案》明确倡导建设校企"双元"合作开发的国家规划教材，倡导使用新型活页式、工作手册式教材并配套开发信息化资源，推进虚拟工厂等网络学习空间建设和普遍应用。正是基于以上的思想和目标，多所学校教师和企业人员共同编写了这本《建筑工程识图与绘图技能实训》，编写人员是一线"双师型"教师和企业人员，有多年辅导识图大赛的经验和丰富的工程实践历练，所用的建筑工程施工图是一套真实工程图纸，以此为案例，在中望 CAD 平台的基础上，以工作手册的形式呈现给读者。本教材不仅强调知识的系统性，并且用思维导图将知识点串联起来，用视频、音频等学生喜闻乐见的形式讲解图纸，内容丰富，直观易学。将建筑行业装配式、BIM 等新发展趋势融入教材，使教材内容和建设行业保持较高的"技术跟随度"。同时配套三维信息化资源和微课课堂，使教材的呈现形式多样。同时将题目进行难度分级：＊表示较易，＊＊表示有难度，＊＊＊表示最难。

本教材由吴承霞、韩超、赵霞担任主编，白丽红、杨飞、宋乔、王苗、彭小丽担任副主编。编写分工如下：白丽红、李奎（河南建筑职业技术学院）、袁晓芳（河南工大设计研究院）编写项目 1、2，杨飞（河南建筑职业技术学院）编写项目 3，韩超（河南建筑职业技术学院）、夏俊杰（广州城建职业学院）编写项目 4、7，吴承霞、李晓琳（广州城建职业学院）编写项目 5，李垚（广州中望龙腾软件股份有限公司）、宋乔（河南建筑职业技术学院）编写项目 6。赵霞（滨州职业学院）、王苗（新疆农业职业技术学院）、彭小丽（江西应用技术职业学院）、刘顺生（云南经贸外事职业学院）、范海峥（福建水利电力职业技术学院）参与编写并制作相关资料和课件。图纸由河南省五建建设集团有限公司丘兴凯高级工程师提供并审核。

我们深知：职业教育的"三教改革"任重道远，而教材建设又是课程建设与教学内容改革的载体，是向学生传授知识的重要手段。希望我们编写的教材能给职业教育的教材改革带来一股新风。

因时间仓促，书中如有错误之处，还望广大师生提出宝贵意见，我们会根据专业规范、大赛规则及图纸变化，随时更新内容。

目　录

第1篇　建筑工程识图

第 2 篇　CAD 绘制施工图

第 1 篇

建筑工程识图

项目1

Chapter 01

建筑识图基本知识

任务 1.1 投影知识的应用

导读

建筑工程施工图是按照投影原理绘制而成的。识读工程图样必须掌握投影相关知识，理解从形体通过投影形成图样的原理说明体与图之间的关系、理解从利用投影原理看到的图样说明形成图样的逻辑关系。

任务目标

1. 掌握投影基本知识；
2. 能识读点、线、面、体的三面投影图；
3. 能识读剖面图、断面图；
4. 能识读正等测图、斜二测图。

任务内容

房屋是立体的，图样是平面的。通过学习投影知识，掌握立体用三面投影图的图示方法，能识读多样化立体的投影图，进而能识读用投影原理图示的房屋施工图。

知识解读

1.1.1 投影基本知识

1. 概念

图 1-1-1 为投影概念框架图。

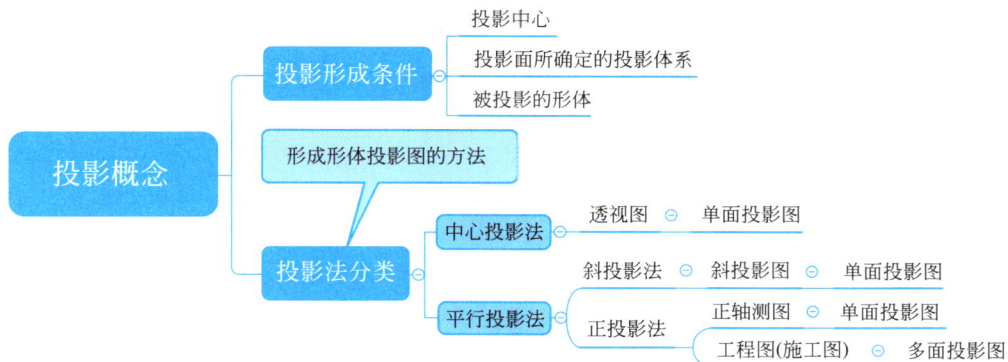

图 1-1-1　投影概念框架图

2. 点、线、面的正投影特性

（1）点的正投影仍然是点。

（2）线、面的正投影特性，见表 1-1-1。

线、面的正投影特性　　　　　　　　表 1-1-1

几何元素	于投影面的相对位置	投影图	特性
线	垂直	点	积聚性
	平行	实长	可量性
	倾斜	线	长度缩短
平面	垂直	线	积聚性
	平行	实形	可量性
	倾斜	平面	类似形状,面积缩小

3. 三面投影图

（1）三面投影图形成

图 1-1-2 为三面投影图形成步骤。

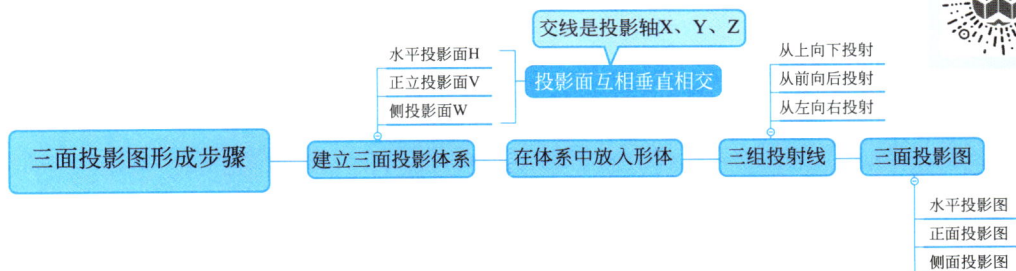

图 1-1-2　三面投影图形成步骤

（2）三面投影图关系及规律

图 1-1-3 为三面投影图的关系及规律。

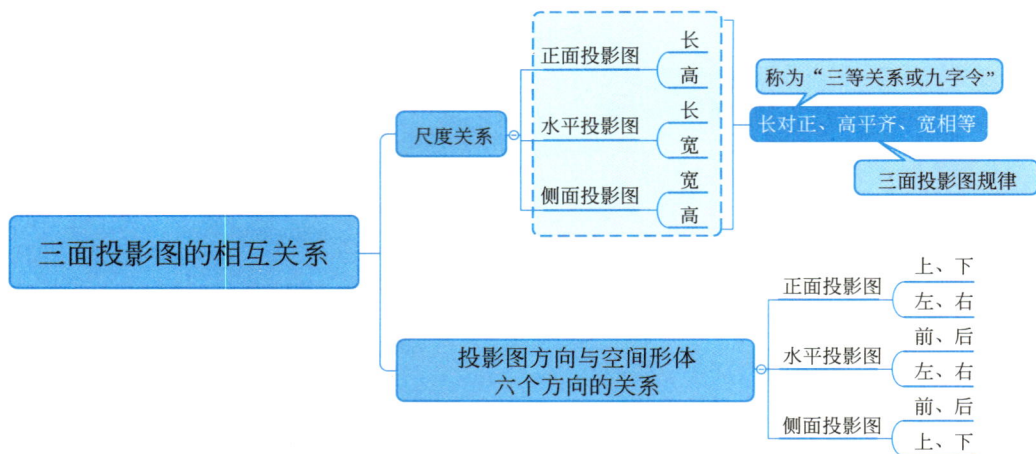

图 1-1-3　三面投影图的关系及规律

（3）利用投影规律作图方法

1）45°线画法。

2）圆弧画法。

（4）多面正投影

1）基本投射方向及视图名称

表 1-1-2 为多面正投影投射方向及视图名称。

多面正投影投射方向及视图名称　　　　　　　　　　　　　表 1-1-2

视图名称	正立面图	平面图	右侧立面图	左侧立面图	底面图	背立面图
投射方向	自前方	自上方	自右方	自左方	自下方	自后方

2）房屋的多面投影图组成

房屋的多面投影图由正立面图、平面图、右侧立面图、左侧立面图、背立面图组成。

以上四部分内容，对后面的学习起着重要的作用，故要求学生必须明白由空间到平面的投影关系。

1.1.2　识读点、线、面、体的三面投影图

1. 点的投影

图 1-1-4 为点的投影要素。

2. 直线的投影

图 1-1-5 为直线的投影要素。

1-1-2
投影面垂直线

1-1-3
投影面平行线

1-1-4
一般位置直线

点的投影
- 投影规律
  - 点的水平投影和正面投影的连线垂直于X轴
  - 点的正面投影和侧面投影的连线垂直于Z轴
  - 点的水平投影到X轴的距离等于侧面投影到Z轴的距离
- 点在投影体系中的位置
  - 位于空间
  - 位于投影面上
  - 位于投影轴上
  - 位于原点上
- 两点相对位置关系
  - 由点的投影图判定两点的空间位置
  - 投影图上反映的六个方位

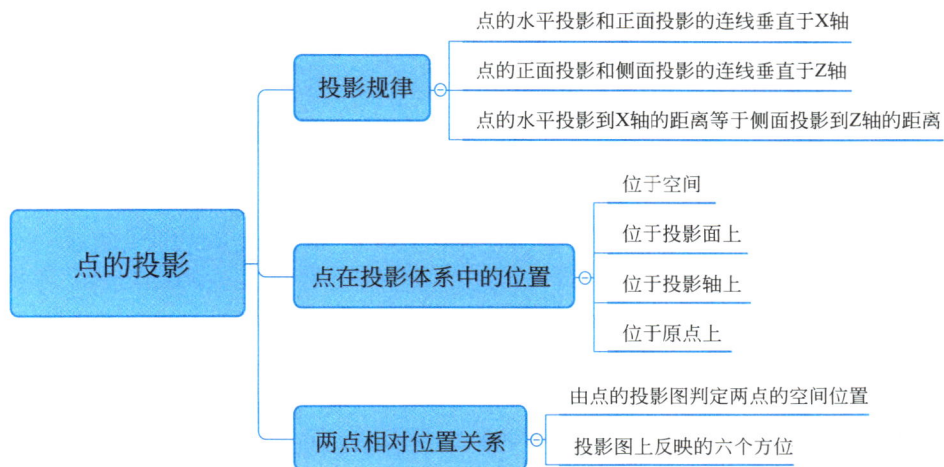

图 1-1-4　点的投影要素

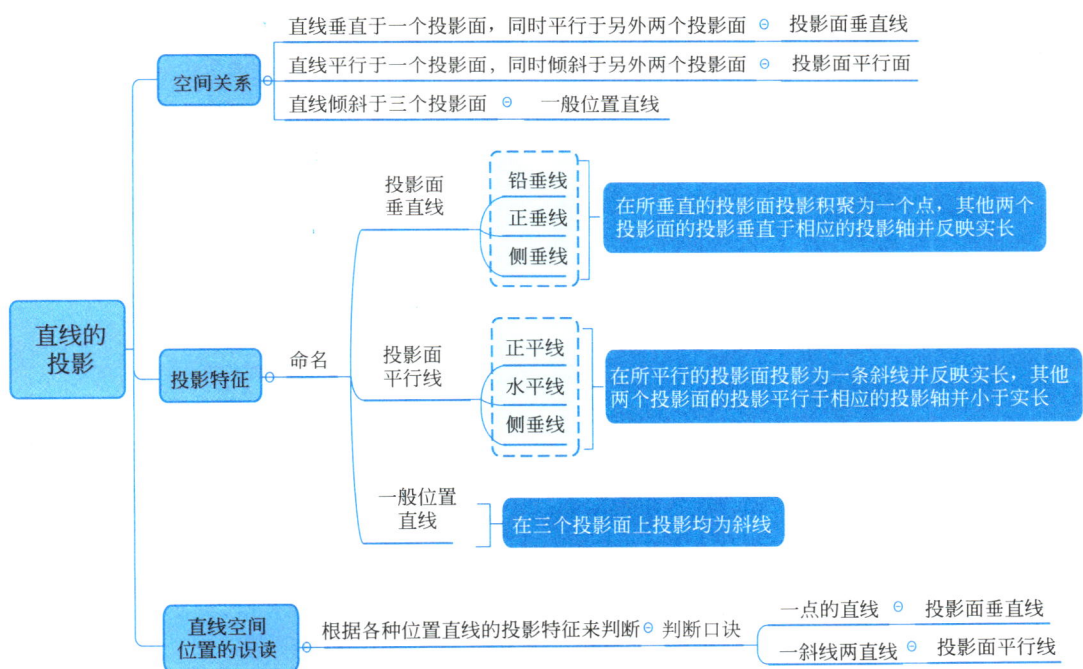

直线的投影
- 空间关系
  - 直线垂直于一个投影面，同时平行于另外两个投影面 ⊖ 投影面垂直线
  - 直线平行于一个投影面，同时倾斜于另外两个投影面 ⊖ 投影面平行面
  - 直线倾斜于三个投影面 ⊖ 一般位置直线
- 投影特征 — 命名
  - 投影面垂直线
    - 铅垂线
    - 正垂线
    - 侧垂线
    - 在所垂直的投影面投影积聚为一个点，其他两个投影面的投影垂直于相应的投影轴并反映实长
  - 投影面平行线
    - 正平线
    - 水平线
    - 侧垂线
    - 在所平行的投影面投影为一条斜线并反映实长，其他两个投影面的投影平行于相应的投影轴并小于实长
  - 一般位置直线
    - 在三个投影面上投影均为斜线
- 直线空间位置的识读
  - 根据各种位置直线的投影特征来判断 ⊖ 判断口诀
    - 一点的直线 ⊖ 投影面垂直线
    - 一斜线两直线 ⊖ 投影面平行线

图 1-1-5　直线的投影要素

3. 平面的投影

图 1-1-6 为平面的投影要素。

1-1-5
投影面垂直面

1-1-6
投影面平行面

1-1-7
一般位置平面投影

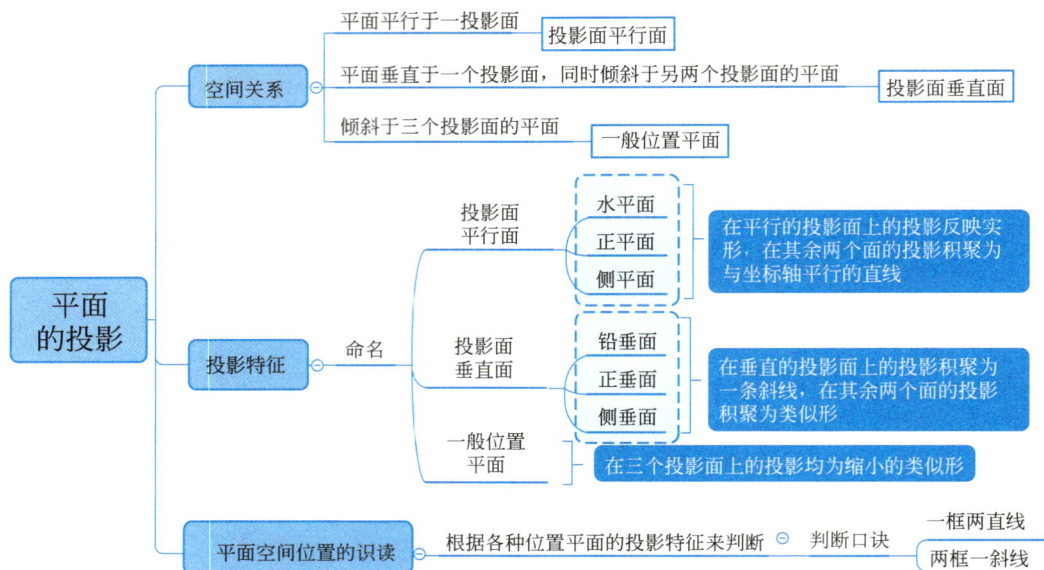

图 1-1-6　平面的投影要素

4. 体的投影

图 1-1-7 为体的投影要素。

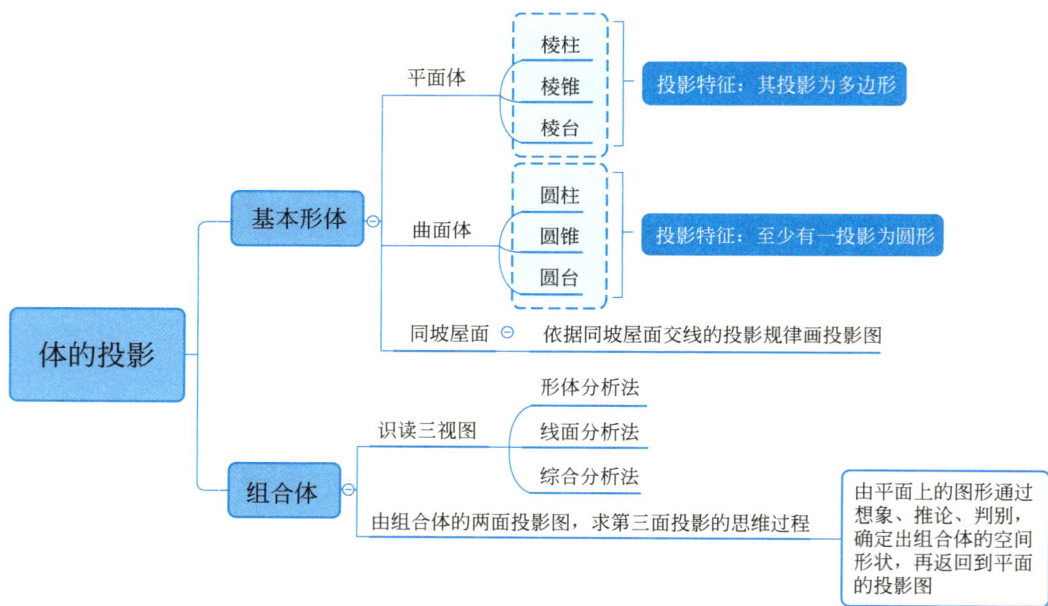

图 1-1-7　体的投影要素

1-1-8
六棱柱的
三面投影图

1-1-9
圆柱的
三面投影图

5. 典型例题及解析

题 1-1-1　*　使用中心投影法得到的投影图称为（　　）。

A. 正轴测图

B. 多面正投影图

C. 透视图

D. 斜轴测图

答案：C

解析：中心投影法绘制透视图。

题 1-1-2　*　（　　）能反映形体的真实形状和大小，在工程制图中得到广泛应用。

A. 透视图

B. 垂直投影图

C. 中心投影图

D. 正投影图

答案：D

解析：正投影图能反映出形体真实形状和大小，故一般工程图样都是按正投影原理绘制的。

题 1-1-3　**　形体的三面投影图中，侧面投影能显示的尺寸是（　　）。

A. 长和宽

B. 长和高

C. 高和宽

D. 长、宽、高

答案：C

解析：形体的三面投影图，分别反映不同的方位和尺度，水平面投影反映物体的长度和宽度、立面投影反映物体的长度和高度、侧面投影反映物体的高度和宽度。

题 1-1-4　**　三个投影图中的每一个投影图表示形体的两个方向长度和一个面的形状，下列有误的一项是（　　）。

A. 立面投影反映形体的长度和高度

B. 水平面投影反映形体的长度和宽度

C. 侧面投影反映形体的高度和宽度

D. 立面投影反映形体的宽度和高度

答案：D

题 1-1-5　*　在正投影图中，当平面垂直投影面时，其投影为（　　）。

A. 反映实形

B. 积聚一直线

C. 小于实形

D. 积聚为点

答案：B

解析：根据正投影特性，平面垂直于投影面具有积聚性，平面积聚为直线。

题 1-1-6　**　三面投影图，是（　　）。

A. 用中心投影法绘制的单面投影图

B. 用平行投影法绘制的单面投影图

C. 用平行投影法中的正投影法绘制的多面投影图

D. 用斜投影法绘制的单面投影图

答案：C

解析：三面投影图属于正投影图中多面投影图，正投影图是平行投影法中正投影法绘制的。

题 1-1-7 ＊ 若直线的三面投影图中，H 面投影为一点，V、W 两投影为平行投影轴直线，则此直线为（　　）。

A. 投影面平行线

B. 投影面垂直线

C. 一般位置直线

D. 铅垂线

答案：D

解析：根据各种位置直线的投影特征，可知其为铅垂线。

题 1-1-8 ＊ 如果一个平面的一个投影为平面图形，而另外两个投影积聚为平行于投影轴的直线，该平面就是（　　）。

A. 投影面平行面

B. 投影面垂直面

C. 一般位置平面

D. 倾斜面

答案：A

解析：根据各种位置平面的投影特征，可知其为投影面平行面。

题 1-1-9 ＊ 平面的 H 面投影为一倾斜于投影轴的直线，V、W 投影为平面的类似形，则此平面为（　　）。

A. 铅垂面

B. 正垂面

C. 侧垂面

D. 水平面

答案：A

解析：根据各种位置平面的投影特征，可知其为铅垂面。

题 1-1-10 ＊ 体表面数最少的形体是（　　）。

A. 三棱柱

B. 三棱锥

C. 圆锥

D. 球

答案：D

解析：球只有一个曲面。

题 1-1-11 ＊＊＊ 形体的左右方位，在六面投影图中方位与空间方位相反的图为（　　）。

A. 正立面图

B. 平面图

C. 背立面图

D. 左侧立面图

答案：C

解析：在六面投影图中，正立面图和背立面图反映左右方位，背立面图的方位和空间方位是相反的。

题 1-1-12 ＊＊ 同坡屋面中檐口线相交的两个坡面相交，其交线为（　　）。

A. 屋脊线或斜脊线

B. 屋脊线或天沟线

C. 斜脊线或天沟线

D. 斜脊线或檐口线

答案：C

解析：当屋面由若干个与水平面倾角相等的平面组成时，称为同坡屋面（只限于檐口高度相同的同坡屋面）。同坡屋面交线有：屋脊线、天沟线、斜脊线、檐口线。

题 1-1-13 ＊ 根据所给形体正立面图和左侧立面图，选择正确的平面图（　　）。

答案：B

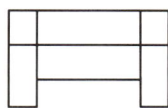
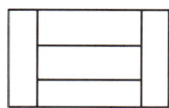
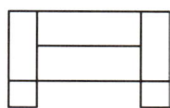

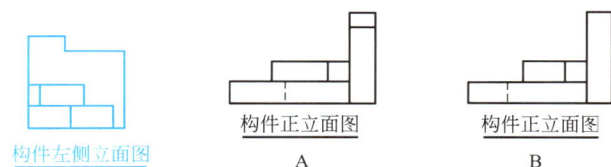

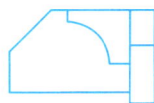
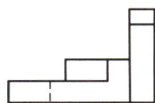
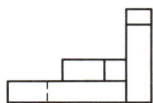

题 1-1-14 ＊＊ 根据所给形体左侧立面图和平面图，选择正确的正立面图（　　）。

答案：D

题 1-1-15 ＊＊ 根据所给正立面图和左侧立面图，选择正确的平面图（　　）。

答案：B

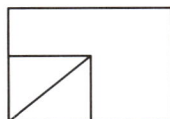
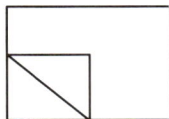

009

题 1-1-16 ＊ 根据所给形体正立面图和左侧立面图，选择正确的平面图（　　）。

答案：C

题1-1-16

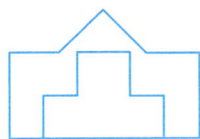
正立面图　　左侧立面图

平面图
A

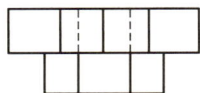
平面图
B

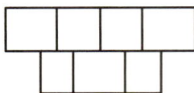
平面图
C

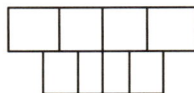
平面图
D

题 1-1-17 ＊＊ 根据所给形体左侧立面图和正立面图，选择正确的平面图（　　）。

答案：A

题1-1-17

正立面图

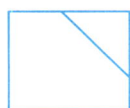
左侧立面图

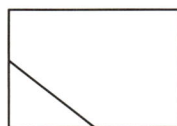
平面图
A

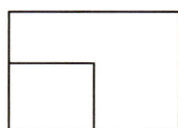
平面图
B

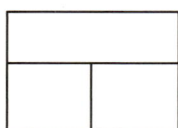
平面图
C

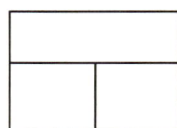
平面图
D

题 1-1-18 ＊ 根据所给形体正立面图和平面图，选择正确的左侧立面图（　　）

答案：D

题1-1-18

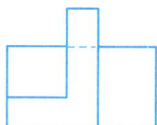
正立面图

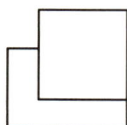
左侧立面图
A

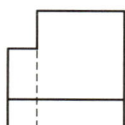
左侧立面图
B

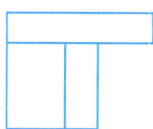
平面图

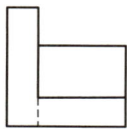
左侧立面图
C

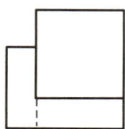
左侧立面图
D

题 1-1-19 ＊＊＊ 根据所给形体的正立面图和平面图，选择正确的左侧立面图（　　）。

答案：C

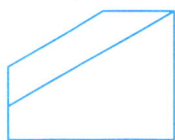
正立面图

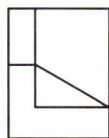
左侧立面图
A

左侧立面图
B

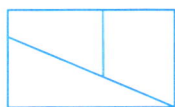
平面图

左侧立面图
C

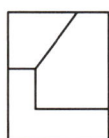
左侧立面图
D

题1-1-19

题 1-1-20 ＊ 根据所给形体正立面图和平面图，选择正确的左侧立面图（　　）。

答案：B

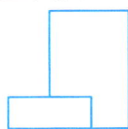
正立面图

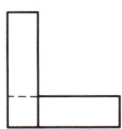
左侧立面图
A

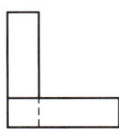
左侧立面图
B

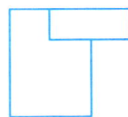
平面图

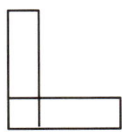
左侧立面图
C

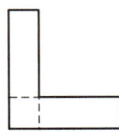
左侧立面图
D

题1-1-20

题 1-1-21 ＊＊ 根据所给形体的正立面图和平面图，选择正确的左侧立面图（　　）。

答案：A

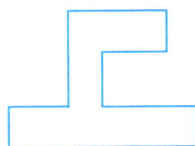
正立面图

左侧立面图
A

左侧立面图
B

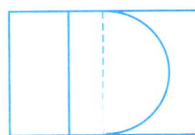
平面图

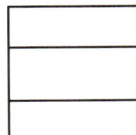
左侧立面图
C

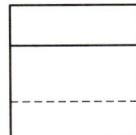
左侧立面图
D

题1-1-21

题 1-1-22 ＊＊＊ 根据所给形体正立面图和左侧立面图，选择正确的平面图（　　）。

答案：D

题1-1-22

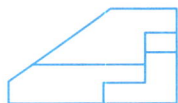
构件正立面图　　　　构件左侧立面图

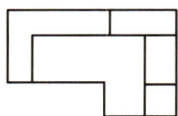
构件平面图
A

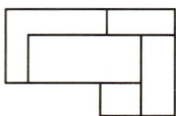
构件平面图
B

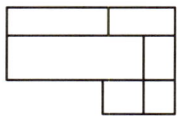
构件平面图
C

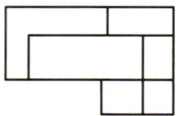
构件平面图
D

题 1-1-23 ＊＊ 根据所给形体的正立面图和左侧立面图，选择正确的平面图（　　）。

答案：A

题1-1-23

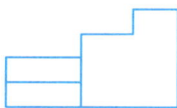
正立面图　　　　左侧立面图

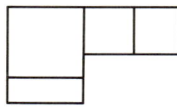
平面图
A

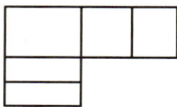
平面图
B

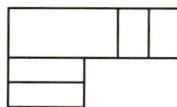
平面图
C

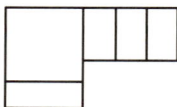
平面图
D

题 1-1-24 ＊＊ 根据所给形体的左侧立面图和平面图，选择正确的正立面图（　　）。

答案：D

题1-1-24

左侧立面图

平面图

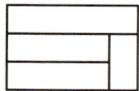
正立面图
A

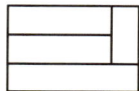
正立面图
B

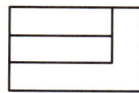
正立面图
C

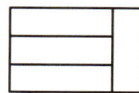
正立面图
D

题 1-1-25　＊＊＊　根据所给形体的正立面图和左侧立面图，选择正确的平面图（　　）。

答案：B

题1-1-25

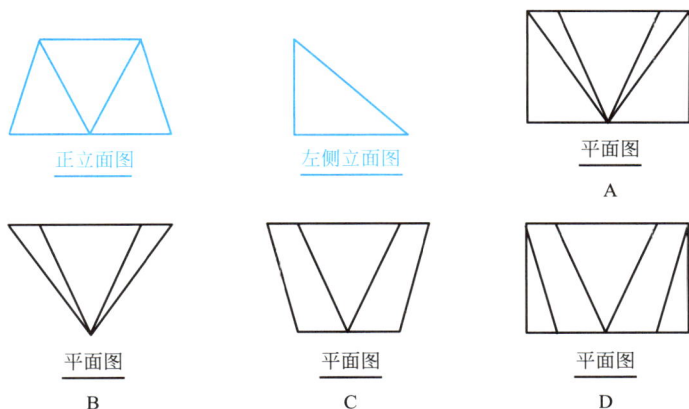

正立面图　　左侧立面图　　平面图
A

平面图　　平面图　　平面图
B　　　　C　　　　D

1.1.3　识读剖面图、断面图

1. 剖面图的要素

图 1-1-8 为剖面图的要素。

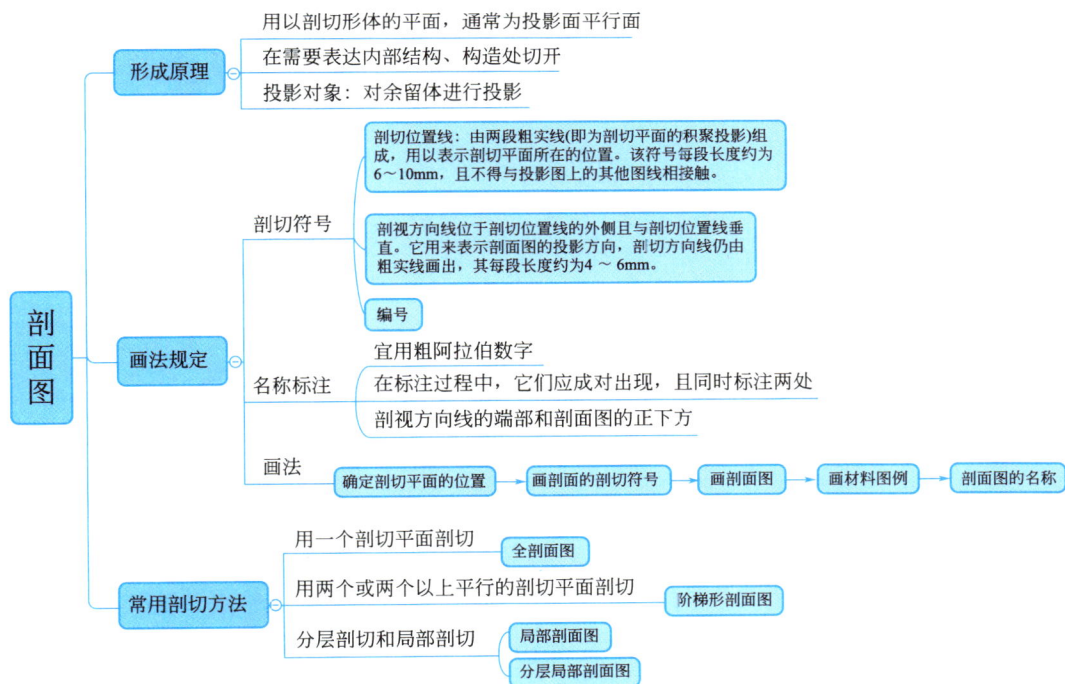

图 1-1-8　剖面图要素

2. 断面图的要素

图 1-1-9 为断面图的要素。

```
                        ┌─ 剖切平面：用以剖切形体的平面，通常为投影面平行面
            ┌─ 形成原理 ─┼─ 剖切位置：在需要表达内部结构、构造处切开
            │           └─ 投影对象：对断面进行投影
            │
            │                        ┌─ 剖切位置线
            │           ┌─ 剖切符号 ─┤
            │           │            └─ 编号(数字所在一侧为剖视图投射方向)
            │           │            ┌─ 宜用粗阿拉伯数字
  断面图 ───┼─ 画法规定 ─┼─ 名称标注 ─┼─ 在标注过程中，它们应成对出现，且同时标注两处
            │           │            └─ 剖切位置线外侧和断面图的正下方
            │           └─ 画法 ─ 确定剖切平面的位置 → 画剖面的剖切符号 → 画断面图 → 画材料图例 → 剖面图的名称
            │
            │           ┌─ 移出断面图
            └─ 表示方法 ─┤   ┌─ 中断断面图 ┐
                        └───┤              ├── 不注剖切符号
                            └─ 重合断面图 ┘
```

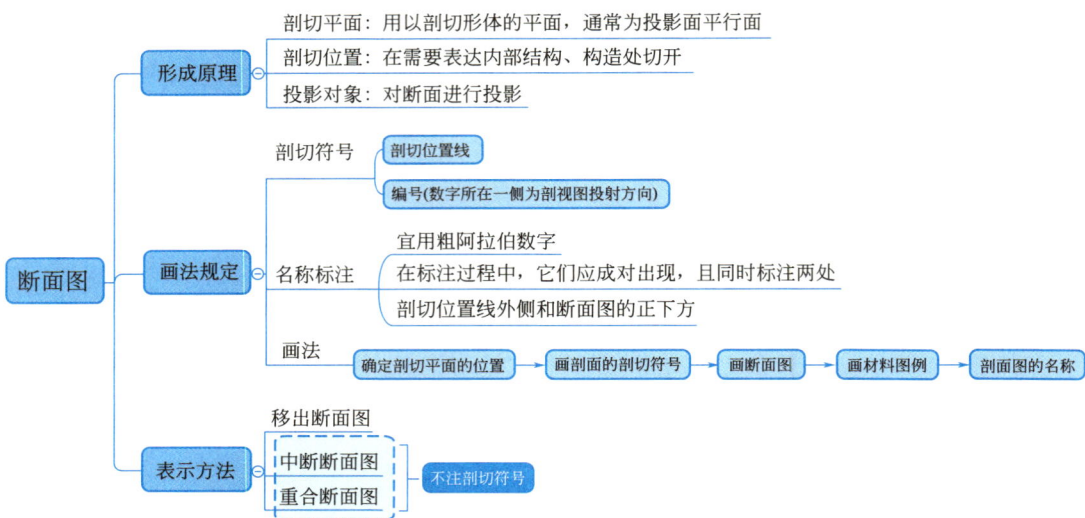

图 1-1-9　断面图的要素

3. 典型例题及解析

题 1-1-26　*　剖切位置线用一组不穿越图形的粗实线表示，一般长度为（　　）mm。

A. 4～6

B. 6～8

C. 6～10

D. 8～10

答案：C

解析：《房屋建筑制图统一标准》GB/T 50001—2017 第7.1.4条规定：剖切位置线的长度宜为6～10mm。

题 1-1-27　**　半剖面图适用形体的条件是（　　）。

A. 不对称形体

B. 对称形体

C. 外形简单形体

D. 内部复杂形体

答案：B

解析：半剖面图适用外形简单的对称形体。

题 1-1-28　*　同一剖切位置处的断面图是剖面图的（　　）。

A. 一部分

B. 全部

C. 补充内容

D. 无补充内容

答案：A

解析：剖面图是对余留体的投影，包括对断面的投影。断面图是剖面图的一部分。

题 1-1-29　**　必须画出剖切符号的断面图是（　　）。

A. 移出断面图

B. 中断断面图

C. 重合断面图

D. 以上都对

答案：A

解析：中断断面图和重合断面图都是画在视图轮廓线以内的，不需画出剖切符号。

题 1-1-30 ＊＊　在平面图上作剖面图，应该在（　　）投影上标注剖切符号。

A. V、H

B. V、W

C. W、H

D. 任意一个投影面

答案：B

解析：在平面图上作剖面图，投影方向是向下，而 V、W 投影图反映上、下方位，所以剖切符号应标注在有下方位的 V、W 投影上。

题 1-1-31 ＊＊＊　已知形体平面图与正立面图，请选择正确的 1-1 剖面图（　　）。

答案：D

题 1-1-31

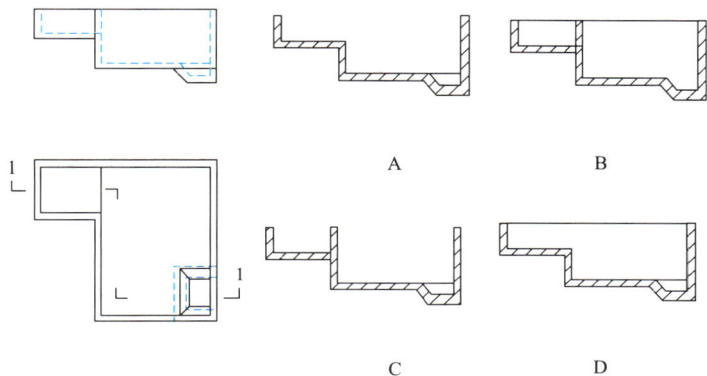

题 1-1-32 ＊　剖面图与断面图的区别是（　　）。

A. 剖面图应绘出材料图例，断面图不需要

B. 剖面图应绘出沿投射方向看到的部分，断面图不需要

C. 剖面图应用粗实线绘出剖切到部分的轮廓线，断面图不需要

D. 剖面图需要编号，断面图不需要

答案：B

解析：剖面图除了表示剖切到的部分外，还应表示出投射方向看到的构件轮廓，而断面图只需要表示剖切到的部位。

题 1-1-33 ＊＊　已知形体的正立面和平面图，请选择正确的 1-1 断面图（　　）。

答案：C

题 1-1-33

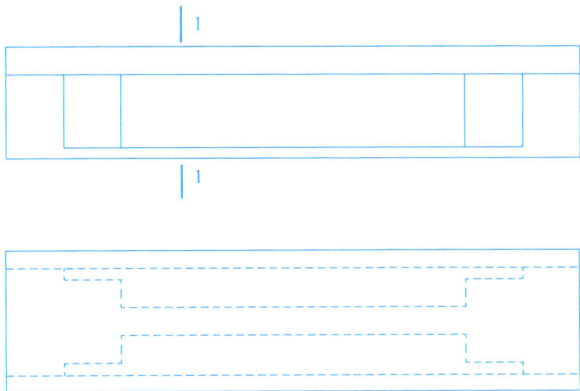

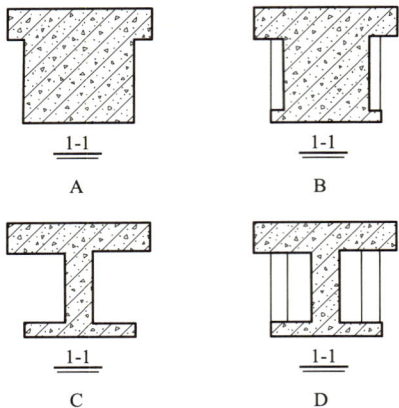

题 1-1-34 ＊＊ 已知形体的正立面和左侧立面图，请选择
正确的 1-1 断面图（　　）。

答案：C

题1-1-34

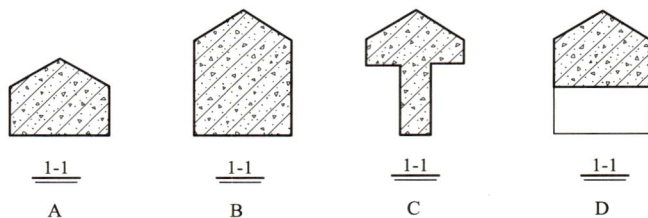

题 1-1-35 ＊＊＊ 已知形体平面图与正立面图，请选择正
确的 1-1 剖面图（　　）。

答案：C

题1-1-35

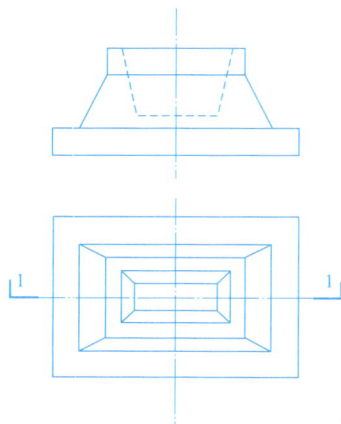

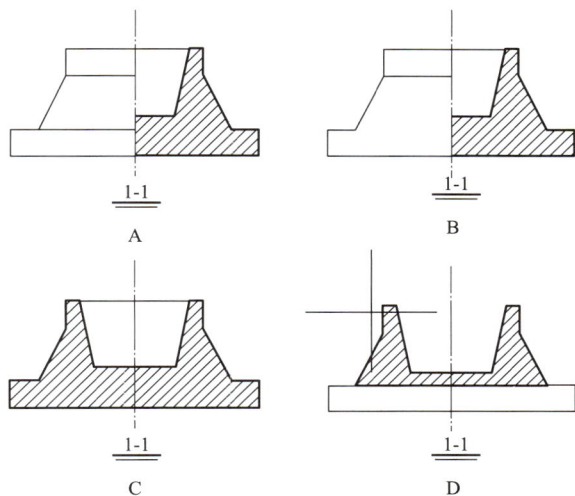

题 1-1-36　* * *　根据所给 1-1 剖面图和平面图，选择正确的 2-2 剖面图（　　）。

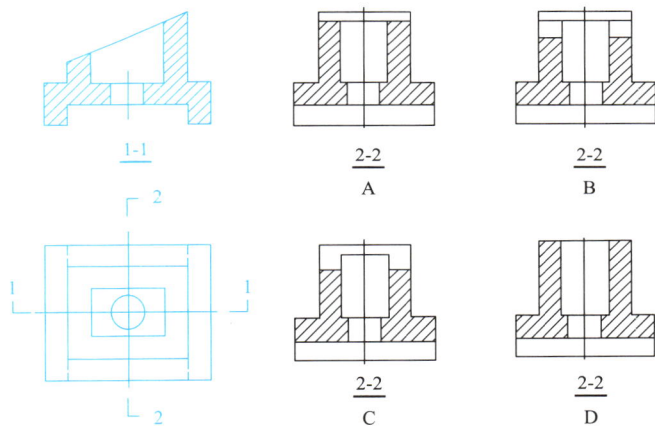

答案：C

题1-1-36

题 1-1-37　已知形体的平面图和立面图，请选择正确的 2-2 断面图（　　）。

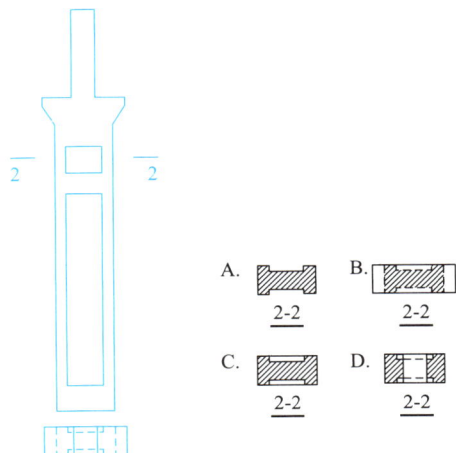

答案：A

题1-1-37

题 1-1-38 ＊＊ 根据现浇板的正立面图和左侧立面图，请选择平面图上作出的重合断面图正确的选项（　　　）。

答案：A

题1-1-38

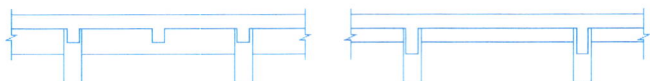

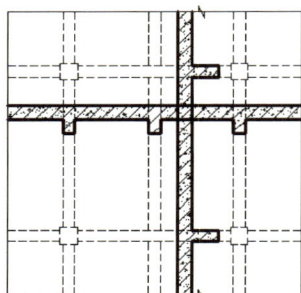
A

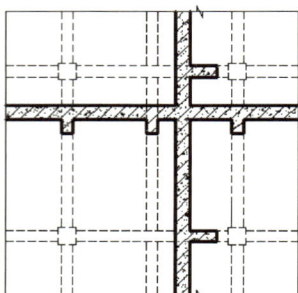
B

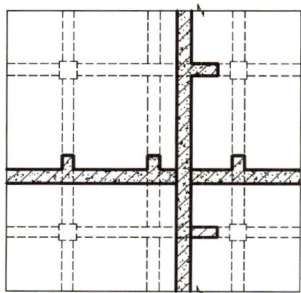
C

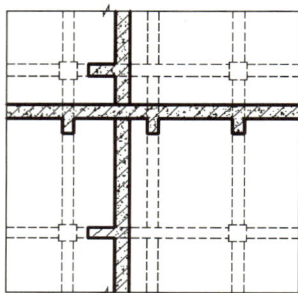
D

题 1-1-39 ＊＊＊ 已知形体的正立面图和平面图，请选择正确的 1-1 剖面图（　　　）。

答案：B

题1-1-39

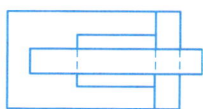
正立面图

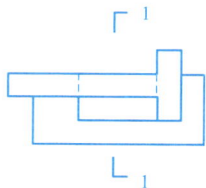
平面图

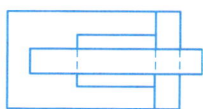
1-1
A

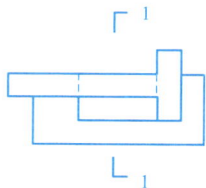
1-1
B

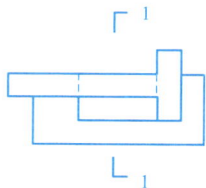
1-1
C

1-1
D

题 1-1-40　＊＊＊ 已知形体的平面图与正立面图，请选择正确的 1-1 剖面图（　　）。

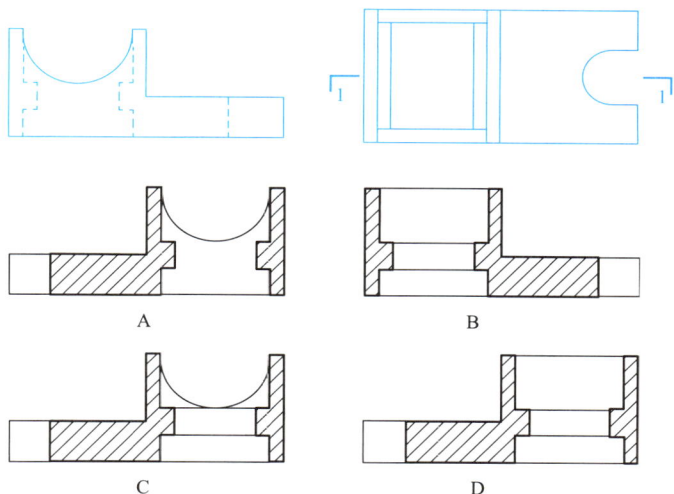

题1-1-40

1.1.4　识读正等测图、斜二测图

1. 轴测图要素

图 1-1-10 为轴测图要素。

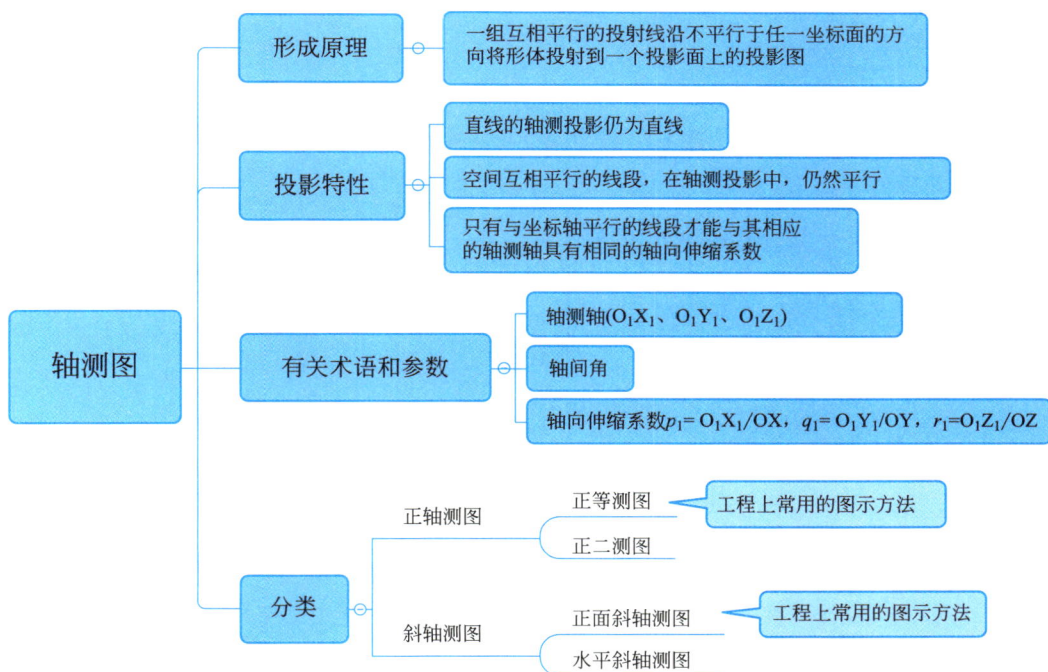

图 1-1-10　轴测图要素

2. 工程上常用的轴测图要素

图 1-1-11 为工程上常用轴测图要素。

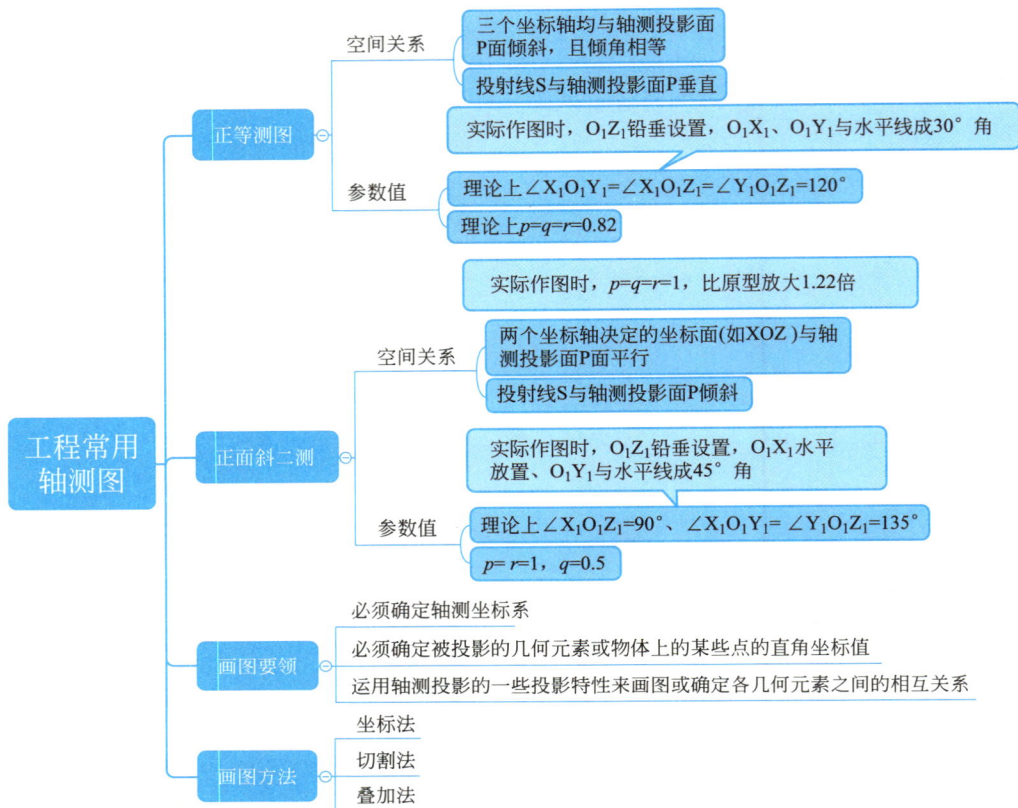

```
工程常用          正等测图    空间关系    三个坐标轴均与轴测投影面
轴测图                                    P面倾斜，且倾角相等
                                          投射线S与轴测投影面P垂直
                                          实际作图时，O₁Z₁铅垂设置，O₁X₁、O₁Y₁与水平线成30°角
                              参数值      理论上∠X₁O₁Y₁=∠X₁O₁Z₁=∠Y₁O₁Z₁=120°
                                          理论上p=q=r=0.82
                                          实际作图时，p=q=r=1，比原型放大1.22倍
                  正面斜二测  空间关系    两个坐标轴决定的坐标面(如XOZ)与轴测投影面P面平行
                                          投射线S与轴测投影面P倾斜
                                          实际作图时，O₁Z₁铅垂设置，O₁X₁水平放置、O₁Y₁与水平线成45°角
                              参数值      理论上∠X₁O₁Z₁=90°、∠X₁O₁Y₁=∠Y₁O₁Z₁=135°
                                          p=r=1，q=0.5
                  画图要领    必须确定轴测坐标系
                              必须确定被投影的几何元素或物体上的某些点的直角坐标值
                              运用轴测投影的一些投影特性来画图或确定各几何元素之间的相互关系
                  画图方法    坐标法
                              切割法
                              叠加法
```

图 1-1-11　工程上常用轴测图要素

3. 典型例题及解析

题 1-1-41　＊＊ 所示图样的轴间角是（　　　）。

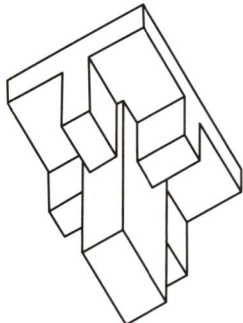

A. $\angle X_1 O_1 Y_1 = \angle X_1 O_1 Z_1 = \angle Y_1 O_1 Z_1 = 120°$

B. $\angle X_1 O_1 Y_1 = 135°$，$\angle X_1 O_1 Z_1 = 90°$

C. $\angle X_1 O_1 Y_1 = 90°$，$\angle X_1 O_1 Z_1 = 135°$

D. $\angle Y_1 O_1 Z_1 = 120°$，$\angle X_1 O_1 Z_1 = 90°$

答案：A
解析：此图样为正等测图，所以轴间角均为120°。

题 1-1-42　＊＊　所示图样的轴向变形系数是（　　）。

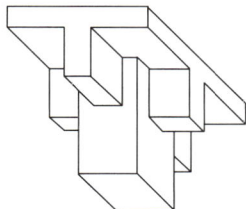

A. $p＝q＝r＝1$

B. $p＝q＝r＝0.82$

C. $p＝q＝1$，$r＝0.5$

D. $p＝r＝1$，$q＝0.5$

答案：D

解析： 此图样为斜二测图，所以轴向变形系数为 $p＝r＝1$，$q＝0.5$。

题 1-1-43　＊＊　根据直线的三面投影图，绘制出其正面斜轴测图是（　　）。

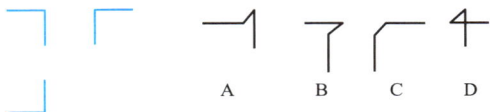

答案：A

题 1-1-44　＊＊＊　根据形体和直线的三面投影图，绘制出其正面斜轴测图是（　　）。

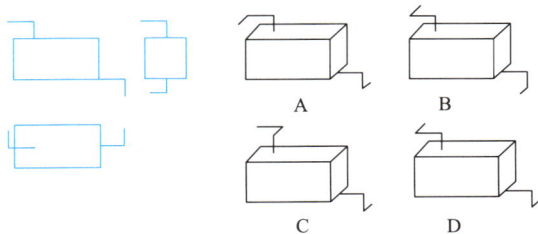

答案：D

题 1-1-45　＊＊　图样为正面斜轴测图，所示的直线为（　　）。

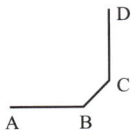

A. AB 为侧垂线、BC 为正垂线、CD 为铅垂线

B. AB 为正垂线、BC 为侧垂线、CD 为铅垂线

C. AB 为侧垂线、BC 为水平线、CD 为铅垂线

D. AB 为水平线、BC 为正垂线、CD 为水平线

答案：A

解析： 正面斜轴测图轴侧轴与空间坐标轴的对应关系为 O_1Y_1 在 $45°$ 方向，空间为 OY。

题 1-1-46　＊＊　根据正投影图，绘制正等轴测图。

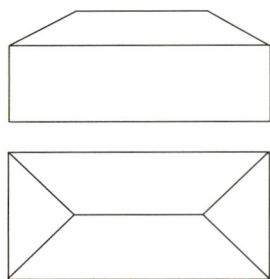

题 1-1-47　＊＊＊　根据正投影图，绘制轴测图。

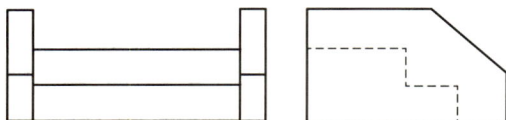

题 1-1-48　＊＊＊　根据正投影图，绘制轴测图。

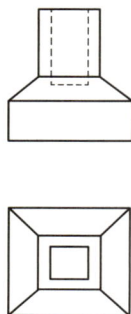

题 1-1-49　＊＊＊　根据正投影图，绘制轴测图。

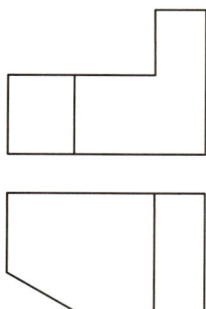

题 1-1-50　＊＊＊　根据正投影图，绘制轴测图。

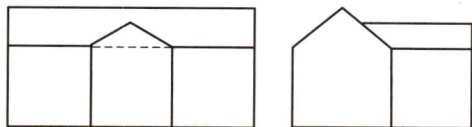

任务 1.2　建筑制图基本标准

导读

　　工程图样作为技术交流的共同语言，必须有统一的房屋建筑制图规则，否则会给工程设计和施工带来混乱和障碍。为了适应信息化发展与房屋建设的需要，利于国际交往，国家有关部委颁布了有关建筑制图的国家标准。

　　建筑工程施工图是用正投影法，将拟建房屋内外形状、大小、结构、构造、装饰、设备等情况，按照制图国家标准的规定详细、准确画出的图样。

1. 现行相关国家建筑制图标准

　　《房屋建筑制图统一标准》GB/T 50001—2017 是绘制建筑工程图必须遵循的规定。每个工程技术人员要熟知这种"语言"才能顺利完成绘图任务，同时提高对国家标准的执行力，这也是工程技术人员具备的职业素养，同时还要学习其他专业制图相关标准。图 1-2-1 为现行相关国家建筑制图标准。

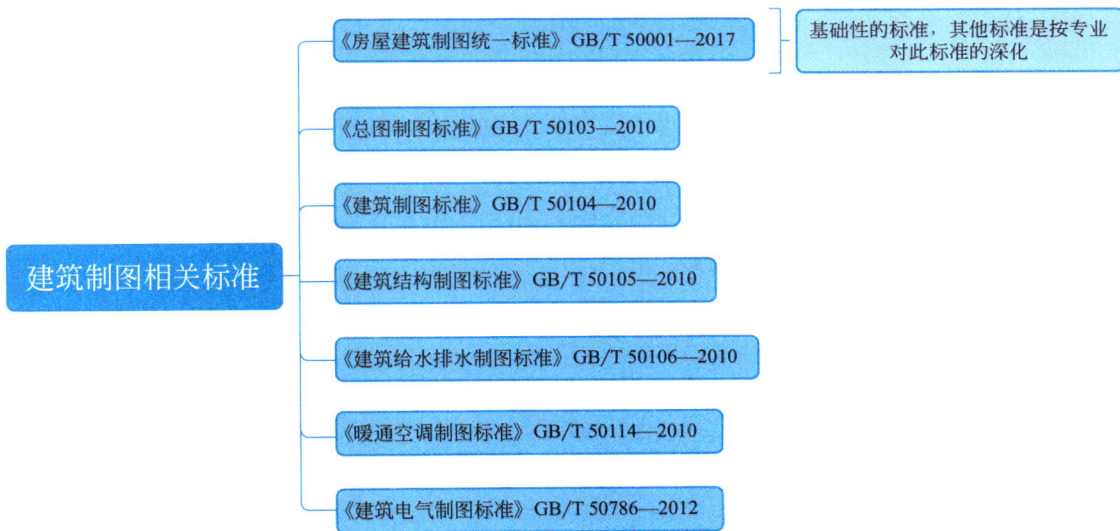

建筑制图相关标准

- 《房屋建筑制图统一标准》GB/T 50001—2017 —— 基础性的标准，其他标准是按专业对此标准的深化
- 《总图制图标准》GB/T 50103—2010
- 《建筑制图标准》GB/T 50104—2010
- 《建筑结构制图标准》GB/T 50105—2010
- 《建筑给水排水制图标准》GB/T 50106—2010
- 《暖通空调制图标准》GB/T 50114—2010
- 《建筑电气制图标准》GB/T 50786—2012

图 1-2-1　相关国家建筑制图标准

2. 相关国家建筑制图标准的应用

　　房屋建筑制图标准适用于房屋建筑总图、建筑、结构、给水排水、暖通空调电气等各专业的工程制图。房屋建筑制图除应符合本标准的规定外，尚应符合国家现行有关标准以及各专业制图标准的规定，如图 1-2-2 所示。

　　思考：

　　在《房屋建筑制图统一标准》《总图制图标准》《建筑制图标准》《建筑结构制图标准》

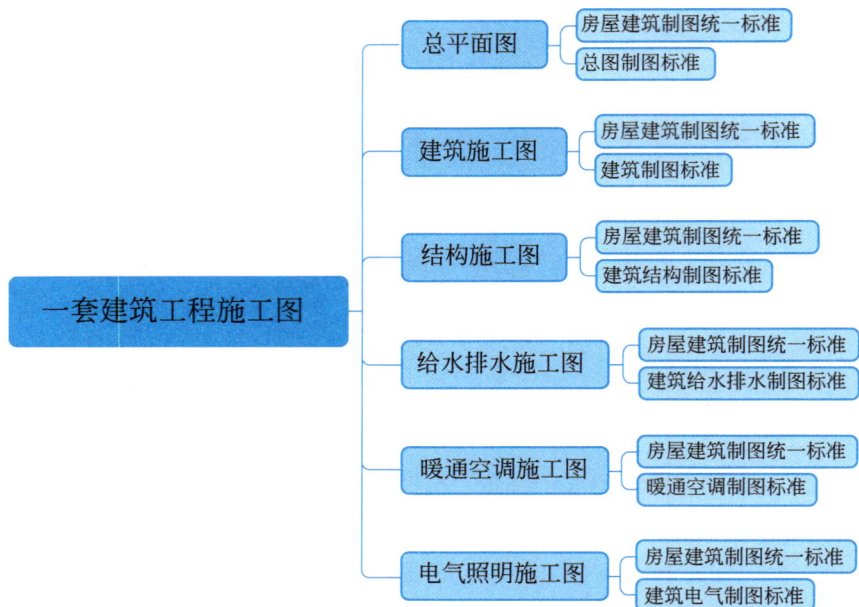

图 1-2-2　相关国家建筑制图标准应用

中各规定了那些图例？适用于什么制图方式绘制的图样？

任务

认识工程图纸的基本规定。

任务目标

1. 熟悉图纸幅面、图线、字体、尺寸标注；
2. 掌握常用图线的形式和用途；
3. 掌握标注尺寸的基本规则，会进行尺寸标注。

任务内容

通过如图 1-2-3 所示的工程图样，认识图纸幅面、标题栏、绘图比例、图样中所用的字体和尺寸标注等内容。

知识解读

1.2.1　图纸幅面与格式

《房屋建筑制图统一标准》GB/T 50001—2017 对图纸幅面与格式做了规定。

1. 图纸幅面尺寸

图纸幅面及图框尺寸应符合表 1-2-1 的规定。A0 号图幅的幅面面积为 $1m^2$，图幅长、短边的比例关系为 $\sqrt{2}$：1。各种图纸幅面之间的关系如图 1-2-4 所示，工程上常用图纸幅面是 A2。

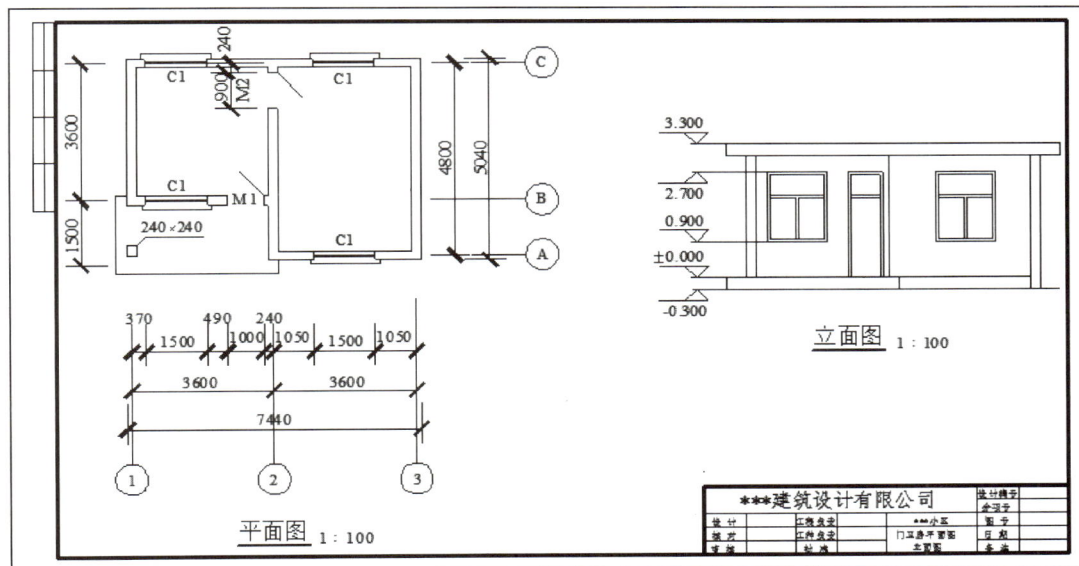

图 1-2-3　施工图图样

幅面及图框尺寸（单位：mm）　　　　　　　　　　　　　表 1-2-1

尺寸代号 \ 幅面	A0	A1	A2	A3	A4	备注
$b×L$	841×1189	594×841	420×594	297×420	210×297	必要时图纸允许加长幅面，长边可以加长。同一专业所用的图纸，一般不宜多于两种幅面
c	10			5		
a	25					

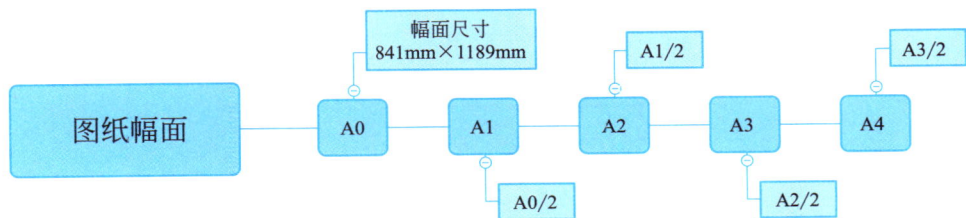

图 1-2-4　幅面的尺寸关系

2. 图框格式

图框格式分为横式和立式。以短边作为垂直边应为横式，A0～A3 图纸宜为横式使用；必要时，也可立式使用。图 1-2-5（a）为横式幅面、图 1-2-5（b、c）为立式幅面。

3. 标题栏格式

图纸的标题栏（简称图标）、会签栏及装订边的位置应按图 1-2-5 布置。图框和标题栏线的宽度见表 1-2-2。

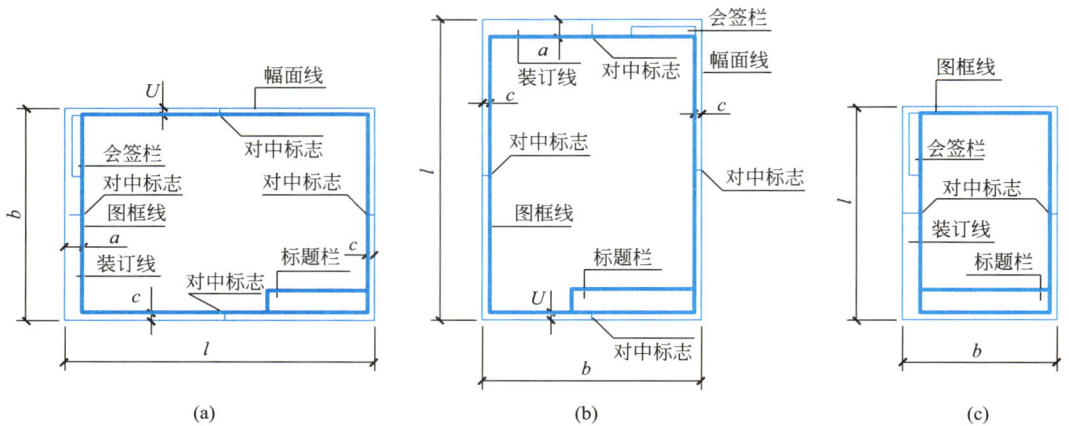

图 1-2-5　图框格式

图框和标题栏线的宽度（单位：mm）　　表 1-2-2

幅面代号	图框线	标题栏外框线	标题栏分格线幅面线
A0、A1	b	$0.5b$	$0.25b$
A2、A3、A4	b	$0.7b$	$0.35b$

应用实例

　　图 1-2-6 为图纸标题栏的应用实例，包括有设计单位名称、设计人员的签字，有工程名称、图样内容及图号、日期。

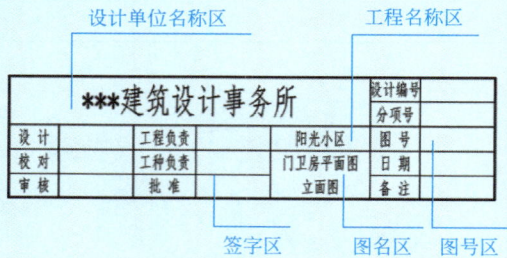

图 1-2-6　图纸标题栏

1.2.2　图线

　　《房屋建筑制图统一标准》GB/T 50001—2017 规定了 6 种图线，其名称、宽度如图 1-2-7 所示，图线的基本线宽 b 的取值为 1.4mm、1.0mm、0.7mm、0.5mm。各种图线的应用举例如图 1-2-8 所示，同一张图纸内，相同比例的各图样应选用相同的线宽组见表 1-2-3。

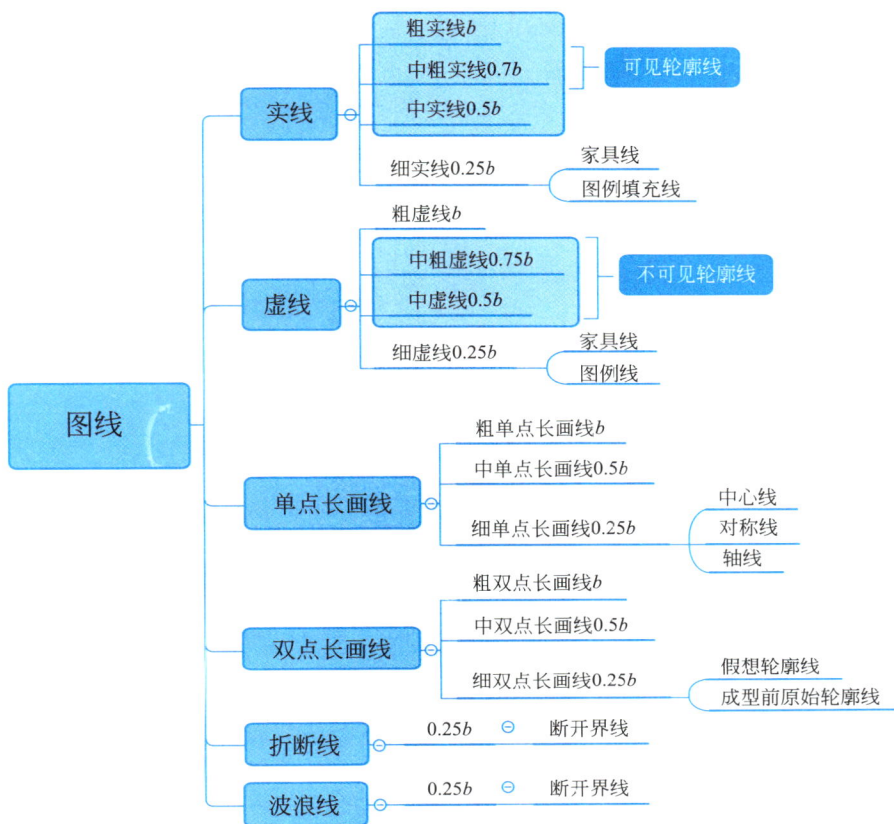

图 1-2-7　图线的分类

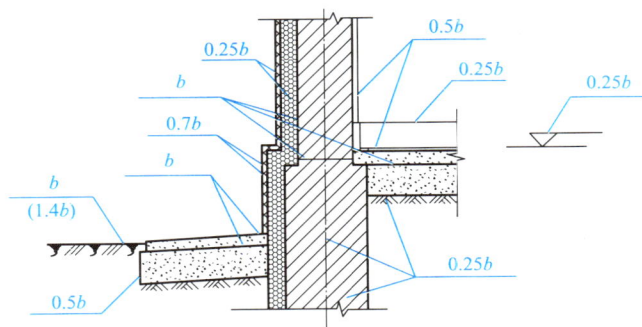

图 1-2-8　常用图线应用举例

线宽组（单位：mm）　　　　　　　　　　　　　表 1-2-3

线宽比	线宽组				备注
b	1.4	1.0	0.7	0.5	1. 需要微缩的图纸,不宜采用 0.15mm 及更细的线宽;
$0.7b$	1	0.7	0.5	0.35	2. 同一张图纸内,各不同线宽中的细线,可统一采用
$0.5b$	0.7	0.5	0.35	0.25	较细的线宽组的细线
$0.25b$	0.35	0.25	0.18	0.13	

应用实例

（1）图 1-2-9 为建筑施工图中窗户的图例，该图由粗实线、中粗实线、中实线、细实线、细单点长画线、折断线、细虚线 6 种图线组成。

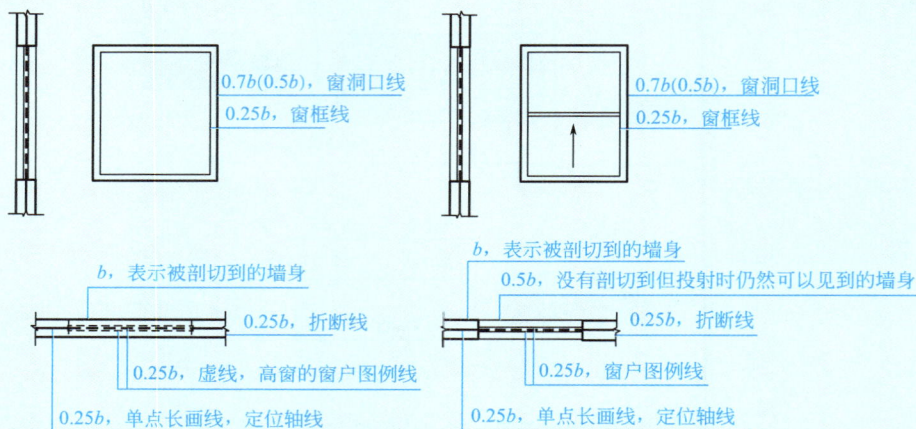

图 1-2-9　窗图例

（2）图 1-2-10 为结构施工图中钢筋混凝土构造柱的断面图。从图中可以看出，构造柱断面图的轮廓线用细实线，用粗实线表示钢筋，这与建筑施工图完全不同。

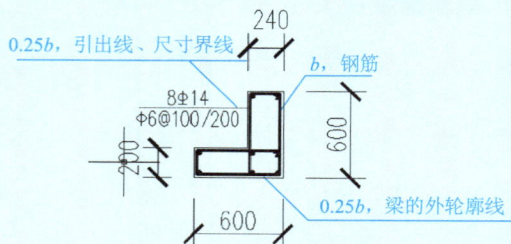

图 1-2-10　构造柱的断面图

1.2.3　字体

《房屋建筑制图统一标准》GB/T 50001—2017 对图样中的汉字、数字及字母做了规定：均应笔画清晰、字体端正、排列整齐、间隔均匀；标点符号应清楚正确。

1. 汉字

图样及说明中的汉字，宜优先采用 True type 字体中的宋体字型，采用矢量字体时，应为长仿宋体字型，矢量字体的宽高比宜为 0.7。汉字的简化字书写应符合国家有关汉字简化方案的规定。

2. 字母和数字

图样及说明中的字母、数字，宜优先采用 True type 字体中的 Roman 字型，字高不应小于 2.5mm。

应用实例

图 1-2-11 是某工程电梯间平面图，从中可以看出部分字体在图样中的实际应用。

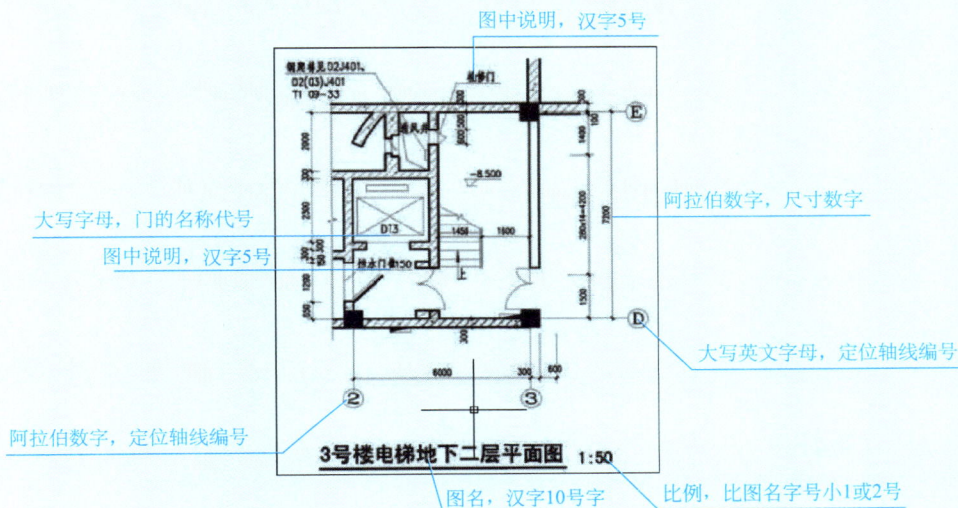

图 1-2-11　字体的实际应用

1.2.4　比例

图样的比例是指图中图形与其实物相对应要素的线性尺寸之比。比例的符号为"∶"，比例应以阿拉伯数字表示，如 1∶1、1∶2、1∶100 等。例如，一个房屋的长度是 55m，而在图纸上它相应的长度只画出 0.55m，那么它的比例就是：

$$比例 = \frac{图样上的线段长度}{实物上的线段长度} = \frac{0.55}{55} = \frac{1}{100}$$

建筑图样常用的比例见表 1-2-4。

建筑图样常用比例　　　　　　　　　　　　　　　　　　　　　表 1-2-4

图名	常用比例	比例的注写
总平面图、总图中管沟地下设施等、圈梁平面图	1∶500、1∶1000、1∶2000	1. 比例宜注写在图名的右侧，与图名的基准线应取平；比例的字高宜比图名的字高小一号或二号； 2. 使用详图符号作图名时，符号下不再画线； 3. 当一张图纸上的各图样用一种比例时，可以把比例写在图样的标题栏内
平面图、立面图、剖面图、结构平面图、基础平面图	1∶50、1∶100、1∶200、1∶150	
局部放大图	1∶10、1∶20、1∶50	
详图	1∶1、1∶2、1∶5、1∶10、1∶20、1∶50	

无论采用放大或缩小的比例绘图，图样中所标注的尺寸一定是建筑物或构配件的实际尺寸，与比例无关。

应用实例

图1-2-12为用两种不同比例绘制的同一扇门的立面图。因为选用的比例不同，所以呈现图样的大小不同，但它们的尺寸标注完全一样，尺寸数字为实际尺寸。

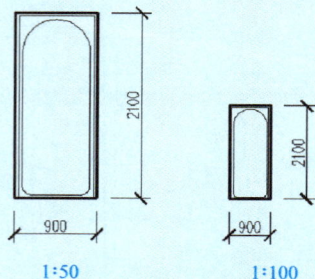

图1-2-12　比例的应用

1.2.5　尺寸标注

建筑施工是根据图纸上标注的尺寸进行的。因此，尺寸是施工的重要依据，工程图上必须标注尺寸才能使用。在绘制图样时，除了画出物体的形状外，还必须标注尺寸。

1. 尺寸组成

图1-2-13为尺寸标注的组成。

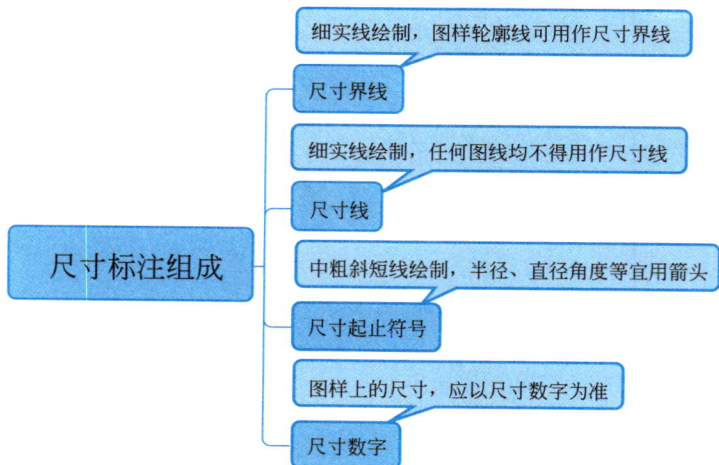

图1-2-13　尺寸组成

2. 基本规则

（1）建筑物或构配件的真实大小应以图样上所注的尺寸数字为依据，与图形的大小及绘图的准确度无关，不应从图上直接量取。

（2）图样上的尺寸单位，除标高及总平面图以"米"为单位外，其他必须以"毫米"为单位。

（3）每一尺寸一般只标注一次，并应注写在反映该结构最清晰的图形上。

（4）标注尺寸时可能使用符号和缩写词，见表 1-2-5。

标注尺寸的符号及缩写词　　表 1-2-5

序号	含义	符号或缩写字	序号	含义	符号或缩写字	序号	含义	符号或缩写字
1	直径	φ	5	厚度	t	9	坡度	←
2	半径	R	6	均布	EQ	10	斜度	∠
3	球直径	Sφ	7	正方形	□	11	标高	▼
4	球直径	SR	8	弧长	⌒	—	—	—

应用实例

图 1-2-14 为结构施工图中框架柱断面图，由图中的尺寸标注可以看出柱的断面尺寸为 600mm×600mm、定位尺寸为 250mm 和 350mm。

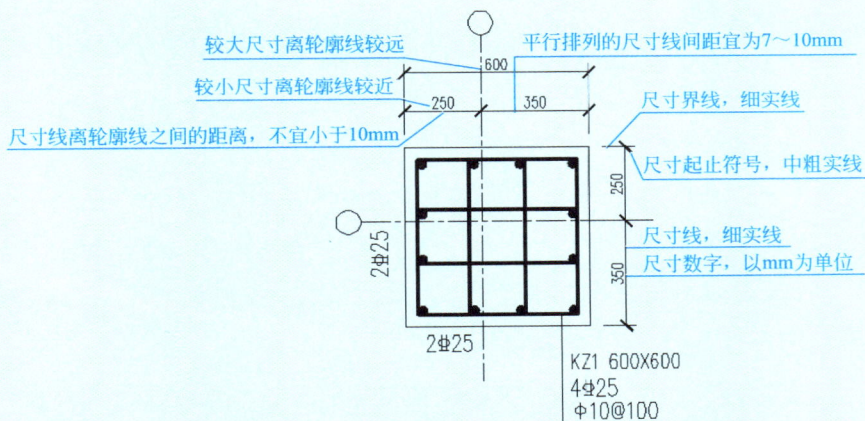

图 1-2-14　梁断面图

1.2.6　符号

建筑工程图样常用符号的样式和说明见表 1-2-6。

常用符号的样式和说明　　表 1-2-6

序号	名称	样式	说明
1	定位轴线	——Ⓐ	1. 0.25b 单点长画线； 2. 圆 0.25b 实线，直径宜为 8~10mm

续表

序号	名称	样式	说明
2	标高		1. 以等腰直角三角形表示,$0.25b$ 实线;$L=15$mm、$H=3$mm; 2. 标高数字应以"m"为单位,注写到小数点以后第三位
			总平面图室外地坪标高符号宜用涂黑的三角形表示,注写到小数点后第二位
3	剖切符号		1. 剖切符号宜优先选择国标的通用方法表示,$0.25b$ 实线绘制,直径宜为 8~10mm; 2. 剖切符号的编号宜由左向右、由下向上连续编排
			1. 剖切符号也可采用长用方法表示,同一套图纸应选用一种表示方法;用 b 实线绘制,剖切位置线长度为 6~10mm,剖视方向线长度为 4~6mm; 2. 应注在±0.000 标高的平面图或首层平面图上
4	断面剖切符号		1. 用 b 实线绘制,剖切位置线长度为 6~10mm; 2. 应注在包含剖切部位的最下面一层的平面图上
5	指北针		用 $0.25b$ 实线绘制,直径宜为 24mm,$L=3$mm
6	索引符号		用 $0.25b$ 实线绘制,直径为 8~10mm
7	索引剖视符号		1. 圆和引出线为 $0.25b$ 实线,直径为 8~10mm; 2. 剖切位置线为 b 实线,剖切位置线长度为 6~10mm
8	详图符号		b 实线绘制,圆的直径应为 14mm
9	杆件钢筋编号		$0.25b$ 实线,圆的直径为 4~6mm

续表

序号	名称	样式	说明
10	对称符号	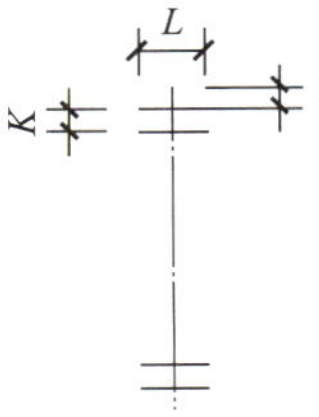	1. 对称线应用 0.25b 单点长画线,平行线应用 0.25b 实线; 2. L=6~10mm、H=2~3mm、K=2~3mm

1.2.7　任务实施

图 1-2-3 所示的建筑施工图图纸,采用 A3 图幅横放,有门卫房的平面图和立面图,并标注其大小尺寸,汉字为仿宋体,使用图线有粗实线、细实线、细单点长画线,有标题栏和会签栏。

1.2.8　典型例题及解析

题 1-2-1　＊　符号"▼"在总平面图中表示(　　　)。

A. 室外地坪相对标高

B. 室外地坪绝对标高

C. 室内地坪相对标高

D. 室内地坪绝对标高

答案:B

解析:《房屋建筑制图统一标准》GB/T 50001—2017 第 11.8.2 条规定。

题 1-2-2　＊ 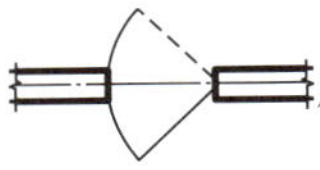　所示的是(　　　)。

A. 单扇平开门或单向弹簧门

B. 双扇平开门或单向弹簧门

C. 单扇双向弹簧门

D. 双层单扇平开门

答案:C

解析:《建筑制图标准》GB/T 50103—2010 第 3.0.1 条构造及配件图例。

题 1-2-3　＊＊　以下各图中,表示多孔材料的图例是(　　　)。

A.

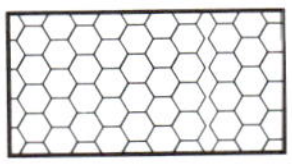

B.

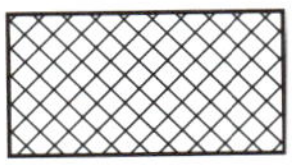

C.

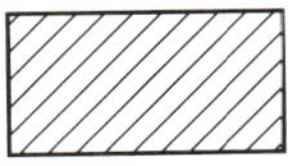

D.

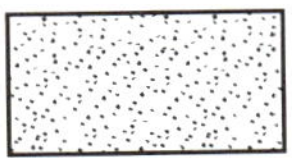

答案:B

解析:《房屋建筑制图统一标准》GB/T 50001—2017 第 9.2.1 条常用建筑材料图例。A 为泡沫塑料材料、B 为多孔材料、C 为实心砖多孔砖、D 为砂灰土。

题 1-2-4 ＊＊ 　在平面图中，L_2 的正确含义是（　　　）。

A. 表示剖切位置，剖面代号，向右观察，只在首层平面图中标出

B. 表示剖切位置，剖面代号，向右观察，需在每层平面图中标出

C. 表示剖切位置，剖面代号，向左观察，只在首层平面图中标出

D. 表示剖切位置，剖面代号，向左观察，只在首层平面图中标出

题 1-2-5 ＊＊ 　关于标高不正确的说法是（　　　）。

A. 标高符号应以直角等腰三角形表示

B. 总平面图室内外地坪标高符号，宜用涂黑的三角形表示

C. 标高符号的尖端应指至被注高度的位置。尖端宜向下，也可向上

D. 标高数字应以米为单位，注写到小数点以后第三位

题 1-2-6 ＊＊ 　在工程立面图图样中，$\frac{4}{16}$ 的正确含义为（　　　）。

A. 详图符号，16 为被索引图样所在图纸编号，4 为详图编号

B. 详图符号，16 为详图所在图纸编号，4 为详图编号

C. 索引符号，16 为被索引图样所在图纸编号，4 为详图编号

D. 索引符号，16 为详图所在图纸编号，4 为详图编号

题 1-2-7 ＊＊ 　下列关于定位轴线的说法不正确的是（　　　）。

A. 英文字母 I、O、Z 不得用做轴线编号

B. 平面图上定位轴线，横向编号应用阿拉伯数字，从左至右顺序编写

C. 平面图上定位轴线，竖向编号应用大写英文字母，从上至下顺序编写

D. 组合较复杂的平面图中定位轴线也可采用分区编号

答案：A

解析：《房屋建筑制图统一标准》GB/T 50001—2017 第 7.1.2 和 7.1.4 条规定，剖切符号应注在 ±0.000 标高的平面图或首层平面图上，剖切符号应由剖切位置线及剖视方向线组成。另平面图反映形体的四个方位为：上下和左右，剖视方向线在剖切位置线的右方。

答案：B

解析：《房屋建筑制图统一标准》GB/T 50001—2017 中第 11.8 条规定。

答案：D

解析：立面图为建筑施工图中的全局性图样，标注在此图样上的为索引符号。《房屋建筑制图统一标准》GB/T 50001—2017 第 7.2.1 条规定。

答案：C

解析：《房屋建筑制图统一标准》GB/T 50001—2017 第 8.0.3 条规定，平面图上定位轴线的编号，宜标注在图样的下方及左侧，或在图样的四面标注。横向编号应用阿拉伯数字，从左至右顺序编写；竖向编号应用大写英文字母，从上至下顺序编写。

题 1-2-8 ＊ 以下材料中不可以做保温材料的是（ ）。

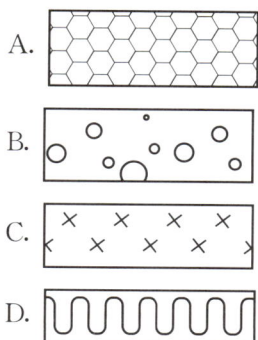

A.

B.

C.

D.

答案：C

解析：《房屋建筑制图统一标准》GB/T 50001—2017 第 9.2.1 条常用建筑材料图例，A 为泡沫塑料材料、B 为加气混凝土、C 为石膏板、D 为纤维材料（包括矿棉、岩棉、玻璃棉、麻丝、水丝板、纤维板等）。

题 1-2-9 ＊ 下列图例在建筑施工图中表示坑槽正确的一项是（ ）。

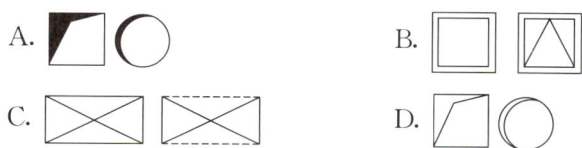

A. B.

C. D.

答案：D

解析：由《建筑制图标准》GB/T 50104—2010 中 "3 图例"，可知为 D 答案。

题 1-2-10 ＊ 请选择下列圆形和弧形平面图形中，定位轴线表示径向和环向正确的选项（ ）。

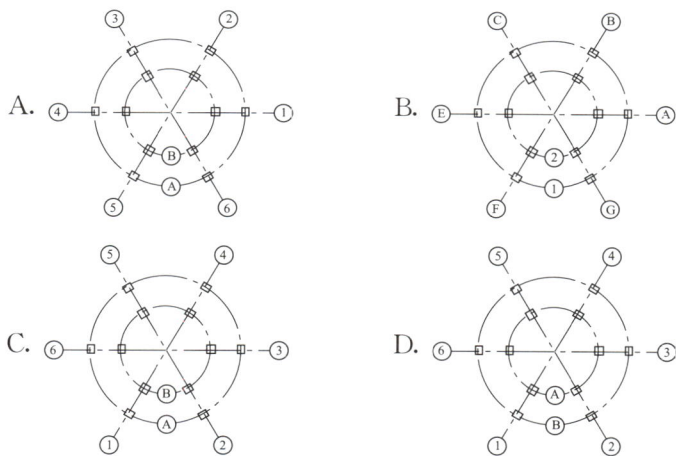

答案：C

解析：《房屋建筑制图统一标准》GB/T 50001—2017 中规定：圆形与弧形平面图中的定位轴线，其径向轴线应以角度进行定位，其编号宜用阿拉伯数字表示，从左下角或 −90°（若径向轴线很密，角度隔很小）开始，按逆时针顺序编写；其环向轴线大写英文字母表示从外向内顺序编写。

题 1-2-11 ＊ 在总图中代表散状材料露天堆场是（ ）。

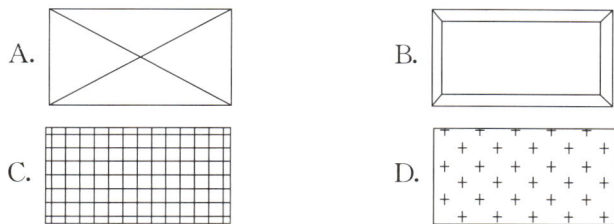

A. B.

C. D.

答案：B

解析：《总图制图标准》GB/T 50103—2010 中 "3 图例" 规定了 B 为散装材料露天堆场。

题 1-2-12　＊＊　以下各图例中，正确表示双面开启双扇门的是（　　）。

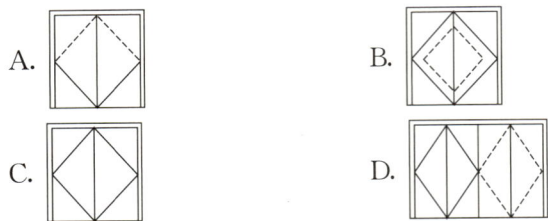

A.　

B.　

C.　

D.　

答案：A

解析：由《建筑制图标准》GB/T 50104—2010 表 3.0.1 条可知，A 为双面开启双扇门（包括双面平开或双面弹簧），B 为双层双扇平开门，C 为单面开启双扇门（包括平开或单面弹簧），故 A 正确。

题 1-2-13　＊＊　以下各图例中，正确表示单层内开平开窗的是（　　）。

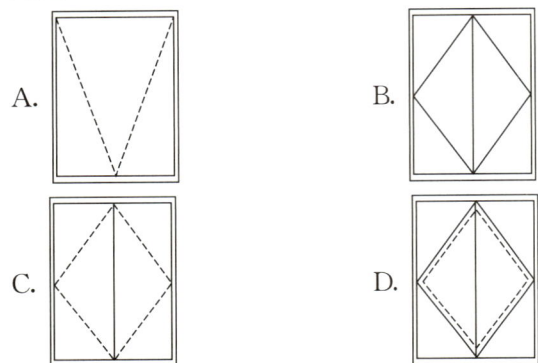

A.　

B.　

C.　

D.　

答案：C

解析：由《建筑制图标准》GB/T 50104—2010 表 3.0.1 可知，A 为下悬窗，B 为单层外开平开窗，C 为单层内开平开窗，D 为双层内外开平开窗。

题 1-2-14　＊＊　高窗 GC 表示方法正确的是（　　　）。

A.　
B.　
C.　
D.　

答案：A

解析：由《建筑制图标准》GB/T 50104—2010 表 3.0.1 可知，A 正确。

题 1-2-15　＊＊　建筑施工图中，表示自然土壤的图例是（　　）。

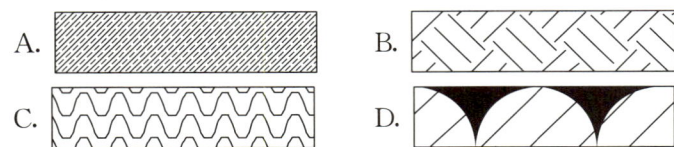

A.　

B.　

C.　

D.　

答案：D

解析：由《房屋建筑制图统一标准》GB/T 50001—2017 表 9.2.1 可知，A 为石材，B 为夯实土壤，C 为纤维材料，D 为自然土壤。

建筑施工图识读

房屋建筑施工图是表示建筑物的总体布局、外部构造、内部布置、细部构造做法、内外装饰及满足其他专业队建筑要求和施工要求的图样，是房屋施工安装、编制概预算、工程监理、质量验收等方面工作的依据。

一、建筑施工图的内容

建筑施工图的内容如图 2-1 所示。

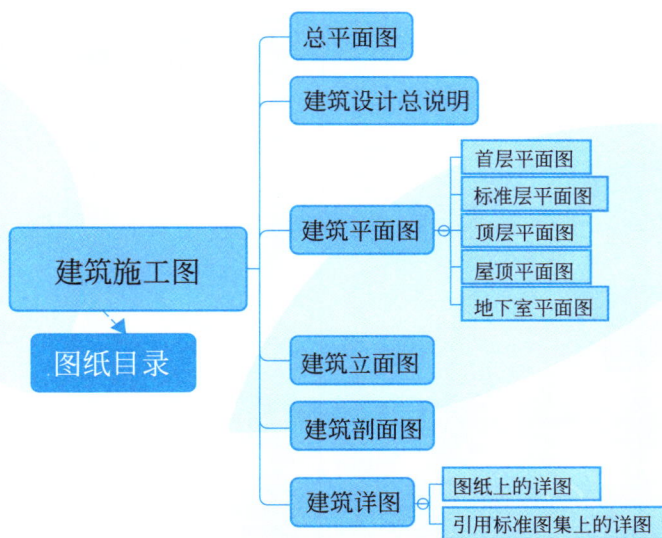

图 2-1　建筑施工图内容

二、建筑施工图的识读方法

看图的一般方法是先弄清是什么工程图纸，要根据图纸的特点来看。看图的方法一般是：从上往下看，从左向右看，从外向里看，从大到小看，从粗到细看，图样与说明对照看，建筑与结构对照看。先粗看一遍，了解工程的概貌，而后再细读。

　　建筑施工图各图样虽然图示的内容不同，但它们共依共存。建筑平面图是"基准"，建筑立面图和剖面图的定位轴线来源于建筑平面图，通过平面图上剖切符号了解剖面图的剖切位置；建筑立面图室外地坪标高是否与建筑总平面图上标的相一致，相同构造的标高是否一致；剖面图上的标高与竖向尺寸与立面图所注的尺寸、标高有无矛盾；识读建筑详图必须结合该详图的索引符号所在建筑施工图中的那张图纸一起阅读，这样再看详图上的标高、尺寸、构造细部是否有问题，或是否实现施工。

　　通过识读图纸，详细了解施工的建筑物，在必要时边看图边作笔记，记下关键内容，以免忘记时可以备查。关键内容是轴线尺寸、开间尺寸、层高、建筑物高度、材料标号，技术要求等。

三、建筑施工图的识读步骤

　　建筑施工图的识读步骤如图 2-2 所示。

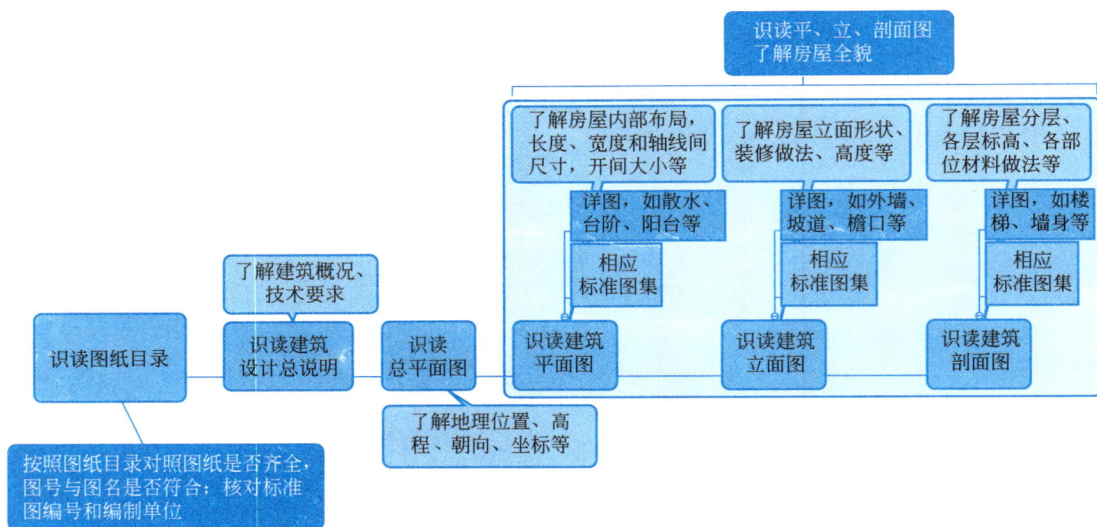

图 2-2　建筑施工图识图步骤

任务 2.1　识读"建筑设计总说明及材料做法表"

　　在施工图的编排中，将图纸目录、建筑设计总说明、材料及装修做法一览表、围护结构保温隔热措施及热工性能指标表、门窗表、绿色建筑设计专篇等编排在整套施工图的前面，根据建筑物的复杂程度，数量有多有少。数量少的编在一张图纸上，数量多的编在几张图纸上。

　　建筑设计总说明是将该工程的概貌和要求用文字表达出来。

2.1.1 建筑设计总说明主要内容（图2-1-1）

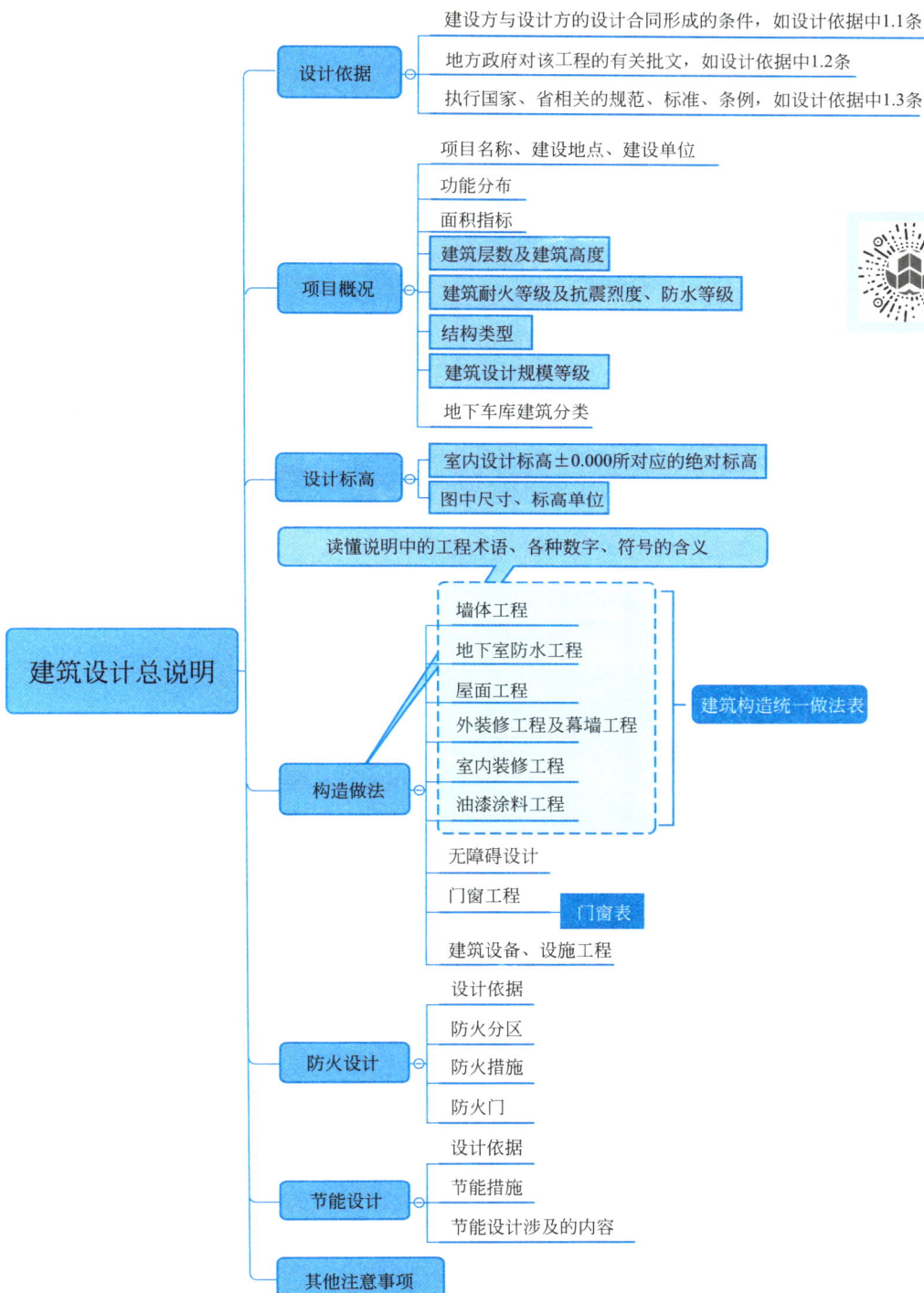

```
                              ┌─ 建设方与设计方的设计合同形成的条件，如设计依据中1.1条
                    设计依据 ──┼─ 地方政府对该工程的有关批文，如设计依据中1.2条
                              └─ 执行国家、省相关的规范、标准、条例，如设计依据中1.3条

                              ┌─ 项目名称、建设地点、建设单位
                              ├─ 功能分布
                              ├─ 面积指标
                    项目概况 ──┼─ 建筑层数及建筑高度
                              ├─ 建筑耐火等级及抗震烈度、防水等级
                              ├─ 结构类型
                              ├─ 建筑设计规模等级
                              └─ 地下车库建筑分类

                    设计标高 ──┬─ 室内设计标高±0.000所对应的绝对标高
                              └─ 图中尺寸、标高单位

                    ┌─ 读懂说明中的工程术语、各种数字、符号的含义

                              ┌─ 墙体工程
                              ├─ 地下室防水工程
                              ├─ 屋面工程              ── 建筑构造统一做法表
建筑设计总说明 ──    构造做法 ──┼─ 外装修工程及幕墙工程
                              ├─ 室内装修工程
                              └─ 油漆涂料工程

                              ┌─ 无障碍设计
                              ├─ 门窗工程 ── 门窗表
                              └─ 建筑设备、设施工程

                              ┌─ 设计依据
                              ├─ 防火分区
                    防火设计 ──┼─ 防火措施
                              └─ 防火门

                              ┌─ 设计依据
                    节能设计 ──┼─ 节能措施
                              └─ 节能设计涉及的内容

                    其他注意事项
```

2-1-1
建筑设计
总说明
识读要点

图 2-1-1 建筑设计总说明内容

2.1.2　重要知识点（表 2-1-1）

2-1-2 建筑防火识读要点　　2-1-3 建筑节能识读要点　　2-1-4 无障碍设计识读要点　　2-1-5 建筑幕墙识读要点

重要知识点　　　　　　　　　　　　　　　　　　　　　　　　　　　表 2-1-1

识读内容	重要知识点	具体考点		
建筑设计总说明	1. 设计依据	现行国家建筑设计主要规范及规程		
	2. 项目概况	功能分区、面积指标		
		建筑层数及建筑高度		
		建筑分类等级	耐火等级	
			防水等级	屋面防水等级
				地下室防水等级
				配电房防水等级
			抗震烈度	
		建筑设计规模等级	设计使用年限	
			建筑类别	
	3. 设计标高	±0.000 所对应的绝对标高		
	4. 构造做法及施工要求（与工程材料做法表结合）	墙体工程	定位、材料、厚度、构造措施、施工要求	
		地下防水工程	抗渗等级、防水材料、做法及详图编号	
			消防电梯集水坑	
		屋面工程	屋面防水、保温材料及做法等	
		门窗工程	用料、措施、防水做法、防火门窗等	
		外墙装修及幕墙工程	外墙装修的材料、措施、防水做法等	
		室内装修工程	楼面、吊顶、楼梯等部位特殊构造等	
		油漆涂料工程	木件、铁件使用的油漆防火涂料等级	
		建筑设备、设施工程	卫生洁具的种类	
		无障碍设计	部位、措施、做法	
	5. 防火设计	耐火等级防火分区、防火门、楼梯间的平面形式、材料与构件的耐火极限、材料燃烧性能		
		防火封堵材料		
	6. 节能设计	节能措施:外墙、屋顶、外窗等		
		保温材料的品种		
	7. 术语	建筑体形系数:建筑物与室外空气直接接触的外表面积与其所包围的体积之比		
		占地面积:建筑物底层外墙皮以内所有面积之和		
		建筑面积:建筑物外墙皮以内各层面积之和		
		容积率:建筑面积与用地面积之比		
		窗墙面积比:窗户洞口面积与房间立面单元面积之比		
		绿地率:在一定范围内,各类绿地总面积占该用地总面积的百分比		

2.1.3 典型例题及解析（根据附图答题）

题 2-1-1 ＊＊ 按照民用建筑对高度的分类，本工程是（ ）。

A. 一类建筑
B. 二类高层
C. 三类高层
D. 超高层

答案：A
解析：详见建施-01 建筑设计总说明 2.9 条，本工程是一类高层办公楼（多功能）。

题 2-1-2 ＊＊＊ 根据建筑设计总说明，以下说法错误的是（ ）。

A. 本工程地下二层，地上十五层
B. 本工程为主楼为框架-核心筒结构
C. 除有防水要求房间外，加气混凝土砌块砌筑时，先砌灰砂砖三皮，厚度同墙厚
D. 除标高外，其他尺寸以毫米为单位

答案：D
解析：详见建施-01 建筑设计总说明 2.6、2.8、4.4 中说明了 A、B、C 三个选项；参见《总图制图标准》GB/T 50103—2010 第 2.3.1 条规定：总图中的坐标、标高、距离以米为单位。

题 2-1-3 ＊＊ 本工程楼梯防烟前室采用的排风方式是（ ）。

A. 人工机械排风
B. 自动机械排风
C. 依靠通风道自然排风
D. 依靠开窗自然排风

答案：B
解析：详见建施-01 建筑设计总说明"防火设计"条目 13.7 中查找。

题 2-1-4 ＊＊ 不属于本工程踢脚做法的是（ ）。

A. 磨光花岗石踢脚
B. 水泥砂浆踢脚
C. 木踢脚
D. 地砖踢脚

答案：A
解析：详见建施-03 房间做法选用表，查找本工程踢脚的做法。

题 2-1-5 ＊＊ 民用建筑的耐火等级分为（ ）。

A. 一个等级
B. 三个等级
C. 四个等级
D. 五个等级

答案：C
解析：参见《建筑设计防火规范》GB 50016—2014 第 5.1.2 条规定。

题 2-1-6 ＊＊＊ 按《民用建筑设计统一标准》要求，关于轮椅坡道的说法错误的是（ ）。

A. 供轮椅使用的坡道坡度不应大于 1：12，困难地段不应大于 1：8

答案：B
解析：参见《民用建筑设计统一标准》GB 50352—2019 第 6.7.2 条规定。

B. 供轮椅使用的坡道坡度不应大于 1∶10，困难地段不应大于 1∶8

C. 供轮椅使用的坡道应有防滑措施

D. 轮椅坡道起点、终点和中间休息平台的水平长度不应小于 1500mm

题 2-1-7 ＊＊　本工程地下室外壁及底板的防水构造做法是（　　）。

A. 两毡三油卷材

B. SBS 改性沥青防水卷材

C. 3mm 厚聚合物水泥（JS）Ⅱ型防水涂料

D. 现浇混凝土自防水

答案：B

解析：地下室外壁及底板的防水构造做法有卷材防水和防水混凝土。详见建施-03 工程做法表中查找出本工程地下室外壁及底板采用 SBS 改性沥青防水卷材。

题 2-1-8 ＊＊＊　本工程自动扶梯与其外部空间的隔离措施是（　　）。

A. 耐火极限不低于 3h 的特级防火卷帘

B. 耐火极限不低于 1h 的特级防火卷帘

C. 耐火极限不低于 1.50h 的甲级防火门

D. 耐火极限不低于 1h 的乙级防火门

答案：A

解析：详见建施-07 二层平面图可知自动扶梯与其外部空间的隔离措施采用 JFM7738；详见建施-01 建筑设计总说明"防火设计"条目 13.6 中给出答案。

题 2-1-9 ＊　本工程汽车库坡道面层做法为（　　）。

A. 耐磨混凝土抹光

B. 水泥砂浆抹光

C. 金属骨料耐磨混凝土抹光

D. 无法确定

答案：A

解析：在建施-03 材料做法表中查阅。

题 2-1-10 ＊＊＊　以下关于每个梯段踏步数的说法中，正确的是（　　）。

A. 每个梯段踏步数应在 4～15 步

B. 每个梯段踏步数应在 4～18 步

C. 每个梯段踏步数应在 3～18 步

D. 每个梯段踏步数应在 3～20 步

答案：C

解析：《民用建筑设计统一标准》GB 50352—2019 第 6.8.5 条规定。

题 2-1-11 ＊＊　关于本工程节能设计说法正确的是（　　）。

A. 外窗的气密性不低于 7 级标准

B. 外窗玻璃的总厚度为 24mm

C. 执行居住建筑节能设计标准

D. 外墙材料耐火等级为 A 级

E. 屋面保温材料导热系数为 0.030W/（m·K）

答案：ABDE

解析：由建施-01 建筑设计总说明 14.3.3 条可知，A、B 正确；由 14.1 条可知，C 错误；由 13.10 及 14.3.1 条可知，D、E 正确。

题 2-1-12 ＊ 本工程给出的门窗尺寸是（ ）。

A. 洞口尺寸

B. 门窗框外轮廓尺寸

C. 门窗扇尺寸组合尺寸

D. 门窗开启扇的尺寸

答案：A

解析：由建施-01 建筑设计总说明"门窗工程"中 7.4 给出答案。

题 2-1-13 ＊＊＊ 建筑体形系数与建筑节能关系较大，其含义是（ ）。

A. 建筑物周长与高度的比值

B. 建筑物周长与宽度的比值

C. 建筑物与室外大气接触的外表面积与其所包围的体积的比值

D. 建筑物与室外大气接触的外墙面积与其所包围的体积的比值

答案：C

解析：在《建筑节能基本术语标准》GB/T 51140—2015 第 3.1.9 条规定。建筑体形系数是建筑物与室外大气接触的外表面积与其所包围的体积之比，外表面积不包括地面和不供暖楼梯间内墙的面积。

题 2-1-14 ＊ 本工程屋面保温材料的燃烧性能等级为（ ）。

A. A 级

B. B1 级

C. B2 级

D. 未明确

答案：B

解析：由建施-03 工程做法表"屋面"中查找。

题 2-1-15 ＊＊ 本工程屋面防水等级为一级，影响防水等级的主要因素有（ ）。

A. 屋面防水层设计使用年限

B. 建筑物的重要程度、使用功能

C. 屋面的美观程度

D. 防水材料的种类

E. 防水材料的构造方法

答案：AB

解析：在建筑设计总说明设计依据条目中《屋面工程技术规范》GB 50345—2012 第 3.0.5 条规定。

题 2-1-16 ＊＊＊ 下列说法正确的是（ ）。

A. 本工程耐火等级为二级

B. 根据建筑材料和构件的燃烧性能及耐火极限，把建筑的耐火等级分为四级

C. 本工程耐火等级为一级

D. 本工程防火分区的最大允许建筑面积 2500m²

E. 本工程地下室防火最大允许建筑面积 1500m²

答案：BC

解析：由建施-01 建筑设计总说明项目概况可知工程的耐火等级，不同耐火等级建筑的防火分区最大允许建筑面积参见《建筑设计防火规范》GB 50016—2014 第 5.3.1 条规定。

题 2-1-17 ＊＊＊　关于建筑体型系数说法错误的是（　　）。

A. 本工程建筑体型系数为 0.14

B. 建筑体型系数越大，能耗越多

C. 建筑体形系数中所指的外表面积包括女儿墙，也包括屋面层的楼梯间与设备用房等的墙体

D. 若建筑体型大于 0.30，则屋顶和外墙应加强保温

题 2-1-18 ＊＊＊　以下说法错误的是（　　）。

A. 门窗表中所注门窗尺寸为洞口尺寸

B. 内墙阳角处护角高度为 1500mm

C. 所有砂浆采用预拌砂浆

D. 外墙采用 XA 加气混凝土砌块（保温型）

题 2-1-19 ＊　以下哪一种楼板属于装配整体式楼板？（　　）

A. 预制薄板叠合楼板

B. 槽形板

C. 井格式楼板

D. 木楼板

题 2-1-20 ＊＊　下列属于本工程屋面构造做法的是（　　）。

A. 卷材防水屋面、正置式保温屋面、倒置式保温屋面

B. 卷材防水屋面、刚性防水屋面、构件自防水屋面

C. 正置式保温屋面、构件自防水屋面、金属板屋面

D. 刚性防水屋面、金属板屋面、倒置式保温屋面

题 2-1-21 ＊＊　下列属于本工程楼面构造做法中完成面的有（　　）。

A. 8～10 厚防滑地砖铺实拍平，稀水泥浆擦缝

B. 8～12 厚企口强化木地板

C. 钢筋混凝土楼板

D. 20 厚 1∶3 水泥砂浆抹灰层

E. 40 厚 C20 细石混凝土，表面撒 1∶1 水泥砂子随打随抹光

答案：C
解析：由建施-01 建筑设计总说明中给出体形系数为 0.14；《建筑节能基本术语标准》GB/T 51140—2015 第 3.1.9 条规定、参见《公共建筑节能设计标准》GB 50189—2015 第 3.2.1 条规定、《蒸压粉煤灰砖建筑技术规范》CECS 256—2009 第 4.2.2 条规定。

答案：B
解析：在建施-01 建筑设计总说明中室内装修，可以查阅内墙阳角处的护角高度为 2000mm；在绿色建筑设计专篇中节材与材料资源利用中查阅 C、D。

答案：A
解析：装配整体式楼板结合了预制和现浇两种方法，是将楼板中的部分预制后，在现场进行安装，有密肋填充块楼板和叠合楼板两种。叠合楼板是以预制薄板作为模板，其上现浇钢筋混凝土上层而成的装配整体式楼板。

答案：A
解析：详见建施-03 工程做法表中屋面材料及分层做法。

答案：ABE
解析：详见建施-03 工程做法表中楼面材料及分层做法表。

任务 2.2　识读"建筑总平面图"

建筑总平面图是表明需建设的房屋建筑物所在位置的平面状况的布置图。其中有的布置一个建筑群，有的仅是几栋建筑物，有的或许只有一两座要建的房屋。这些建筑物可以在一个广阔的区域中，也可以在已建成的建筑群之中；有的在平地、有的在山陵、有的在城市、有的在乡镇，情况各不相同，因此建筑总平面图根据具体条件、情况的不同其布置亦不同。

任务目标

1. 熟悉建筑总平面图识读基础；
2. 掌握建筑总平面图图示内容。

任务内容

在建筑施工图中，建筑总平面图是新建房屋与其他相关设施定位的依据，是土石方施工以及给水排水、电气照明等管线总平面布置图和施工总平面布置图的依据。通过识读附图中的建筑总平面图，掌握建筑总平面图所表达的内容，理解总图制图标准的相关规定和含义，并能按照相关标准和规定识读建筑总平面图。

知识解读

2.2.1　建筑总平面图识读基础

1. 建筑总平面图的形成原理

建筑总平面图的形成如图 2-2-1 所示。

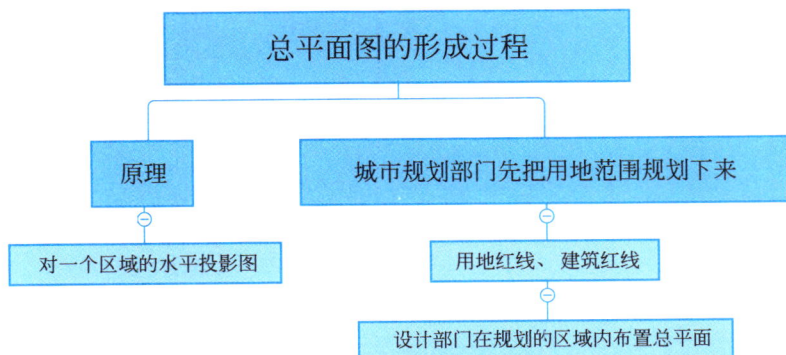

图 2-2-1　建筑总平面图的形成

2. 建筑总平面图包含图素

建筑总平面图包含图素如图 2-2-2 所示。

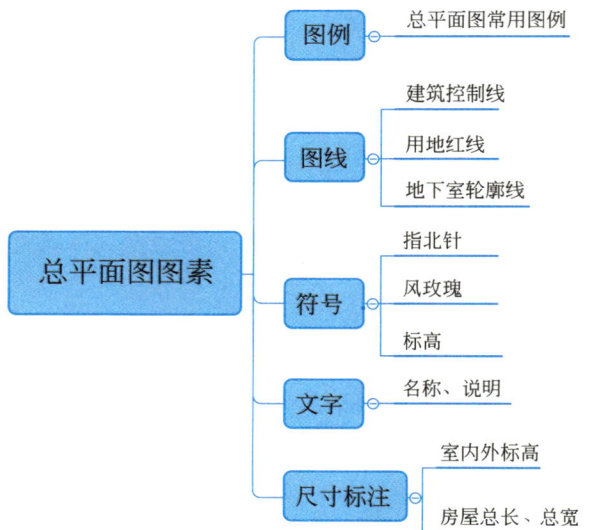

图 2-2-2　建筑总平面图包含图素

3. 识图步骤

建筑总平面图识图步骤如图 2-2-3 所示。

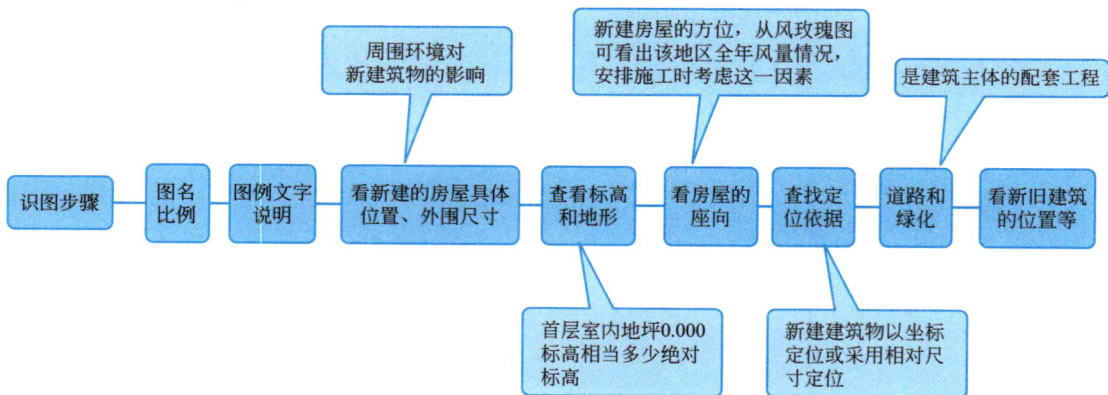

图 2-2-3　建筑总平面图识图步骤

2.2.2　建筑总平面图图示内容

1. 图示内容

2-2-1
总平面图
识读要点

建筑总平面图图示内容如图 2-2-4 所示。

图示内容

建筑红线
- 用地红线
- 建筑控制线

新旧建筑物
- 在图形内右上角用点数或数字表示层数
- 新建建筑物
- 原有建筑物
- 计划扩建的预留地或建筑物
- 拆除建筑物

建筑物定位
- 在房屋建筑中被经常采用
- 根据原有建筑物或原有道路定位
- 按坐标定位
  - 测量坐标：由国土管理部门提供，在地形图上用细线画成交叉十字线的坐标网，南北方向的轴线为X，东西方向的轴线为Y
  - 建筑坐标：沿建筑物主墙方向用细实线画成方格网同线，横墙方向轴线为A，纵墙方向的轴线为B

标高
- 绝对标高，以"m"为单位，标注到小数点后第二位
- 建筑物室内外地坪
- 道路路面中心交点及变坡点的标高

等高线
- 地面上高低起伏的形状称为地形，地形图上的等高线可以分析地形的高低起伏状况

道路
- 道路与建筑物的关系
- 表面道路的标高及平面位置
- 标注出道路中心控制点

风频率
- 风玫瑰图：实线表示全年的风向频率，虚线表示夏季的风向频率

其他
- 还有挡土墙、围墙、绿化等与工程有关的内容

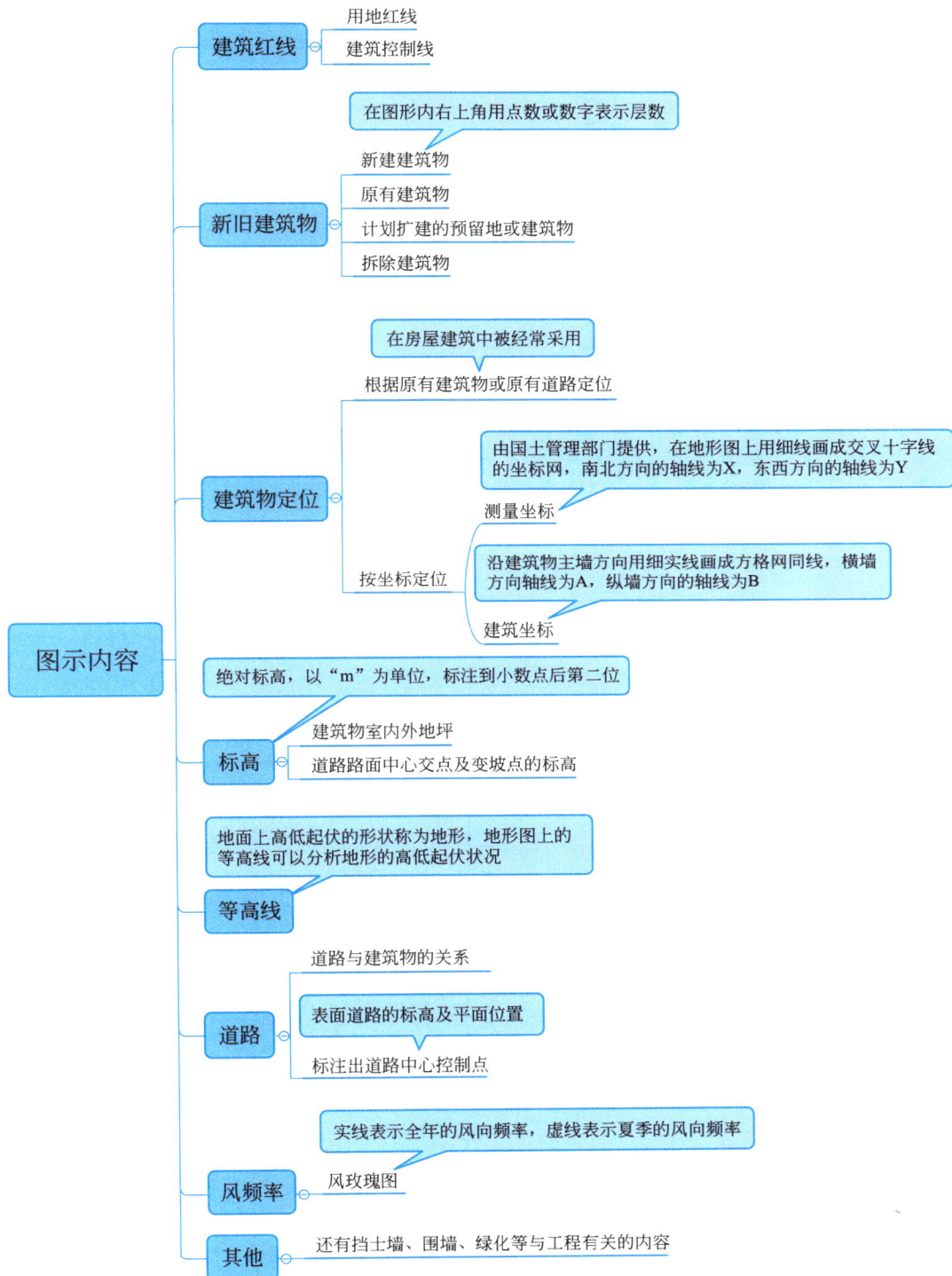

图 2-2-4 建筑总平面图图示内容

2. 重要知识点 (表 2-2-1)

重要知识点   表 2-2-1

识读内容	重要知识点	具体考点
建筑总平面图	1. 图样的形成	投影原理
	2. 图例	常用图例样式及上数字的含义
	3. 新建筑物的定位	与原有建筑物或道路的相对尺寸
		坐标定位,坐标网格应以细实线表示
	4. 设计标高	新建筑物定高±0.000 是相对于绝对标高的多少
		道路中心点标高、变坡点标高
	5. 新建筑物的座向	指北针、风向玫瑰图的识读
	6. 尺寸标注	尺寸数字的单位"m"
		新建建筑物外围尺寸
		新建建筑物与原有建筑物构筑物道路的相对尺寸
	7. 消防设施	消防登高场地、消防通道、取水口等
	8. 道路绿化	城市道路中心线控制点、道路转弯半径的标注
		建成后的人流方向和交通情况
		绿化可以看出建成后环境的大体情况
	9. 地形地貌	地面上高低起伏的形状用等高线表示
		场地排水坡度、排水组织
	10. 术语	建筑红线:也称"建筑控制线",指城市规划管理中,控制城市道路两侧沿街建筑物或构筑物(如外墙、台阶等)靠临街面的界线
		用地红线:围起某个地块的一些以坐标点连成的线,红线内土地面积就是取得使用权的用地范围
		测量坐标:测量坐标网应画成交叉十字线,坐标代号宜用"X、Y"表示
		建筑坐标:建筑坐标网应画成网格通线,自设坐标代号用"A、B"表示
		等高线:预定高度的水平面与所表示地形表面的截交线,用于表示地形
		建筑控制线:有关法规或详细规划确定的建筑物、构筑物的基底位置不得超出的界线

2.2.3 典型例题及解析 (根据附图答题)

题 2-2-1 * * 总平面图尺寸标注的原则是 (   )。

A. 以"m"为单位,精确到"cm"

B. 以"m"为单位,精确到"mm"

C. 以"mm"为单位

D. 既可以用"m"为单位,也可以用"mm"为单位

答案:A

解析:《总图制图标准》GB/T 50103—2010 第 2.3.1 条规定。

题 2-2-2 ＊＊　总平面图中建筑红线指的是（　　）。

A. 建筑工程项目的使用场地控制线

B. 建筑工程项目用地的使用权属范围的边界线

C. 建筑物、构筑物的基底位置不得超出的界线

D. 用地的边界线

答案：C

解析：建筑红线也称"建筑控制线"，指城市规划管理中，控制城市道路两侧沿街建筑物或构筑物（如外墙、台阶等）靠临街面的界线。

题 2-2-3 ＊＊＊　总平面图中"90.82"高程指的是（　　）。

A. 裙房首层室内地面完成面的相对高程

B. 裙房首层室内地面结构层顶面的相对高程

C. 裙房首层室内地面完成面的绝对高程

D. 裙房首层室内地面结构层顶面的绝对高程

答案：C

解析：《总图制图标准》中 GB/T 50103—2010 第 2.5.2 条规定，总图中标注的标高应为绝对标高，当标注相对标高时，则应注明相对标高与绝对标高的换算关系。

题 2-2-4 ＊＊　总平面图中"＋"代表的是（　　）。

A. 大地水准点

B. 水准仪机位

C. 建筑坐标网的交点

D. 测量坐标网的交点

答案：D

解析：参见《总图制图标准》GB/T 50103—2010 第 2.4.2 条规定。

题 2-2-5 ＊＊＊　关于总平面图下列说法错误的是（　　）。

A. 总平面图是采用正投影法绘制

B. 总平面图上尺寸标注，一律以米为单位

C. 总平面图可以采用 1：2000 的比例

D. 总平面图上，新建建筑物用中实线线框表示

答案：D

解析：总平面图形成原理是正投影法，尺寸标注一律以米为单位，比例可以采用 1：2000。参见《总图制图标准》GB/T 50103—2010 第 2.1.2 条规定。

题 2-2-6 ＊＊　在总平面图可知本工程 SOHO 办公 $H=$ 59.9m 为（　　）。

A. 室外设计地面至女儿墙顶点的高度

B. 室外设计地面至其屋面面层的高度

C. 室外设计地面至电梯机房屋顶的高度

D. 室外设计地面至消防水箱间屋顶的高度

答案：A

解析：参见《民用建筑设计统一标准》GB 50352—2019 第 4.5.2 条规定。识读墙身详图和屋顶平面图确认。

题 2-2-7 ＊　相对标高是以建筑的（　　）高度为零点参照点。

A. 基础顶面

B. 基础底面

C. 室外地面

D. 室内首层地面

答案：D

解析：相对标高以建筑的室内首层地面高度为零点参照点。

题 2-2-8 ＊　在建筑总平面图的常用图例中，对于原有建筑物外形用（　　）表示。

A. 细实线

B. 中虚线

C. 粗实线

D. 点划线

答案：A

解析：参见《总图制图标准》GB/T 50103—2010 第 2.1.2 条规定。

题 2-2-9 ＊　关于本工程消防登高场地的不正确描述是（　　）。

A. 沿 SOHO 办公一个长边布置，其长度是 47.3m，宽度是 10m

B. 沿 SOHO 办公一个长边布置，其长度是 42.2m，宽度是 10m

C. 消防车登高场地距 SOHO 办公外墙为 5m

D. 消防车登高场地坡度为 26%

答案：A

解析：由建施总-02 总平面图上查阅消防登高场地的相应尺寸。

题 2-2-10 ＊　本工程车库入口的朝向为（　　）。

A. 东北　　　　　　B. 东南

C. 西北　　　　　　D. 北

答案：C

解析：由建施总-02 总平面图上指北针可知。

题 2-2-11 ＊＊　关于本工程总图说法正确的是（　　）。

A. 设置了消防登高场地

B. 设置一个地下车库出入口

C. 标高 90.82m 为室外道路标高

D. 定位轴线编号 10 和 A 的交点建筑坐标为 X＝48978.246、Y＝76160.812

E. 非机动车出入口朝向为西南

答案：ABE

解析：由建施总-02 总平面图上查阅消防登高场地、地下车库、非机动车出入口。标高 90.82m 为裙房室内设计首层地坪标高；X＝ 48978.246、Y ＝ 76160.812 为测量坐标。

题 2-2-12 ＊　本工程基地内未注明道路的转弯半径为（　　）m。

A. 6　　　　　　　　B. 8

C. 10　　　　　　　D. 12

答案：A

解析：详见建施总-01 总平面图施工图设计说明 3.2 条。

题 2-2-13 ＊＊＊　关于本工程无障碍设计的正确描述有（　　）。

A. 在基地入口处设置一个无障碍停车位

B. 基地内不设置无障碍停车位

C. 在首层卫生间设置无障碍设施

D. 在每个楼层的卫生间设置无障碍设施

E. 所有卫生间均不设置无障碍设施

答案：BC

解析：由建施总-01 可知，A 错误，B 正确；由建施-06 可知，C 正确；由建施-04～建施-13 可知，D、E 错误。

任务2.3　识读"建筑平面图"

如果想了解房屋的基本情况，一定先识读建筑平面图，可以知道房屋布局、面积的大小，各房间、台阶楼梯、门窗等局部的位置和大小，墙体结构的厚度等。有些建筑平面图还将室内固定设备也体现出来，如灶具、卫生设备、橱柜等设施的平面形状和位置。有此一图，足以充分了解房屋的面积和格局以及生活工作空间范围内的各种指标。

任务目标

1. 熟悉建筑平面图识读基础；
2. 掌握建筑平面图图示内容。

任务内容

在建筑施工图中，建筑平面图是基本图样之一，是其他图样的先导图和依据图。通过识读背景工程的建筑平面图，掌握建筑平面图所表达的图素内容，理解建筑制图标准的相关规定和含义，并能按照相关标准和规定识读建筑平面图。

知识解读

2.3.1　建筑平面图识读基础

1. 建筑平面图的形成原理

建筑平面图形成如图 2-3-1 所示。

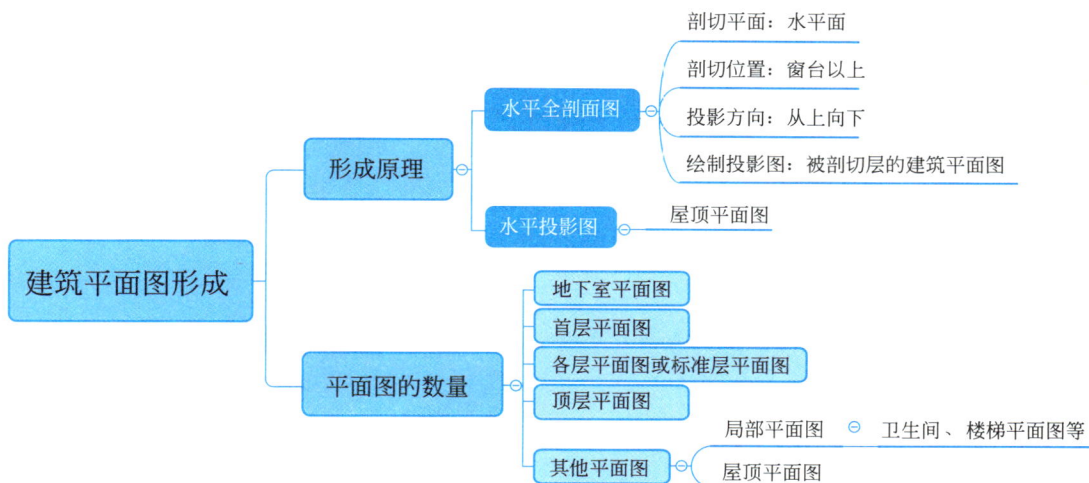

图 2-3-1　建筑平面图形成

2. 建筑平面图包含图素

建筑平面图图素如图 2-3-2 所示。

2-3-1
地下室
识读要点

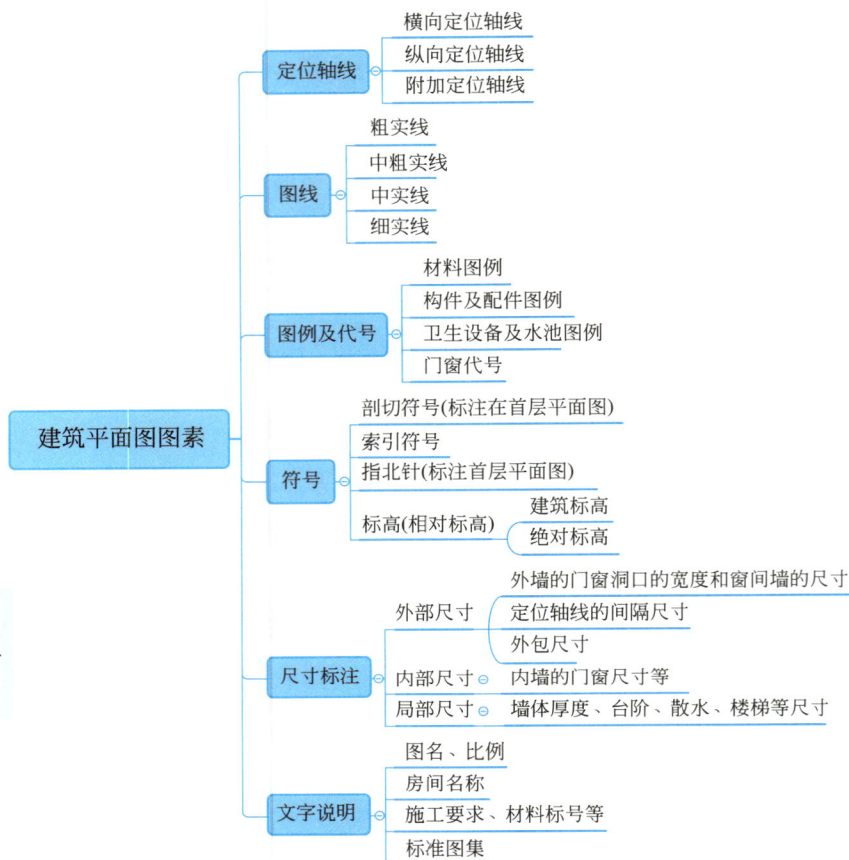

图 2-3-2　建筑平面图图素

3. 建筑平面图识读步骤

建筑平面图识读步骤如图 2-3-3 所示。

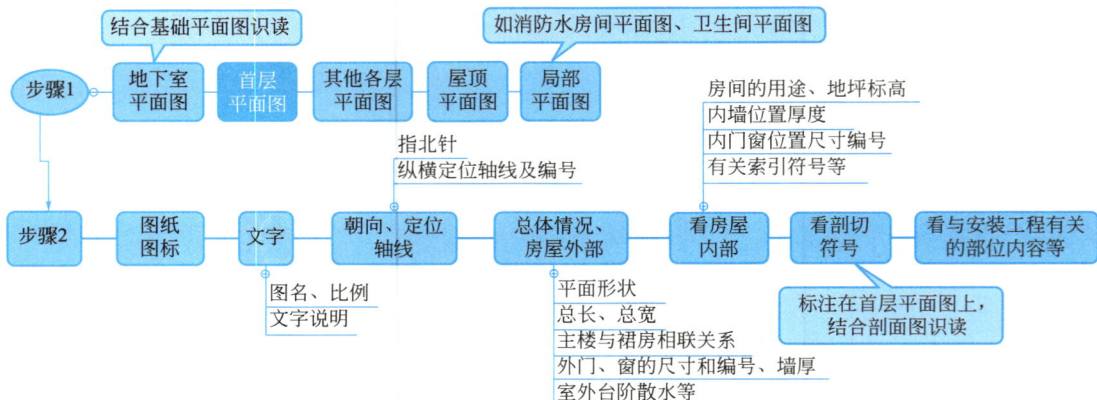

图 2-3-3　建筑平面图识读步骤

2.3.2　建筑平面图图示内容

1. 建筑平面图的内容

图示内容如图 2-3-4 所示。

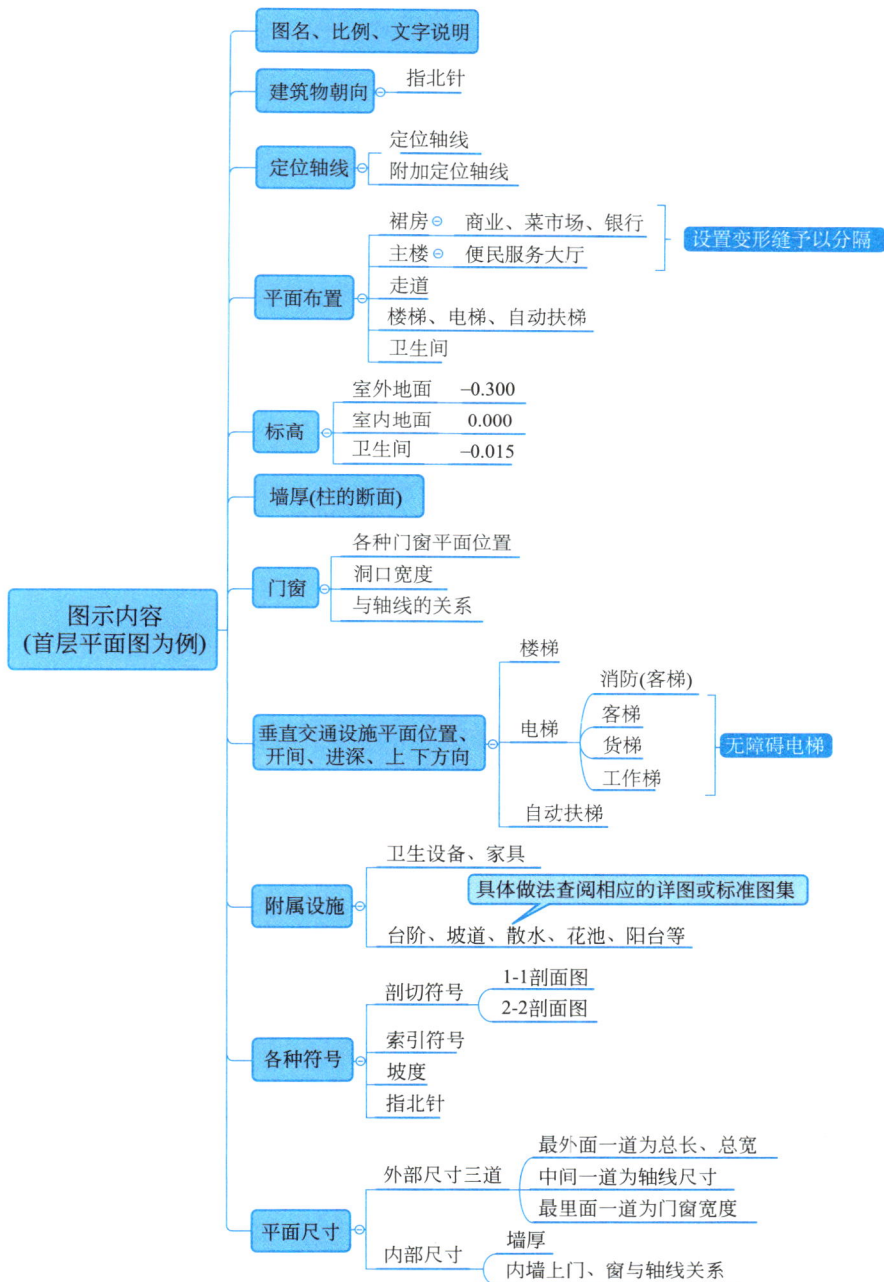

图 2-3-4　建筑平面图图示内容

2. 重要知识点（表 2-3-1）

重要知识点 表 2-3-1

识读内容	重要知识点	具体考点
建筑平面图	1. 图样的形成	投影原理
	2. 图例	常用材料、设施图例样式
	3. 定位轴线	轴线有几道，与墙柱的关系，附加定位轴线
		轴线间距尺寸（柱距、跨度）
	4. 建筑物的朝向	主要出入口的位置、数量
	5. 室外构造	首层平面图中散水宽度、台阶大小、雨水管位置等
		其他各层平面图中阳台、雨篷大小和位置
	6. 室内构造	平面组合方式、房间的布置及功能
		楼梯间、电梯间、卫生间等位置走向，另有详图
		墙厚度、柱断面，与材料作法表结合查阅
		楼地面标高，注意卫生间、储藏室楼地面等标高
	7. 门窗	门窗编号、门的开启方式、洞口尺寸、安装方式
		外门窗需满足的材料要求
		防火门要求
	8. 尺寸	尺寸数字的单位"mm"
		总长、总宽：从一端的外墙皮到另一端的外墙皮的尺寸
		轴线间尺寸
		门窗平面定位尺寸
	9. 符号	标高：楼地面、阳台、平台等处的完成面高程
		索引符号
		剖切符号，建筑剖面图的图名与剖切符号编号一致
	10. 术语	建筑面积：指建筑物（包括墙体）所形成的楼地面面积
		使用面积：建筑面积中减去公共交通面积、结构面积等，留下可供使用的
		开间：建筑物纵向两个相邻的墙或柱中心线之间的距离
		进深：建筑物横向两个相邻的墙或柱中心线之间的距离
		裙房：与高层建筑相连的，建筑高度不超过 24m 的附属建筑
		建筑标高：包括面层（粉刷层厚度）在内的标高
	11. 屋顶平面图	主楼、裙房屋顶平面图定位轴线尺寸与其他平面图一致
		排水方式、排水分区、排水坡度
		水箱、消防水箱间、屋面出入口、电梯机房等布置和尺寸
		雨水口、檐沟女儿墙、变形缝等位置尺寸、材料构造做法

2.3.3 典型例题及解析（根据附图答题）

题 2-3-1 ＊＊＊ 关于建筑平面图投影规则的正确说法有（　　）。

A. 应在首层平面图中绘出散水、台阶、坡道等室外构造

B. 应在每层平面图中绘出散水、台阶、坡道等室外构造

C. 应在平面图中标注出楼地面完成面标高

D. 应在平面图中标注出楼地面结构层顶面标高

E. 室内地面拼花石材时，铺设分格可以在地面铺设详图中表示

答案：ACE

解析：首层平面图图示内容室外部分包括散水、台阶、坡道等室外构造，并在平面图上标注出楼地面完成面标高。一般建筑平面图采用 1∶100 比例绘制，楼地面的详细做法查阅详图。

题 2-3-2 ＊＊＊ 关于四层平面图说法正确的是（　　）。

A. 主要功能为行政文体办公、商铺

B. 设置有消防电梯和无障碍电梯

C. 卫生间楼面比本层楼面低 50mm

D. 商铺设置有 4 个有效安全疏散出口

E. 屋面为上人屋面，防水等级Ⅱ级

答案：ABD

题2-3-2

题 2-3-3 ＊＊＊ 关于本工程，下列说法不正确的为（　　）。

A. 本工程基地范围内应设置非机动车停放场地

B. 设有环形消防通道

C. 不需在每层设置残疾人卫生间

D. 应设无障碍坡道

答案：C

解析：本工程属于商业服务公共建筑，参见《无障碍设计规范》GB 50763—2012 第 8.8.2 条（3）规定。

题 2-3-4 ＊＊ 本工程中的"FM 甲 1221"表示的是（　　）。

A. 洞口宽度为 1200mm、高度为 2100mm 的双扇平开木门

B. 洞口宽度为 1200mm、高度为 2100mm 的双扇平开自由门

C. 洞口宽度为 1200mm、高度为 2100mm 的双扇平开甲级防火门

D. 洞口宽度为 1200mm、高度为 2100mm 的双扇平开自由甲级防火门

答案：C

解析：在建筑平面图上查阅门窗的编号和门的开启方式，再查阅门窗表核对其名称。

题 2-3-5 ＊＊ 关于本工程变形缝说法不正确的是（　　）。

A. 设置于④～⑩轴之间，⑥～⑪轴之间

B. 地下室未设置变形缝

C. 变形缝做法参照标注图集

D. 缝宽为 140mm

答案：B

题2-3-5

题 2-3-6 ＊＊ 本工程办公大厅主入口处的门为（ ）。

A. MQ-19、幕墙 4 扇平开外门

B. M1524、木夹板门

C. M1524、镶板门

D. MQ-19、幕墙 4 扇平开内门

E. MQ-18、幕墙 4 扇平开外门

答案：AB

解析：在建施-06 一层平面图上查阅房间的位置可知是带有门斗的主出入口，进而可知它们的编号和开启方式，在门窗表中可查阅门的材料。

题 2-3-7 ＊＊＊ 本工程关于台阶及坡道的正确说法为（ ）。

A. 踏步的高度 150mm

B. 银行出入口台阶面层采用花岗条石

C. 台阶平台面的标高为 -0.015m

D. 无障碍坡道栏杆高度为 1000mm

E. 本工程在一层设计无障碍坡道 4 个

答案：ABC

解析：台阶的布置在建施-06 一层平面图图示，结合详图和材料做法表查阅台阶材料细部尺寸。公共建筑设计 6 个无障碍坡道。台阶、坡道和栏杆的设置参见《民用建筑设计统一标准》GB 50352—2019 第 6.7.1 条规定和第 6.7.3 条规定。

题 2-3-8 ＊＊ 本工程关于 1♯卫生间正确说法为（ ）。

A. 1♯无障碍卫生间地面的绝对标高为 90.85m

B. 1♯无障碍卫生间地面的绝对标高为 90.79m

C. 1♯无障碍卫生间地面的绝对标高为 90.835m

D. 1♯无障碍卫生间地面的绝对标高为 90.805m

答案：B

解析：在建施-06 一层平面图上查阅 1♯无障碍卫生间的位置和相对标高 -0.030m，在总平面图上查阅 ±0.000 的绝对标高 90.82m，换算出无障碍卫生间地面的绝对标高。

题 2-3-9 ＊＊ 本工程关于散水的正确描述有（ ）。

A. 设置 150mm 厚 3∶7 灰土垫层

B. 散水坡度为 3％

C. 明散水转角处设置分割缝，沥青麻丝嵌缝

D. 暗埋式散水用于在建筑物外墙周围有绿化要求的部位，采用混凝土散水

E. 明散水伸缩缝宽度为 20mm

答案：ADE

解析：散水属于墙体细部构造，在建施-06 一层平面图查阅散水的位置和宽度，再详见建施-03 工程做法表可知其分层构造做法。

题 2-3-10 ＊＊＊　本工程关于雨篷的不正确说法为（　　）。

A. 钢结构玻璃雨篷，玻璃为钢化玻璃

B. 钢结构玻璃雨篷，玻璃为夹胶玻璃

C. 雨篷一～雨篷六的顶部处绝对标高为 95.52m

D. 氟碳喷涂工字钢骨架，耐火极限不小于 1.5h

答案：A

解析： 雨篷的位置在建施-07 二层平面图上查阅，通过索引符号再查阅其详图可知所用材料和标高（换算为绝对标高 90.82＋4.7＝95.52），在建施-01 建筑设计总说明 8.5 可知骨架的材料。

题 2-3-11 ＊　本工程主楼（④～⑨轴）的屋面排水方式是（　　）。

A. 自由排水

B. 有组织外排水

C. 有组织内排水

D. 长天沟排水

答案：C

解析： 查阅建施-13 屋顶平面图可知其排水方式为有组织内排水。

题 2-3-12 ＊＊　本工程遮阳板的角度（　　）。

A. 90°

B. 45°

C. 60°

D. 图中未明确

答案：B

解析： 在建施-06 一层平面图裙房遮阳板处有索引符号 ①，查阅其详图可知为 45°。

题 2-3-13 ＊＊　本工程种植屋面的不正确说法是（　　）。

A. 屋顶标高为 21.50m

B. 排水坡度为 2％

C. 耐根穿刺防水层为 SBS 改性沥青防水卷材

D. 结构找坡

答案：D

解析： 在建施-03 工程做法表中查出屋 3 为种植屋面，知其材料和找坡方法；建施-11 六层平面图可知其所在的位置标高和坡度。

题 2-3-14 ＊＊＊　以下各项中，对民用建筑防火分区正确的描述有（　　）。

A. 在一定时间内，能防止火灾向同一建筑的其余部分蔓延的局部空间

B. 水平方向利用防火墙分隔

C. 竖向利用楼板分隔

D. 建筑地上部分与地下部分防火分区的面积指标相同

E. 必要时可以用防火墙以外的其他设施分隔防火分区

答案：ABCE

题2-3-14

题 2-3-15 ＊＊　本工程非机动车坡道的正确说法（　　）。

A. 入口处标高为 −0.015m

B. 入口处坡度 10%

C. 坡道采用细石混凝土

D. 平面长度为 30.9m

答案：A

解析： 在建施-06 一层平面图上查阅非机动车坡道的位置和入口处的标高，对照建施-20 其详图可知入口坡度为 15% 和平面长度 39m，在建施-03 工程做法表可知其做法为水泥砂浆。

题 2-3-16 ＊＊＊　下列有关地下工程的描述中，错误的是（　　）。

A. 机动车出入口设置明沟排水，高出地面 150mm

B. 反坡坡度为 10%

C. K1 为集水坑，坑底标高为 −11.300m

D. 集水坑周边 3000mm 范围内找 1% 的坡度

答案：D

解析： 在建施-06 一层平面图可查阅地下车库出入口的位置及标高和反坡坡度；在建施-04 地下二层平面图查阅地面标高为 −10.300m，在文字说明中可知 K1 为 1000（长）×1000（宽）×1000（深），所以坑底标高为 −11.300m。

题 2-3-17 ＊　下列门中不宜作为残疾人使用的门是（　　）。

A. 平开门

B. 推拉门

C. 弹簧门

D. 感应门

答案：C

解析： 参见《无障碍设计规范》GB 50763—2012 第 3.5.3（1）条。

题 2-3-18 ＊　不能代替温度变形缝的是（　　）。

A. 防震缝

B. 施工缝

C. 伸缩缝

D. 沉降缝

答案：B

解析： 温度缝基础以上房屋各部分断开，以保证两边自由变形，而施工缝只是施工中预留缝，最后要用混凝土把缝填满，故两边不能自由变形。

题 2-3-19 ＊　本工程卫生间找坡坡度为（　　）。

A. 1%

B. 2%

C. 0.5%

D. 未说明

答案：A

解析： 在建施-03 工程做法表中，楼 3 中知其楼地面找坡坡度为 1%；或在其详图中查阅。

题 2-3-20 ＊＊＊　本工程关于 M1221 说法不正确的是（　　）。

A. M1221 的洞口尺寸是宽 1200mm、高 2100mm

B. M1221 是双扇平开门

C. 立樘与开启方向墙面平

D. 立樘居所在墙中

答案： D

解析： 在门窗表中查阅 M1221 所在的位置平面图，通过平面图查阅其开启方式为双扇平开门；在建筑设计总说明 7.5 中可知其安装位置为立樘与开启方向墙面平。

题 2-3-21 ＊＊　本工程人防地下室抗爆隔墙的高度是（　　）mm。

A. 1500　　　　　　　　B. 1800

C. 2100　　　　　　　　D. 2400

答案： B

解析： 详见建施-04 地下二层战时平面图。

题 2-3-22 ＊＊　本工程自动扶梯二层护栏的防护高度为（　　）mm。

A. 900

B. 1000

C. 1100

D. 1200

答案： C

解析： 由建施-07 二层平面图可知扶梯护栏防护高度为 1100mm。

题 2-3-23 ＊＊＊　关于人防设计说法正确的是（　　）。

A. 防护单元二设置有三个抗爆单元

B. 地下室的防水等级为二级

C. 悬摆式防爆波活门，在战时安装完成

D. 整体人防区域只设计在建筑物地下二层

E. 未设置移动柴油电站

答案： ADE

解析： 由防建施-01 可知，A、D、E 正确；由防建施-01 第五项防水设计可知，B 错误；悬摆式防爆波活门，要在施工时安装完成，C 错误。

题 2-3-24 ＊＊　布置在⑧～⑨轴间 3 台电梯井道底部基坑的深度是（　　）mm。

A. 800

B. 1000

C. 1500

D. 1600

答案： C

解析： 由建施-06 可知，⑧～⑨轴间 3 台电梯分别是 XT3、KT5、KT6，由建施-01 电梯选型表可知，3 台电梯井道底部基坑的深度均为 1500mm。

题 2-3-25 ＊＊　本工程装有消火栓的填充墙体采用的砌墙材料是（　　）。

A. 混凝土实心砖

B. 混凝土空心砖

C. 加气混凝土砌块

D. 多孔页岩砖

答案： C

解析： 详见建施各层平面图及建施-01 第 4.2 条。

题 2-3-26 ＊＊＊　关于本工程消防水池吸水口的正确描述是（　　）。

A. 设置 1 个吸水口，位于主要出入口附近
B. 设置 1 个吸水口，位于次要出入口附近
C. 设置 2 个吸水口，位于主要出入口附近
D. 设置 2 个吸水口，位于次要出入口附近

答案：C
解析：由建施-04 可知，消防水池 1 和消防水池 2 共设置 2 个吸水坑；由建施总-01 中建筑总图施工设计说明第 2.4 条可知，消防水池吸水口位于主要出入口正光街附近。

题 2-3-27 ＊＊　本工程关于卫生间无障碍设施的正确描述是（　　）。

A. 卫生间没有设置无障碍设施
B. 每层卫生间均设置了无障碍设施
C. 只在首层卫生间设置了无障碍设施
D. 只在三层的一个卫生间设置了无障碍设施

答案：C
解析：详见建施-04～建施-13。

题 2-3-28 ＊＊＊　关于核心筒消防设计说法正确的是（　　）。

A. 两部楼梯均为防烟楼梯
B. 只在前室设置了机械送风
C. 消防电梯全程用时小于 60s
D. 合用前室面积不应小于 6m²
E. 地下一层为 3 个防火分区，每个防火分区均有 2 部单独的疏散楼梯

答案：ACE
解析：由建施-06 可知，A 正确；由建施-01 第 13.7 条可知，B、D 错误；由建施-01 电梯选型表可知，C 正确；由建施-01 第 13.4.4 条或建施-05 地下一层平面图可知，E 正确。

建筑物的高度、外部形状、外墙面的装修材料、颜色等在哪个图样中反映？计算外墙面的装修面积、窗墙比等依据哪个图样？这些内容可以通过识读"建筑立面图"完成。

任务目标

1. 熟悉建筑立面图识读基础；
2. 掌握建筑立面图图示内容。

任务内容

在建筑施工图中，建筑立面图是基本图样之一，通过识读背景工程的建筑立面图，掌握建筑立面图所表达的图素内容，理解建筑制图标准的相关规定和含义，并能按照相关标准和规定识读建筑立面图完成相关典型题目。

知识解读

2.4.1　建筑立面图识读基础

1. 建筑立面图的形成原理

建筑立面图形成如图 2-4-1 所示。

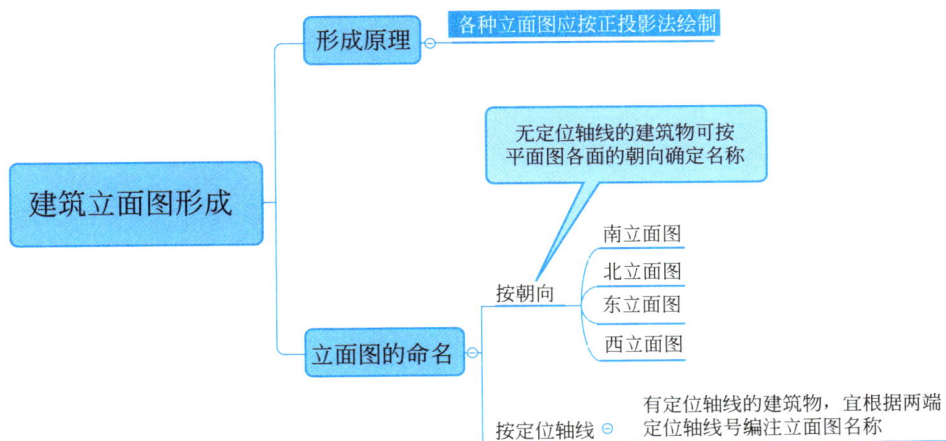

图 2-4-1　建筑立面图形成

2. 建筑立面图包含图素

建筑立面图图素如图 2-4-2 所示。

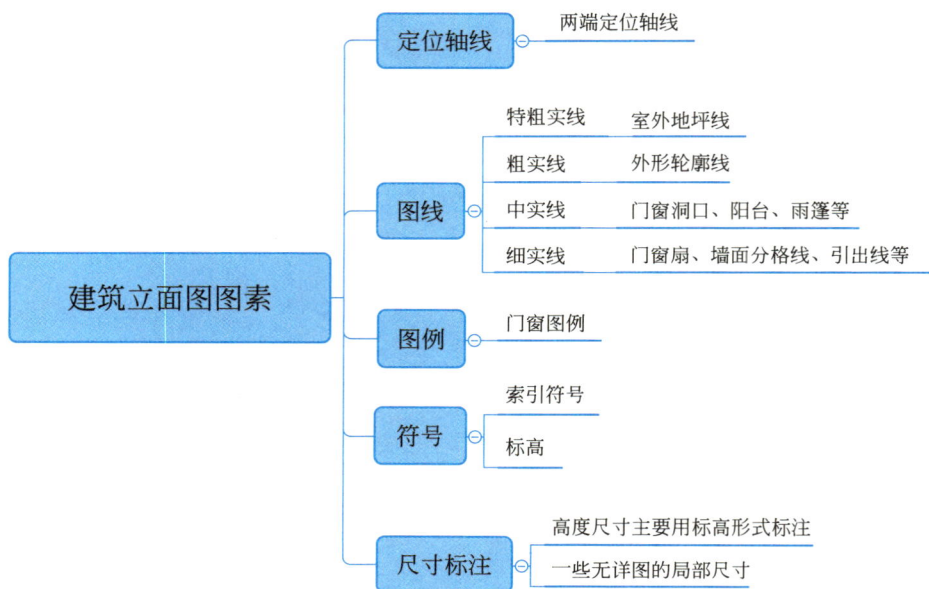

图 2-4-2　建筑立面图图素

3. 建筑立面图识读步骤

建筑立面图识读步骤如图 2-4-3 所示。

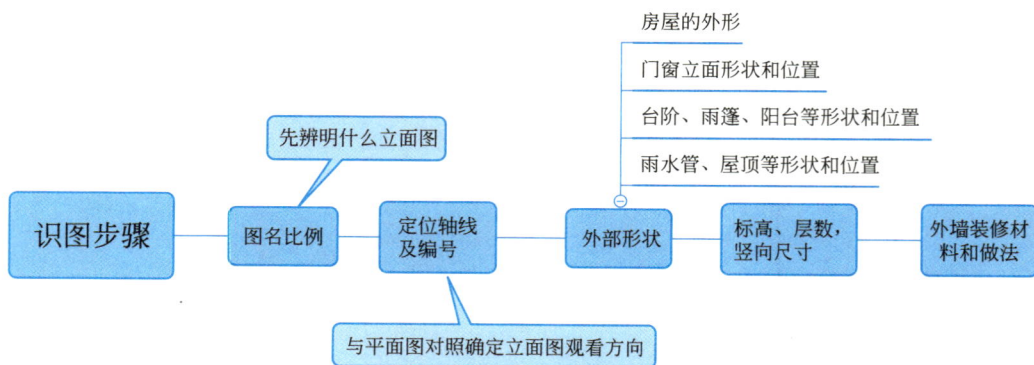

图 2-4-3　建筑立面图识读步骤

2.4.2　建筑立面图图示内容

1. 图示内容

以便民服务中心 B 区为例，进行识读"④～⑩立面图"，图示内容如图 2-4-4 所示。

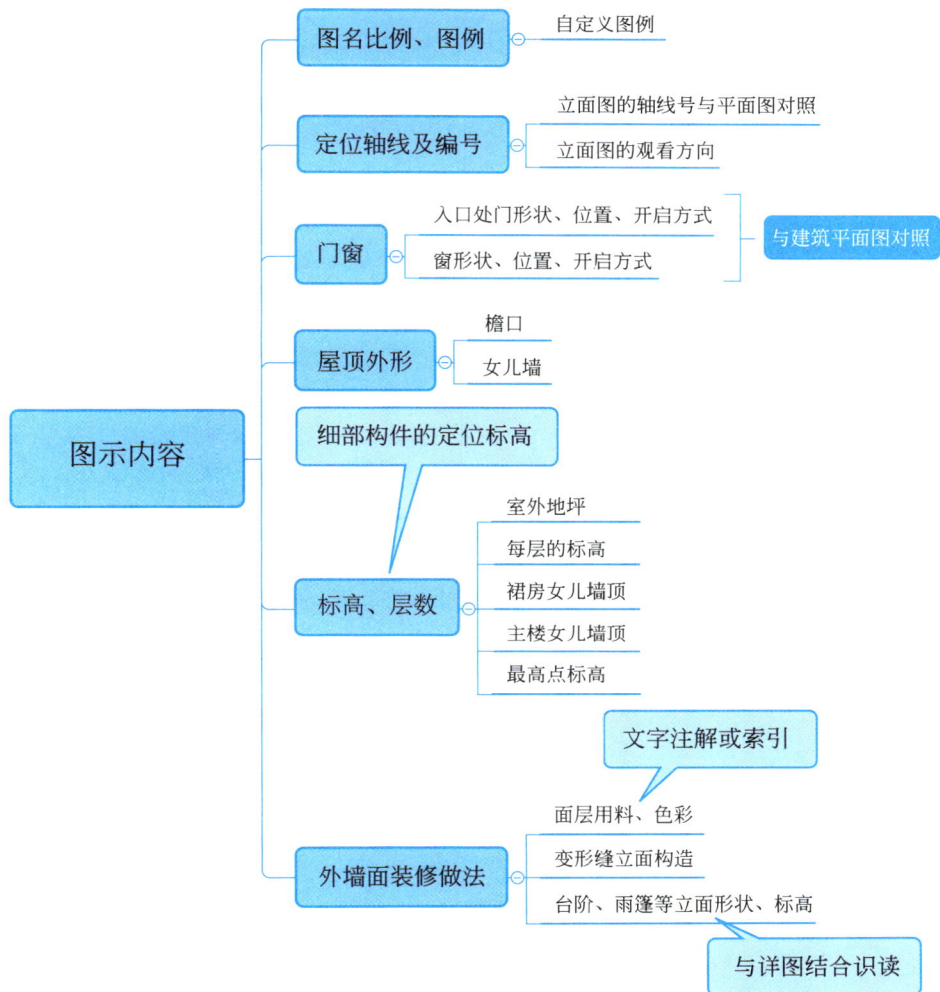

图 2-4-4　建筑立面图图示内容

2. 重要知识点（表 2-4-1）

重要知识点　　　　　　　　　　　　　　　　　　　表 2-4-1

识读内容	重要知识点	具体考点
建筑平面图	1. 图样的形成	投影原理，命名方法
	2. 图例	自定义图例、门窗图例
	3. 定位轴线	轴线编号，与平面图对照明确立面朝向
	4. 标高	室外地坪、各楼层面、檐口、女儿墙
		窗台、雨篷、阳台
	5. 外墙面装修	墙面凸凹变化、装饰线条
		装修材料、颜色、施工的质量要求（参阅建筑设计总说明）
		阳台、雨篷、台阶、勒脚等面层材料做法（参阅建筑设计总说明）

续表

识读内容	重要知识点	具体考点
建筑 平面图	6. 门窗	样式、开启方式（与建筑平面图、门窗表对照）
		高度、与楼地面相对尺寸（与建筑剖面图对照）
	7. 尺寸	外部尺寸三道：最外一道表示总高、中间一道表示层高、最里面一道表示门窗洞口高度及与楼地面的相对位置
	8. 符号	标高
		索引符号
	9. 术语	层高：建筑物各层之间以楼、地面面层（完成面）计算的垂直距离，屋顶层由该层楼面面层（完成面）至平屋面的结构面层或至坡顶的结构面层与外墙外皮延长线的交点计算的垂直距离
		结构标高：标注构件的下底面标高时，应标注不包括面层（粉刷层厚度）在内的结构标高（如梁底、雨篷底的标高），常称作"上光下毛"
		建筑高度：建筑物室外地面到建筑物屋面、檐口或女儿墙的高度。具体查阅《民用建筑设计通则》相关规定
		建筑标高：标注构件的上顶面标高时，应标注包括面层（粉刷层厚度）在内的装修完成后的标高
		室内外高差：一般指自室外地面至设计标高±0.000之间的垂直距离

2.4.3　典型例题及解析（根据附图答题）

题 2-4-1　＊＊＊　建筑立面图的绘制原则有（　　）。

A. 应表示出建筑的体量、轮廓等外观要素
B. 应表示出门窗位置、数量和开启方式
C. 应表示出外墙面装饰材料的种类、色彩和划分
D. 应表示出主要楼层、门窗等部位的标高和竖向尺寸
E. 应表示出主要房间的开间和建筑水平总方向尺寸

答案：ABCD
解析：建筑立面图包括的图示内容。

题 2-4-2　＊＊　立面图的投影和命名原则有（　　）。

A. 属于平行正投影
B. 属于中心投影
C. 按照建筑朝向命名
D. 按照主要立面和次要立面命名
E. 按照起止轴线的编号命名

答案：ACE
解析：正投影法属于平行投影法；《建筑制图标准》GB/T　50104—2010　第4.2.1条规定：各种立面图应按正投影法绘制。4.2.8条规定：定位轴线的建筑物，宜根据两端定位轴线号编注立面图名称。无定位轴线的建筑物可按平面图各面的朝向确定名称。

题 2-4-3　*　本工程玻璃幕墙处采用的墙体保温材料是（　　）。

A. 聚苯板

B. 岩棉板

C. 无机保温砂浆

D. 聚氨酯泡沫

答案：B

解析：在材料做法表玻璃幕墙外墙 3 做法中可知保温材料采用的是 50 厚憎水岩棉板。

题 2-4-4　*　本工程⑩～④立面图可见窗户的开启方式是（　　）。

A. 平开内开　　　　B. 平开外开

C. 上悬外开　　　　D. 上悬内开

答案：C

解析：建施-16 中⑩～④立面图图示出窗的开启方式为上悬外开。

题 2-4-5　*　本工程外墙浅咖啡色石材采用的施工方法是（　　）。

A. 干挂法施工　　　B. 湿贴法施工

C. 滚涂施工　　　　D. 弹涂施工

答案：A

解析：在建施-01 建筑设计总说明中给出本工程石材外墙采用的施工方法。

题 2-4-6　**　本工程玻璃幕墙的防火措施是（　　）。

A. 采用防火玻璃

B. 骨架刷防火漆

C. 每层设通长防火封堵

D. 玻璃幕后侧设置消防水幕

答案：C

题2-4-6

题 2-4-7　***　本工程南立面图中，关于玻璃幕墙 MQ-11 的正确描述是（　　）。

A. 其上用浅咖啡色铝板装饰，竖向装饰线条，本设计没有给出具体的构造做法

B. 其上用浅咖啡色铝板装饰，横向装饰线条，本设计已经给出具体的构造做法

C. 其上用浅咖啡色铝板装饰，横向装饰线条，本设计没有给出具体构造做法，应由专业设计单位设计

D. 其上用浅咖啡色铝板装饰，竖向装饰线条，本设计已经给出具体的构造做法

答案：C

解析：在建施-08 三层平面图查阅 MQ-11 的位置，南立面图在④～⑩轴线间，南面外墙面中的 MQ-11 处装有横向浅咖啡色铝板，在建施-01 建筑设计总说明中 8.2 可知为专业公司设计和施工。

题 2-4-8　***　关于本工程立面细部处理正确的描述是（　　）。

A. 所有出入口上方均设有雨篷

B. 所有出入口上方均没有设雨篷

C. 裙房出入口上方均设置雨篷

D. 主楼出入口上方均设置雨篷

答案：D

解析：在建施-06 一层平面图中可知出入口的位置，在建施-07 二层平面图可知雨篷的设置情况，另外上人屋面的出入口处的雨篷在相应的平面图中查阅。裙房中菜市场出入口未设置雨篷。

题 2-4-9 ＊＊ 当建筑立面比较简单，而且对称时，立面图的绘制方法可以是（　　）。

A. 必须要绘出完整立面

B. 不必绘出完整立面

C. 只绘出一半立面

D. 只绘出一半立面，并在对称线处画出对称符号

答案：D

解析：《建筑制图标准》GB/T 50104—2010 第 4.2.5 条中规定。

题 2-4-10 ＊ 建筑立面图中的室外地坪线是（　　）。

A. 室外设计地面

B. 室外自然地面

C. 室内一层地面

D. 室内二层地面

答案：A

解析：建筑立面图中室外地坪线应是室外设计地面。

题 2-4-11 ＊＊ 本工程屋顶消防水箱间的外墙饰面材料为（　　）。

A. 浅黄色真石漆

B. 米黄色石材幕墙

C. 氟碳喷涂铝型材

D. 金属铝板

答案：A

解析：在建施-13 消防水箱间平面图可知其位置，再在建施-17 立面图查阅消防水箱间外墙做法为外墙 1，详见本张图纸图例可知其饰面材料为浅黄色真石漆。

题 2-4-12 ＊＊ 根据节能设计要求，立面图窗框与外墙保温材料之间应以（　　）封缝。

A. 沥青橡胶

B. 聚氨酯

C. 沥青麻丝

D. 密封胶

答案：D

解析：在建筑设计总说明 7.6.3 中查阅。

题 2-4-13 ＊＊＊ ⑩～④立面图中标高 19.400m 处女儿墙压顶标高为（　　）m。

A. 19.400

B. 18.500

C. 17.900

D. 图纸未明确

答案：B

解析：在建施-16 中⑩～④立面图标高 19.400m 为幕墙顶部标高，在建施-10 五层平面图其相应位置有索引符号为⑦/29，详见建施-28 中的⑦墙身详图中可查阅其女儿墙压顶标高 18.500m。

题 2-4-14 ＊＊ ⑫～Ⓐ立面图中，门洞上方雨篷的顶标高为（　　）m。

A. 4.800

B. 4.700

C. 4.300

D. 4.000

答案：B

解析：在建施-17 ⑫～Ⓐ立面图中，图例 ▢ 为门洞，可以查阅雨篷的顶标高为 4.700m。

题 2-4-15 ＊＊＊ 建筑主楼应从（　　）标高算起，本工程主楼的建筑高度为（　　）m。

A. 室外地坪；59.9 　　　B. 一层室内地面；59.3
C. 室外地坪；67.7 　　　D. 室外地坪；64.3

答案：A

题2-4-15

题 2-4-16 ＊＊ 本工程裙房立面主要采用的装修材料是（　　）。

A. 银白色铝板
B. 浅咖啡色干挂石材
C. 浅黄色真石漆
D. 浅咖啡色铝板

答案：A
解析：在建施-14～建施-17四个立面图中绘制了四个自定义外墙装修材料图例，可知裙房的立面装修材料为银白色铝板和浅咖啡色铝板，其中使用较多的是银白色铝板。

题 2-4-17 ＊＊ 本工程室内外联系的过渡部分是（　　）。

A. 坡道
B. 门窗
C. 台阶
D. 雨篷
E. 阳台

答案：ACD
解析：在建施-14～建施-17建筑立面图或在建施-06一层平面图及建施-07二层平面图中均可知室内外高差为0.3m，出入口处设置台阶和坡道、雨篷。

题 2-4-18 ＊＊ 从（　　）可知是建筑物朝哪一方向的立面图。

A. 定位轴线编号　　　B. 指北针
C. 图名　　　D. 窗户的开启方向
E. 建筑物的外形

答案：AC
解析：参见《建筑制图标准》GB/T 50104—2010 第4.2.8条规定。

题 2-4-19 ＊ 下列选项中，是建筑立面图所表达的内容是（　　）。

A. 各层梁板、楼梯、屋面的结构形式、位置
B. 楼面、阳台、楼梯平台的位置和尺寸
C. 外墙表面装修的做法
D. 门窗洞口、窗间墙等的平面尺寸

答案：C
解析：建筑立面图图示内容为外墙面装修材料及做法，立面形状等。

题 2-4-20 ＊ 本工程立面图最高处的标高为 67.700m 是（　　）标高。

A. 消防水箱间女儿墙顶
B. 消防水箱间屋顶
C. 热水泵房女儿墙顶
D. 热水泵房屋顶

答案：A
解析：由立面图对照屋顶平面图上的标高，再查阅消防水箱间平面图知其为最高屋面，标高为67.100m，女儿墙处标高为67.700m。

任务 2.5　**识读"建筑剖面图"**

　　我们通过识读建筑剖面图，了解建筑物的内部在竖直空间的分层及构配件的高度、形状，结合建筑平面图和立面图，从而达到对建筑物有一个总体的了解，想象出它的规模和轮廓。

任务目标

　　1. 熟悉建筑剖面图识读基础；
　　2. 掌握建筑剖面图图示内容。

任务内容

　　在建筑施工图中，建筑剖面图与建筑平面图、立面图一样都是基本图样，通过识读背景工程的建筑剖面图，掌握建筑剖面图所表达的图素内容，理解建筑制图标准、建筑构造的相关标准和规程的相关规定及含义，并能按照标准和规定识读建筑剖面图完成相关典型题目。

知识解读

2.5.1　建筑剖面图识读基础

1. 建筑剖面图的形成原理

建筑剖面图形成如图 2-5-1 所示。

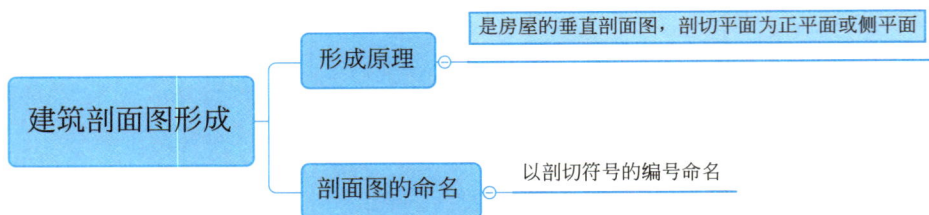

图 2-5-1　建筑剖面图形成

2. 建筑剖面图包含图素

建筑剖面图图素如图 2-5-2 所示。

3. 建筑剖面图识读步骤

建筑剖面图识读步骤如图 2-5-3 所示。

建筑剖面图图素

- 定位轴线
  - 两端定位轴线及其编号，以便与平面图对照
  - 有时也注出中间轴线

- 图线
  - 特粗实线 ⊖ 室外地坪线
  - 粗实线 ⊖ 剖切到的楼面层和屋顶层、墙
  - 中实线 ⊖ 可见的门窗洞、楼梯段、女儿墙压顶、内外墙轮廓线等
  - 细实线
    - 门窗扇及其分格线、水斗、雨水管、外墙引条线等
    - 比例大于1:50，应画出抹灰层、保温隔热层等与楼地面、屋面的面层线

- 图例
  - 门窗图例
  - 材料图例
    - 比例大于1:50剖面图，并宜画出材料图例
    - 比例为1:200～1:100剖面图，可简化的材料图例
    - 比例小于1:200的剖面图，可不画材料图例

- 符号
  - 索引符号
  - 标高
    - 建筑标高
    - 楼地面、地下层地面、阳台、平台、楼梯等处的高度尺寸及标高，应注写完成面的标高
    - 结构标高
    - 其余部位注写毛面的高度尺寸及标高

- 尺寸标注
  - 图形外部标注三道尺寸
    - 最外一道为总高尺寸
    - 中间一道为层高尺寸
    - 最里面一道尺寸为细部尺寸，标注墙段及洞口尺寸
  - 室内外地坪、各层楼面、门窗的上下口及墙顶等部位的标高

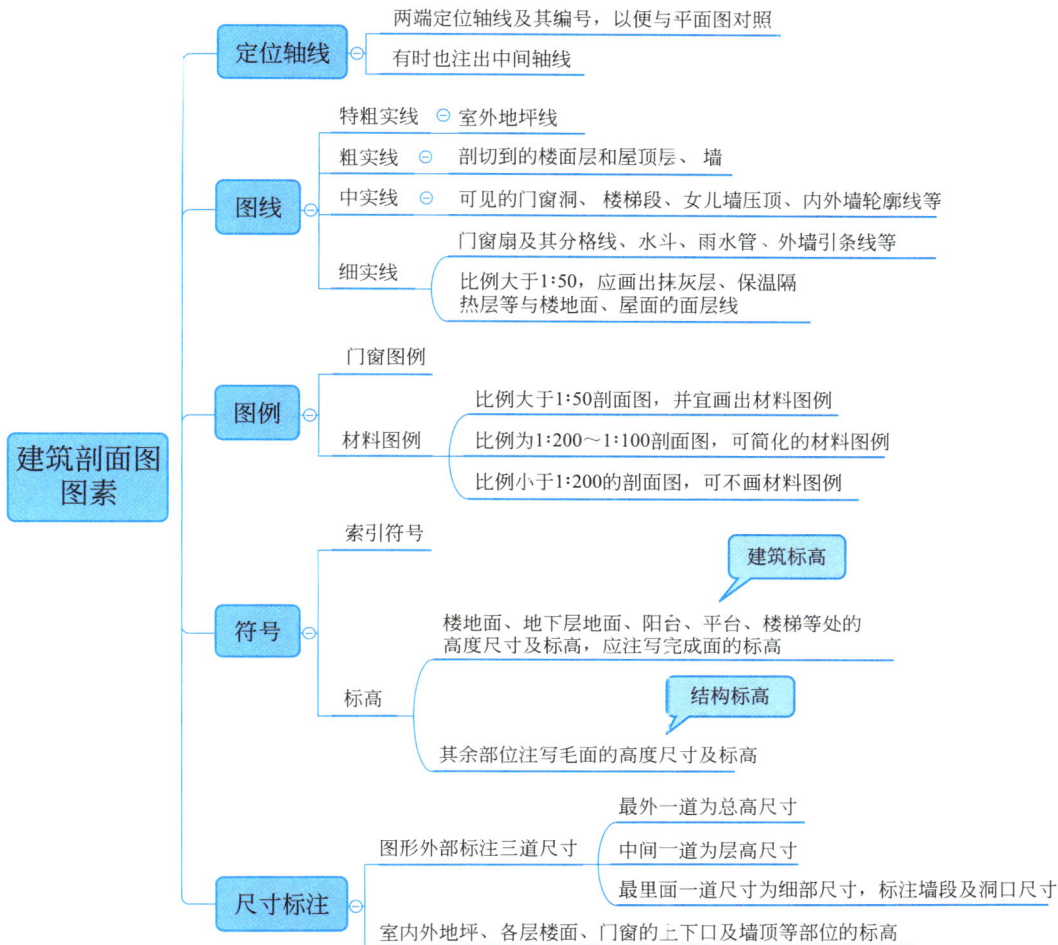

图 2-5-2 建筑剖面图图素

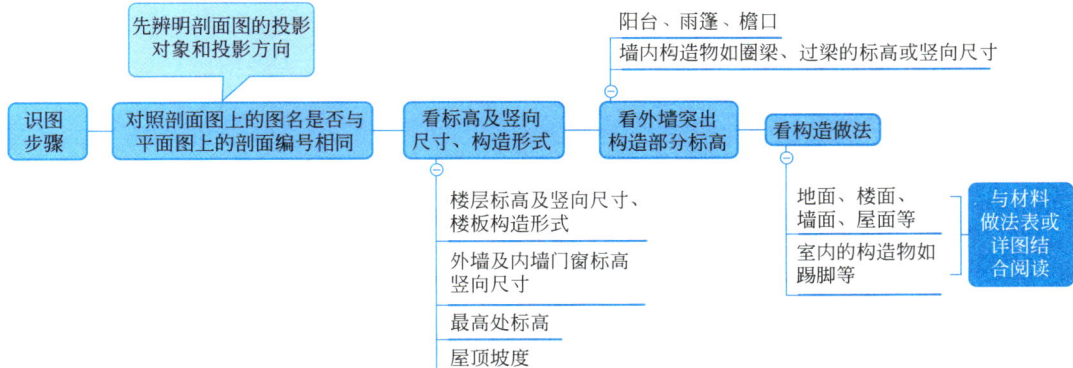

识图步骤

- 先辨明剖面图的投影对象和投影方向
- 对照剖面图上的图名是否与平面图上的剖面编号相同
- 看标高及竖向尺寸、构造形式
  - 楼层标高及竖向尺寸、楼板构造形式
  - 外墙及内墙门窗标高竖向尺寸
  - 最高处标高
  - 屋顶坡度
- 看外墙突出构造部分标高
  - 阳台、雨篷、檐口
  - 墙内构造物如圈梁、过梁的标高或竖向尺寸
- 看构造做法
  - 地面、楼面、墙面、屋面等
  - 室内的构造物如踢脚等
  - 与材料做法表或详图结合阅读

图 2-5-3 建筑剖面图识读步骤

2.5.2　建筑立面图图示内容

1. 图示内容（图 2-5-4）

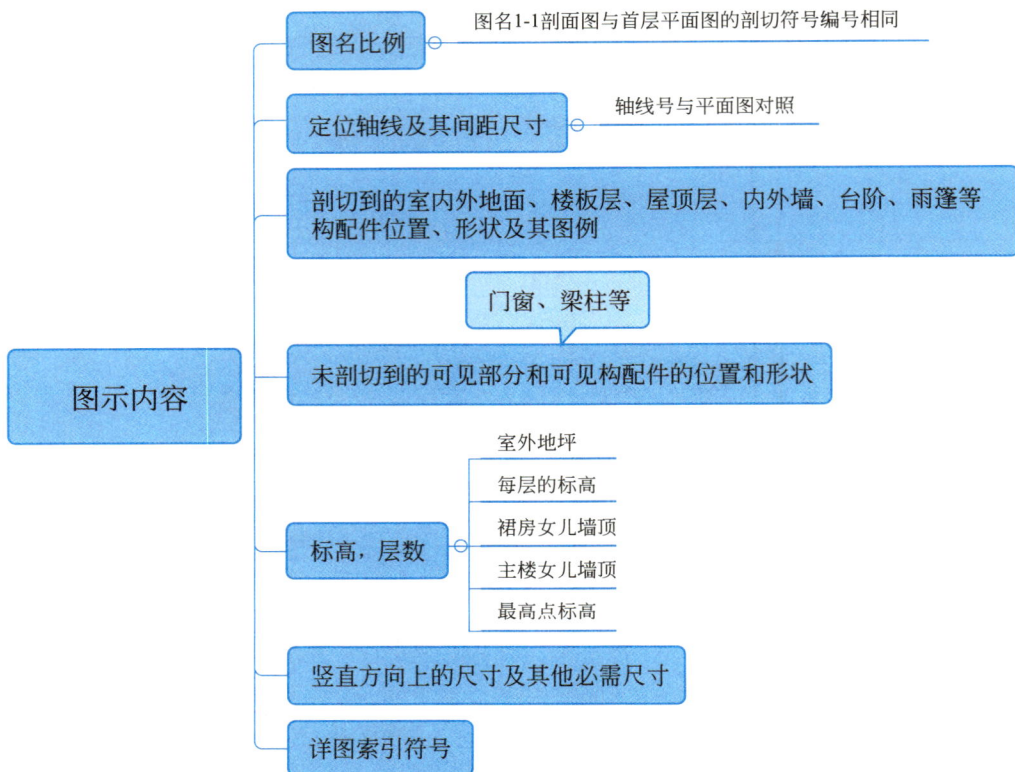

图名比例 —— 图名1-1剖面图与首层平面图的剖切符号编号相同

定位轴线及其间距尺寸 —— 轴线号与平面图对照

剖切到的室内外地面、楼板层、屋顶层、内外墙、台阶、雨篷等构配件位置、形状及其图例

门窗、梁柱等

未剖切到的可见部分和可见构配件的位置和形状

图示内容

标高，层数
- 室外地坪
- 每层的标高
- 裙房女儿墙顶
- 主楼女儿墙顶
- 最高点标高

竖直方向上的尺寸及其他必需尺寸

详图索引符号

图 2-5-4　建筑剖面图图示内容

2. 重要知识点（表 2-5-1）

重要知识点　　　　　　　　　　　　　　　　　　　　　　表 2-5-1

识读内容	重要知识点	具体考点
建筑平面图	1. 图样的形成	垂直剖面图，剖切符号注写在±0.000 标高的平面图或首层平面图上
	2. 图例	门窗图例、材料图例
	3. 定位轴线	剖切到的墙或梁的定位轴线编号，与平面图剖切符号对照明确其投影方向
	4. 标高	室外地坪、各楼层面、最高处等
		门窗、雨篷、阳台、檐口、女儿墙等
	5. 构造做法	楼地面、墙面、屋面(参阅建筑设计总说明材料做法表)
		剖切处可看出的室内构造物如护窗栏杆、门窗等
	6. 门窗	高度、与楼地面相对尺寸(与建筑立面图对照)
	7. 尺寸	总高、层高、门窗洞口高度及与楼地面的相对位置

续表

识读内容	重要知识点	具体考点
建筑平面图	8. 符号	索引符号
	9. 术语	结构标高:标注构件的下底面标高时,应标注不包括面层(粉刷层厚度)在内的结构标高(如梁底、雨篷底的标高),常称作"上光下毛"
		建筑标高:标注构件的上顶面标高时,应标注包括面层(粉刷层厚度)在内的装修完成后的标高
		室内净高:从楼、地面面层(完成面)至吊顶或楼盖、屋盖底部之间的有效使用空间的垂直距离
		室内外高差:一般指自室外地面至设计标高±0.000之间的垂直距离

2.5.3　典型例题及解析（根据附图答题）

题 2-5-1　＊＊　关于"建筑标高"的正确定义有（　　）。

A. 应标注在建筑构造的完成面

B. 应标注在结构构件的表面

C. 应该以"m"为单位，但要精确到"mm"

D. 应该以"m"为单位，但要精确到"cm"

E. 剖面图中标注的标高为绝对高程

答案：AC

解析：建筑标高为标注构件的上顶面标高时，应标注包括面层（粉刷层厚度）在内的装修完成后的标高。《房屋建筑制图统一标准》GB/T 50001—2017 第 11.8.4 条规定。

题 2-5-2　＊＊＊　本工程建筑剖面图中"22.100"标高表示的是（　　）。

A. 建筑完成面标高，属于相对高程

B. 建筑完成面标高，属于绝对高程

C. 结构完成面标高，属于相对高程

D. 结构完成面标高，属于绝对高程

答案：A

解析：《建筑制图标准》GB/T 50104—2010 第 4.5.3 条规定。

题 2-5-3　＊　描述建筑剖面图，下列说法正确的是（　　）。

A. 是房屋水平投影

B. 是房屋的水平剖面图

C. 是房屋的垂直剖面图

D. 是房屋的垂直投影图

答案：C

解析：建筑剖面图形成原理为用剖切平面（正平面或者侧平面），在有代表性的部位剖切。

题 2-5-4　＊　反映建筑内部的结构构造、垂直方向分层情况、各层楼地面、屋顶的构造等情况为（　　）。

A. 剖面图　　　　B. 平面图

C. 立面图　　　　D. 详图

答案：A

解析：《建筑制图标准》GB/T 50104—2010 第 4.3.3 条规定。

题 2-5-5 ＊＊ 沿一定方向将建筑物剖切后，在绘制建筑剖面图时，剖切到的部位可以不绘制的是（ ）。

A. 墙体

B. 门窗

C. 基础

D. 屋顶

答案：C

解析：基础属于结构构件，在结构施工图基础图中图示其构造和尺寸等。

题 2-5-6 ＊＊ 相对标高是以建筑的（ ）高度为零点参照点。

A. 基础顶面

B. 基础底面

C. 室外地面

D. 室内首层地面

答案：D

解析：相对标高是把室内首层地面高度定位相对标高的零点，用于建筑施工图的标注。

题 2-5-7 ＊ 建筑剖面图一般不需要标注（ ）等内容。

A. 门窗洞口高度

B. 层间高度

C. 楼板与梁的断面高度

D. 建筑物总高

答案：C

解析：结构构件楼板与梁的断面高度在结构施工图中图示。

题 2-5-8 ＊ 下列选项中，不是建筑剖面图所表达的内容是（ ）。

A. 各层梁板、楼梯、屋面的结构形式、位置

B. 楼面、阳台、楼梯平台的标高

C. 外墙表面装修的做法

D. 门窗洞口、窗间墙等的高度尺寸

答案：C

解析：外墙面装修的做法在建筑立面图中图示。

题 2-5-9 ＊ 建筑物的高度可以在（ ）读到。

A. 建筑平面图

B. 建筑剖面图

C. 建筑立面图

D. 屋顶平面图

E. 楼梯平面图

答案：BC

解析：建筑剖面图和建筑立面图都是在正立投影面和侧立投影面上的投影图，所以均反映高度。

题 2-5-10 ＊＊ 本工程 1-1、2-2 剖面图的剖切符号注写在（ ）上。

A. 地下一层平面图

B. 首层平面图

C. 一层平面图

D. 二层平面图

答案：C

解析：《房屋建筑制图统一标准》GB/T 50001—2017 第 7.1.2 条规定：建（构）筑物剖面图的剖切符号应注在±0.000 标高的平面图或首层平面图上。本工程±0.000 平面图为一层平面图。

题 2-5-11 ＊＊＊ 本工程 KT3 井道的高度为（　　）m。

A. 60.7

B. 72.9

C. 62.3

D. 以上都不是

答案：B

解析： 在建施-06 一层平面图查阅 KT3 的位置在主楼，通过建施-06 中 1-1 剖面图的剖切符号对照其剖面图，可知井道的顶面标高是 60.700m，坑底标高是 —12.200m，所以井道的高度 60.7＋12.2＝72.9m。

题 2-5-12 ＊＊＊ 本工程的层高不满足模数数列要求的是（　　），层高为（　　）mm。

A. 地下二层，4900

B. 一层，5000

C. 地下一层，3900

D. 二层，4500

E. 一层，5100

答案：AB

解析： 查阅建施-18 中 1-1 剖面图可知，本工程各楼层的层高分别为（地下到地上）：4900mm、5100mm、5000mm、4500mm、4200mm、3600mm，按照《建筑模数协调标准》GB/T 50002—2013 规定：竖向扩大模数基数为 3M、6M。所以 4900 和 5000 不符合模数数列。

题 2-5-13 ＊＊＊ 对本工程地下一层隔油间，以下说法正确的是（　　）。

A. 层高 3.8m，墙体为钢筋混凝土承重墙和 200mm 厚加气混凝土砌块

B. 层高 3.9m，墙体为钢筋混凝土承重墙和 200mm 厚加气混凝土砌块

C. 层高 3.8m，墙体为钢筋混凝土承重墙和 250mm 厚加气混凝土砌块

D. 层高 3.9m，墙体为钢筋混凝土承重墙和 250mm 厚加气混凝土砌块

答案：A

题2-5-13

题 2-5-14 ＊＊＊ 关于本工程，描述正确的是（　　）。

A. 层高是 3600mm 的创意办公室，陶瓷地砖楼面

B. 层高是 3600mm 的创意办公室，地砖防水楼面

C. 层高是 4500mm 的创意办公室，陶瓷地砖楼面

D. 层高是 4500mm 的创意办公室，地砖防水楼面

E. 层高是 4900mm 的创意办公室，地砖防水楼面

答案：ACE

题2-5-14

题 2-5-15 ＊＊　本工程关于护窗栏杆的做法为（　　）。

A. 栏杆高度为 1100mm

B. 楼板向上做 200 高混凝土翻边

C. 扶手为 3mm 厚 φ20 不锈钢管

D. 扶手为 3mm 厚 φ50 不锈钢管

E. 栏杆为 3mm 厚 φ20 不锈钢管

答案：ABDE

解析：查阅建施-18 中 1-1 剖面图、建施-19 中 2-2 剖面图，可知靠室外一侧的窗安装护窗栏杆，再查阅墙身详图可知其所用的材料及 200 高的混凝土翻边。

题 2-5-16 ＊＊　关于本工程的描述错误的是（　　）。

A. 室内外高差为 0.300m

B. 雨水管采用 φ100 硬质 UPVC 管材

C. 平屋面排水坡度为 2%

D. 外墙体采用 200mm 厚保温砌块

答案：D

解析：查阅建施-18 或建施-19 剖面图可知室内外高差为 0.300m；在建施-01 建筑设计总说明 6.5 可知雨水管采用 φ100 硬质 UPVC 管材、平屋面排水坡度为 2%；在建施-01 建筑设计总说明 4.2，可知外墙体采用 250mm 厚保温砌块。

题 2-5-17 ＊＊＊　关于本工程菜市场的说法正确的是（　　）。

A. 净高为 2.8m

B. 层高 5m、4.5m

C. 采用地砖防水楼面，聚合物水泥防水涂料

D. 采用地砖防水楼面，合成高分子防水涂料

E. 顶棚为铝合金 T 型龙骨矿棉装饰板，防火为 A 级

答案：BDE

题2-5-17

题 2-5-18 ＊＊　本工程屋 5 的描述不正确的是（　　）。

A. 一层室外平台

B. 结构标高为－0.015m

C. 结构标高为－0.300m

D. 采用 SBS 改性沥青防水卷材防水层

答案：B

解析：在建施-03 工程做法表中可知屋 5 是一层室外平台、其防水材料 SBS 改性沥青防水卷材；查阅建施-06 一层平面图知其位置在东边文体出入口处，标高－0.015m 为建筑标高，结构标高为－0.300m。

题 2-5-19 ＊＊＊　关于本工程主楼部分（④～⑩轴）门厅说法不正确的是（　　）。

A. 层高 5000mm

B. 雨篷为钢结构玻璃雨篷，悬挑长度为 1100mm

答案：B

题2-5-19

C. 台阶面层为 40mm 厚花岗条石

D. 净高为 3600mm

题 2-5-20　*　以下关于建筑室内净高的说法中，正确的是
（　　）。

A. 室内净高应按本层楼地面完成面至上一层楼地面完成面
之间的垂直距离计算

B. 室内净高应按本层楼地面完成面至上一层楼地面结构层
顶面之间的垂直距离计算

C. 室内净高应按本层楼地面结构层顶面至上一层楼地面结
构层顶面之间的垂直距离计算

D. 室内净高应按本层楼地面完成面至吊顶或楼板或梁底面
之间的垂直距离计算

答案：D

解析：A 选项为建筑层高；
C 选项为结构层高；D 选
项为室内净高。

任务 2.6　识读"建筑详图"

建筑物平面图、立面图和剖面图虽然能够表达建筑物的外部形状、平面布置、内部构造和主要尺寸、外墙面的装修材料等，但由于比例较小，某些建筑构配件和某些剖面节点部位式样，以及具体尺寸、做法和用料等不能表达清楚，为满足施工需求，必须另外绘制较大比例的图样，才能表达清楚。这种图样叫建筑详图。

任务目标

1. 熟悉建筑详图识读基础；
2. 掌握建筑详图图示内容。

任务内容

建筑详图是对建筑平、立、剖面图的补充和深化。通过识读背景工程的建筑详图，掌握建筑详图所表达的图示内容，理解建筑制图标准的相关规定和含义，并能按照相关标准和规定识读建筑详图及完成相关典型题目。

知识解读

2.6.1　建筑详图识读基础

1. 建筑详图的类型
建筑详图类型如图 2-6-1 所示。

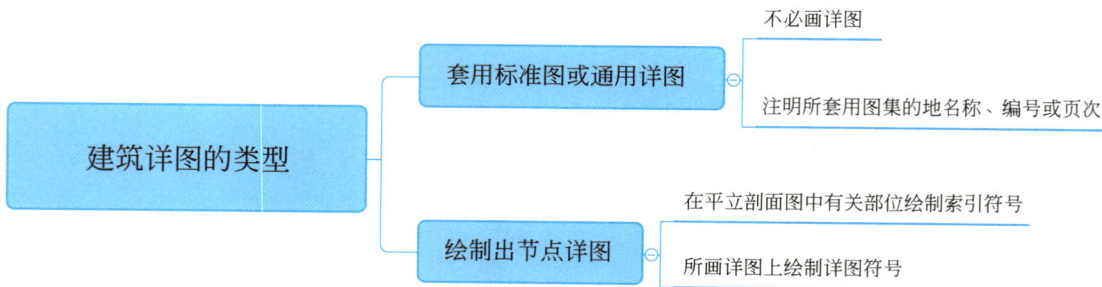

图 2-6-1　建筑立面图类型

2. 建筑详图包含图样
建筑详图包含的图样如图 2-6-2 所示。

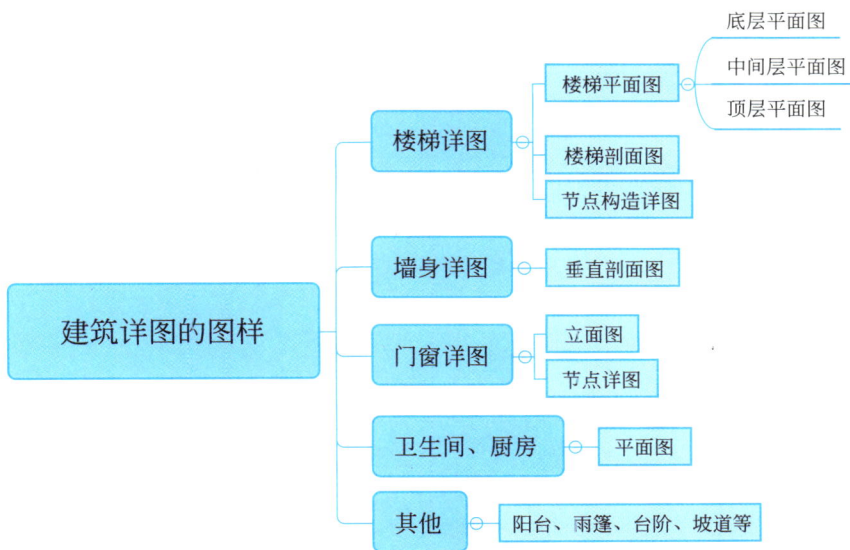

图 2-6-2 建筑详图图样

2.6.2 建筑详图图示内容

1. 图示内容(图 2-6-3)

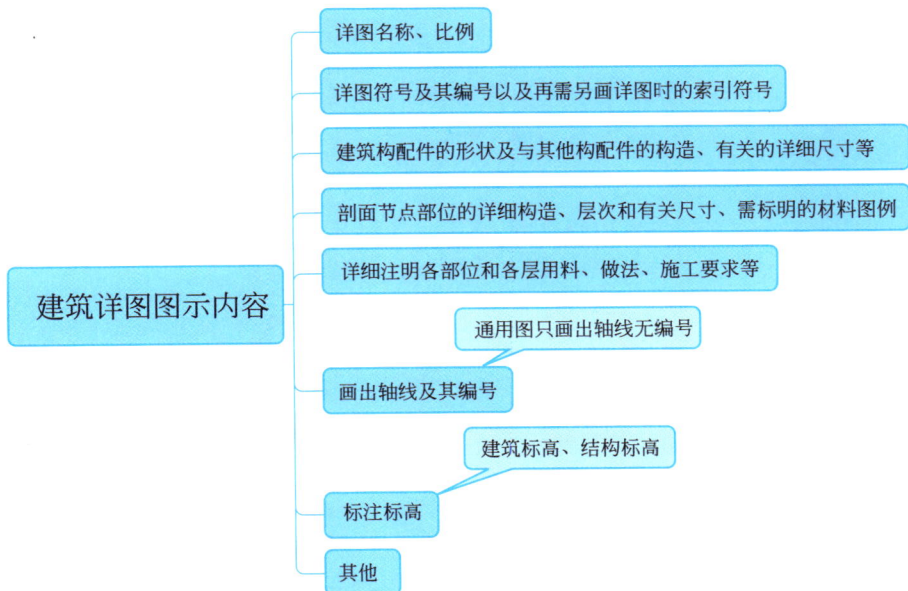

2-6-1
门窗详图

图 2-6-3 建筑详图图示内容

2. 重要知识点（表 2-6-1）

重要知识点　　　　　　　　　　　　　　　　　　　　　　　表 2-6-1

识读内容	重要知识点	具体考点
楼梯详图	1. 辨析楼梯的分类	楼梯间的平面形式：防烟楼梯间、封闭楼梯间、开敞楼梯间
		楼梯平面形式分类
		楼梯结构形式分类
	2. 梯段	梯段的数量、踏步数、梯段的走向
		踏面宽、梯面高、梯段宽度
	3. 构造做法	无障碍楼梯的构造要求
		民用建筑楼梯的构造要求
		踏步、栏杆、扶手材料和施工要求
	4. 尺寸	楼地面、休息平台标高
		楼梯间开间、进深，梯段的定位尺寸
		平台及梯井宽度
	5. 电梯、自动人行道	井道尺寸及构造做法，基坑尺寸及构造做法等
		自动人行道的坡度等
墙身详图	6. 室内外地面构造	墙身厚度与定位轴线
		散水、勒脚、台阶等构造和尺寸
	7. 门窗节点	窗台构造，施工要求
		标高（建筑标高、结构标高）
	8. 楼地面节点	楼面与墙体的位置关系
		楼地面构造及标高，施工要求
	9. 屋面节点	屋面构造及标高，施工要求
		女儿墙构造及尺寸，施工要求
	10. 外墙面	外墙面装修构造，施工要求
其他详图	11. 门窗详图	立面形状和窗扇尺寸，开启方式（百叶窗的位置）
		标高
	12. 机动车、非机动车坡道等详图	位置、坡度、转弯半径、变坡点位置
		坡道构造（如截水沟）等
	13. 卫生间详图	定位轴线及轴线间距、防水构造做法（结合建筑设计总说明）、施工要求
		坡度、标高、尺寸
		无障碍卫生间的构造要求
	14. 建筑节能设计	屋顶、楼板、墙体、门窗等构造措施（绿色建筑设计专篇），施工要求
		节能主要参数

2.6.3 典型例题及解析（根据附图答题）

题 2-6-1 ＊＊＊ 关于本工程楼梯不正确的描述是（ ）。

A. 共有 13 部楼梯

B. 通向地下室二层为 4 部

C. 栏杆为一类栏杆

D. 无障碍楼梯 4 部

答案：D

题2-6-1

题 2-6-2 ＊ 根据消防设计要求，本工程的 1# 楼梯设计为（ ）。

A. 防烟楼梯间

B. 封闭楼梯间

C. 开敞式楼梯间

D. 与电梯共用的楼梯间

答案：A

解析：查阅建施-21 中 1# 楼梯详图中楼梯平面图可知其为防烟楼梯间。

题 2-6-3 ＊＊＊ 本工程关于 2# 楼梯的正确描述有（ ）。

A. 1 层～2 层梯段的踏步数量合计为 28 步

B. 1 层～2 层梯段的踏步数量合计为 26 步

C. 楼梯段宽度为 1500mm

D. 该楼梯属于封闭楼梯间

E. 该楼梯属于防烟楼梯间

答案：ACE

解析：详见建施-22 中 2# 楼梯详图中 2a-2a 剖面图踏步数为 28 步；查阅楼梯平面图可知梯段的宽度为 1500mm，楼梯间为防烟楼梯间。

题 2-6-4 ＊＊＊ 本工程 3# 楼梯是无障碍楼梯，应满足（ ）。

A. 踏步宽度不应小于 280mm

B. 其踏步高度不应大于 160mm

C. 宜在两侧均做扶手

D. 距踏步起点和终点 250～300mm 宜设提示盲道

E. 可以采用直角形突缘的踏步

答案：ABCD

解析：《无障碍设计规范》GB 50763—2012 第 3.6.1 条无障碍楼梯应符合下列规定。

题 2-6-5 ＊ 本工程楼梯扶手采用（ ）调和漆。

A. 深棕色

B. 棕色

C. 咖啡色

D. 未在图纸中说明

答案：A

解析：查阅建施-01 建筑设计总说明 10.3 可知：楼梯扶手采用深棕色调和漆。

题 2-6-6 ＊＊ 10# 楼梯剖面图在首层处 45°斜线所表示的是（ ）。

A. 一层向上楼梯与一层向下楼梯之间的分隔墙

B. 砖砌体的图例

C. 混凝土剪力墙的图例

答案：A

题2-6-6

D. 轻质隔墙的图例施工

题 2-6-7 ＊＊＊　对于民用建筑构造要求，下列关于楼梯说法正确的有（　　）。

A. 每个梯段的踏步一般不超过 18 级，应不少于 3 级

B. 梯段平台净宽不应小于楼梯梯段净宽，且不小于 1.20m

C. 梯井净宽大于 0.11m，必须采取防止儿童攀滑的措施

D. 裙房的疏散楼梯应采用封闭楼梯间

E. 楼梯平台上部及下部过道处的净高不应小于 2.2m，梯段净高不宜小于 2m

答案：ABCD

题2-6-7

题 2-6-8 ＊　工程中庭自动人行道的坡度是（　　）。

A. 27°

B. 30°

C. 35°

D. 12°

答案：D

解析：查阅建施-01 建筑设计总说明表格自动人行道选型表。

题 2-6-9 ＊＊　关于本工程楼梯梯段栏杆高度为（　　）mm，其做法（　　）。

A. 900，见图集 12YJ8

B. 1100，见图集 12YJ8

C. 900，见图集 12YJ6

D. 1100，见图集 12YJ6

答案：A

解析：在建施-01 建筑设计总说明 9.9 中给出楼梯栏杆高度为 900mm；在楼梯详图中可查阅栏杆的做法图集编号为 12YJ8。

题 2-6-10 ＊＊　关于外墙墙身详图的正确描述有（　　）。

A. 通常的绘图比例为 1∶20

B. 应当绘出材料的图例符号

C. 根据实际情况可以引用标准图

D. 应当绘出每一层外墙的细部构造

E. 构造相同的楼层，可以只绘出标准层构造，但要用标高符号表达清楚

答案：ABCE

解析：墙身详图图示内容中规定如果中间各层构造做法相同可以用折断线只画标准层注出相应的标高，所以不需绘出每一层的墙身详图。

题 2-6-11 ＊＊　关于本工程墙身详图的正确描述有（　　）。

A. 注明了散水的坡度

B. 部分细部构造没有在墙身详图中注明，而是另有详图

C. 采用铝合金遮阳板

D. 屋面构造是在其他图纸中注明和另有详图

E. 钢构雨篷由相应资质专业单位制作安装

答案：ABCDE

解析：将 A、B、C、D 与本工程所有墙身详图对照查阅，E 在建施-01 建筑设计总说明 8.5 表述。

题 2-6-12 ＊＊　本工程外墙采用保温砌块其定位轴线位于墙体的尺寸是（　　）mm。

A. 125、125

B. 100、100

答案：D

解析：查阅墙身详图定位轴线位于保温砌块墙体尺寸为 150mm、100mm。

C. 150、150

D. 以上说法均错

题 2-6-13　＊　本工程女儿墙说法正确的是（　　）。

A. 压顶厚度为 100mm，钢筋混凝土

B. 水泥砂浆封顶

C. 泛水高度未明确

D. 与幕墙缝隙用沥青麻丝填料

答案：A

解析：查阅墙身详图女儿墙。

题 2-6-14　＊　女儿墙泛水处防水层的泛水高度不应小于（　　）mm。

A. 100

B. 150

C. 200

D. 250

答案：D

解析：根据平屋面的细部构造中泛水构造要求。

题 2-6-15　＊＊　本工程外墙面热桥部位保温材料是（　　）。

A. 60mm 厚挤塑聚苯板

B. 50mm 厚半硬质岩（矿）棉板

C. EPS 板薄抹灰

D. 图中未明确

答案：B

解析：由各种接缝和混凝土嵌入体构成的热桥部位，应做保温处理。墙身详图可知楼板处热桥，再查阅建施-01 建筑设计总说明工程做法表，外墙保温材料为 50mm 厚半硬质岩（矿）棉板。

题 2-6-16　＊＊＊　本工程围护结构节能措施是（　　）。

A. 屋面采用 60mm 厚挤塑聚苯板保温层

B. 外墙外保温采用 250mm 厚 XA 蒸压加气混凝土砌块

C. 外墙保温 50mm 厚半硬质岩（矿）棉板

D. 内墙面保温 20mm 厚无机保温砂浆

E. 窗户采用热断桥铝合金框和双层中空玻璃

答案：ABCE

解析：围护结构包括屋面、外墙、立面外窗。查阅建施-01 建筑设计总说明 14.3 可知其措施。

题 2-6-17　＊　本工程卫生间墙体砌筑要求是（　　）。

A. 先砌灰砂砖三皮，厚度同墙厚，再砌加气混凝土砌块

B. 房间楼板四周墙下，向上做 200mm 高混凝土翻边，再砌加气混凝土砌块

C. 房间楼板四周墙下除门洞，向上做 200mm 高混凝土翻边，再砌加气混凝土砌块

D. 房间楼板四周砌加气混凝土砌块

答案：C

解析：查阅建施-01 建筑设计总说明 4.4 中可知其砌筑要求。

题 2-6-18 ＊＊ MQ-7 上百叶窗的高度（　　）m，材料为（　　）。

A. 1.85，木材

B. 1.85，铝合金

C. 2.5，铝合金

D. 图中未明确

答案：B

解析：查阅建施-35 中 MQ-7 详图，可知百叶窗的顶标高 4.350m、底标高 2.500m，所以其高度为 1.85m；查阅建施-29 中"4 详图说明"可知百叶窗为铝合金材料。

题 2-6-19 ＊ 本工程截水沟用于采用（　　）。

A. 机动车坡道和非机动车坡道

B. 机动车坡道和无障碍坡道

C. 非机动车坡道和无障碍坡道

D. 建筑物外墙四周

答案：A

解析：在建施-06 一层平面图可知外墙四周有散水、台阶、无障碍坡道，在建施-20 为机动车坡道和非机动车坡道大样图中可知其做有截水沟。

题 2-6-20 ＊＊ 本工程平开防火门的安装方式（　　）。

A. 双扇平开防火门应安装闭门器

B. 只安装平开防火门即可

C. 平开防火门应设闭门器

D. 常开防火门应安置闭门器

答案：A

解析：查阅建施-01 建筑设计总说明 13.5 中，双扇平开防火门应安装闭门器和顺序器。

题 2-6-21 ＊ 本工程屋面隔离层采用（　　）。

A. 聚乙烯薄膜

B. 卷材

C. 涂膜

D. 未明确

答案：A

解析：在建施-03 工程做法表中屋面构造层次中可知，屋面隔离层为聚乙烯薄膜。

题 2-6-22 本工程铝合金外门窗框与砌体墙体固定方法错误的是（　　）。

A. 门窗框上安装的拉接件与洞口墙体的预埋钢板焊接

B. 金属膨胀螺栓固定

C. 射钉固定

D. 墙体打孔砸入钢筋与门窗框上的拉接件焊接

答案：C

解析：《铝合金门窗工程技术规范》JGJ 214—2010 第 7.3.3 条规定：砌体墙不得使用射钉直接固定门窗。

题 2-6-23 ＊＊ 本工程 2＃汽车坡道曲线坡段的坡度为（　　）。

A. 7.5％

B. 10％

C. 12％

D. 15％

答案：C

解析：详见建施-20 中 2＃汽车坡道大样图。

题 2-6-24　＊　本工程非机动车坡道的坡度为（　　）。

A. 10%

B. 20%

C. 1 : 4

D. 1 : 10

答案：B

解析：详见建施-20 非机动车坡道大样图。

题 2-6-25　＊＊　本工程 2# 楼梯梯段净宽（　　）mm。

A. 小于 1500

B. 等于 1500

C. 大于 1500

D. 无法确定

答案：A

解析：详见建施-22 中 2# 楼梯平面图。

题 2-6-26　＊＊　以下各项中，属于内填充墙功能的是（　　）。

A. 承重

B. 围护

C. 分隔水平空间

D. 分隔竖向空间

答案：C

解析：内填充墙为自承重墙，起到分隔水平空间的作用。

Chapter 03

项目 3

平法识图的基础知识

结构施工图需要表达房屋结构的类型，柱、墙、梁、板、楼梯和基础等结构构件的布置，以及构件材料、截面尺寸、配筋，构件间的连接、构造要求。结构施工图的表示方法多种多样，目前结构施工图普遍采用的是平面整体表示方法，即把结构构件的尺寸和配筋等信息量按照平面整体表示方法的制图规则，整体直接地表示在各类构件的结构平面图上，再与标准构造详图配合，结合成一套完整的结构设计表示方法。

本教材将按结构类型的不同，从平面制图规则和结构标准构造详图两个角度进行相应的介绍。

任务 3.1 柱平法施工图制图规则和标准构造详图

在房屋建筑结构中，截面尺寸较小，而高度相对较高的构件称为柱。它是钢筋混凝土结构中最重要的承重构件之一，一般出现在钢筋混凝土框架、框架剪力墙、框支剪力墙、框架筒体等结构中。

3.1.1 柱的分类

在实际工程中，按柱所处结构形式不同，其分类多种多样，具体如图 3-1-1 所示。本任务主要围绕工程常用的框架柱（KZ）进行讲述。

3-1-1
柱的分类

梁上起柱LZ ── 柱分类 ── 框架柱KZ
                      ── 转换柱ZHZ
剪力墙上起柱QZ ──   ── 芯柱XZ

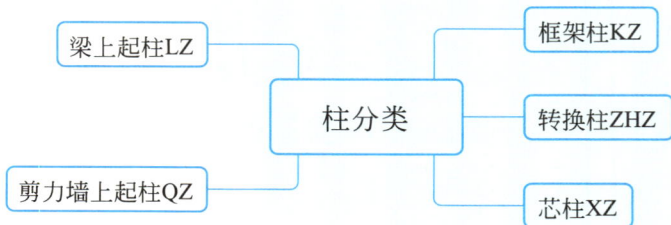

图 3-1-1　柱的分类

3.1.2　柱平法施工图制图规则

柱平法施工图是在柱平面布置图上采用列表注写方式或截面注写方式表达。

1. 列表注写方式是在柱平面布置图上（一般只需要采用适当比例绘制一张柱平面布置图，包括框架柱、框支柱），分别在同一编号的柱中选择一个（有时需要选择几个）截面标注几何参数代号；在柱表中注写柱编号、柱段起止标高、几何尺寸（含柱截面对轴线的偏心情况）与配筋的具体数值，并配以各种柱截面形状及其箍筋类型图的方式来表达柱平法施工图，列表注写方式如图 3-1-2 所示。

3-1-2
柱列表
注写方式

屋面2	65.670	
塔层2	62.370	3.30
屋面1 (塔层1)	59.070	3.30
16	55.470	3.60
15	51.870	3.60
14	48.270	3.60
13	44.670	3.60
12	41.070	3.60
11	37.470	3.60
10	33.870	3.60
9	30.270	3.60
8	26.670	3.60
7	23.070	3.60
6	19.470	3.60
5	15.870	3.60
4	12.270	3.60
3	8.670	3.60
2	4.470	4.20
1	−0.030	4.50
−1	−4.530	4.50
−2	−9.030	4.50
层号	标高 (m)	层高 (m)

结构层楼面标高
结构层高
上部结构嵌固部位：
−4.350

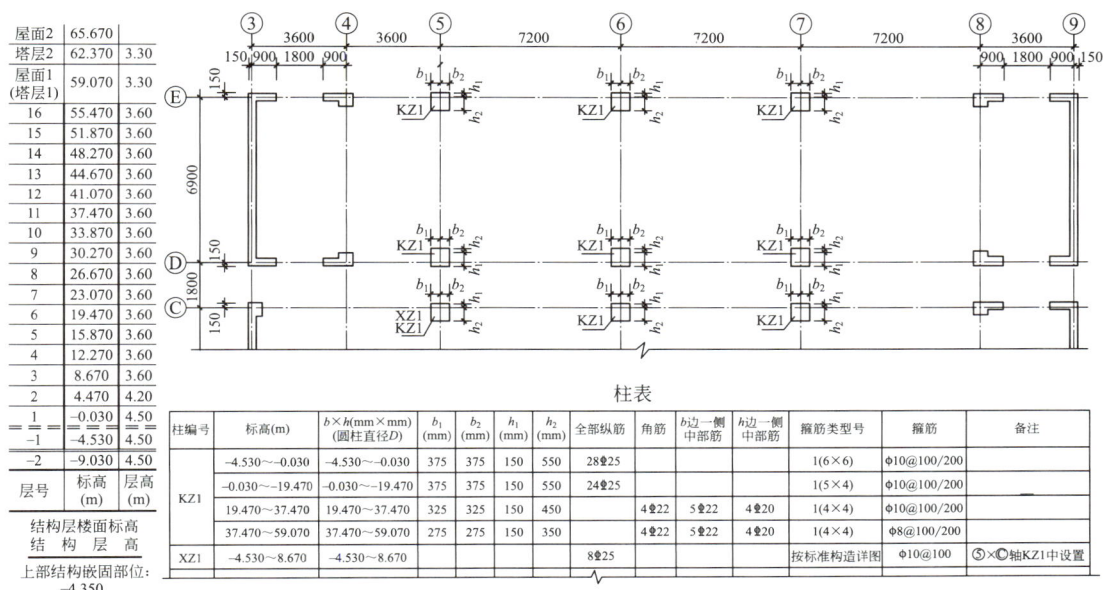

柱表

柱编号	标高(m)	b×h(mm×mm) (圆柱直径D)	b_1 (mm)	b_2 (mm)	h_1 (mm)	h_2 (mm)	全部纵筋	角筋	b边一侧 中部筋	h边一侧 中部筋	箍筋类型号	箍筋	备注
KZ1	−4.530~−0.030	−4.530~−0.030	375	375	150	550	28Φ25				1(6×6)	Φ10@100/200	
	−0.030~19.470	−0.030~19.470	375	375	150	550	24Φ25				1(5×4)	Φ10@100/200	
	19.470~37.470	19.470~37.470	325	325	150	450		4Φ22	5Φ22	4Φ20	1(4×4)	Φ10@100/200	
	37.470~59.070	37.470~59.070	275	275	150	350		4Φ22	5Φ22	4Φ20	1(4×4)	Φ8@100/200	
XZ1	−4.530~8.670	−4.530~8.670					8Φ25				按标准构造详图	Φ10@100	⑤×ⓒ轴KZ1中设置

图 3-1-2　−4.530~59.070 柱平法施工图（局部）

2. 截面注写方式是在柱平面布置图的柱截面上，分别在同一编号的柱中选择一个截面，以直接注写截面尺寸和配筋具体数值的方式来表达柱平法施工图，具体表达方式如图 3-1-3 所示。

3-1-3
柱截面
注写方式

3. 柱平法施工图列表注写及截面注写所包含的内容如图 3-1-4 所示。

3.1.3　柱标准构造详图

1. 框架柱钢筋构造知识体系

框架柱构件的钢筋构造分布在 22G101-1 和 22G101-3 中，其钢筋构造知识体系如图 3-1-5 所示。

屋面2　65.670
塔层2　62.370　3.30
屋面1（塔层1）　59.070　3.30
16　55.470　3.60
15　51.870　3.60
14　48.270　3.60
13　44.670　3.60
12　41.070　3.60
11　37.470　3.60
10　33.870　3.60
9　30.270　3.60
8　26.670　3.60
7　23.070　3.60
6　19.470　3.60
5　15.870　3.60
4　12.270　3.60
3　8.670　3.60
2　4.470　4.20
1　-0.030　4.50
-1　-4.530　4.50
-2　-9.030　4.50
层号　标高(m)　层高(m)

结构层楼面标高
结　构　层　高
上部结构嵌固部位：
-4.350

轴线：③ 3600 ④ 3600 ⑤ 7200 ⑥ 7200 ⑦ 7200 ⑧ 3600 ⑨
150 900 1800 900 ... 900 1800 900 150

KZ1
650×600
4Φ22
Φ10@100/200
5Φ22
4Φ22

XZ1
19.470~37.270
8Φ25
Φ10@100

KZ2
650×600
22Φ22
Φ10@100/200

KZ3
650×600
24Φ22
Φ10@100/200

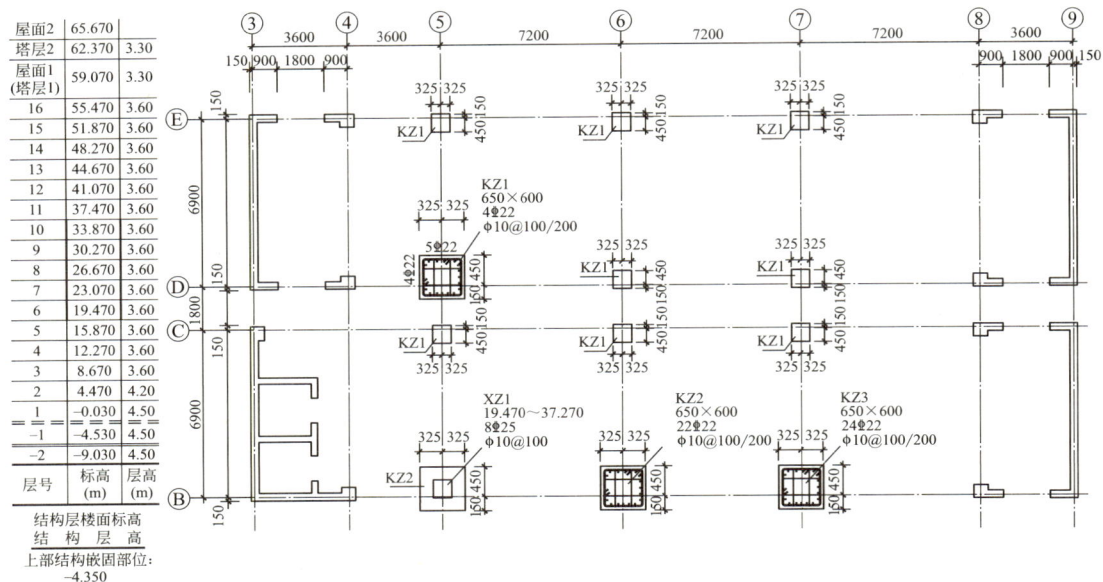

图 3-1-3　19.470~37.470柱平法施工图（局部）

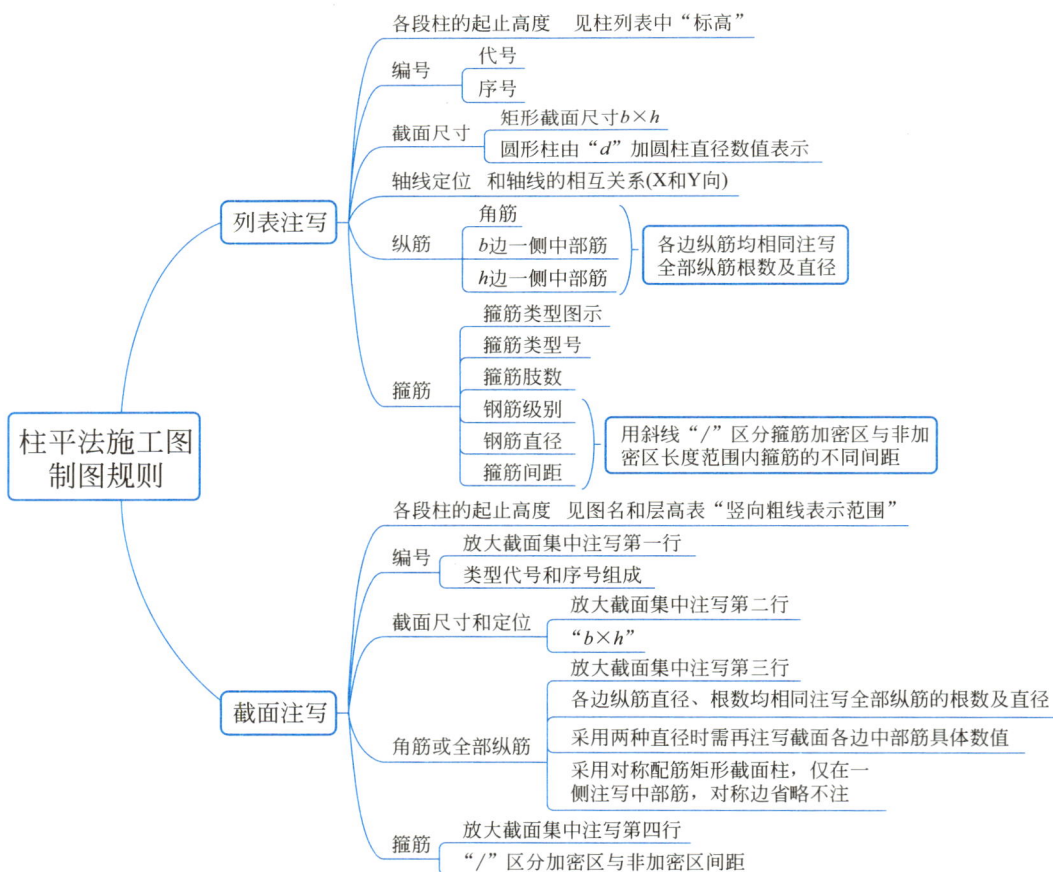

柱平法施工图制图规则

列表注写
　编号
　　　各段柱的起止高度　见柱列表中"标高"
　　　代号
　　　序号
　截面尺寸
　　　矩形截面尺寸b×h
　　　圆形柱由"d"加圆柱直径数值表示
　轴线定位　和轴线的相互关系(X和Y向)
　纵筋
　　　角筋
　　　b边一侧中部筋
　　　h边一侧中部筋
　　　　各边纵筋均相同注写全部纵筋根数及直径
　箍筋
　　　箍筋类型图示
　　　箍筋类型号
　　　箍筋肢数
　　　钢筋级别
　　　钢筋直径
　　　箍筋间距
　　　　用斜线"/"区分箍筋加密区与非加密区长度范围内箍筋的不同间距

截面注写
　编号
　　　各段柱的起止高度　见图名和层高表"竖向粗线表示范围"
　　　放大截面集中注写第一行
　　　类型代号和序号组成
　截面尺寸和定位
　　　放大截面集中注写第二行
　　　"b×h"
　角筋或全部纵筋
　　　放大截面集中注写第三行
　　　各边纵筋直径、根数均相同注写全部纵筋的根数及直径
　　　采用两种直径时需再注写截面各边中部筋具体数值
　　　采用对称配筋矩形截面柱，仅在一侧注写中部筋，对称边省略不注
　箍筋
　　　放大截面集中注写第四行
　　　"/"区分加密区与非加密区间距

图 3-1-4　柱平法施工图制图规则思维导图

```
                                        基础内插筋
                                        地下室
                                                        基本构造
                                        中间层          变截面
                            纵筋                         变钢筋
        框架柱
        钢筋种类                                        中柱
                                        顶层            边柱
                                                        角柱
                            箍筋        非连接区高度
```

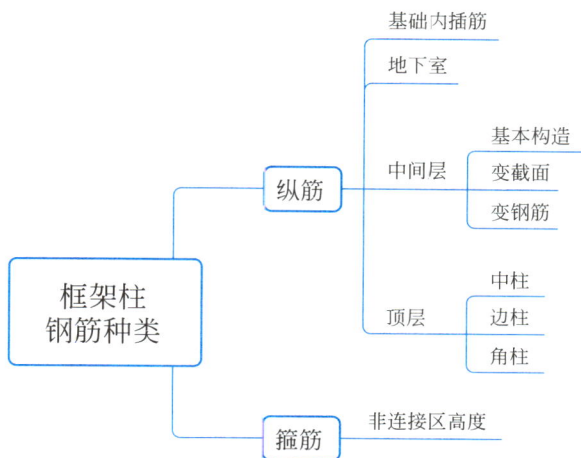

图 3-1-5　框架柱钢筋构造知识体系

2. 框架柱标注构造

（1）基础部位柱插筋构造

基础内柱插筋相当于柱内纵筋插入基础内锚固，即"柱生根"，所以其直径、级别、根数、位置与其对应的柱纵筋一致。柱插筋在基础中的锚固根据实际情况，一般有四种构造做法，详如图 3-1-6 所示。其中 h_j 为基础底面至基础顶面的高度，对于带基础梁的基础为基础梁顶面至基础梁底面的高度，当柱两侧基础梁标高不同时取较低标高。独立基础和桩基承台的柱插筋以及条形基础、筏形基础的非边缘柱的插筋应选用前两种构造，而后两种构造适用于端部无悬挑的条形基础和筏形基础的边柱插筋。

3-1-4 基础部位柱插筋构造	3-1-5 地下室框架柱钢筋构造	3-1-6 中间层框架柱钢筋构造	3-1-7 顶层框架柱钢筋构造	3-1-8 框架柱箍筋构造

（2）地下室框架柱钢筋构造

一般情况下，有地下室时，嵌固部位位于地下室顶板；无地下室时，嵌固部位位于基础顶面。对于嵌固部位不在基础顶面（可在地下室顶面或地下室中间楼层）情况下地下室部分（基础顶面至嵌固部位）的柱，其钢筋连接构造、箍筋加密区范围及地下一层增加钢筋在嵌固部位的锚固构造详如图 3-1-6 所示。当嵌固部位在基础底面时，同普通框架柱。

（3）中间层框架柱钢筋构造

中间层框架柱钢筋构造分为基本构造、变截面构造及变钢筋构造三种情况，具体详如图 3-1-6 所示。

（4）顶层框架柱钢筋构造

框架柱顶层钢筋构造要区分边柱、角柱和中柱。对于边柱，一条边为外侧边，三条边为内侧边。对于角柱，两条边为外侧边，两条边为内侧边。而中柱没有外侧边。外侧边上对应的钢筋为外侧钢筋，内侧边上对应的钢筋为内侧钢筋。其钢筋构造详如图 3-1-6 所示。

框架柱标准构造

- **基础插筋**
  - $c>5d$ 且 $h_j>l_{aE}$
    - 插至基础板底部支在底板钢筋网上 插筋底部弯折 $6d$ 且 $\geq150mm$
    - 插至基础板底部支在底板钢筋网上 基础内的竖直段长度 $\geq0.6l_{abE}$ 且 $\geq20d$ 插筋底部弯折 $15d$
    - → 基础内箍筋 间距 $\leq500mm$ 且不少于两道矩形封闭箍筋(非复合箍) 22G101-3中P2-10
  - $c\leq5d$ 且 $h_j\leq l_{aE}$
    - 插至基础板底部支在底板钢筋网上 插筋底部弯折 $6d$ 且 $\geq150mm$
    - 插至基础板底部支在底板钢筋网上 基础内的竖直段长度 $\geq0.6l_{abE}$ 且 $\geq20d$ 插筋底部弯折 $15d$
    - → 锚固区横向箍筋 直径 $\geq d/4$(d为插筋最大直径) 间距 $\leq5d$(d为插筋最小直径) 且 $\leq100mm$ 22G101-3中P2-10

- **地下室KZ**
  - 非连接区高度
    - 上部结构嵌固部位"单控" $H_n/3$
    - 其他部位"三控" $\max(H_n/6,\ h_c,\ 500)$
  - 地下一层增加钢筋
    - 直锚：钢筋伸至梁顶，且 $\geq l_{aE}$
    - 弯锚：钢筋伸至梁顶，且 $\geq0.5l_{abE}$，弯折长度 $12d$
  - → 适用于嵌固部位位于地下室顶板 22G101-1中P2-10、2-11

- **中间层KZ**
  - 基本构造
    - 非连接区高度 $\max(H_n/6,\ h_c,\ 500)$
    - 相邻连接接头错开距离 焊接：$\max(500,\ 35d)$ 机械连接：$35d$
  - 变截面构造
    - 中柱 $\Delta/h_b>1/6$；$\Delta/h_b\leq1/6$
    - 边柱 $\Delta/h_b>1/6$；$\Delta/h_b\leq1/6$
  - 变钢筋构造
    - 上柱钢筋根数比下柱钢筋多
    - 下柱钢筋根数比上柱钢筋多
    - 上柱钢筋直径比下柱钢筋大
    - 下柱钢筋直径比上柱钢筋大
  - → 22G101-1中P2-9、2-16

- **顶层KZ**
  - 中柱
    - 弯锚
      - 柱纵筋伸至柱顶
      - 梁内锚固竖直段 $\geq0.5l_{abE}$
      - 柱纵筋顶部内向弯折 $12d$ 现浇板厚度 $<100mm$
      - 柱纵筋顶部外向弯折 $12d$ 现浇板厚度 $\geq100mm$
    - 直锚
      - 柱纵筋伸至柱顶
      - 梁内锚固竖直段 $\geq l_{aE}$
    - → 22G101-1中P2-16
  - 边柱角柱
    - 柱包梁
      - 柱外侧纵筋伸至柱顶弯折入梁
      - 弯折段自梁底算起至少 $1.5l_{abE}$
      - 柱外侧纵向钢筋配筋率 $>1.2\%$ 时分两批截断
      - 两批截断点位置至少间隔 $20d$
      - 柱内侧纵筋同中柱柱顶纵向钢筋构造
    - 梁包柱
      - 柱外侧纵向钢筋伸至柱顶
      - 梁上部纵筋伸至柱外侧钢筋的内侧向下弯折
      - 弯折段长度少 $1.7l_{abE}$
      - 梁上部纵筋伸配筋率 $>1.2\%$ 时应分两批截断
      - 两批截断点位置至少间隔 $20d$
      - 柱内侧纵筋同中柱柱顶纵向钢筋构造
    - → 角部附加钢筋 柱宽范围的柱箍筋内侧设置 间距 $\leq150mm$ 不少于3根直径不小于 $10mm$ 22G101-1中P2-14、2-15

- **箍筋加密区范围**
  - 嵌固部位以上不小于 $H_n/3$
  - 梁柱节点核心区
  - 梁柱节点核心区以外 不小于 $\max(H_n/6,\ h_c,\ 500)$
  - → H_n 为所在楼层柱净高 h_c 为柱截面长边尺寸，圆柱为截面直径 22G101-1中P2-11

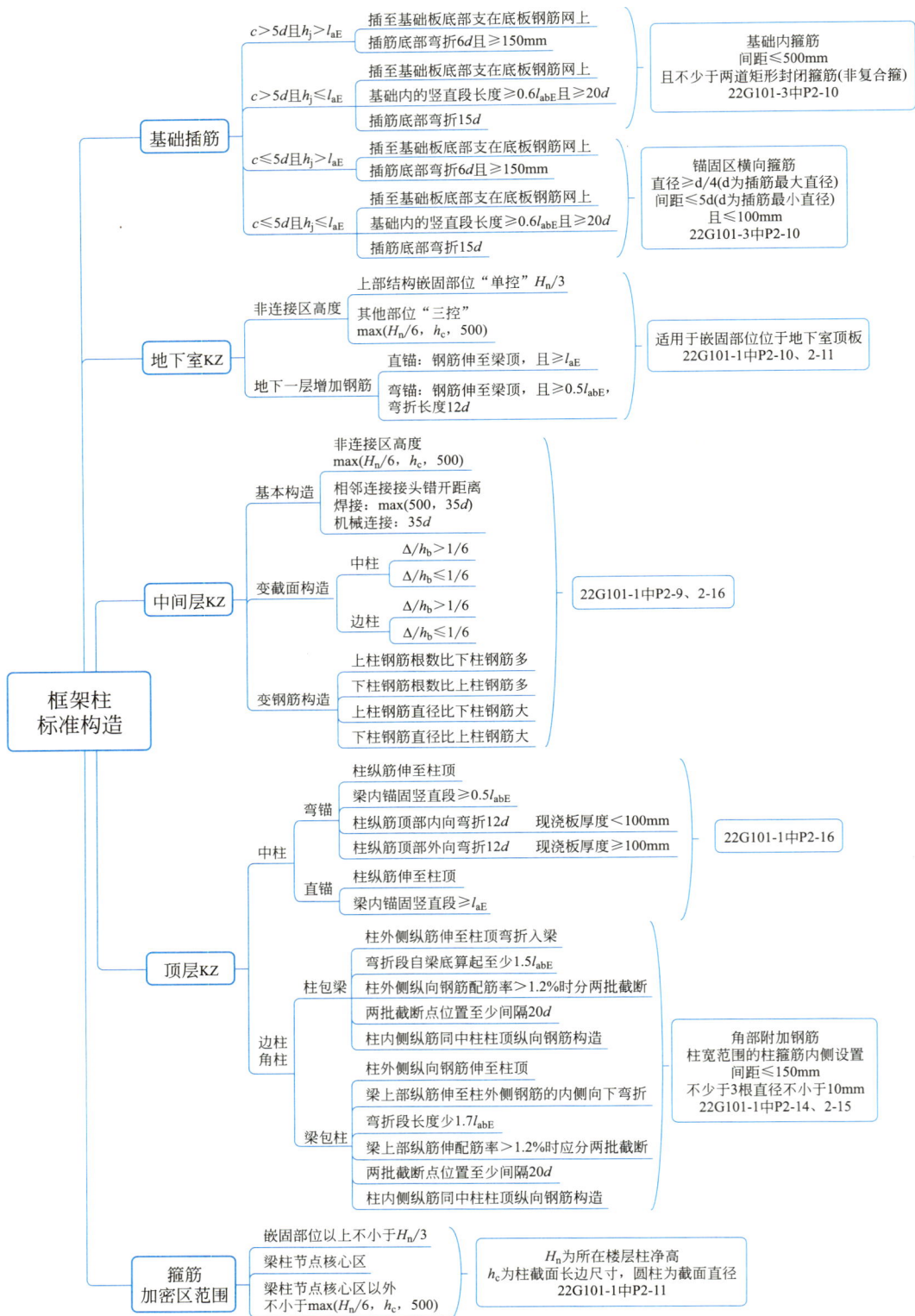

图3-1-6 框架柱标准构造思维导图

（5）框架柱箍筋构造

上部结构框架柱箍筋构造分箍筋加密区和非加密区，其加密区范围如图 3-1-6 所示。

3.1.4　典型例题及解析

题 3-1-1　如图所示，框架柱 KZ15 的角筋为（　　　）。

截面	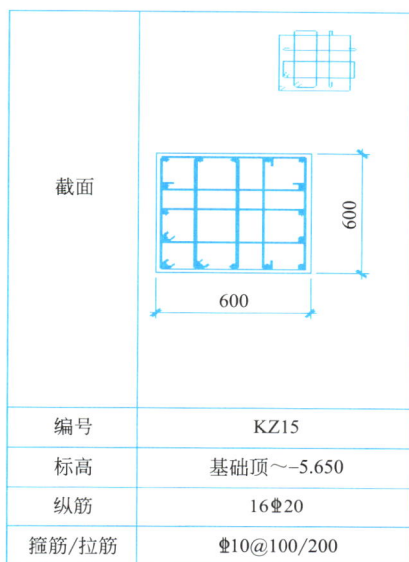
编号	KZ15
标高	基础顶～-5.650
纵筋	16Φ20
箍筋/拉筋	Φ10@100/200

A. 4Φ12　　　　　　　　　B. 16Φ12

C. 4Φ20　　　　　　　　　D. 16Φ20

答案：C

解析：由图可知，KZ15 的全部纵筋为 16Φ20，所以 KZ15 的角筋为 4Φ20。

题 3-1-2　如图所示，框架柱 KZ3 的箍筋加密区钢筋规格是（　　　）。

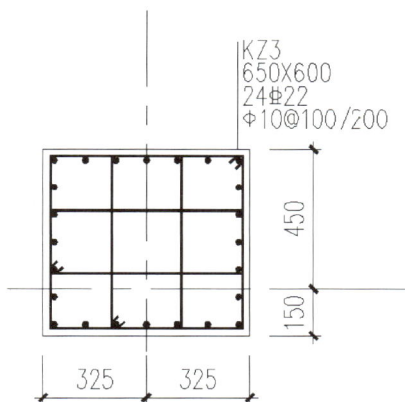

KZ3
650X600
24Φ22
Φ10@100/200

A. Φ8@100　　　　　　　　B. Φ8@200

C. Φ10@100　　　　　　　　D. Φ10@200

答案：C

解析：由图可知，KZ3 的箍筋为Φ10@100/200，即 KZ3 的箍筋加密区钢筋规格为Φ10@100。

题 3-1-3 柱编号"XZ"表示的柱的类型为（　　　）。

A. 框架柱

B. 转换柱

C. 梁上起柱

D. 芯柱

答案：D

解析：框架柱代号为"KZ"；转换柱代号为"ZHZ"；芯柱代号为 XZ。

题 3-1-4 下列不属于柱截面集中注写标注内容的是（　　　）。

A. 柱的保护层厚度

B. 柱的箍筋及间距

C. 柱的截面尺寸

D. 柱的编号

答案：A

解析：柱截面集中注写包括四行信息量。第一行为柱的编号；第二行为柱的截面尺寸和定位；第三行为柱的角筋或全部纵筋；第四行为箍筋及间距。

题 3-1-5 KZ1 的箍筋表示为 φ 10@100/200（φ 12@100），其节点核心区箍筋为（　　　）。

A. φ 10@100

B. φ 10@200

C. φ 12@100

D. φ 12@200

答案：C

解析：φ 10@100/200（φ 12@100）表示柱中箍筋为 HPB300 级钢筋，直径为 10mm，加密区间距为 100mm，非加密区间距为 200mm。框架节点核心区箍筋为 HPB300 级钢筋，直径为 12mm，间距为 100mm。

题 3-1-6 基础高度满足直锚，且保护层厚度＞5d，锚固区横向箍筋应采用（　　　）。

A. 间距≤100，且不少于两道矩形封闭箍筋（非复合箍）

B. 间距≤100，且不少于两道矩形封闭箍筋（复合箍）

C. 间距≤500，且不少于两道矩形封闭箍筋（非复合箍）

D. 间距≤500，且不少于两道矩形封闭箍筋（复合箍）

答案：C

解析：22G101-3 第 2-10 页，当基础高度满足直锚，保护层厚度＞5d 时，基础内箍筋应采用间距≤500mm，且不少于两道矩形封闭箍筋（非复合箍）。

题 3-1-7 已知 KZ1 在二层范围内净高为 3600mm，柱截面尺寸为 400mm×400mm，采用机械连接，则柱的非连接区距离楼面为（　　　）mm。

A. 500

B. 600

C. 700

D. 800

答案：B

解析：22G101-1 第 2-11 页，该柱加密区长度＝max（柱较长边尺寸，H_n/6，500）＝max（400，600，500）＝600mm。

题 3-1-8 KZ1 为中柱，纵筋为直径 25mm 的 HRB400 级钢筋，混凝土强度等级 C35，抗震等级二级，顶层板厚为 200mm，则该柱在顶层板内（　　　）。

答案：C

解析：由 22G101-1 第 2-16 页"中柱柱顶纵向钢筋构

A. 直锚且伸至柱顶

B. 向内弯折 300mm

C. 向外弯折 300mm

D. 向外弯折 400mm

题 3-1-9　已知 KZ1 柱纵筋为 HRB400 级钢筋，直径均为 25mm，混凝土强度等级为 C35，抗震等级为二级，其构造如图所示，则上部钢筋向下锚入柱内（　　）mm。

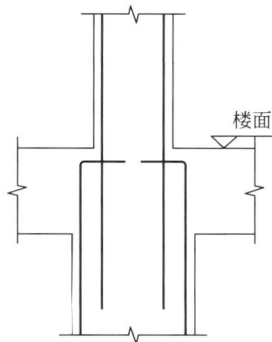

A. 1190

B. 1110

C. 1000

D. 925

题 3-1-10　已知 KZ1 柱纵筋为 HRB400 级钢筋，直径均为 25mm，混凝土强度等级为 C35，抗震等级为二级，其构造如图所示，则柱外侧纵筋全部伸入梁内，自梁底算起至少为（　　）mm。

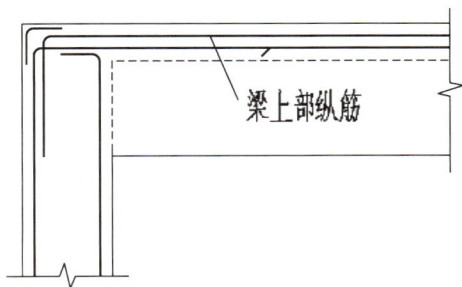

A. 1190

B. 1110

C. 1387.5

D. 925

造"可知，板厚≥100mm，向外弯折 $12d=300$mm。

答案：B

解析：查 22G101-1 第 2-3 页表格，$l_{aE}=37d=925$mm；由 22G101-1 第 2-16 页"柱变截面位置纵向钢筋构造"可知，KZ1 上部钢筋向下锚入柱内 $1.2l_{aE}=1110$mm。

答案：C

解析：查 22G101-1 第 2-2 页表格，$l_{abE}=37d=925$mm；由 22G101-1 第 2-14 页"KZ 边柱和角柱柱顶纵向钢筋构造"可知，柱外侧纵筋全部伸入梁内，自梁底算起至少为 $1.5l_{abE}=1387.5$mm。

任务 3.2　剪力墙平法施工图制图规则和标准构造详图

剪力墙是房屋或构筑物中主要构件，一般出现在钢筋混凝土框架剪力墙结构、框支剪力墙结构、框架筒体结构等结构中。其主要承受风荷载或地震作用引起的水平荷载和竖向荷载（重力），防止结构剪切（受剪）破坏。剪力墙结构整体性好、刚度大，在水平作用下变形小，因此广泛应用于高层建筑中。

3.2.1　剪力墙的分类

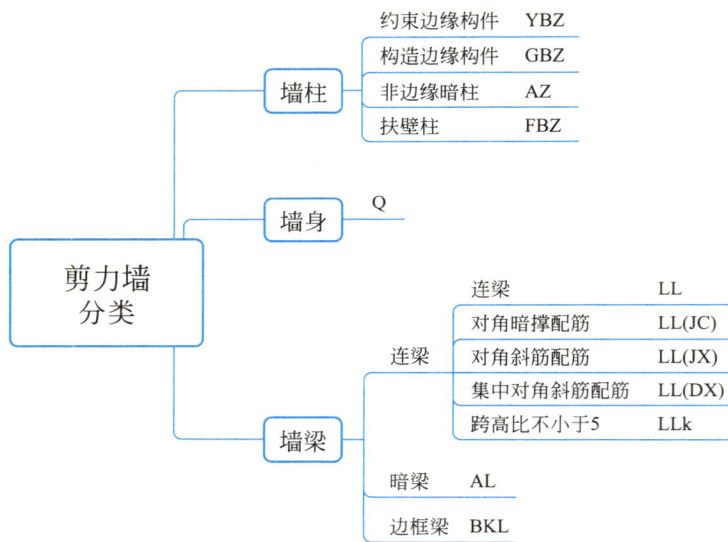

剪力墙虽然称之为"墙"，但它并不是单一的墙体。它主要由剪力墙柱、剪力墙身和剪力墙梁三部分组成，其分类详如图 3-2-1 所示。

3-2-1
剪力墙的
分类

图 3-2-1　剪力墙的分类

3.2.2　剪力墙平法施工图制图规则

剪力墙平法施工图是在剪力墙平面布置图上采用列表注写方式或截面注写方式表达。

1. 列表注写方式

3-2-2
剪力墙
列表注写
方式

列表注写方式，是分别在剪力墙柱表、剪力墙身表和剪力墙梁表中，对应于剪力墙平面布置图上的编号，用绘制截面配筋图并注写几何尺寸与配筋具体数值的方式，来表达剪力墙施工图，其具体形式如图 3-2-2 所示。

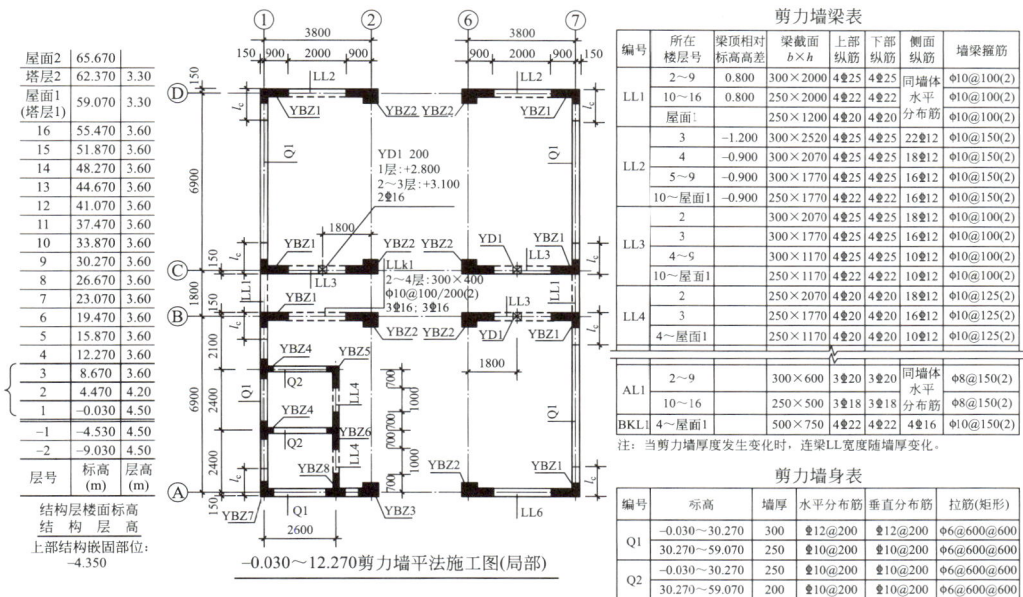

剪力墙梁表

编号	所在楼层号	梁顶相对标高高差	梁截面 b×h	上部纵筋	下部纵筋	侧面纵筋	墙梁箍筋
LL1	2~9	0.800	300×2000	4Φ25	4Φ25	同墙体水平分布筋	Φ10@100(2)
	10~16	0.800	250×2000	4Φ22	4Φ22		Φ10@100(2)
	屋面1		250×1200	4Φ20	4Φ20		Φ10@100(2)
LL2	3	-1.200	300×2520	4Φ25	4Φ25	22Φ12	Φ10@150(2)
	4	-0.900	300×2070	4Φ25	4Φ25	18Φ12	Φ10@150(2)
	5~9	-0.900	300×1770	4Φ25	4Φ25	16Φ12	Φ10@150(2)
	10~屋面1	-0.900	250×1770	4Φ22	4Φ22	16Φ12	Φ10@150(2)
LL3	2		300×2070	4Φ25	4Φ25	18Φ12	Φ10@100(2)
	3		300×1770	4Φ25	4Φ25	16Φ12	Φ10@100(2)
	4~9		300×1170	4Φ25	4Φ25	10Φ12	Φ10@100(2)
	10~屋面1		250×1170	4Φ22	4Φ22	10Φ12	Φ10@100(2)
LL4	2		250×2070	4Φ20	4Φ20	18Φ12	Φ10@125(2)
	3		250×1770	4Φ20	4Φ20	16Φ12	Φ10@125(2)
	4~屋面1		250×1170	4Φ20	4Φ20	10Φ12	Φ10@125(2)
AL1	2~9		300×600	3Φ20	3Φ20	同墙体水平分布筋	Φ8@150(2)
	10~16		250×500	3Φ18	3Φ18		Φ8@150(2)
BKL1	4~屋面1		500×750	4Φ22	4Φ22	4Φ16	Φ10@150(2)

注：当剪力墙厚度发生变化时，连梁LL宽度随墙厚变化。

剪力墙身表

编号	标高	墙厚	水平分布筋	垂直分布筋	拉筋(矩形)
Q1	-0.030~30.270	300	Φ12@200	Φ12@200	Φ6@600@600
	30.270~59.070	250	Φ10@200	Φ10@200	Φ6@600@600
Q2	-0.030~30.270	250	Φ10@200	Φ10@200	Φ6@600@600
	30.270~59.070	200	Φ10@200	Φ10@200	Φ6@600@600

图 3-2-2　剪力墙列表注写方式

2. 截面注写方式

　　截面注写方式，是在标准层绘制的剪力墙平面布置图上，以直接在墙柱、墙身、墙梁上注写截面尺寸和配筋具体数值的方式来表达剪力墙平法施工图。选用适当比例原位放大绘制剪力墙平面布置图，其中对墙柱绘制配筋截面图，对所有墙柱、墙身、墙梁分别进行编号，并分别在相同编号的墙柱、墙身、墙梁中选择一根墙柱、一道墙身、一根墙梁进行注写，其具体形式如图 3-2-3 所示。

3-2-3 剪力墙截面注写方式

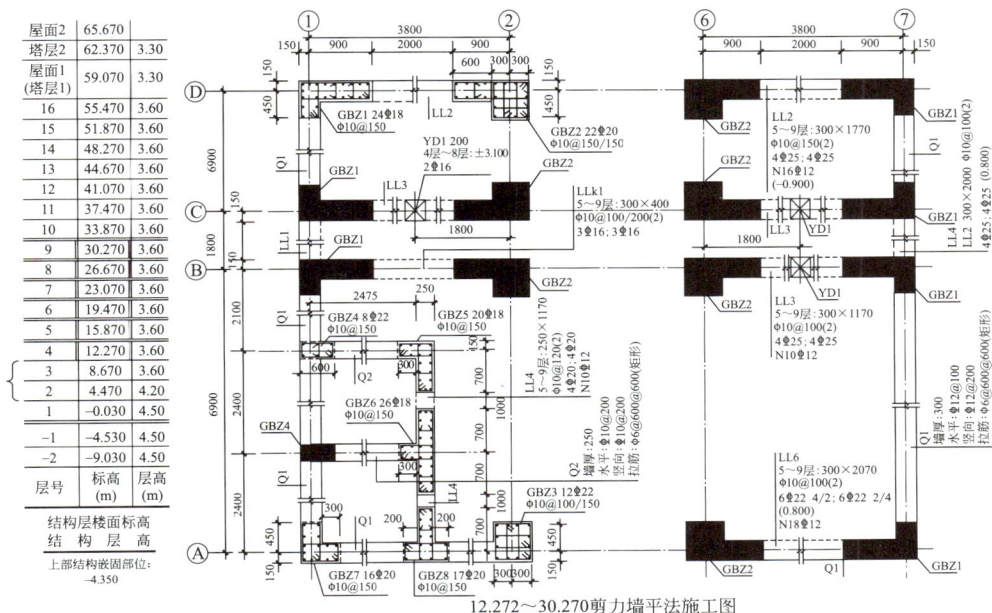

图 3-2-3　剪力墙截面注写方式

3. 平面注写内容

剪力墙平法施工图列表注写及截面注写所包含的内容如图 3-2-4 所示。

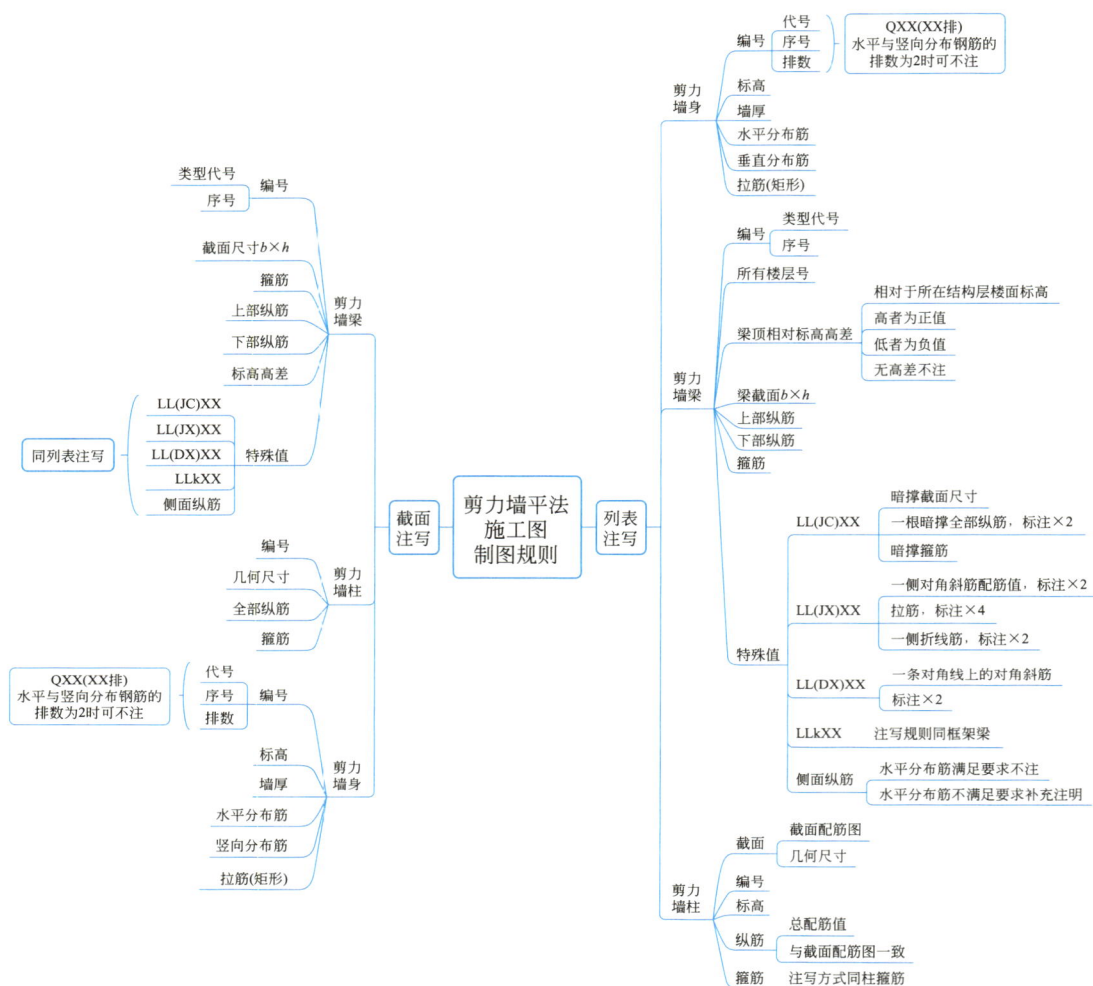

图 3-2-4　剪力墙平法施工图制图规则思维导图

4. 剪力墙洞口表示方法

（1）无论采用列表注写方式还是截面注写方式，剪力墙上的洞口均可在剪力墙平面布置图上原位表达，详如图 3-2-2 及图 3-2-3 中 YD1 所示。

（2）剪力墙洞口的表示内容包括洞口中心的定位尺寸、洞口编号、洞口几何尺寸、洞口所在层及洞口中心相对标高、洞口每边补强钢筋等，具体内容如图 3-2-5 所示。

5. 地下室外墙表示方法

（1）本节地下室外墙仅适用于起挡土作用的地下室外围护墙。地下室外墙中墙柱、连梁及洞口等的表示方法同地上剪力墙，其具体形式如图 3-2-6 所示。

3-2-4 剪力墙洞口表示方法

3-2-5 地下室外墙表示方法

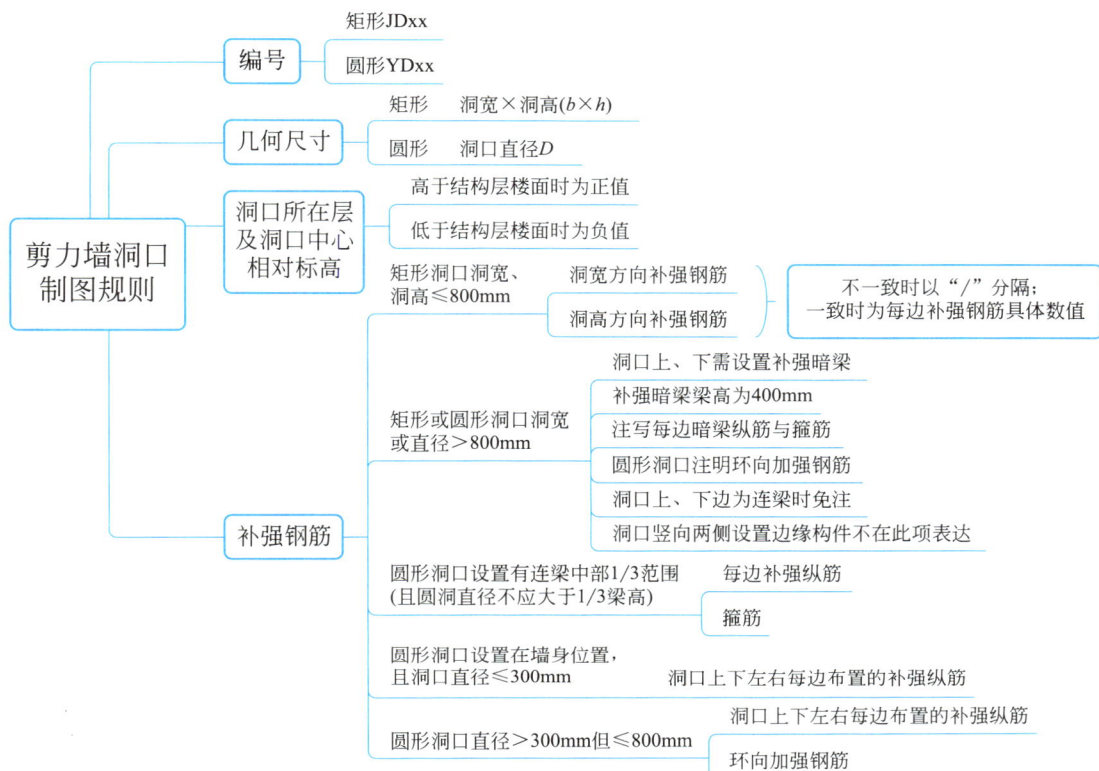

图 3-2-5　剪力墙洞口制图规则思维导图

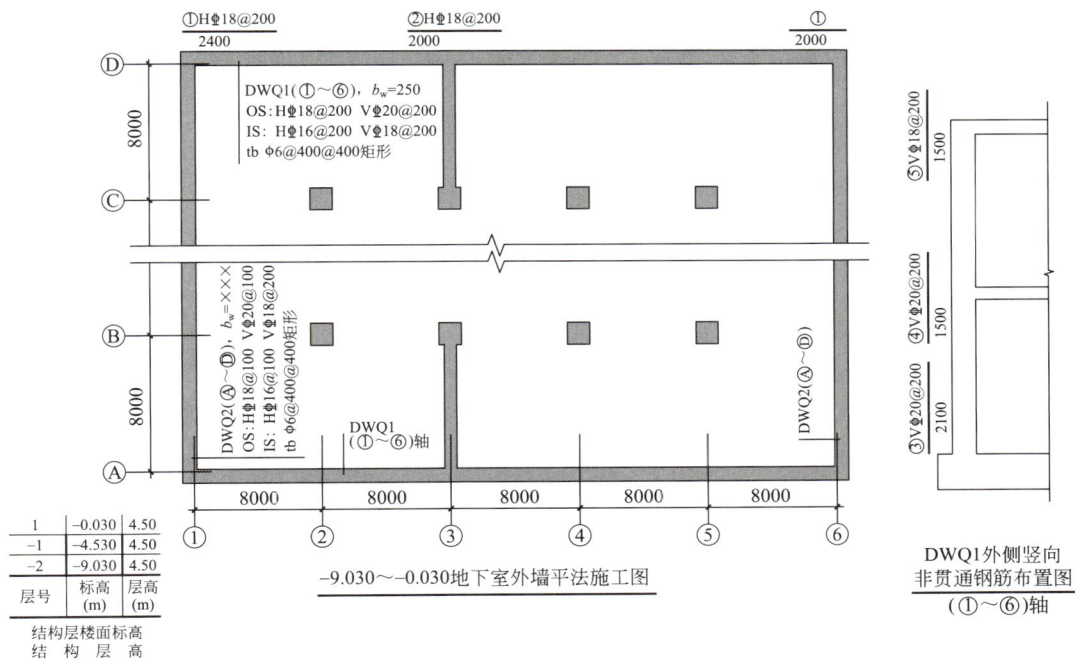

图 3-2-6　−9.030～−4.500 地下室外墙平法施工图

（2）地下室外墙平注写方式，包括集中标注墙体编号、厚度、贯通筋、拉筋等和原位标注附加非贯通筋等两部分内容。当仅设置贯通筋，未设置附加非贯通筋时，则仅做集中标注。具体内容如图 3-2-7 所示。

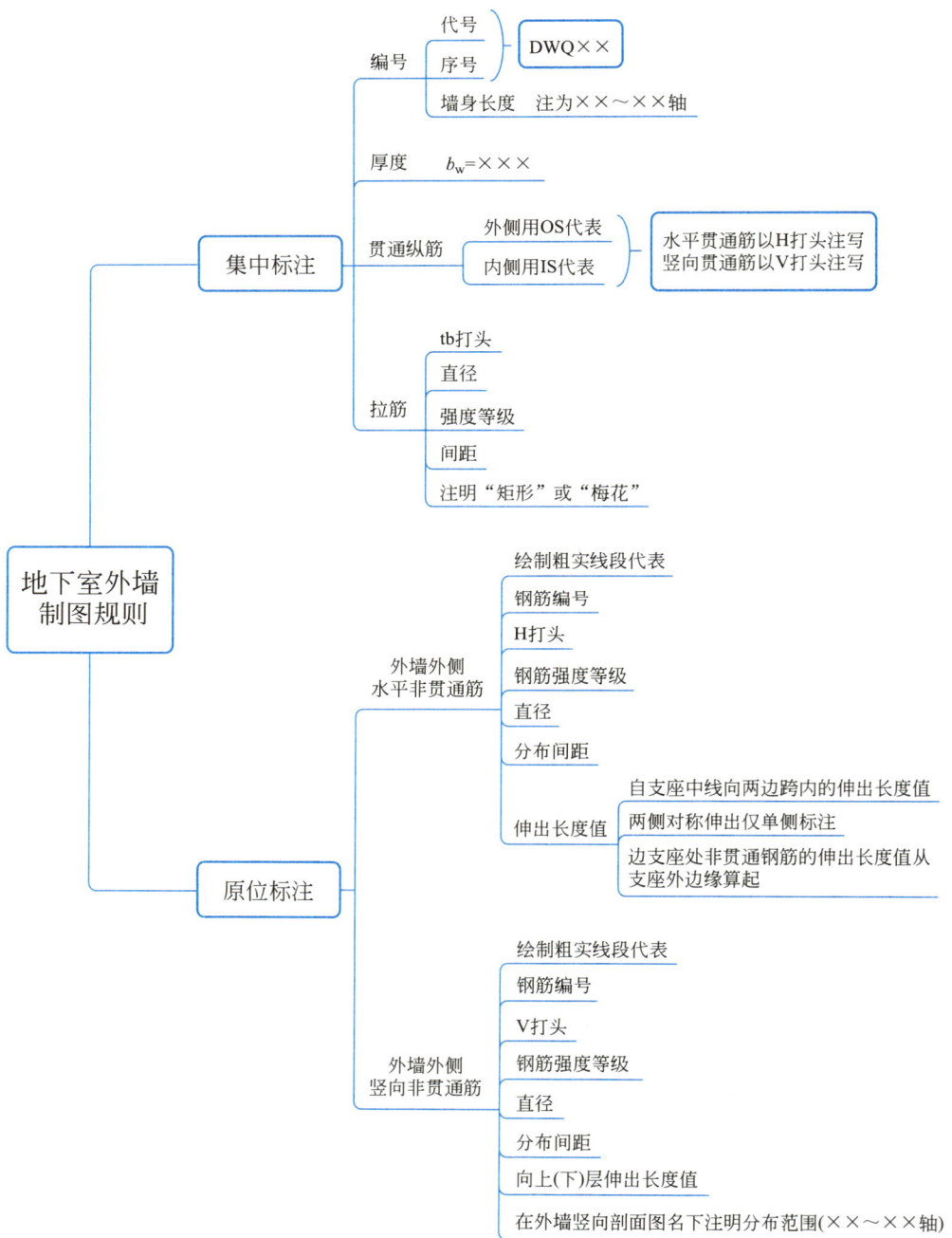

图 3-2-7　地下室外墙制图规则思维导图

3.2.3　剪力墙标准构造详图

1. 剪力墙钢筋构造知识体系

剪力墙结构包含"一墙、二柱、三梁",即一种墙身、两种墙柱(暗柱和端柱)、三种墙梁(连梁、暗梁、边框梁)。其钢筋构造知识体系如图 3-2-8 所示。

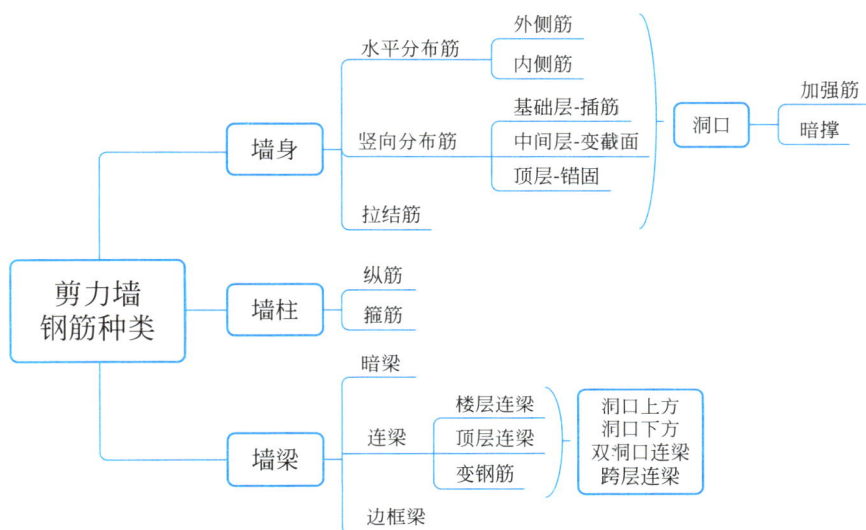

图 3-2-8　剪力墙钢筋构造知识体系

2. 剪力墙标准构造

(1) 基础部位插筋构造分为墙身竖向分布钢筋和边缘构件竖向钢筋插筋构造两种情况,具体如图 3-2-9 所示。

(2) 剪力墙柱标准构造如图 3-2-10 所示。

(3) 剪力墙身标准构造分为水平分布钢筋、竖向分布钢筋和拉筋构造三种情况,具体如图 3-2-11 所示。

(4) 剪力墙墙梁分连梁、暗梁及边框梁,此处主要介绍连梁的钢筋构造。剪力墙连梁钢筋包括上部纵筋、下部纵筋、箍筋及侧面钢筋,其构造具体如图 3-2-12 所示。

(5) 剪力墙特殊构造包括地下室外墙及洞口补强构造,具体如图 3-2-13 所示。

基础插筋
- 墙身竖向分布钢筋
  - 保护层厚度>5d
    - 基础高度满足直锚
      - "隔二下一"伸至基础板底部
      - 支撑在底板钢筋网片上
      - 弯折长度=max(6d, 150)
      - 间距≤500mm且不少于两道水平分布钢筋与拉结筋
    - 基础高度不满足直锚
      - 伸至基础板底部
      - 支撑在底板钢筋网片上
      - 弯折长度15d
      - 间距≤500mm且不少于两道水平分布钢筋与拉结筋
  - 保护层厚度≤5d
    - 内侧同保护层厚度>5d构造
    - 外侧
      - 基础高度满足直锚
        - 伸至基础板底部
        - 支撑在底板钢筋网片上
        - 弯折长度=max(6d, 150)
        - 设置锚固区横向钢筋
          - 直径≥d/4(d为纵筋最大直径)
          - 间距≤10d(d为纵筋最小直径)且≤100
      - 基础高度不满足直锚
        - 伸至基础板底部
        - 支撑在底板钢筋网片上
        - 弯折长度15d
        - 设置锚固区横向钢筋
  22G101-3中P2-8
- 边缘构件纵向钢筋
  - 保护层厚度>5d
    - 基础高度满足直锚
      - 角部纵筋伸至基础板底部
      - 支撑在底板钢筋网片上
      - 弯折长度=max(6d, 150)
      - 间距≤500mm且不少于两道矩形封闭箍筋
    - 基础高度不满足直锚
      - 全部纵筋伸至基础板底部
      - 支撑在底板钢筋网片上
      - 弯折长度15d
      - 间距≤500且不少于两道矩形封闭箍筋
  - 保护层厚度≤5d
    - 基础高度满足直锚
      - 全部纵筋伸至基础板底部
      - 支撑在底板钢筋网片上
      - 弯折长度=max(6d, 150)
      - 设置锚固区横向钢筋
        - 直径≥d/4(d为纵筋最大直径)
        - 间距≤10d(d为纵筋最小直径)且≤100
    - 基础高度不满足直锚
      - 全部纵筋伸至基础板底部
      - 支撑在底板钢筋网片上
      - 弯折长度15d
      - 设置锚固区横向钢筋
  22G101-3中P2-9

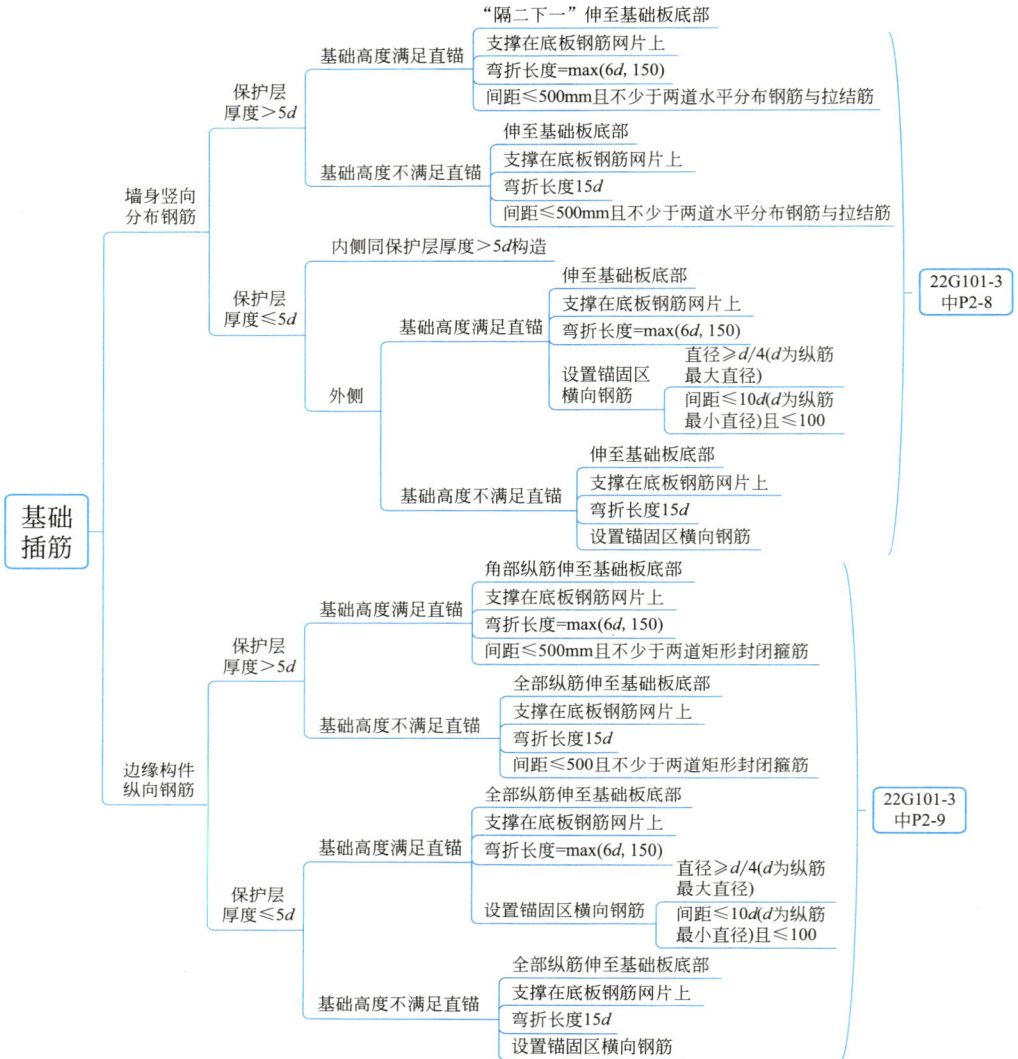

图 3-2-9　剪力墙插筋标准构造思维导图

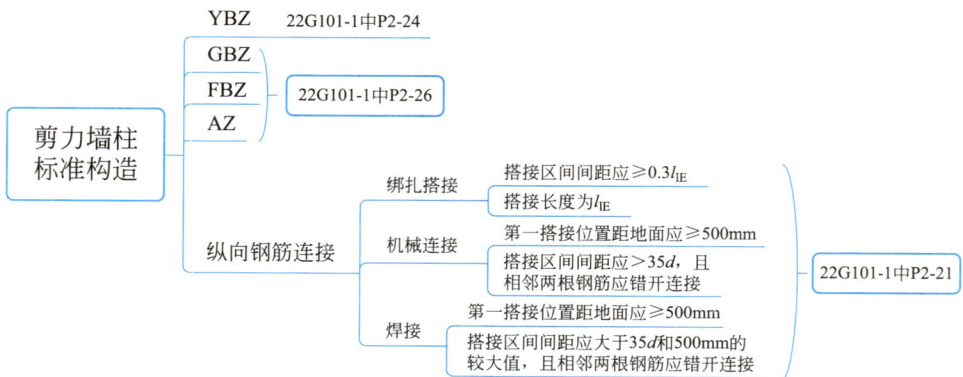

剪力墙柱标准构造
- YBZ　22G101-1中P2-24
- GBZ
- FBZ
- AZ　22G101-1中P2-26
- 纵向钢筋连接
  - 绑扎搭接
    - 搭接区间间距应≥0.3l_{lE}
    - 搭接长度为l_{lE}
  - 机械连接
    - 第一搭接位置距地面应≥500mm
    - 搭接区间间距应>35d，且相邻两根钢筋应错开连接
  - 焊接
    - 第一搭接位置距地面应≥500mm
    - 搭接区间间距应大于35d和500mm的较大值，且相邻两根钢筋应错开连接
  22G101-1中P2-21

图 3-2-10　剪力墙柱标准构造思维导图

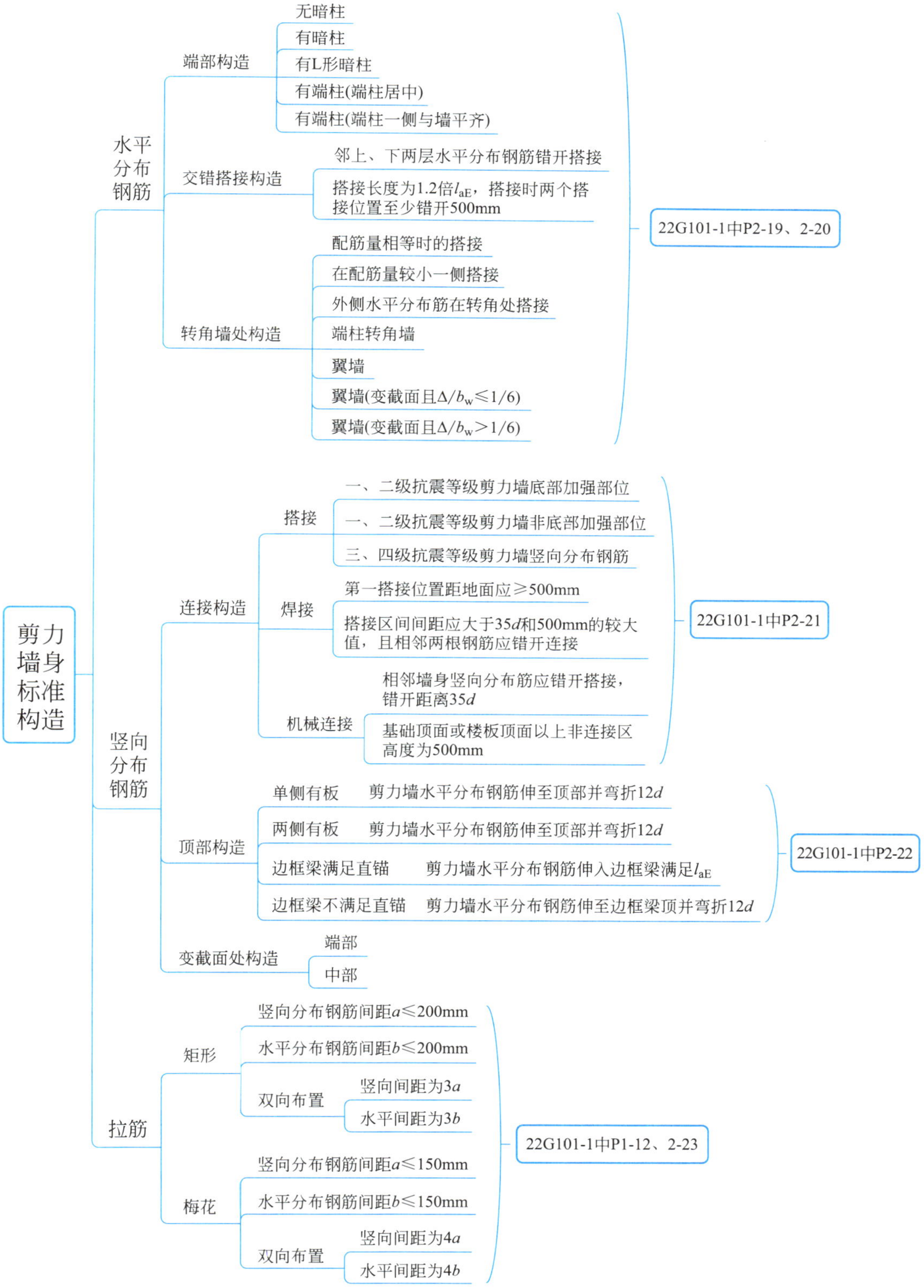

剪力墙身标准构造

- 水平分布钢筋
  - 端部构造
    - 无暗柱
    - 有暗柱
    - 有L形暗柱
    - 有端柱(端柱居中)
    - 有端柱(端柱一侧与墙平齐)
  - 交错搭接构造
    - 邻上、下两层水平分布钢筋错开搭接
    - 搭接长度为1.2倍l_{aE}，搭接时两个搭接位置至少错开500mm
  - 转角墙处构造
    - 配筋量相等时的搭接
    - 在配筋量较小一侧搭接
    - 外侧水平分布筋在转角处搭接
    - 端柱转角墙
    - 翼墙
    - 翼墙(变截面且$\Delta/b_w \leqslant 1/6$)
    - 翼墙(变截面且$\Delta/b_w > 1/6$)
  - → 22G101-1中P2-19、2-20

- 竖向分布钢筋
  - 连接构造
    - 搭接
      - 一、二级抗震等级剪力墙底部加强部位
      - 一、二级抗震等级剪力墙非底部加强部位
      - 三、四级抗震等级剪力墙竖向分布钢筋
    - 焊接
      - 第一搭接位置距地面应≥500mm
      - 搭接区间间距应大于35d和500mm的较大值，且相邻两根钢筋应错开连接
    - 机械连接
      - 相邻墙身竖向分布筋应错开搭接，错开距离35d
      - 基础顶面或楼板顶面以上非连接区高度为500mm
    - → 22G101-1中P2-21
  - 顶部构造
    - 单侧有板　剪力墙水平分布钢筋伸至顶部并弯折12d
    - 两侧有板　剪力墙水平分布钢筋伸至顶部并弯折12d
    - 边框梁满足直锚　剪力墙水平分布钢筋伸入边框梁满足l_{aE}
    - 边框梁不满足直锚　剪力墙水平分布钢筋伸至边框梁顶并弯折12d
    - → 22G101-1中P2-22
  - 变截面处构造
    - 端部
    - 中部

- 拉筋
  - 矩形
    - 竖向分布钢筋间距$a \leqslant 200mm$
    - 水平分布钢筋间距$b \leqslant 200mm$
    - 双向布置
      - 竖向间距为3a
      - 水平间距为3b
  - 梅花
    - 竖向分布钢筋间距$a \leqslant 150mm$
    - 水平分布钢筋间距$b \leqslant 150mm$
    - 双向布置
      - 竖向间距为4a
      - 水平间距为4b
  - → 22G101-1中P1-12、2-23

图 3-2-11　剪力墙身标准构造思维导图

剪力墙梁标准构造
- LL
  - 楼层连梁
    - 端部墙肢≤l_{aE}(l_a)或≤600mm
      - 上部纵筋及下部纵筋伸至墙外侧纵筋内侧后弯折
      - 弯钩长度15d
    - 端部墙肢>l_{aE}(l_a)且≥600mm
      - 上部纵筋及下部纵筋伸入墙内l_{aE}(l_a)且≥600mm
    - 箍筋
      - 起步距离50
      - 无加密区与非加密区之分
    - 侧面纵筋为墙身水平分布筋
  - 顶层连梁
    - 上部纵筋
    - 下部纵筋 — 同楼层连梁
    - 侧部纵筋
    - 箍筋
      - 直径同跨中箍筋
      - 间距为150mm
  - 22G101-1中P2-27
- BKL
- AL — 22G101-1中P2-28
- LLK
  - 纵向配筋构造
  - 箍筋加密区范围
  - 22G101-1中P2-29
- LL(JX)
- LL(DX) — 22G101-1中P2-30
- LL(JC)
- 侧面纵筋拉筋构造
  - 梁宽≤350mm拉筋直径6mm
  - 梁宽>350mm拉筋直径8mm
  - 拉筋间距为2倍箍筋间距
  - 拉筋竖向沿侧面水平筋隔一拉一
  - 22G101-1中P2-27

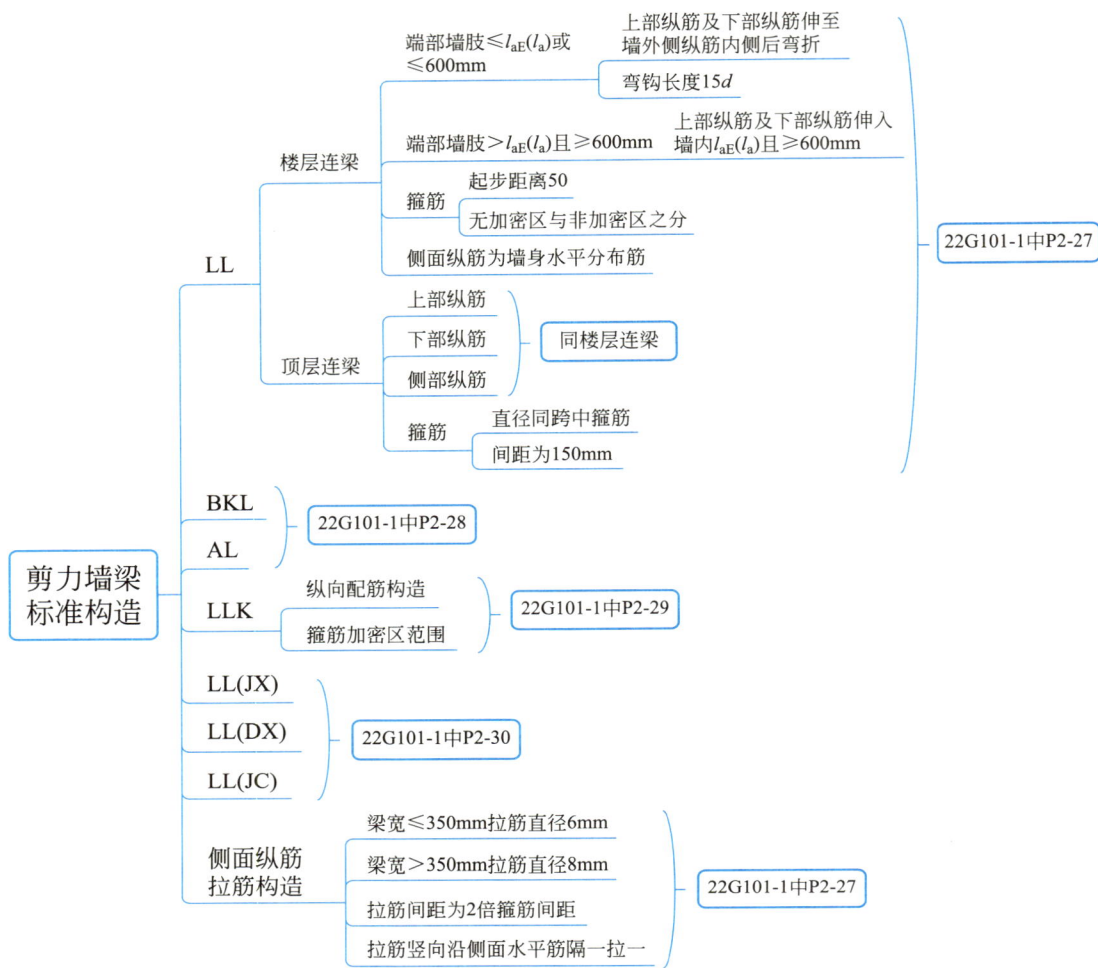

图 3-2-12　剪力墙梁标准构造思维导图

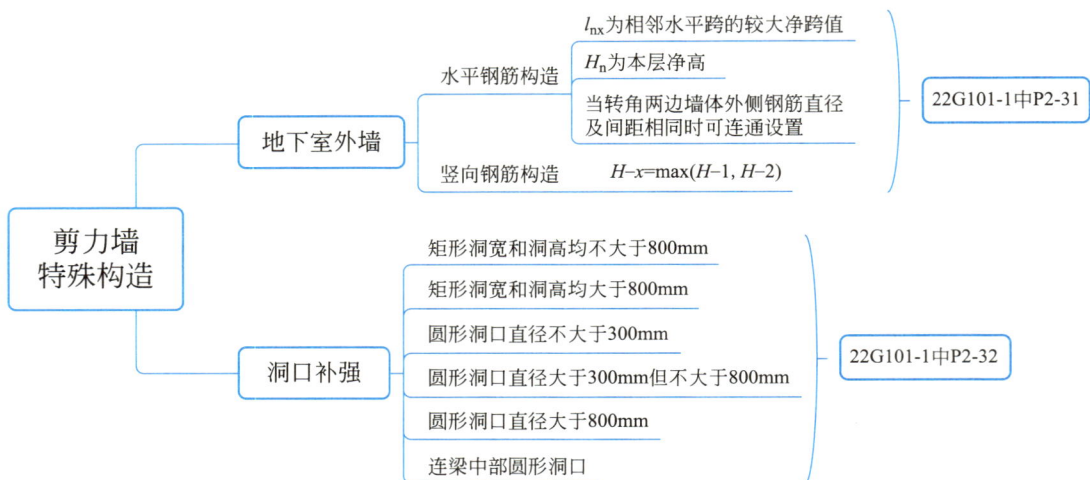

剪力墙特殊构造
- 地下室外墙
  - 水平钢筋构造
    - l_{nx}为相邻水平跨的较大净跨值
    - H_n为本层净高
    - 当转角两边墙体外侧钢筋直径及间距相同时可连通设置
  - 竖向钢筋构造
    - $H-x=\max(H-1, H-2)$
  - 22G101-1中P2-31
- 洞口补强
  - 矩形洞宽和洞高均不大于800mm
  - 矩形洞宽和洞高均大于800mm
  - 圆形洞口直径不大于300mm
  - 圆形洞口直径大于300mm但不大于800mm
  - 圆形洞口直径大于800mm
  - 连梁中部圆形洞口
  - 22G101-1中P2-32

图 3-2-13　剪力墙特殊构造思维导图

3.2.4　典型例题及解析

题 3-2-1　下列钢筋不属于剪力墙墙身钢筋的是（　　）。

A. 箍筋

B. 竖向分布筋

C. 拉结筋

D. 水平分布筋

答案：A

解析：剪力墙墙身钢筋包括水平分布筋、竖向分布筋和拉结筋。

题 3-2-2　如图所示，约束边缘柱 YBZ1 的纵筋是（　　）。

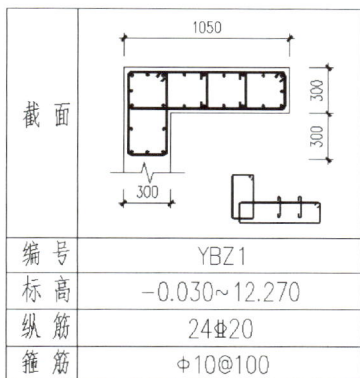

截　面	（图）
编　号	YBZ1
标　高	−0.030~12.270
纵　筋	24⊈20
箍　筋	Φ10@100

A. 20 ⊈ 24

B. 24 ⊈ 20

C. 24 ⊈ 20

D. 20 ⊈ 24

答案：B

解析：由图可知，约束边缘柱 YBZ1 的纵筋是 24⊈20。

题 3-2-3　如图所示，LL4 在 5 层的截面尺寸是（　　）。

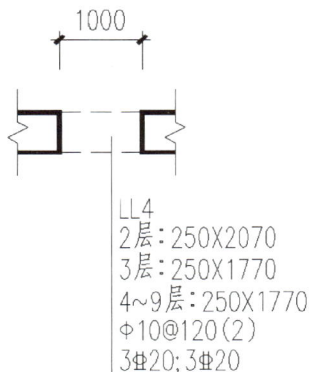

```
LL4
2层:250X2070
3层:250X1770
4~9层:250X1770
Φ10@120(2)
3⊈20;3⊈20
```

A. 250×2070

B. 250×1770

C. 250×1070

D. 250×2170

答案：B

解析：由图可知，LL4 在 2 层的截面尺寸为 250×2070，3 层的截面尺寸为 250×1770，4~9 层的截面尺寸为 250×1770。

题 3-2-4 地下室外墙集中标注中，"OS：H Φ 18@100 V Φ 20@100"表示的意思是（　　）。

A. 地下室外墙外侧水平钢筋为 Φ 20@100；外侧竖向钢筋为 Φ 18@100

B. 地下室外墙外侧水平钢筋为 Φ 18@100；外侧竖向钢筋为 Φ 20@100

C. 地下室外墙内侧水平钢筋为 Φ 20@100；外侧竖向钢筋为 Φ 18@100

D. 地下室外墙内侧水平钢筋为 Φ 18@100；外侧竖向钢筋为 Φ 20@100

答案：B

解析：地下室外墙集中标注中，以 OS 代表外墙外侧贯通筋。其中，外侧水平贯通筋以 H 打头注写，外侧竖向贯通筋以 V 打头注写；即外侧水平钢筋为 Φ 18@100；外侧竖向钢筋为 Φ 20@100。

题 3-2-5 如图所示，YD1 洞口每侧补强纵筋是（　　）。

```
YD1  D=200
2层：-0.800  3层：-0.700
其他层：-0.500
2Φ16   Φ10@200(2)
```

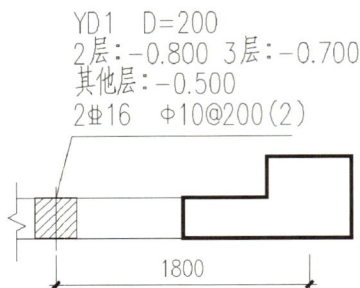

1800

A. 2 Φ 18

B. 4 Φ 18

C. 2 Φ 16

D. 4 Φ 16

答案：C

解析：由图可知，YD1 洞口每侧补强纵筋是 2 Φ 16。

题 3-2-6 已知 YBZ1 下基础高度满足直锚，则其纵筋锚入基础后的水平弯折长度至少为（　　）mm。

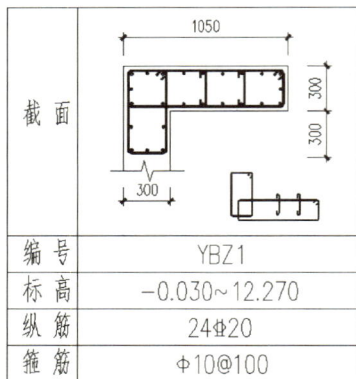

编号	YBZ1
标高	-0.030～12.270
纵筋	24Φ20
箍筋	Φ10@100

A. 120

B. 130

C. 150

D. 200

答案：C

解析：由 22G101-3 第 2-9 页"边缘构件纵向钢筋在基础中构造"可知，当基础高度满足直锚时，剪力墙边缘构件纵筋伸至基础底板或中间层钢筋网片上，并弯折 $6d$ 或 150mm 的较大值。YBZ1 的纵筋直径为 20mm，$20 \times 6 = 120$mm，故其纵筋锚入基础后的水平弯折长度至少为 150mm。

题 3-2-7　如图所示 Q1 的水平分布钢筋在 GBZ7 中应（　　）。

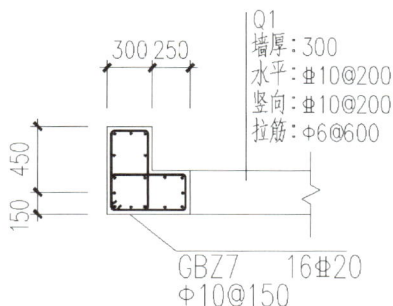

```
Q1
墙厚：300
水平：⊈10@200
竖向：⊈10@200
拉筋：Φ6@600

GBZ7    16⊈20
Φ10@150
```

A. 在端部紧贴角筋内侧向内弯折 100mm

B. 在端部紧贴角筋外侧向内弯折 100mm

C. 在端部紧贴角筋内侧向内弯折 150mm

D. 在端部紧贴角筋外侧向内弯折 150mm

答案：A

解析： 由 22G101-1 第 2-19 页"剪力墙水平分布钢筋构造"可知，GBZ7 属于 L 形暗柱，Q1 的水平分布钢筋在 GBZ7 中应在端部紧贴角筋内侧向内弯折 $10d$，即 100mm。

题 3-2-8　如图所示，Q2 水平分布筋在 GBZ6 中的锚固应采用剪力墙水平分布钢筋翼墙处构造（　　）。

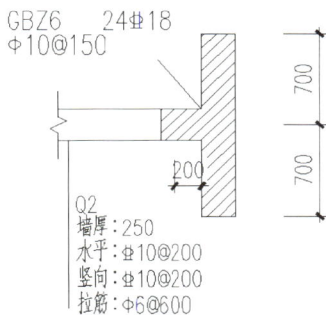

```
GBZ6    24⊈18
Φ10@150

Q2
墙厚：250
水平：⊈10@200
竖向：⊈10@200
拉筋：Φ6@600
```

A. 伸至 GBZ6 外侧钢筋内侧并弯折 150mm

B. 伸至 GBZ6 外侧钢筋外侧并弯折 150mm

C. 伸至 GBZ6 内侧钢筋内侧并弯折 150mm

D. 伸至 GBZ6 内侧钢筋外侧并弯折 150mm

答案：A

解析： 由 22G101-1 第 2-20 页"剪力墙水平分布钢筋构造"可知，Q2 水平分布筋在 GBZ6 中的锚固应采用剪力墙水平分布钢筋翼墙处构造，即伸至 GBZ6 外侧钢筋内侧并弯折 $15d$。Q2 水平分布筋直径为 10mm。

题 3-2-9　如图所示，已知抗震等级为二级，边框梁的混凝土的强度等级为 C40，Q1 在顶层有边框梁，边框梁的截面高度为 500mm，则 Q1 竖向分布钢筋在顶层的锚固为（　　）。

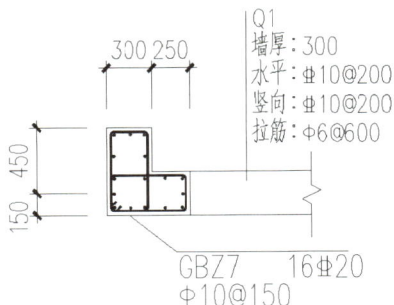

```
Q1
墙厚：300
水平：⊈10@200
竖向：⊈10@200
拉筋：Φ6@600

GBZ7    16⊈20
Φ10@150
```

答案：B

解析： 由 22G101-1 第 2-22 页"剪力墙竖向钢筋构造"可知，抗震等级为二级，边框梁的混凝土的强度等级为 C40，查表得 l_{aE} 为 33d，Q1 的竖向分布钢筋直径为 10mm，l_{aE} 为 330mm，边框梁高度为 500mm，满足直锚，直锚长度为 330mm。

A. 直锚，锚固长度为 290mm

B. 直锚，锚固长度为 330mm

C. 弯锚，竖向分布钢筋伸至梁顶并弯折 120mm

D. 弯锚，竖向分布钢筋伸至梁顶并弯折 100mm

题 3-2-10　如图所示，已知抗震等级为二级，混凝土的强度等级为 C40，LL3 在 5 层时纵筋的锚固长度为（　　）mm。

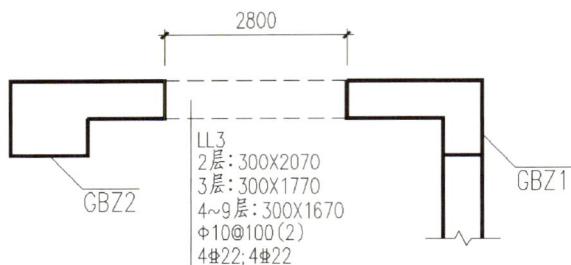

2800

LL3
2 层：300×2070
3 层：300×1770
4~9 层：300×1670
Φ10@100(2)
4Φ22；4Φ22

GBZ2

GBZ1

A. 600

B. 726

C. 638

D. 660

答案：B

解析：由 22G101-1 第 2-27 页"连梁 LL 配筋构造"可知，抗震等级为二级，混凝土的强度等级为 C40，查表得 l_{aE} 为 33d，LL3 的纵筋直径为 22mm，l_{aE}＝726mm＞600mm。

任务 3.3　梁平法施工图制图规则和标准构造详图

梁是指水平方向的长条形承重构件。它由支座支承，承受的外力以横向力和剪力为主，以弯曲为主要变形，是框架结构必不可少的构件之一。

3.3.1　梁的分类

梁承托着建筑物上部构架中的构件及屋面的全部重量，是建筑上部构架中最为重要的部分。依据梁的具体位置、详细形状、具体作用等有不同的名称，其常见分类如图 3-3-1 所示。本节主要围绕工程常用的楼层框架梁（KL）进行讲述。

3-3-1
梁的类型

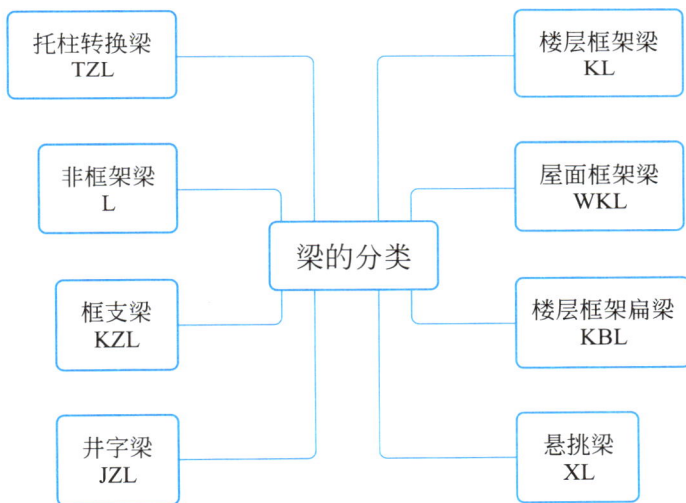

图 3-3-1　梁的分类

3.3.2　梁平法施工图制图规则

梁平法施工图是在梁平面布置图上采用平面注写方式或截面注写方式表达。

1. 平面注写方式

梁的平面注写方式，是在梁平面布置图上，分别在不同编号的梁中各选一根梁，在其注写截面尺寸和配筋具体数值的方式来表达梁平法施工图，具体表达方式如图 3-3-2 所示。

3-3-2
梁平法
施工图
表示方法

2. 截面注写方式

梁的截面注写方式，是在标准层绘制的梁平面布置图上，分别在不同编

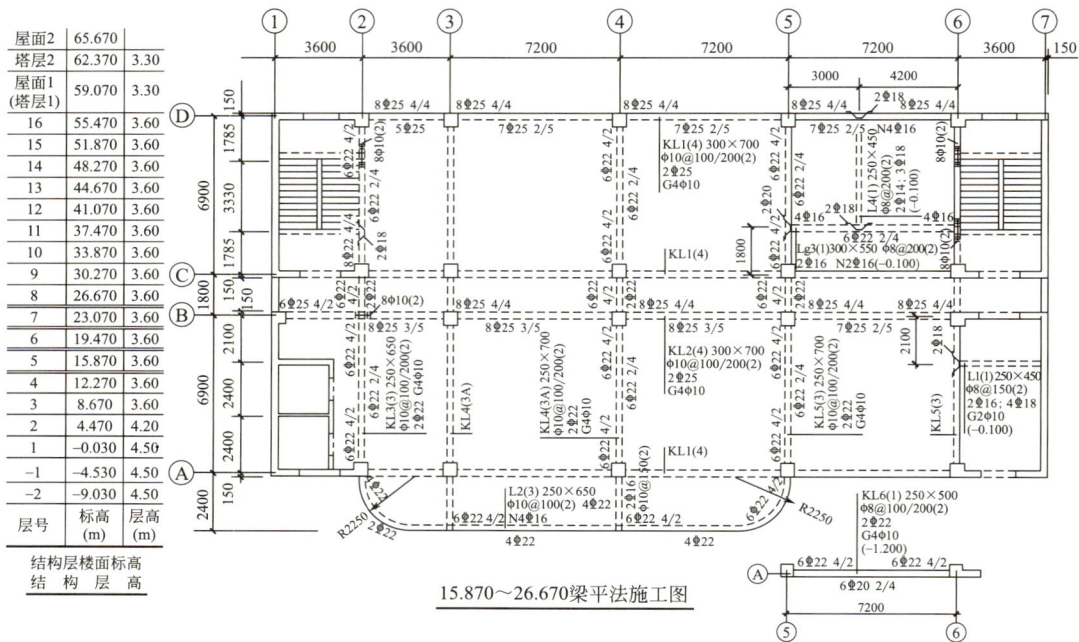

图 3-3-2 梁的平面注写

号的梁中各选择一根梁用剖面号引出配筋图，并在其上注写截面尺寸和配筋具体数值的方式来表达梁平法施工图，具体表达方式如图 3-3-3 所示。截面注写方式既可以单独使用，也可与平面注写方式结合使用。

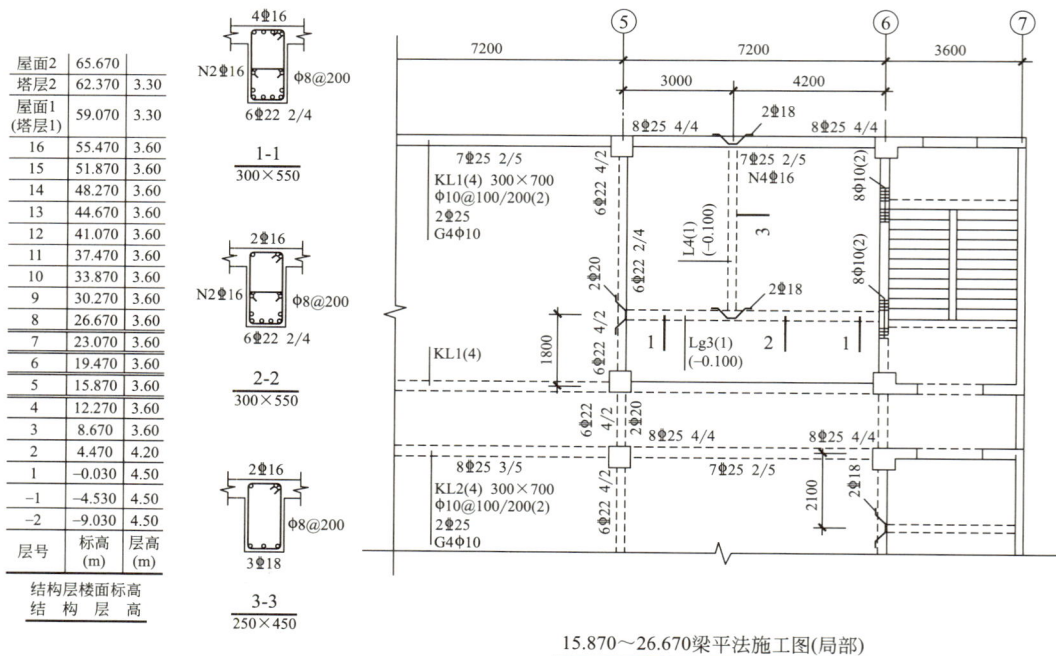

图 3-3-3 梁的截面注写

3. 平面注写内容

实际工程中，梁平法施工图主要采用平面注写方式，因此，本任务主要介绍平面注写内容。

平面注写包括集中标注与原位标注，集中标注表达梁的通用数值，原位标注表达梁的特殊数值。当集中标注中的某项数值不适用于梁的某部位时，则将该项数值原位标注，施工时，原位标注取值优先。平面注写内容具体详见图 3-3-4 所示。

3-3-3 梁集中标注

3-3-4 梁原位标注

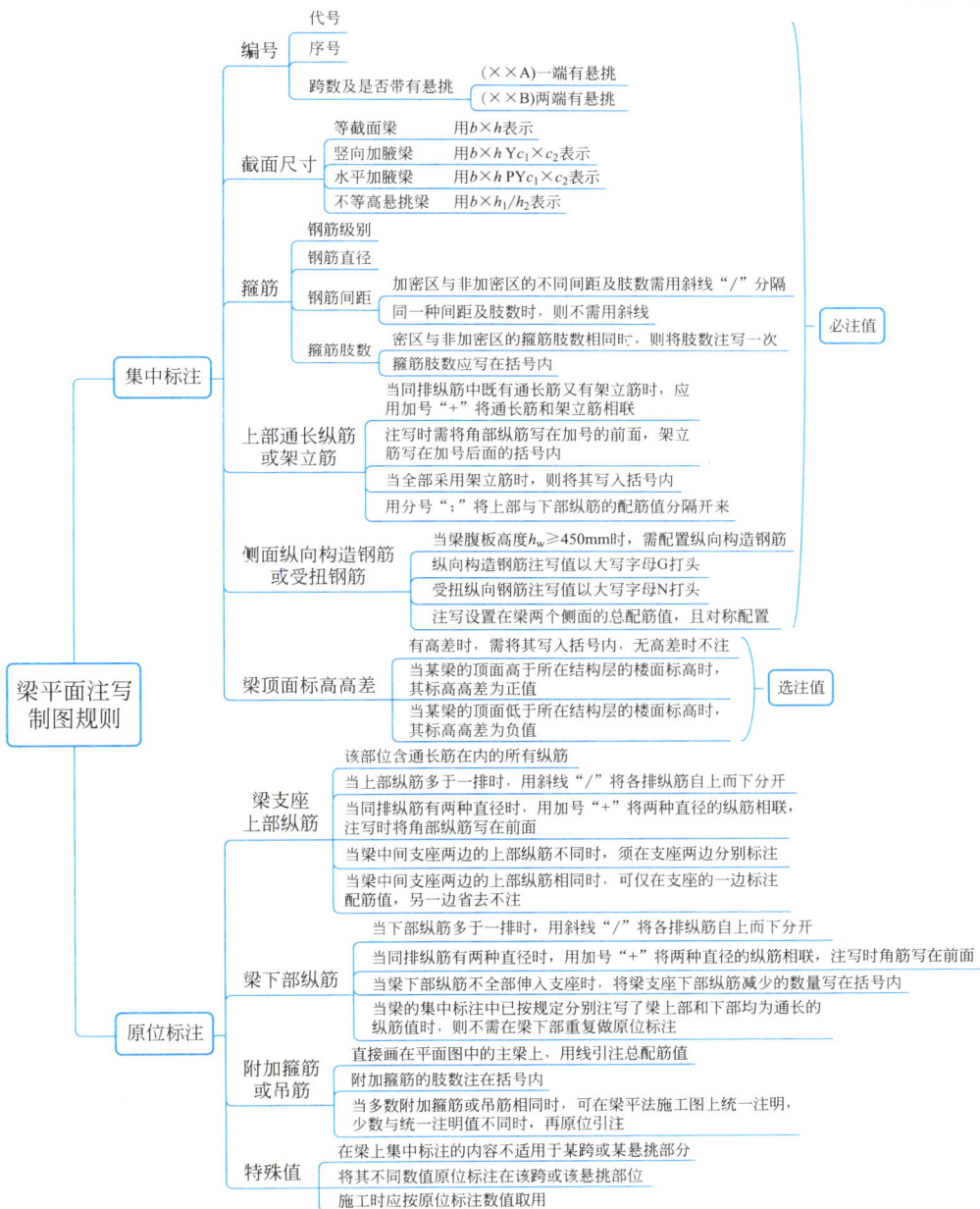

图 3-3-4 梁平面注写制图规则思维导图

107

3.3.3　框架梁标准构造详图

1. 框架梁钢筋构造知识体系

框架梁中钢筋类型较多，这里按照不同的位置进行归类，详如图 3-3-5 所示。

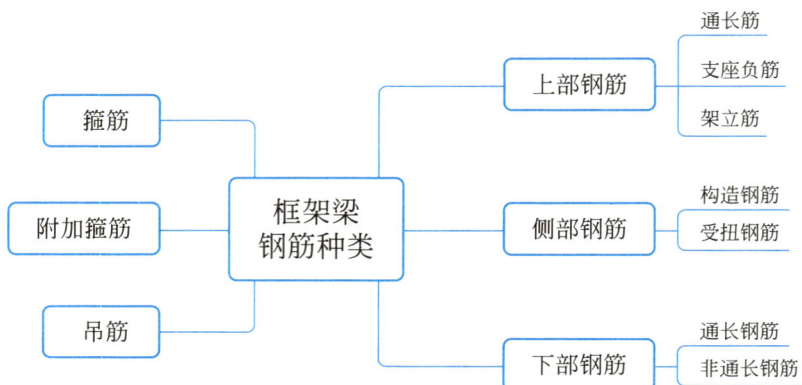

图 3-3-5　框架梁钢筋构造知识体系

2. 框架梁标准构造

（1）上部钢筋构造

框架梁上部钢筋包括通长筋、支座负筋和架立筋，其钢筋构造如图 3-3-6 所示。

（2）侧部钢筋构造

框架梁侧部钢筋包括纵向构造筋或抗扭钢筋及拉筋，其钢筋构造如图 3-3-6 所示。

（3）下部钢筋构造

框架梁下部钢筋包括通长筋和非通长筋，其钢筋构造如图 3-3-6 所示。

（4）中间支座构造

框架梁中间支座钢筋的构造主要是指梁中间节点钢筋的构造，包括支座两边梁截面高度、宽度一样时的构造要求以及支座两边梁截面、梁宽度不一样时的构造要求，具体如图 3-3-6 所示。

（5）箍筋构造

箍筋间距分加密区与非加密区之分，其加密区范围如图 3-3-6 所示。

框架梁标准构造

- 上部钢筋
  - 通长筋
    - 端支座锚固
      - 直锚：$\max(l_{aE}, 0.5h_c+5d)$
      - 弯锚
        - 纵筋伸至柱外侧纵筋内侧弯折
        - 弯钩长度15d
    - 连接
      - 直径相同在跨中1/3的范围连接
      - 直径不相同时与支座负筋搭接l_{lE}
  - 支座负筋
    - 延伸长度从支座边缘算起
    - 第一排跨内延伸长度$l_n/3$
    - 上部第二排跨内延伸长度$l_n/4$
    - l_n指端跨的净长度
  - 架立筋
    - 与支座负筋搭接长度为150mm
  - 22G101-1中P2-33

- 侧部钢筋
  - 侧部构造钢筋(G)
    - $h_w \geqslant 450$
    - 间距$a \leqslant 200$
    - 锚固与搭接15d
  - 侧部受扭钢筋(N)
    - 锚固：同下部钢筋
    - 搭接：l_{lE}
  - 拉筋
    - 梁宽≤350时直径6mm
    - 梁宽>350时直径8mm
    - 间距为2倍非加密区箍筋间距
  - 22G101-1中P2-41

- 下部钢筋
  - 通长筋
    - 端支座锚固
      - 直锚：$\max(l_{aE}, 0.5h_c+5d)$
      - 弯锚
        - 纵筋伸至梁上部纵筋弯钩段内侧或柱外侧纵筋内侧弯折
        - 弯钩长度15d
    - 连接
      - 支座$l_{ni}/3$范围内
      - 同一连接区段内钢筋接头面积百分率≤50%
  - 非通长筋
    - 距两支座边0.1l_{ni}
    - 长度=0.8l_{ni}
    - 22G101-1中P2-41
  - 22G101-1中P2-33

- 中间支座
  - 两边梁同宽同高
    - 上部通长筋及负筋贯通
    - 下部纵筋锚固长度=$\max(l_{aE}, 0.5h_c+5d)$
  - 两边梁截面不同
    - $\Delta h/(h_c-50) > 1/6$
      - 上部通长筋断开
      - 上部高位筋同端支座锚固
      - 上部地位筋锚入l_{aE}
      - 下部钢筋锚固同上部钢筋
    - $\Delta h/(h_c-50) \leqslant 1/6$
      - 上下钢筋斜弯通过
  - 两边梁同高不同宽
    - 无法直通纵筋弯锚入柱
    - 弯锚构造同端支座锚固
  - 22G101-1中P2-37

- 箍筋
  - 起步距离为50mm
  - 加密区
    - 抗震等级为一级：≥2.0h_b且≥500mm
    - 抗震等级为二～四级：≥1.5h_b且≥500mm
  - 22G101-1中P2-39

- 附加箍筋
  - 附加箍筋
    - 起步距离为50mm
    - 主梁正常箍筋或加密区箍筋照设
  - 吊筋
    - 梁高≤800mm时吊筋弯起45°
    - 梁高>800mm时吊筋弯起60°
    - 吊筋平直段长度为20d
  - 22G101-1中P2-39

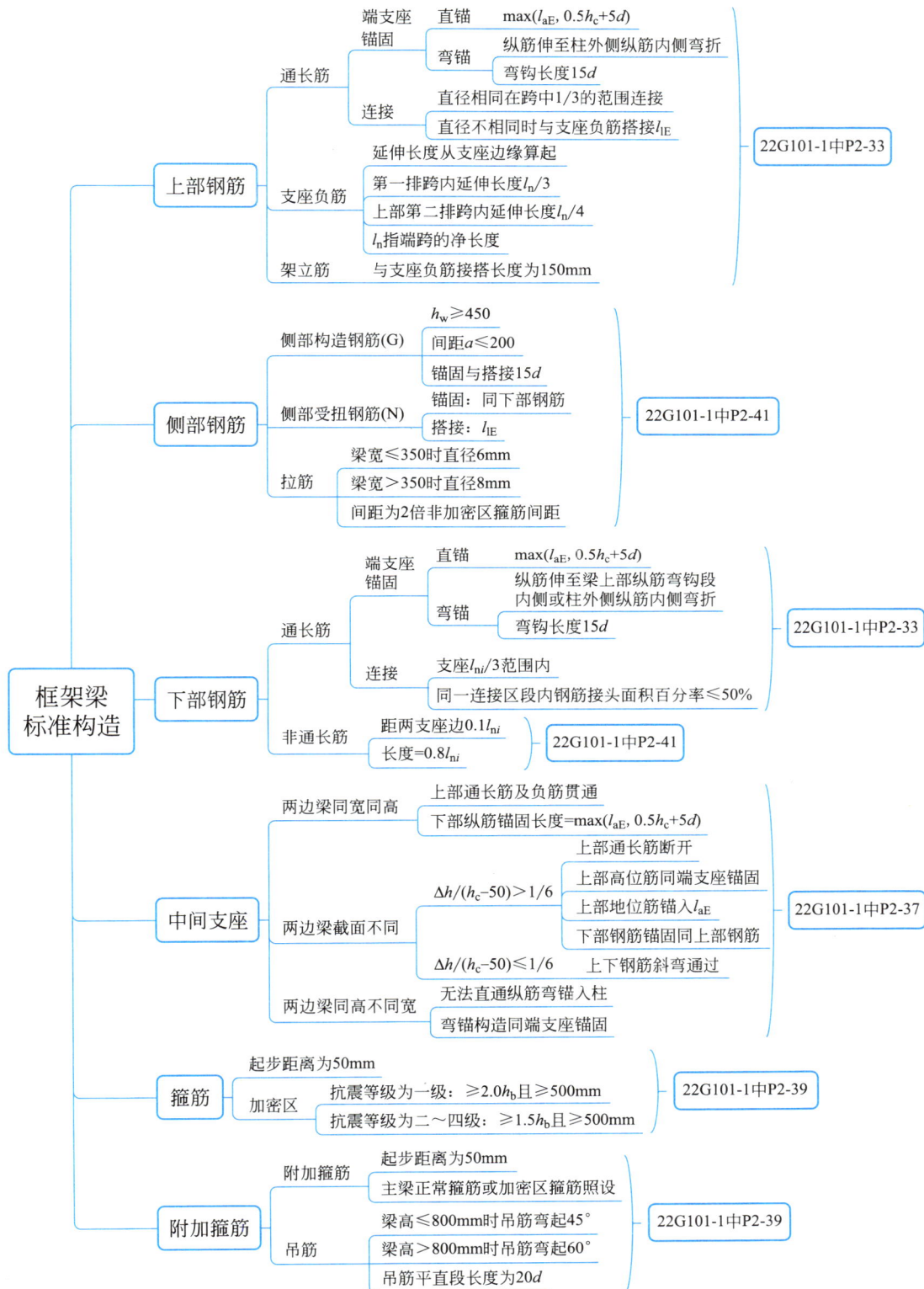

图 3-3-6　框架梁标准构造思维导图

（6）附加钢筋构造

附加钢筋包括附加箍筋和吊筋，其钢筋构造如图 3-3-6 所示。

3.3.4　经典例题及解析

题 3-3-1　梁平法施工图中集中标注内容"N4⊈12"，表示梁腹部（　　）。

A. 每侧配有 2⊈12 的构造筋

B. 每侧配有 4⊈12 的构造筋

C. 每侧配有 2⊈12 的抗扭筋

D. 每侧配有 4⊈12 的抗扭筋

答案：C

解析：当梁侧面需配置受扭纵向钢筋时，此项注写值以大写字母 N 打头，注写配置在梁两个侧面的总配筋值，且对称配置。

题 3-3-2　如图所示，KL4（3A）中悬挑梁顶面纵筋应为（　　）。

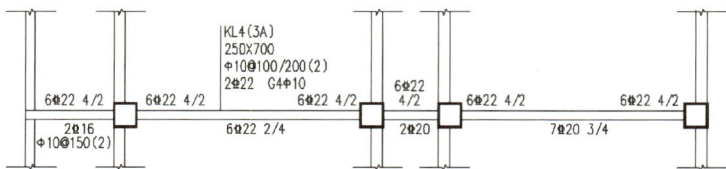

```
                    KL4(3A)
                    250X700
                    Φ10@100/200(2)
                    2⊈22  G4Φ10
6⊈22 4/2   6⊈22 4/2        6⊈22 4/2  6⊈22        6⊈22 4/2        6⊈22 4/2
                                     4/2
     2⊈16              6⊈22 2/4           2⊈20        7⊈20 3/4
     Φ10@150(2)
```

A. 2⊈22

B. 6⊈22

C. 4⊈22

D. 2⊈16

答案：B

解析：当在梁上集中标注的内容不适用于某跨或某悬挑部分时，则将其不同数值原位标注在该跨或该悬挑部位，施工时应按原位标注数值取用。

题 3-3-3　梁集中标注中的选注项是（　　）。

A. 梁截面尺寸

B. 梁编号

C. 梁箍筋

D. 梁顶面标高高差

答案：D

解析：梁集中标注的内容，有五项必注值及一项选注值。必注值是梁编号（包括跨数）、截面尺寸、梁箍筋、梁上部通长钢筋或架立筋、梁侧纵向构造钢筋或受扭钢筋，选注值是梁顶面标高与楼层基准标高的高差。

题 3-3-4　下面说法错误的是（　　）。

A. KL3（6）表示框架梁，第 3 号，6 跨，无悬挑

B. XL2 表示现浇梁 2 号

C. WKL1（3A）表示屋面框架梁，1 号，3 跨，一端有悬挑

D. L 表示非框架梁

答案：B

解析："XL"为悬挑梁代号。

题 3-3-5 梁的上部有四根纵筋，2Φ25 放在角部，2Φ12 放在中部作为架立筋，在梁支座上部应注写（　　）。

A. 2Φ25+2Φ12

B. 2Φ25+（2Φ12）

C. 2Φ25；2Φ12

D. 2Φ25（2Φ12）

答案：B

解析： 当同排纵筋中既有通长筋又有架立筋时，应用加号"+"将通长筋和架立筋相联。注写时需将角部纵筋写在加号的前面，架立筋写在加号后面的括号内，以示不同直径及与通长筋的区别。

题 3-3-6 梁上部第一排支座负筋的延伸长度为净跨的（　　）。

A. 1/2

B. 1/3

C. 1/4

D. 1/5

答案：B

解析： 由 22G101-1 中第 2-33 页"楼层框架梁 KL 纵向钢筋构造"可知，支座负筋向跨中延伸长度从支座边缘算起，上部第一排跨内延伸长度 $l_n/3$，上部第二排跨内延伸长度 $l_n/4$。

题 3-3-7 梁端支座钢筋采用弯锚时，弯锚钢筋长度在平直段长度加弯钩段长度，弯钩段长度为（　　）d。

A. 20

B. 15

C. 10

D. 5

答案：B

解析： 由 22G101-1 中第 2-33 页"楼层框架梁 KL 纵向钢筋构造"可知，当端支座宽度不够直锚时，可以采用弯锚。梁纵筋伸至柱外侧纵筋内侧弯折 15d。

题 3-3-8 已知混凝土强度等级为 C30，抗震等级为二级，梁下部钢筋为 C25，为满足如图所示节点构造要求，则下部纵向钢筋在中间支座的锚固长度为（　　）mm。

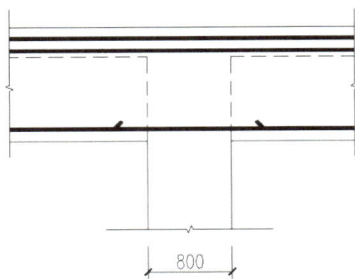

A. 525

B. 725

答案：C

解析： 由 22G101-1 中第 2-33 页"楼层框架梁 KL 纵向钢筋构造"可知，下部纵向钢筋在中间支座的锚固长度满足 max（l_{aE}，0.5h_c+5d）。抗震等级为二级，混凝土的强度等级为 C30，查表得 l_{aE} 为 40d=1000mm，0.5h_c+5d=525mm＜l_{aE}=1000mm。

111

C. 1000

D. 1025

题 3-3-9 已知 KL2 截面尺寸为 300mm×500mm，抗震等级为二级，则此梁加密区长度为（　　）mm。

A. 500

B. 625

C. 750

D. 800

题 3-3-10 已知柱宽为 600mm，且梁顶部钢筋为 C25，混凝土强度等级为 C30，抗震等级为二级，则梁上部钢筋在端支座处的锚固方式为（　　）。

A. 直锚伸至柱外侧纵筋内侧

B. 直锚 425mm

C. 伸入柱内 400mm 并向下弯折 375mm

D. 伸至柱外侧纵筋内侧并向下弯折 375mm

答案：C

解析：由 22G101-1 第 2-39 页"梁箍筋构造"可知，抗震等级为二～四级，箍筋加密区长度满足 max$(1.5h_b，500mm)$，$1.5h_b = 1.5×500 = 750mm$。

答案：D

解析：由 22G101-1 第 2-33 页"楼层框架梁 KL 纵向钢筋构造"可知，柱宽为 600mm，不满足直锚。所以应直锚伸至柱外侧纵筋内侧并向下弯折 $15d$，即直锚伸至柱外侧纵筋内侧并向下弯折 375mm。

板平法施工图制图规则和标准构造详图

在建筑结构中，平面尺寸较大而厚度较小的构件称之为板。板在房屋建筑中是不可缺少的，它通常是水平设置，但有时也有斜向设置的（如楼梯板和坡度较大的屋面板等），板主要承受垂直于板面的各种荷载，属于以受弯为主的构件。本任务主要介绍工程常用的有梁楼盖平法施工图制图规则和构造详图。

3.4.1　板的分类

钢筋混凝土板是房屋建筑中典型的受弯构件，从不同的角度可以分为不同的类型，具体如图 3-4-1 所示。

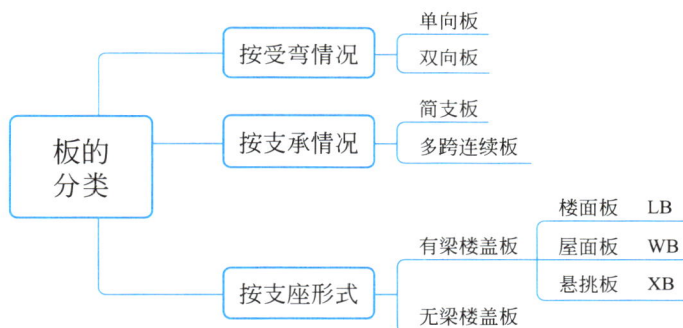

3-4-1
板的分类

图 3-4-1　板的分类

3.4.2　有梁楼盖平法施工图制图规则

有梁楼盖制图规则适用于以梁为支座的楼面与屋面板平法施工图设计。有梁楼盖施工图表示方式分为传统施工图表示方式和平法施工图表示方式两种。

3-4-2
有梁楼盖
施工图
表示方法

1. 传统施工图表示方式

传统施工图表示方式采用粗实线条代表钢筋，钢筋上注明钢筋信息量，或通过查询"配筋表"确定钢筋相关信息量。同时用粗实线条梁端弯钩形式区分板筋位置，两头带 180°弯钩代表板下部钢筋，两头带 90°弯钩代表板上部钢筋，具体如图 3-4-2 所示，由于这种表达方式相对简单，本节不再详细讲述。

2. 平法施工图表示方式

平法施工图表示方式是在楼面板和屋面板布置图上采用平面注写的表达方式，具体如图 3-4-3 所示。

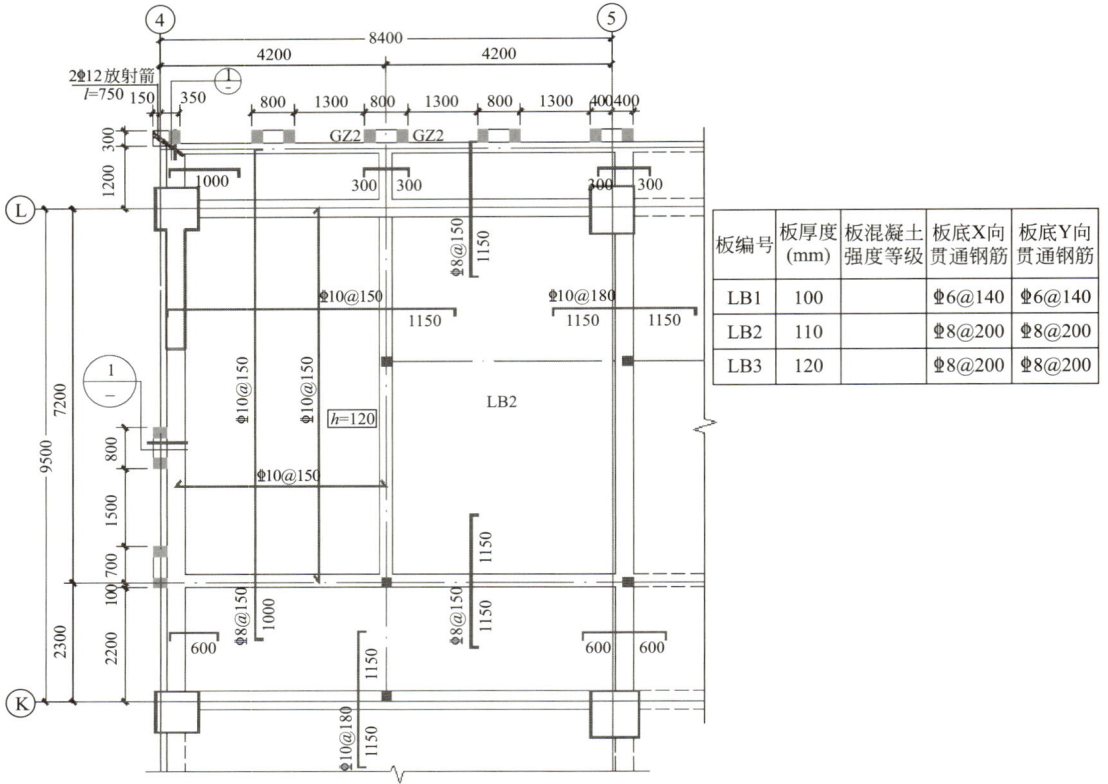

板编号	板厚度 (mm)	板混凝土强度等级	板底X向贯通钢筋	板底Y向贯通钢筋
LB1	100		Φ6@140	Φ6@140
LB2	110		Φ8@200	Φ8@200
LB3	120		Φ8@200	Φ8@200

图 3-4-2　楼（屋）面板传统施工图表示方式

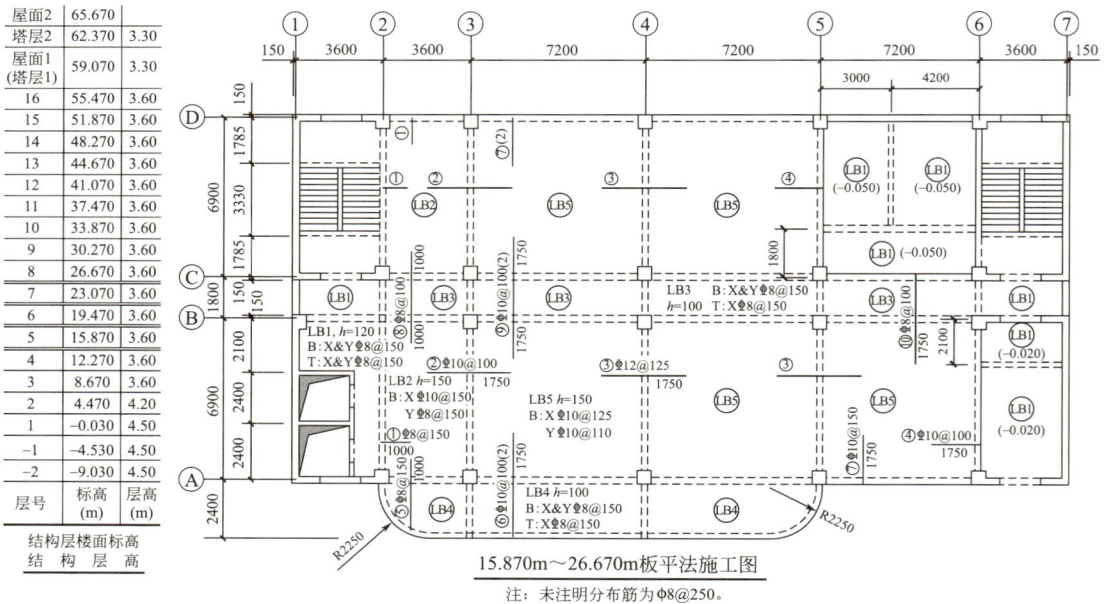

15.870m～26.670m板平法施工图

注：未注明分布筋为Φ8@250。

图 3-4-3　楼（屋）面板平法施工图表示方式

3. 平面注写内容

对于普通楼面，以两向（x、y 方向）的一跨为一个板块；对密肋楼盖，两向主梁（框架梁）以一个板块，所有板块应逐一编号。楼（屋）面板平法施工图上的平面标注主要有板块集中标注和板支座原位标注，平面注写内容具体详如图 3-4-4 所示。

3-4-3
板块集中
标注

3-4-4
板支座
原位标注

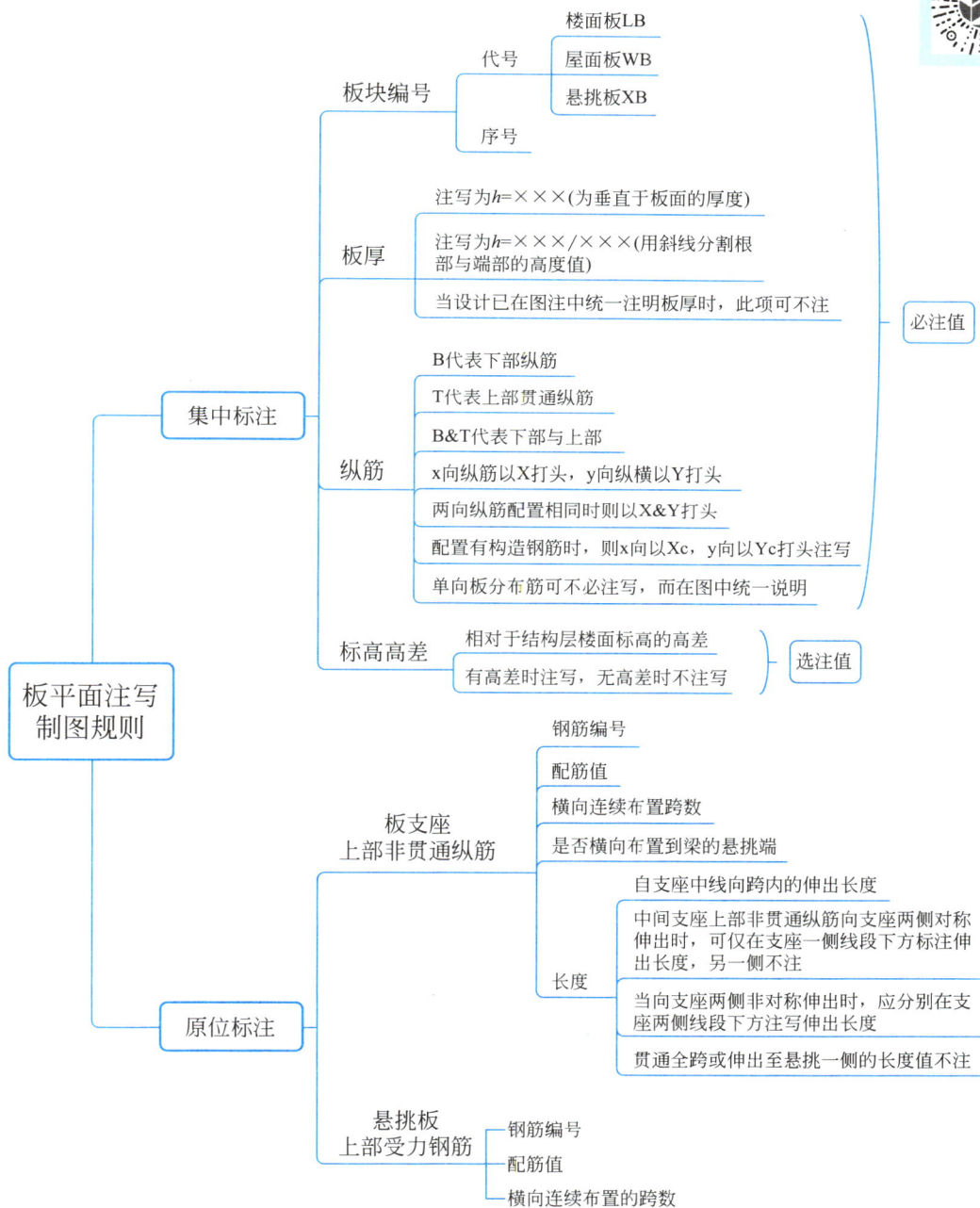

图 3-4-4　板平面注写制图规则思维导图

3.4.3 有梁楼盖板标注构造详图

1. 板钢筋构造知识体系
板构件的钢筋构造分布在 22G101-1，其钢筋构造知识体系如图 3-4-5 所示。

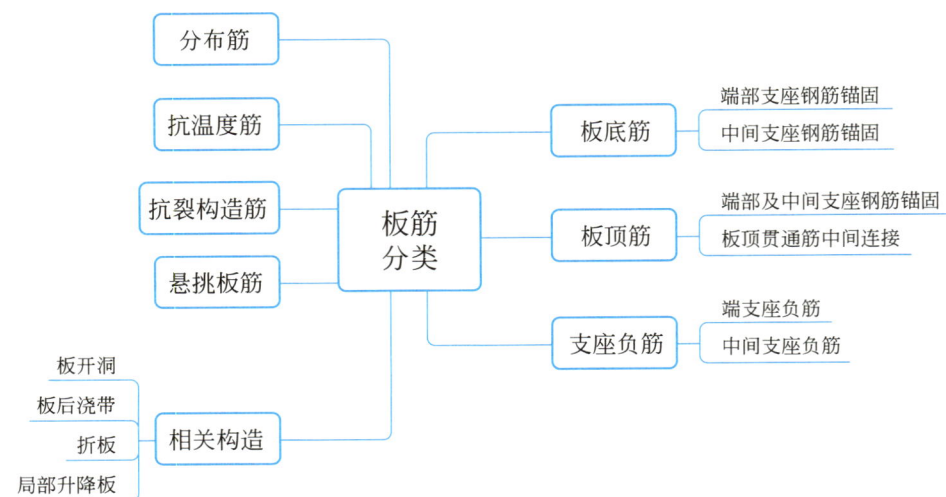

图 3-4-5 板构件钢筋构造知识体系

2. 有梁楼盖板标准构造
（1）上部贯通纵筋构造

板顶贯通纵筋构造主要分为端部支座钢筋锚固构造和板顶贯通筋中间连接构造，其钢筋构造如图 3-4-6 所示。

（2）支座负筋构造

支座负筋钢筋构造分为端支座负筋锚固构造、中间支座负筋锚固构造及其分布筋构造，具体钢筋构造如图 3-4-6 所示。

（3）下部贯通纵筋构造

板底贯通纵筋构造主要分为端部支座钢筋锚固构造和中间支座锚固构造，其钢筋构造如图 3-4-6 所示。

（4）抗裂、抗温度钢筋构造

抗裂钢筋、抗温度钢筋构造如图 3-4-6 所示。

（5）有梁楼盖板特殊钢筋构造

除以上板筋构造外，有梁楼盖板相关构造还包括板后浇带、折板、局部升降板及板开洞等特殊构造，其钢筋构造如图 3-4-7 所示。

有梁楼盖板标准构造

上部贯通纵筋
- 端支座锚固
  - 楼面板（梁板式转换层）
    - 普通
      - 外侧梁角筋内侧弯折15d
      - 满足直锚采用直锚 — 22G101-1中P2-50
    - 同普通楼屋面板
  - 剪力墙中间层
    - 伸至墙外侧水平分布筋内侧弯折15d
    - 满足直锚采用直锚
  - 剪力墙墙顶
    - 按铰接设计 — 同剪力墙中间层
    - 充分利用钢筋的抗拉强度 — 同剪力墙中间层
    - 搭接连接 — 伸至墙外侧水平分布筋内侧弯折 / 断点位置低于板底
    - 22G101-1中P2-51
- 中间连接
  - 等跨板　跨中连接区≥$l_n/2$
  - 不等跨板　跨中连接区≥$l_n/3$
  - 能通则通
  - 22G101-1中P2-52
- 悬挑板顶部钢筋
  - 延伸悬挑板　由跨内板顶筋直接延伸到悬挑端 / 向下弯折至板底
  - 纯悬挑板　在梁角筋内弯折15d
  - 22G101-1中P2-54

支座负筋
- 端支座
  - 锚固同上部贯通纵筋
  - 板内弯折长度=板厚-2c
- 中间支座
  - 贯通中间支座
  - 向跨内按设计标注伸出
  - 板内弯折长度=板厚-2c
  - 22G101-1中P2-50
- 分布筋
  - 距梁边1/2板筋间距
  - 与受力主筋，构造钢筋的搭接长度为150m
  - 转角处扣减

下部贯通纵筋
- 端支座锚固
  - 楼面板（梁板式转换层）
    - 普通　≥5d且至少到梁中线
    - 上部纵筋弯钩内侧弯折15d
    - 22G101-1中P2-50
  - 剪力墙中间层　≥5d且至少到墙中线
  - 剪力墙墙顶
    - 按铰接设计 — 同剪力墙中间层
    - 充分利用钢筋的抗拉强度 — 同剪力墙中间层
    - 搭接连接 — 同剪力墙中间层
    - 22G101-1中P2-51
- 中间支座锚固
  - 锚固长度5d且至少到支座中线
  - 锚固或贯穿
  - 22G101-1中P2-50
- 悬挑板底部钢筋
  - 非受力钢筋
  - 构造钢筋锚入梁内的长度≥12d且至少到梁中线
  - 22G101-1中P2-54

抗裂钢筋抗温度筋
- 自身及其与受力主筋搭接长度为l_l
- 分布筋兼作抗温度筋搭接长度为l_l
- 22G101-1中P2-53

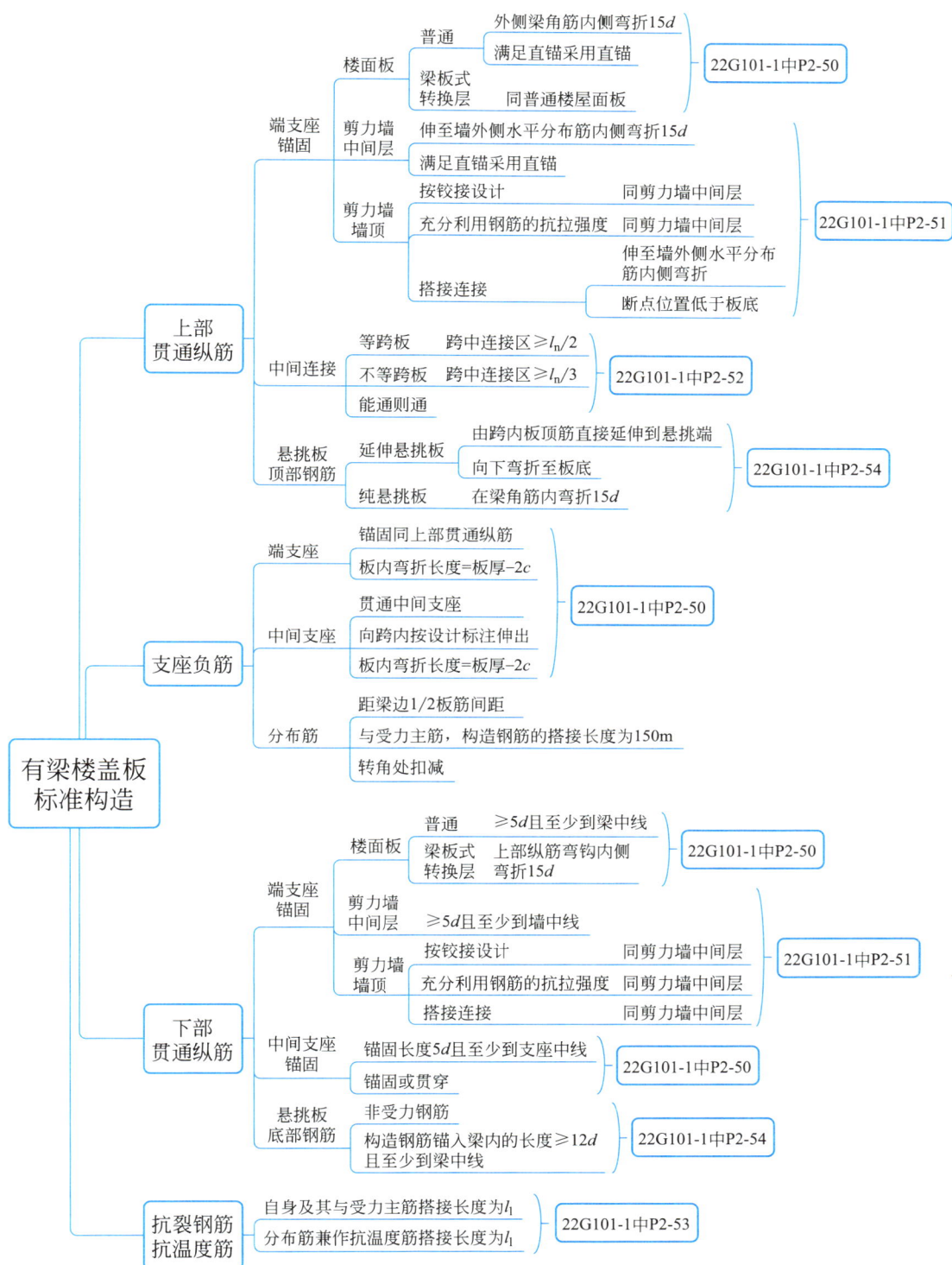

图 3-4-6　有梁楼盖板标准构造思维导图

117

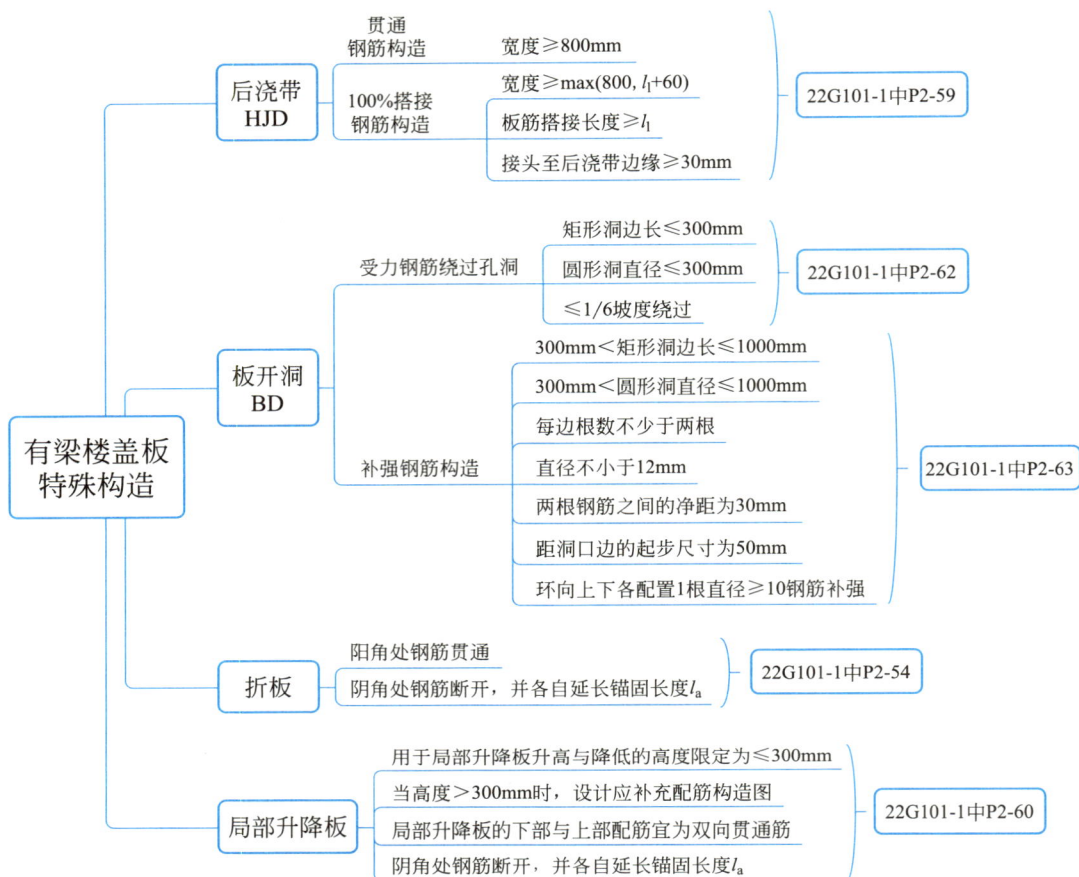

图 3-4-7　有梁楼盖板特殊构造思维导图

3.4.4　经典例题及解析

题 3-4-1　现浇板块编号"WB"表示（　　）。

A. 现浇板

B. 屋面板

C. 楼面板

D. 悬挑板

答案：B

解析：楼面板代号为"LB"；屋面板代号为"WB"；悬挑板代号为"XB"。

题 3-4-2　板块集中标注中的选注项是（　　）。

A. 板块编号

B. 板厚

C. 贯通纵筋

D. 板面标高高差

答案：D

解析：板面标高高差系相对于结构层楼面标高的高差，应将其注写在括号内，且有高差时注写，无高差时不注写。

题 3-4-3 关于板支座上部非贯通纵筋的标注，下列说法错误的是（　　）。

A. 应标注在配置相同跨的第一跨上

B. 支座负筋用粗实线表示，钢筋长度为支座边缘向跨内伸出长度

C. 钢筋上方注写钢筋编号、配筋值、横向连续布置的跨数

D. 钢筋上方注写钢筋伸出长度

答案：D

解析：板支座上部非贯通纵筋自支座边线向跨内的伸出长度，注写在线段的下方位置。

题 3-4-4 某现浇板配筋为"B：X&Y ϕ 14@200、T：X&Y ϕ 16@200"，其配置方式为（　　）。

A. 单层单向

B. 单层双向

C. 双层单向

D. 双层双向

答案：D

解析：板上部和下部分别注写（单层/双层配置）：B-下部；T-上部；B&T-下部与上部双层配置。正交轴线分别注写（单向/双向配置）：X-从左至右的水平方向，Y-从下到上的垂直方向，X&Y-两向相同配置。

题 3-4-5 某楼面板块注写为：LB5h＝110B：X ϕ 10/12@100；Y ϕ 10@110，则下列说法错误的是（　　）。

A. 板厚为 110mm

B. 板上部未配置贯通纵筋

C. 板下部纵筋 X 向为ϕ 10、ϕ 12 隔一布一，ϕ 10 与ϕ 12 之间间距为 50mm

D. 板下部纵筋 Y 向为ϕ 10@110

答案：C

解析：当纵筋采用两种规格钢筋"隔一布一"方式时，表达为 xx/yy@xxx，表示直径为 xx 的钢筋和直径为 yy 的钢筋二者之间间距为 xxx，直径 xx 的钢筋的间距为 xxx 的 2 倍，直径 yy 的钢筋的间距为 xxx 的 2 倍。

题 3-4-6 如图所示，已知梁宽为 200mm，板底钢筋直径为 12mm，若满足此节点构造要求，则普通楼面板下部钢筋应锚入梁（　　）mm。

答案：C

解析：普通楼面板中间支座锚固时，板下部纵筋锚入支座≥5d 且至少到梁中线。

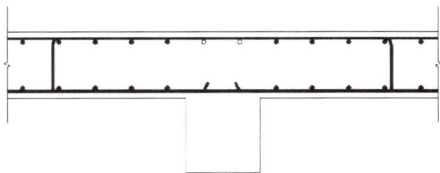

A. 60

B. 80

C. 100

D. 120

119

题 3-4-7 已知板顶钢筋为Φ12，混凝土强度等级为 C35，若满足此节点构造要求，且充分利用抗拉强度时，则普通楼面板顶部钢筋应锚入梁（　　）。

A. 伸至梁角筋内侧并向下弯折 150mm

B. 直锚 231mm 并向下弯折 180mm

C. 伸至梁角筋内侧并向下弯折 180mm

D. 直锚 231mm 并向下弯折 200mm

答案：C

解析： 板顶部纵筋充分利用抗拉强度，直锚入支座 $0.6l_{ab}$ 且伸至梁角筋内侧并弯锚 $15d$，查表 $l_{ab}=32d$。

题 3-4-8 已知普通楼面板为 3 跨，且净跨均为 4000mm，则距支座（　　）mm，位于该构件上部贯通筋连接范围。

A. 900

B. 1500

C. 3100

D. 任意位置

答案：B

解析： 板顶部纵筋连接区为≤跨中 $l_n/2$，即距支座边 1000～3000mm 范围内为连接区。

题 3-4-9 有梁楼盖板中间支座（梁）负筋的弯折长度为（　　）。

A. $h-2c$

B. $15d$

C. $10d$

D. $5d$

答案：A

解析： 有梁楼盖板中间支座（梁）负筋的弯折长度为板厚-板保护层厚度。

题 3-4-10 如图所示，板顶钢筋Φ12，混凝土强度等级为 C30，若满足此节点构造要求，则普通楼面板顶部钢筋应锚入梁（　　）。

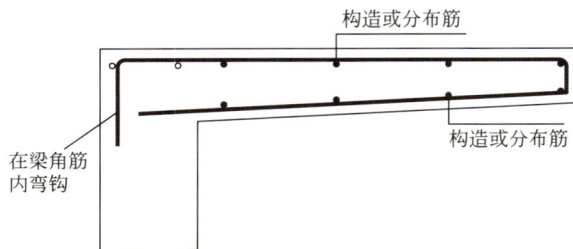

A. 伸至梁角筋内侧并向下弯折 150mm

B. 伸至梁角筋内侧并向下弯折 180mm

C. 直锚 420mm 并向下弯折 150mm

D. 直锚 420mm 并向下弯折 180mm

答案：B

解析： 由 22G101-1 第 2-54 页"悬挑板 XB 钢筋构造"可知，板上部纵筋锚入支座≥$0.6l_{ab}$ 且伸至梁角筋内侧，并向下弯折 $15d$，查表 $l_{ab}=35d$。

任务 3.5　板式楼梯平法施工图制图规则和标准构造详图

楼梯是建筑物中楼层间垂直交通用的构件，主要用于楼层之间和高差较大时的交通联系。它主要应用于剪力墙结构、砌体结构、框架结构以及框剪结构中框架部分。楼梯的类型很多。本任务主要介绍工程常用的板式楼梯平法施工图制图规则和构造详图。

3.5.1　板式楼梯的分类

板式楼梯类型包含 14 种类型，其具体分类及组成如图 3-5-1 所示。

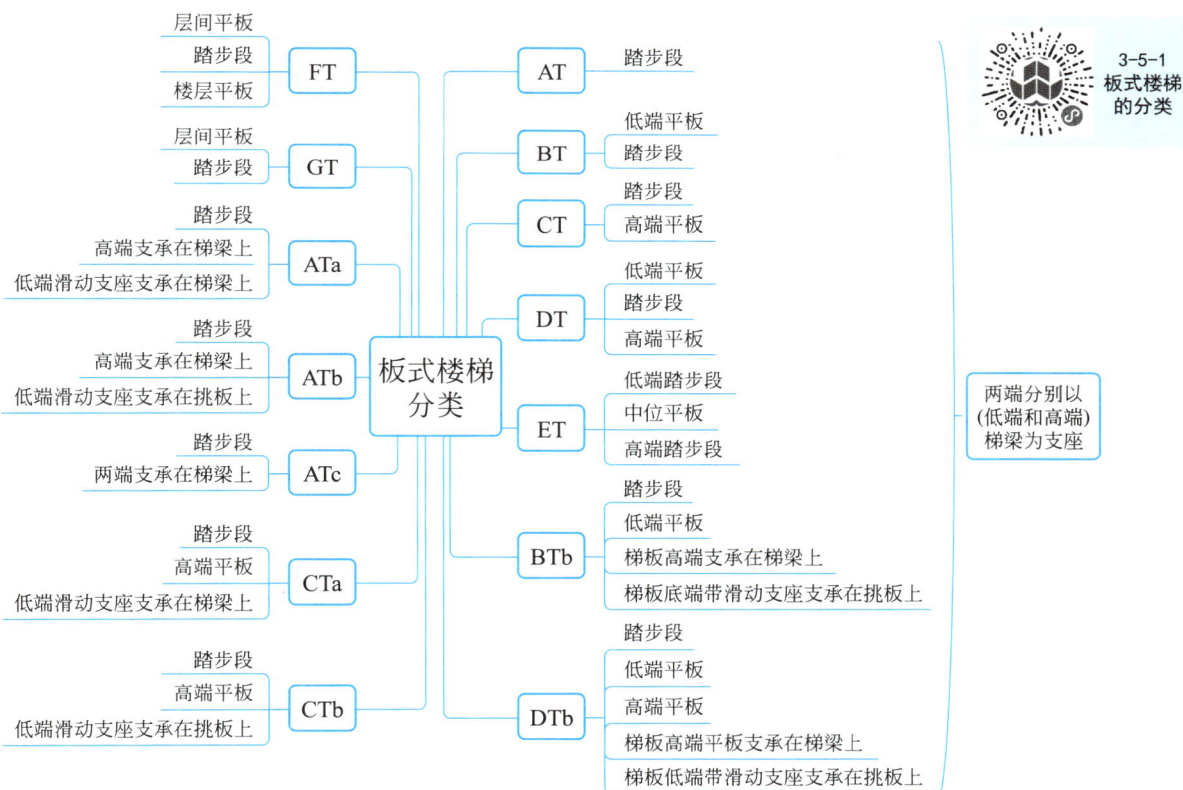

图 3-5-1　板式楼梯的分类

3.5.2　板式楼梯平法施工图制图规则

现浇混凝土板式楼梯梯板的平法注写方式有平面注写方式、剖面注写方式和列表注写方式。平台板、平台梁及梯柱的平法注写方式见本教材前面介绍的梁、板、柱的平法表

3-5-2
板式楼梯
平面注写
方式

示，这里不再累述。

1. 平面注写方式

平面注写方式，是在楼梯平面布置图上注写截面尺寸和配筋具体数值的方式来表达楼梯施工图，具体如图 3-5-2 所示。

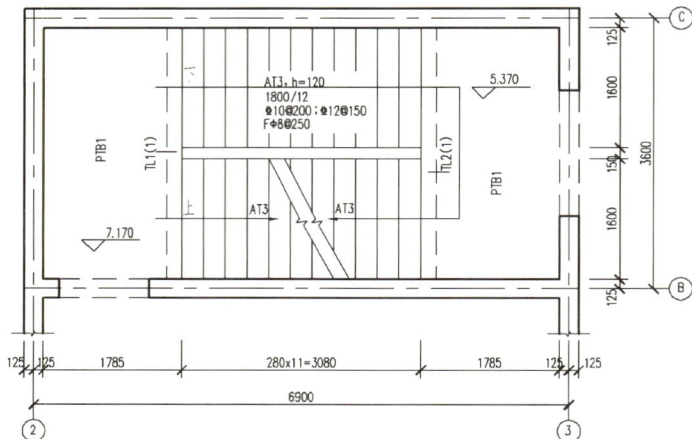

图 3-5-2　楼梯平面注写方式

2. 剖面注写方式

3-5-3
板式楼梯
剖面注写
方式

剖面注写方式需要在楼梯平法施工图中绘制楼梯平面布置图和楼梯剖面图，具体如图 3-5-3 所示。

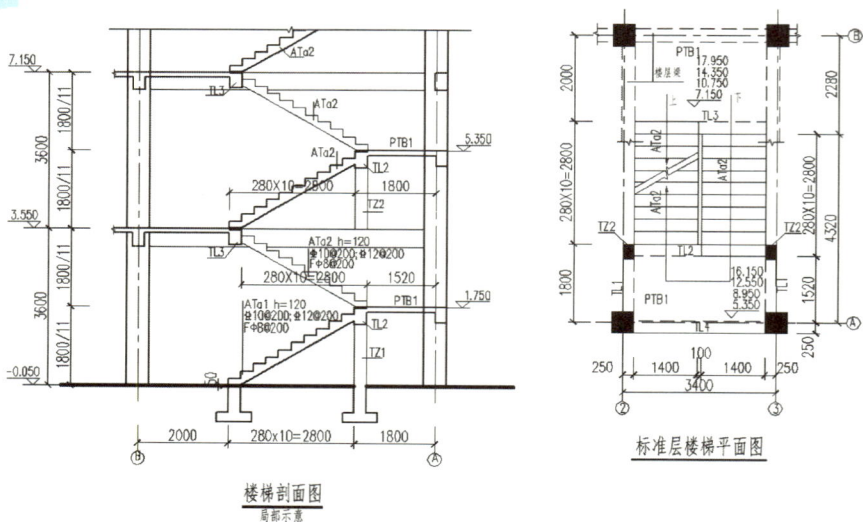

图 3-5-3　楼梯剖面注写方式

3. 列表注写方式

3-5-4
板式楼梯
列表注写
方式

列表注写方式是用列表方式注写梯板截面尺寸和配筋具体数值的方式来表达楼梯施工图。具体要求同剖面注写方式，仅将剖面注写方式中集中标注项改为列表注写项。该表示方法工程应用不多，这里不再详述。

122

4. 平法施工图注写内容

现浇混凝土板式楼梯平法施工图注写内容如图 3-5-4 所示。

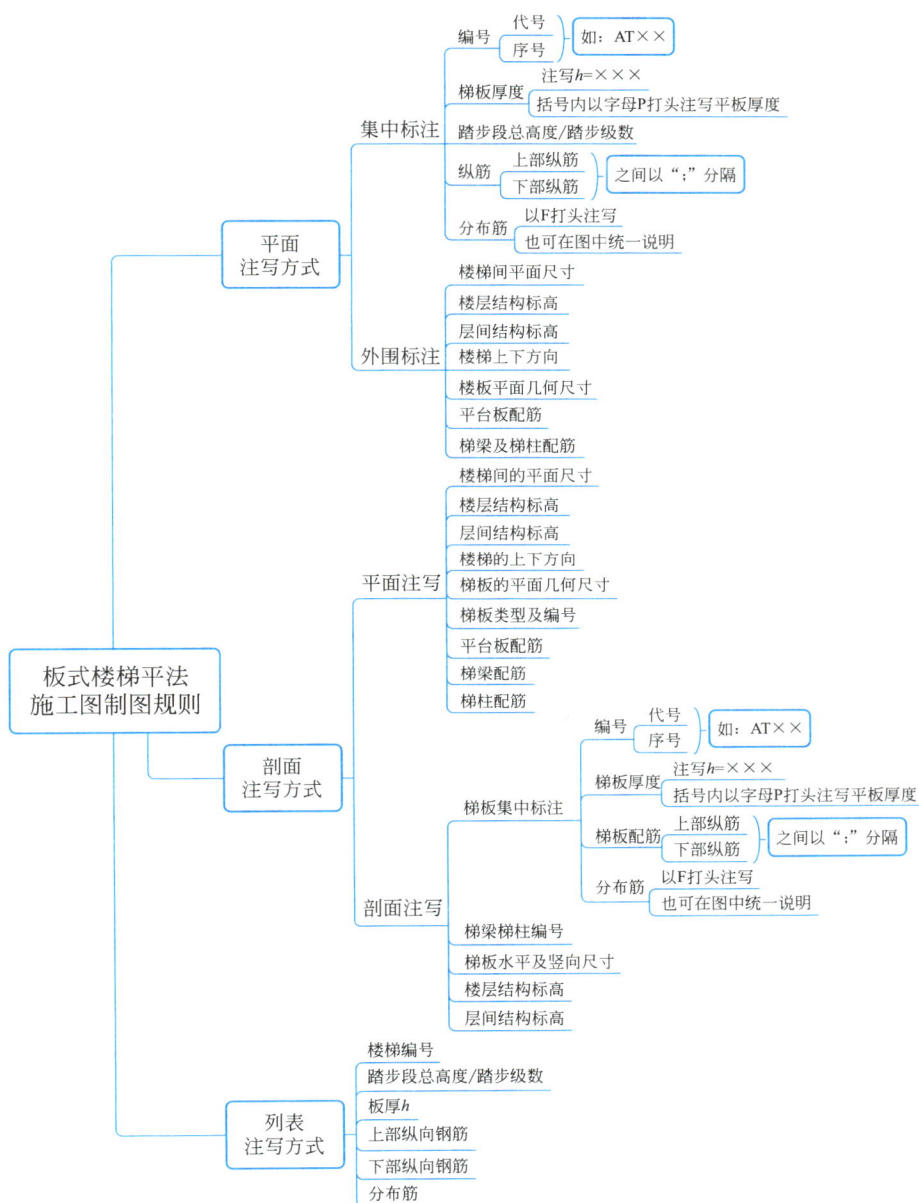

图 3-5-4　板式楼梯平法施工图制图规则思维导图

3.5.3　板式楼梯标准构造详图

1. 梯板钢筋构造知识体系

梯板钢筋类型与楼板钢筋类型基本相同，其钢筋构造知识体系如图 3-5-5 所示。

123

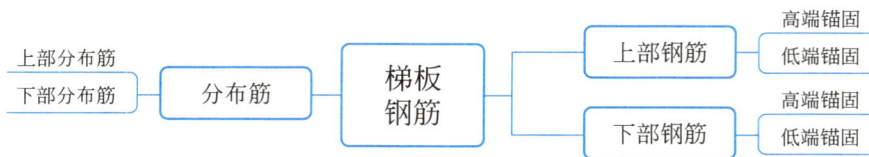

图 3-5-5　梯板钢筋构造知识体系

2. 板式楼梯标准构造

板式楼梯类型包含 14 种，其各种结构构造略有差异。这里从工程应用出发，主要针对常用的几种板式楼梯的标准构造详图进行讲解，其钢筋构造如图 3-5-6 所示。

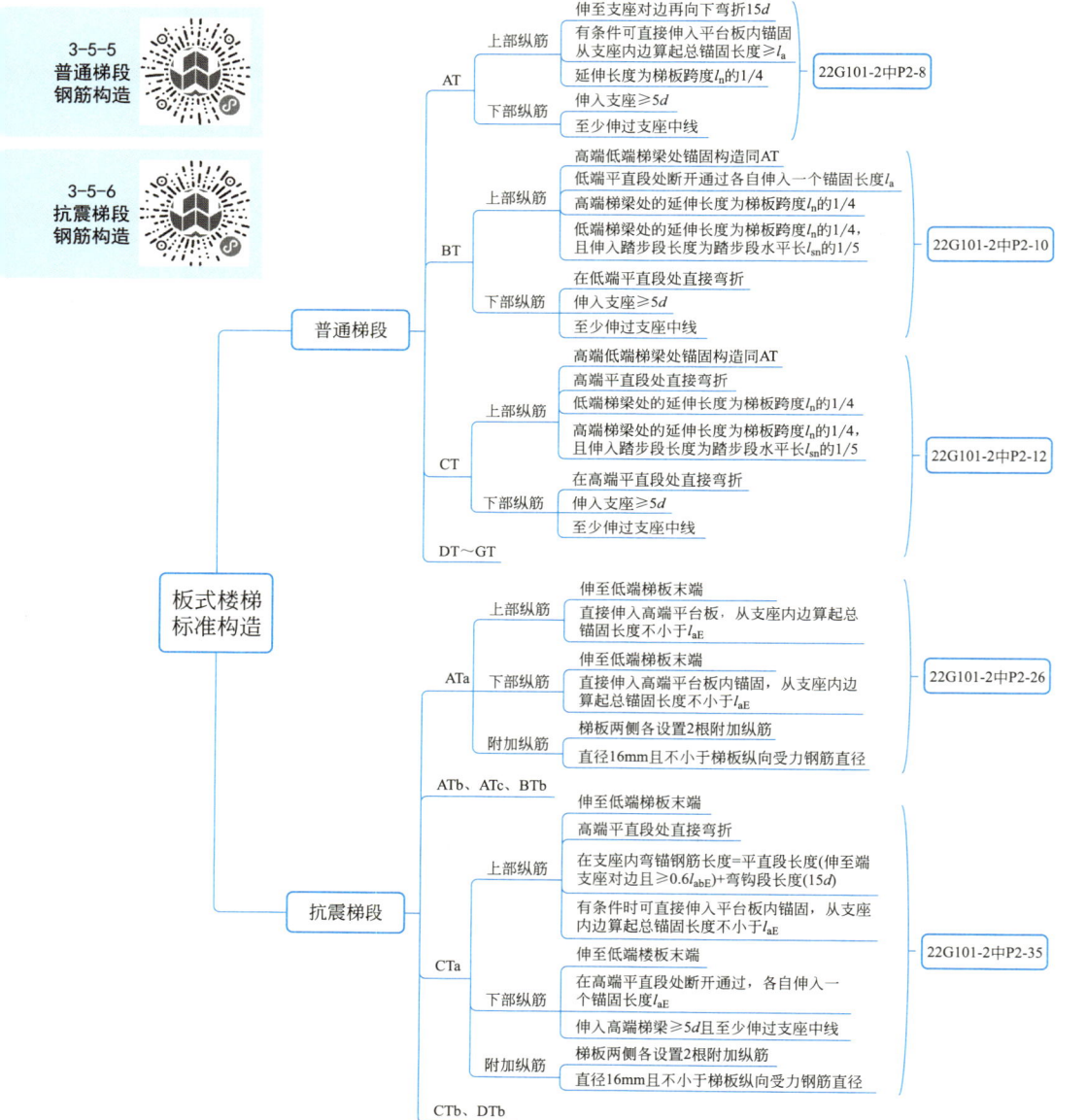

图 3-5-6　板式楼梯标准构造思维导图

3.5.4　经典例题及解析

题 3-5-1　现浇板式楼梯中编号"DT"表示（　　）。

A. 梯板由踏步段和高端平板构成

B. 梯板由低端平板和踏步段构成

C. 梯板由低端平板、踏步段和高端平板构成

D. 梯板全部由踏步段构成

答案：C

解析：AT 型楼梯全部由踏步段构成；BT 型梯板由低端平板和踏步段构成；CT 型梯板由踏步段和高端平板构成；DT 型梯板由低端平板、踏步板和高端平板构成。

题 3-5-2　楼梯采用平面注写方式时，集中标注的内容不包括（　　）。

A. 梯板类型代号和序号

B. 踏步段总高度和踏步级数

C. 梯板支座上部纵筋和下部纵筋

D. 梯板的平面几何尺寸

答案：D

解析：楼梯采用平面注写方式时，集中标注的内容有五项：梯板类型代号与序号；梯板厚度；踏步段总高度和踏步级数；梯板支座上部纵筋、下部纵筋；梯板分布筋。

题 3-5-3　某楼梯集中标注处 F Φ8@200 表示（　　）。

A. 梯板下部钢筋Φ8@200

B. 梯板上部钢筋Φ8@200

C. 梯板分布筋Φ8@200

D. 平台梁钢筋Φ8@200

答案：C

解析：梯板分布筋以 F 打头注写分布钢筋具体值。

题 3-5-4　某楼梯集中标注处 1800/13 表示（　　）。

A. 踏步段宽度及踏步级数

B. 踏步段长度及踏步级数

C. 层间高度及踏步宽度

D. 踏步段总高度及踏步级数

答案：D

解析：踏步段总高度和踏步级数，之间以"/"分隔。

题 3-5-5　梯板类型及配筋信息如图所示，则下列说法错误的是（　　）。

AT1，h=120

1800/12

Φ10@200；Φ12@150

Fϕ8@250

A. 梯板类型为 AT 型楼梯且梯板厚 120mm

B. 踏步段总高度为 1800mm，踏步级数为 12 级

C. 上部纵筋为Φ12@150，下部纵筋为Φ10@200

D. 梯板分布筋为ϕ8@250

答案：C

解析：梯板支座上部纵筋、下部纵筋，之间以";"分隔。

题 3-5-6　AT 型楼梯，上部纵筋为Φ12，混凝土强度等级为 C30，当充分利用钢筋抗拉强度时，上部纵筋在低端梯梁内锚固（　　）。

A. 伸至支座对边，并向下弯折 144mm

B. 伸至支座对边，并向下弯折 180mm

C. 直锚 252mm，并向下弯折 144mm

D. 直锚 252mm，并向下弯折 180mm

题 3-5-7　若采用 BT 型楼梯，且梯板跨度为 3600mm，则上部纵筋在高端梯梁处向跨内延伸长度为（　　）mm。

A. 800

B. 900

C. 1000

D. 1200

题 3-5-8　若采用 CT 型楼梯，且下部纵筋为Φ10，混凝土强度等级为 C30，则下部纵筋在高端平直段处断开通过，并各自锚固（　　）mm。

A. 300

B. 350

C. 400

D. 450

解析：

题 3-5-9　关于 ATa 型楼梯，下列说法错误的是（　　）。

A. 梯板高端支承在梯梁上，低端带滑动支座支承在梯梁上

B. 下部纵筋伸入高端平台板，从支座内边算起总锚固长度 $\geqslant l_{aE}$

C. 上部纵筋伸入高端平台板，从支座内边算起总锚固长度 $\geqslant l_{aE}$

D. 梯板两侧各设 2 根附加纵筋：Φ14 且 $\geqslant$ 梯板纵向受力钢筋直径

题 3-5-10　关于 CTa 型楼梯，下列说法错误的是（　　）。

A. 下部纵筋在高端平直段处断开通过，各自伸入一个锚固长度 l_{ab}

B. 下部纵筋伸入高端梯梁 $\geqslant 5d$ 且至少伸过支座中线

C. 上部纵筋在高端平直段处直接弯折

D. 梯板两侧各设 2 根附加纵筋：Φ16 且 $\geqslant$ 梯板纵向受力钢筋直径

答案：B

解析：由 22G101-2 第 P2-8 页"AT 型楼梯板配筋构造"可知，充分利用钢筋抗拉强度时，直锚 $\geqslant 0.6 l_{ab}$，且伸至支座对边，并向下弯折 $15d$。查表 $l_{ab}=35d$。

答案：B

解析：由 22G101-2 第 2-10 页"BT 型楼梯板配筋构造"可知，上部纵筋在高端梯梁处的延伸长度为梯板跨度 l_n 的 1/4。

答案：B

解析：由 22G101-2 第 2-12 页"CT 型楼梯板配筋构造"可知，下部纵筋在高端平直段处断开通过，各自伸入一个锚固长度 l_a，查表 $l_a=35d=350$mm。

答案：D

解析：由 22G101-2 第 2-26 页"ATa 型楼梯板配筋构造"可知，ATa 型梯板两侧各设置 2 根附加纵筋，直径 16mm 且不小于梯板纵向受力钢筋直径。

答案：A

解析：由 22G101-2 第 2-35 页"CTa 型楼梯板配筋构造"可知，下部纵筋在高端平直段处断开通过，各自伸入一个锚固长度 l_{aE}。

任务 3.6　基础平法施工图制图规则和标准构造详图

基础工程是建筑工程中重要的组成部分，它是指建筑物地面以下的承重结构，是建筑物的墙或柱子在地下的扩大部分，其作用是承受建筑物上部结构传下来的荷载，并把荷载传递给地基土。

3.6.1　基础的分类

基础选型应根据上部结构和工程地质条件，结合考虑其他方面的要求进行确定。基础形式多种多样，常见的分类如图 3-6-1 所示。

3-6-1
基础的
分类

图 3-6-1　基础的分类

3.6.2　基础平法施工图制图规则

基础形式有很多，这里主要针对工程常用的普通独立基础和梁板式筏形基础施工图制图规则进行讲解。

1. 普通独立基础平法施工图制图规则

普通独立基础平法施工图，有平面注写与截面注写两种表达方式。实际工程应用中，大多采用平面注写方式，因此本任务主要介绍平面注写方式。

3-6-2
普通独立
基础平面
注写方式

（1）平面注写方式

独立基础的平面注写方式，分为集中标注和原位标注两部分内容。当绘制独立基础平面时，应将独立基础平面与基础所支承的柱一起绘制。当设置基础联系梁时，可根据图面的疏密情况，将基础联系梁与基础平面布置图一起绘制，或将基础联系梁布置图单独绘制。具体表达方式如图 3-6-2 所示。

（2）平面注写内容

独立基础的平面注写方式，分为集中标注和原位标注两部分内容。集中标注系在基础平面图上集中引注；原位标注系在基础平面布置图上标注独立基础的平面尺寸。其具体表达内容如图 3-6-3 所示。

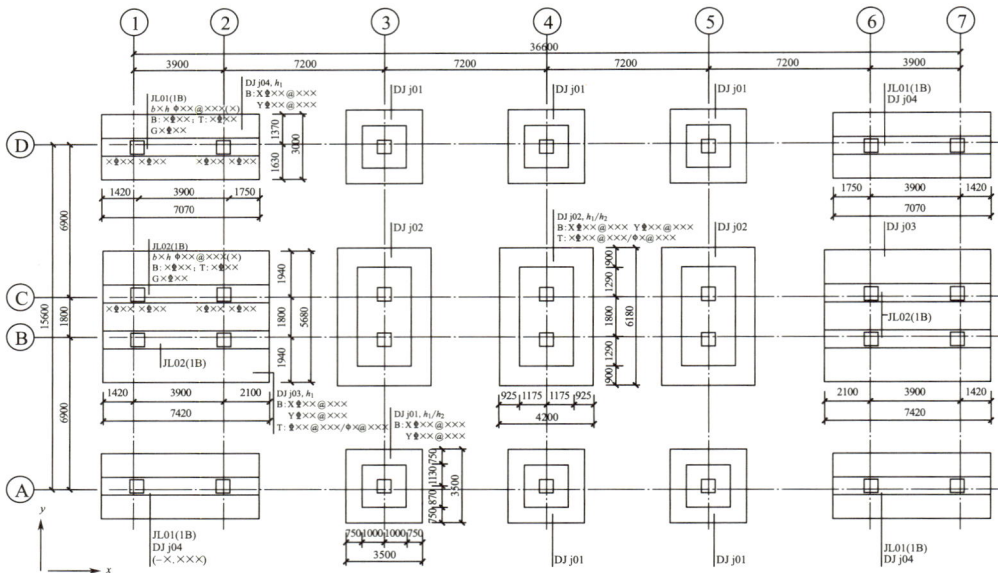

图 3-6-2　独立基础平法施工图平面注写

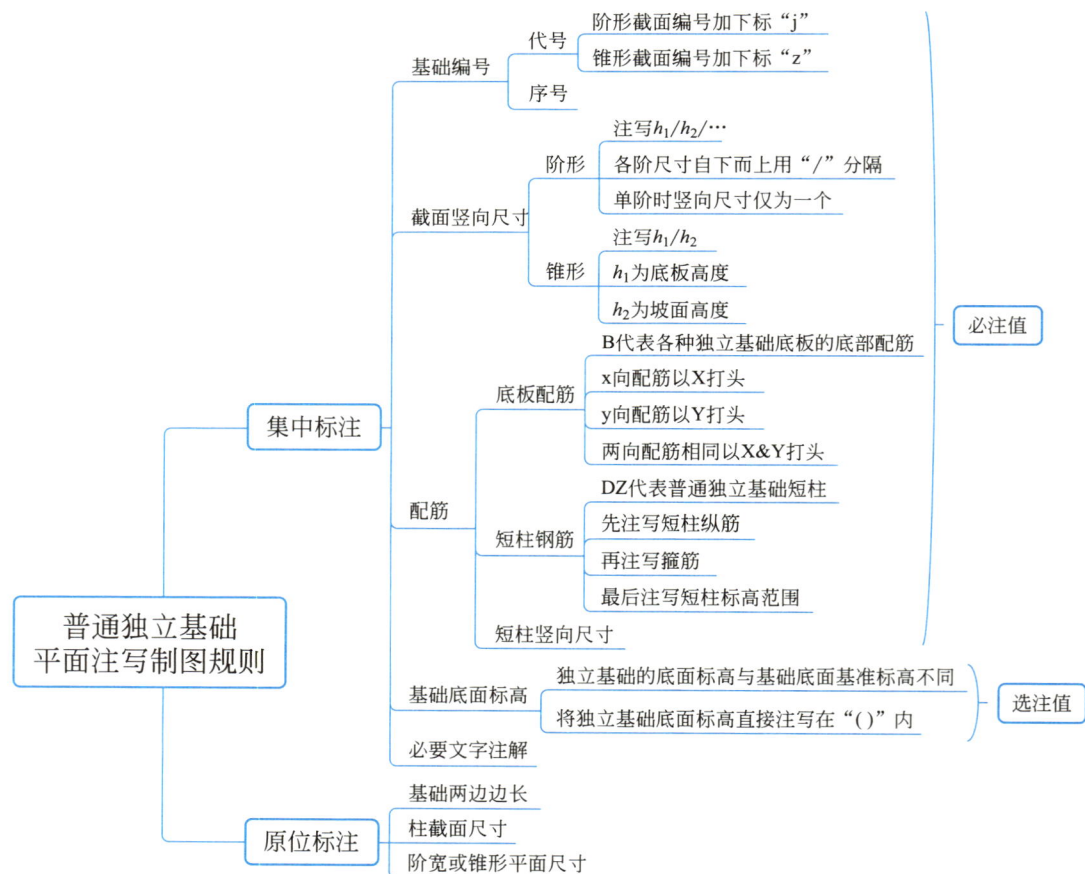

图 3-6-3　普通独立基础平面注写制图规则思维导图

2. 梁板式筏形基础平法施工图制图规则

梁板式筏形基础由基础主梁、基础次梁和基础平板三部分组成。

（1）平面注写方式

梁板式筏形基础平法施工图，是在基础平面布置图上采用平面注写方式进行表达，具体表达方式如图 3-6-4 所示。

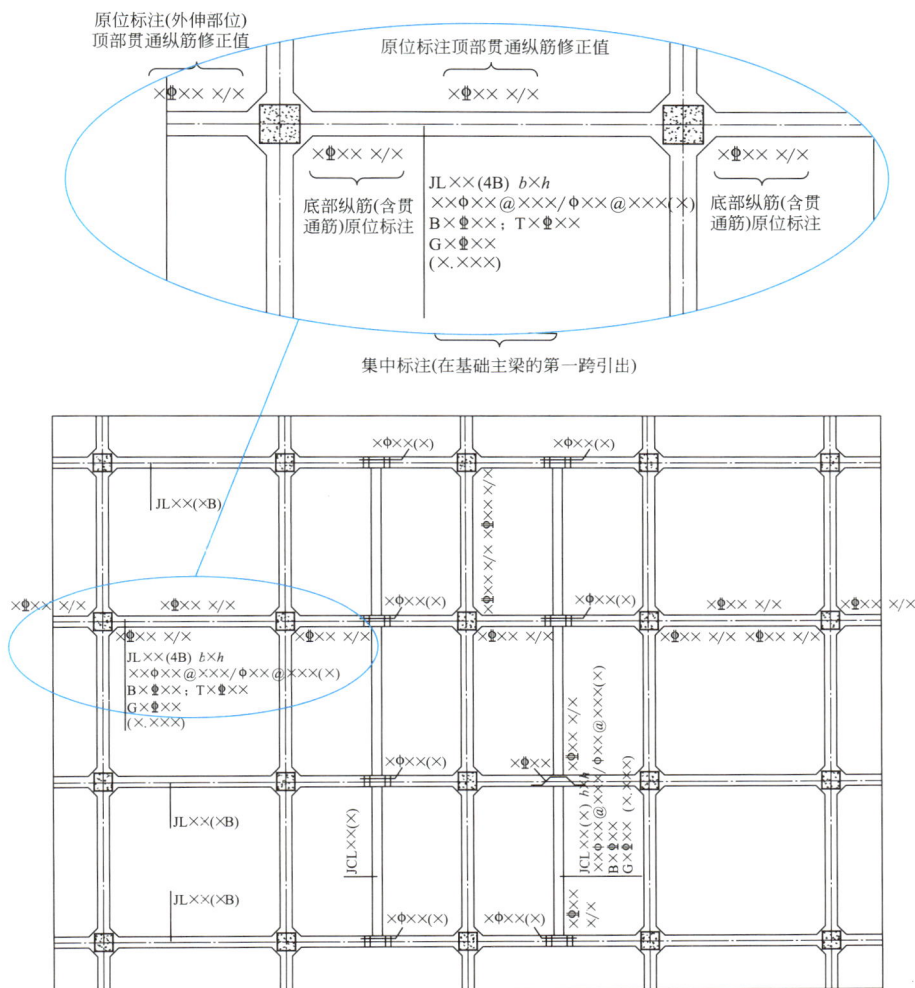

图 3-6-4　梁板式筏形基础基础梁平面注写

（2）平面注写内容

基础主梁 JL 与基础次梁 JCL 的平面注写方式，分集中标注与原位标注两部分内容。当集中标注的某项数值不适用于梁的某部位时，则将该项数值采用原位标注，施工时，原位标注优先。其具体表达内容如图 3-6-4 所示。

平板 LPB 的平面注写，分为集中标注与原位标注两部分内容。集中标注主要表达平板贯通纵筋，而原位标注主要表达底板附加非贯通纵筋。其具体表达内容如图 3-6-5 所示。

3-6-3
梁板式
筏形基础
基础梁
平面注写

3-6-4
梁板式
筏形基础
平板
平面注写

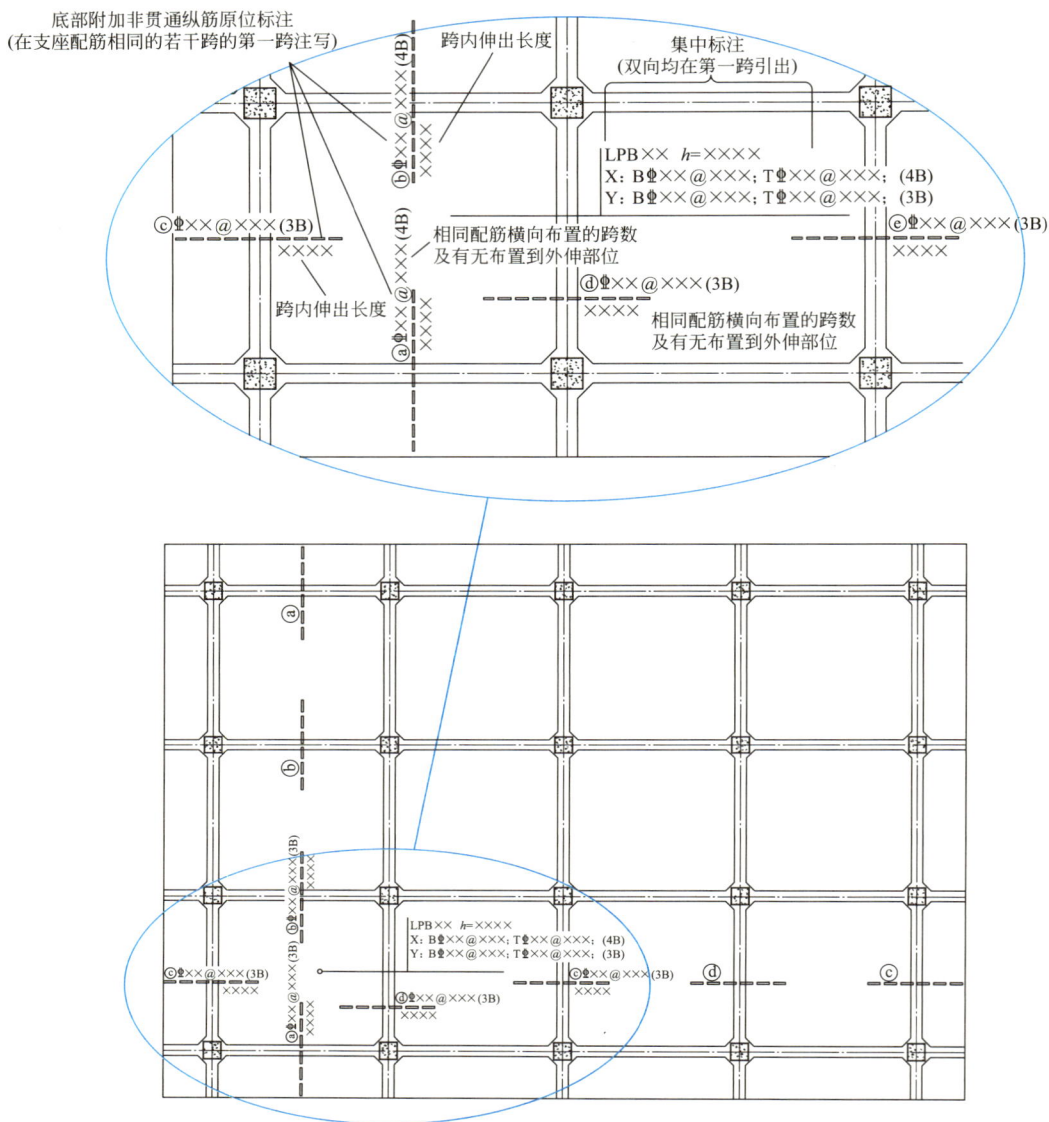

图 3-6-5　梁板式筏形基础平板平面注写

梁板式筏形基础平面注写制图规则如图 3-6-6 所示。

3.6.3　基础标准构造详图

基础形式有很多，这里主要针对工程常用的普通独立基础和梁板式筏形基础标注构造详图进行讲解。

1. 基础钢筋构造知识体系

常见基础钢筋种类如图 3-6-7 所示。

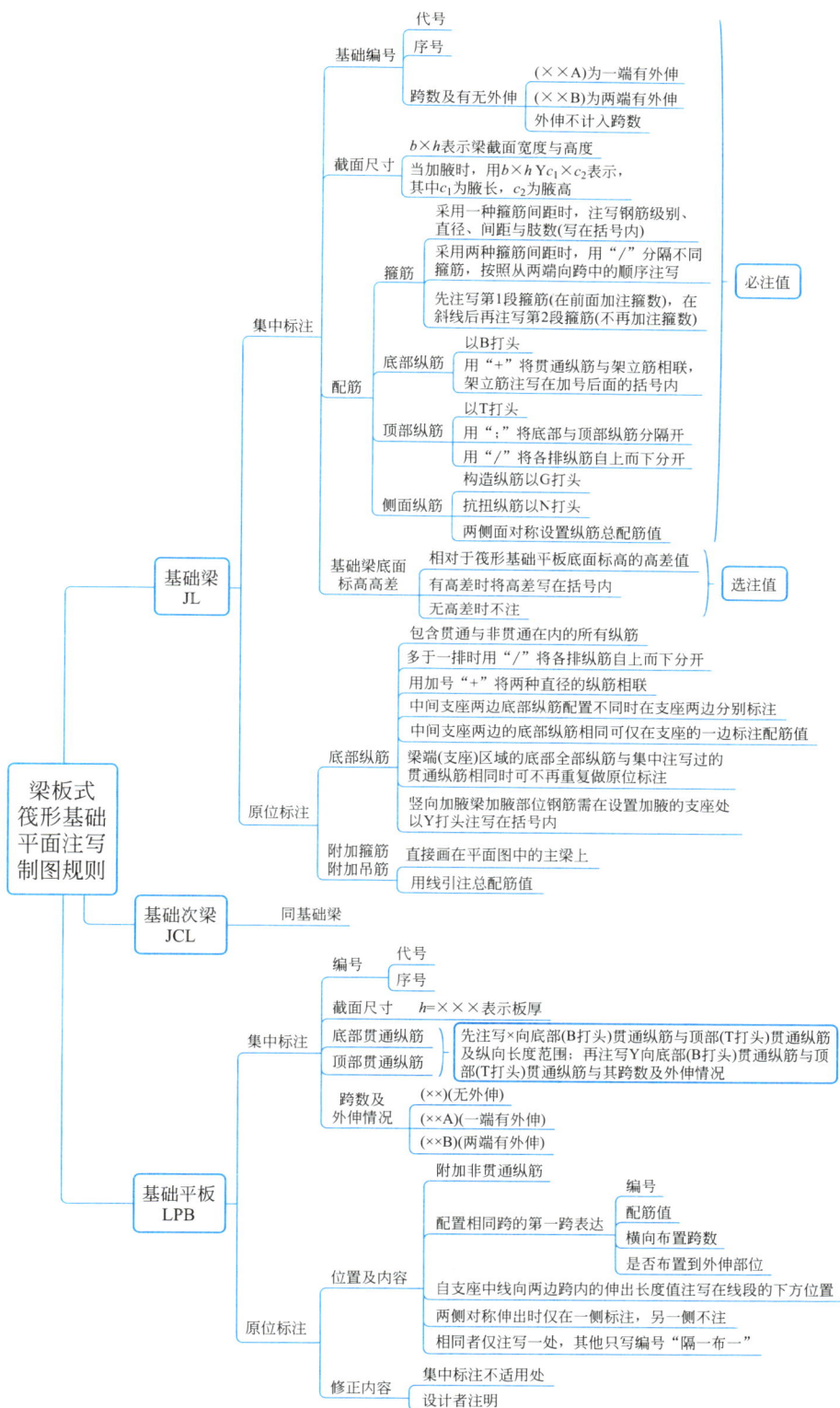

图 3-6-6　梁板式筏形基础平面注写制图规则思维导图

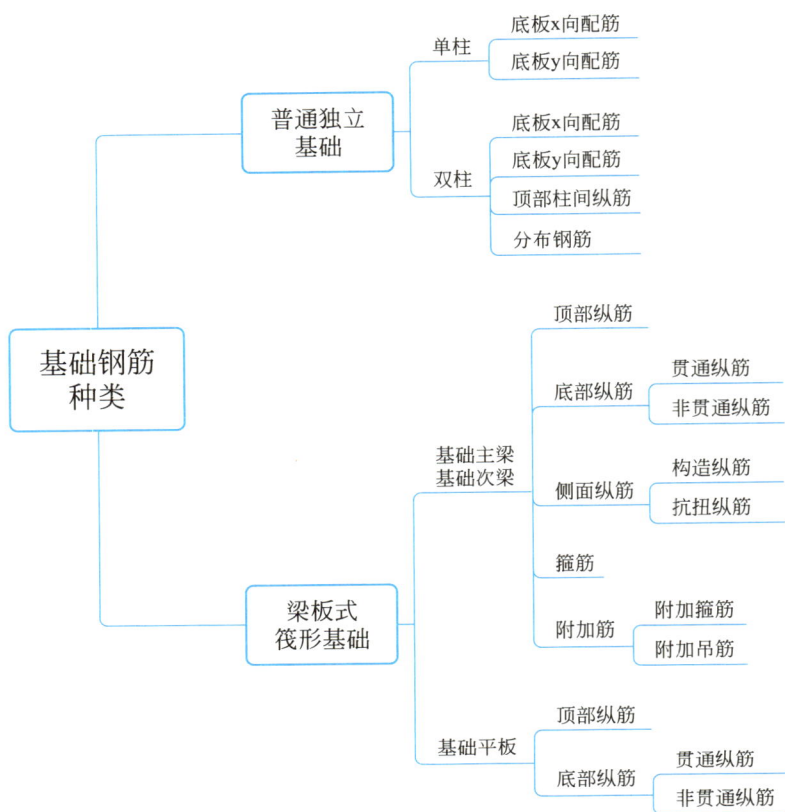

图 3-6-7　基础钢筋构造知识体系

2. 基础标准构造

（1）普通独立基础钢筋构造

普通独立基础钢筋构造主要包括单柱独立基础和双柱独立基础钢筋构造等，其钢筋构造如图 3-6-8 所示。

（2）梁板式筏形基础钢筋构造

梁板式筏形基础钢筋构造主要包括基础梁纵向钢筋构造、基础梁附加筋构造、基础梁端部与外伸部位构造、基础梁侧面钢筋构造、基础梁梁底不平和变截面构造、基础平板端部与外伸构造等，其钢筋构造如图 3-6-8 所示。

（3）地下室防水底板钢筋构造

地下室防水底板分为低板位、中板位和高板位，其钢筋构造如图 3-6-8 所示。

基础标准构造
├─ 普通独立基础
│　├─ 单柱独立基础
│　│　├─ 底板配筋
│　│　│　├─ 底板双向交叉钢筋长向设置在下，短向设置在上
│　│　│　├─ 基础垫层宽出基础100mm
│　│　│　└─ x向、y向第一根钢筋距基础边75mm和1/2钢筋间距的较大值　—— 22G101-3中P2-11
│　│　└─ 底板配筋长度减短10%
│　│　　├─ 底板长度≥2500mm
│　│　　├─ 底板配筋长度可取相应方向底板长度的0.9倍，交错放置
│　│　　├─ 外侧钢筋不缩减
│　│　　└─ 从柱中心至基础底板边缘距离<1250mm时，钢筋在该侧不应减短　—— 22G101-3中P2-14
│　└─ 双柱独立基础
│　　├─ 底板与顶部配筋
│　　│　├─ 顶部柱间纵向配筋
│　　│　├─ 分布钢筋
│　　│　└─ 从柱外缘至基础外缘的伸出长度大小，较大者方向的钢筋设置在下　—— 22G101-3中P2-12
│　　└─ 设置基础梁
│　　　├─ 基础梁宽度宜比柱截面宽度宽≥100mm(每边50mm)
│　　　└─ 基础梁宽度小于柱截面宽度时，增设梁包柱侧腋　—— 22G101-3中P2-13
├─ 梁板式筏形基础
│　├─ 基础梁纵向钢筋
│　│　├─ 顶部贯通纵筋连接区
│　│　│　├─ 柱宽范围
│　│　│　└─ 柱两侧l_n/4范围内
│　│　└─ 底部贯通纵筋连接区 —— 跨中≤l_n/3范围内
│　├─ 基础梁附加筋
│　│　├─ 附加箍筋
│　│　│　├─ 第一道距基础次梁边50mm
│　│　│　└─ 区域内梁箍筋照设
│　│　└─ 附加吊筋
│　│　　├─ 弯折角度为60°
│　│　　└─ 每边弯折20d　—— 22G101-3中P2-23
│　├─ 基础梁JL端部与外伸部位
│　│　├─ 端部等截面外伸
│　│　│　├─ 直锚
│　│　│　└─ 弯锚
│　│　│　　├─ 基础梁下部钢筋应伸至端部后弯折
│　│　│　　├─ 从柱内边算起水平长段长度≥0.6l_{ab}
│　│　│　　└─ 弯折段长度15d
│　│　├─ 端部变截面外伸
│　│　│　├─ 直锚
│　│　│　└─ 弯锚
│　│　│　　├─ 基础梁下部钢筋应伸至端部后弯折
│　│　│　　├─ 从柱内边算起水平长段长度≥0.6l_{ab}
│　│　│　　└─ 弯折段长度15d
│　│　└─ 端部无外伸
│　│　　├─ 下部纵筋伸至尽端钢筋内侧弯折15d
│　│　　└─ 当直段长度≥l_a时可不弯折　—— 22G101-3中P2-25
│　├─ 基础梁侧面构造纵筋和拉筋
│　│　├─ a≤200
│　│　├─ 基础梁侧面纵向钢筋搭接长度为15d
│　│　├─ 拉筋直径除注明外均为8，间距为箍筋间距的2倍
│　│　├─ 设有多排拉筋时，上下两排拉筋竖向错开设置
│　│　└─ 受扭纵筋搭接长度为l_l，锚固长度为l_a　—— 22G101-3中P2-26
│　├─ 基础梁JL梁底不平和变截面
│　│　├─ 梁底有高差
│　│　│　├─ 顶部纵筋连接区为距柱边1/4净跨内
│　│　│　└─ 坡度a根据场地实际情况可取30°、45°或60°角
│　│　├─ 梁顶有高差
│　│　│　├─ 顶部第一排伸至尽端钢筋内侧弯折l_a
│　│　│　├─ 顶部第二排伸至尽端钢筋内侧弯折15d
│　│　│　├─ 当平直段长度≥l_a时可不弯折
│　│　│　└─ 底部非贯通筋长度为1/3净跨长
│　│　├─ 梁底、梁顶均有高差
│　│　│　├─ 坡度a根据场地实际情况可取30°、45°或60°角
│　│　│　├─ 顶部纵筋连接区为距柱边1/4净跨内
│　│　│　├─ 顶部第二排伸至尽端钢筋内侧弯折15d
│　│　│　├─ 当平直段长度≥l_a时可不弯折
│　│　│　└─ 底部非贯通筋长度为1/3l_n
│　│　└─ 柱两边梁宽不同
│　│　　├─ 梁较宽一侧无法直锚的纵筋伸至尽端钢筋内侧弯折15d
│　│　　└─ 当平直段长度≥l_a时可不弯折　—— 22G101-3中P2-27
│　└─ 基础平板LPB端部与外伸部位
│　　├─ 等截面外伸
│　　│　├─ 板上部、下部筋伸至尽头弯折12d
│　　│　└─ 板的第一根筋，距基础梁边为1/2板筋间距，且不大于75mm
│　　├─ 变截面外伸
│　　│　├─ 板的第一根筋，距基础梁边为1/2板筋间距，且不大于75mm
│　　│　└─ 板上部纵筋伸入支座内12d且至少到支座中线
│　　└─ 无外伸
│　　　├─ 板的第一根筋，距基础梁边为1/2板筋间距，且不大于75mm
│　　　└─ 板上部纵筋伸入支座内12d且至少到支座中线　—— 22G101-3中P2-33
└─ 地下室防水底板FSB
　├─ 低板位
　│　├─ ≤5d
　│　│　├─ 上部钢筋在基础内不断开
　│　│　└─ 下部钢筋锚固长度为l_a
　│　└─ >5d
　│　　├─ 上部钢筋锚固长度为l_a
　│　　└─ 下部钢筋锚固长度为l_a
　├─ 中板位
　│　├─ ≤5d
　│　│　├─ 上部钢筋在基础内不断开
　│　│　└─ 下部钢筋锚固长度为l_a
　│　└─ >5d
　│　　├─ 上部钢筋锚固长度为l_a
　│　　└─ 下部钢筋锚固长度为l_a　—— 22G101-3中P2-54
　└─ 高板位
　　├─ 上部钢筋在基础内不断开
　　└─ 下部钢筋锚固长度为l_a

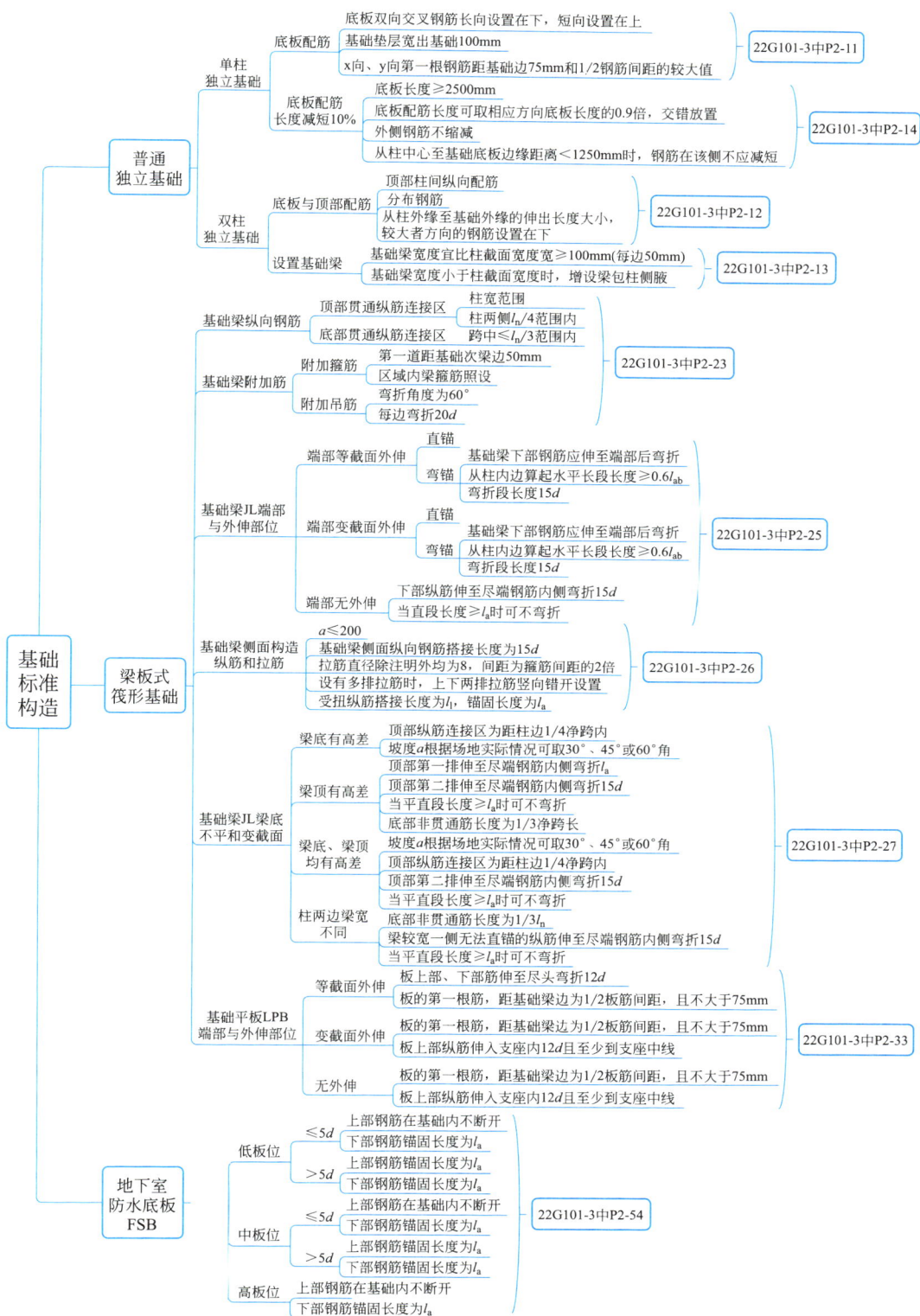

图 3-6-8　基础标准构造思维导图

3.6.4 经典例题及解析

题 3-6-1 独立基础编号"DJ$_z$"表示的独立基础类型是（　　）。

A. 普通阶形独立基础

B. 普通锥形独立基础

C. 杯口阶形独立基础

D. 杯口锥形独立基础

答案：B

解析：普通阶形独立基础：DJ$_j$；普通锥形独立基础：DJ$_z$；杯口阶形独立基础：BJ$_j$；杯口锥形独立基础：BJ$_z$。

题 3-6-2 以下属于独立基础集中标注选注内容的是（　　）。

A. 独立基础编号

B. 独立基础底面标高

C. 独立基础截面竖向尺寸

D. 独立基础底板配筋

答案：B

解析：普通独立基础的集中标注：基础编号、截面竖向尺寸、配筋三项必注内容，以及基础底面标高和必要的文字注解两项选注内容。

题 3-6-3 如图所示，DJ$_j$03 的基础底板总高度为（　　）mm。

A. 250

B. 300

C. 500

D. 550

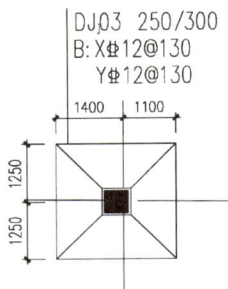

答案：D

解析：普通阶形独立基础截面竖向尺寸注写 $h_1/h_2/\cdots$，各阶尺寸自下而上用"/"分隔。

题 3-6-4 以下属于梁板式筏形基础中基础主梁集中标注选注内容的是（　　）。

A. 基础编号

B. 截面尺寸

C. 配筋

D. 底面标高高差

答案：D

解析：基础主梁与基础次梁的集中标注内容为：基础梁编号、截面尺寸、配筋三项必注内容，以及基础梁底面标高高差（相对于筏形基础平板底面标高）一项选注内容。

题 3-6-5 如图所示，JL1（3B）的顶部贯通筋为（　　）。

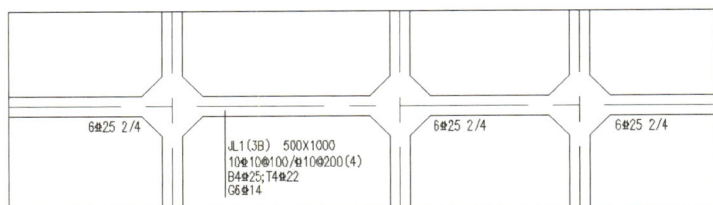

答案：D

解析：以 T 打头，注写梁顶部贯通纵筋值。注写时用分号";"将底部与顶部纵筋分隔开。

A. 2 Φ 25

B. 4 Φ 25

C. 2 Φ 22

D. 4 Φ 22

题 3-6-6 如图所示，DJ$_J$03 的底部 x 向钢筋第一根钢筋距基础边缘的距离为（　　）mm。

A. 50

B. 75

C. 65

D. 130

DJ$_J$03 250/300
B: XΦ12@130
  YΦ12@130

1400 | 1100

1250
1250

答案：C

解析：由 22G101-3 第 2-11 页"独立基础底板配筋构造"可知，独立基础 X 向、Y 向第一根钢筋距基础边 75 和 $s/2$ 的较小值。

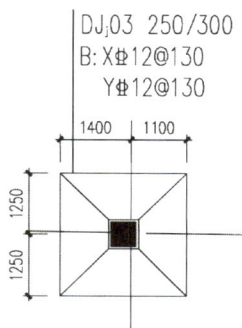

题 3-6-7 当独立基础底板长度≥（　　）mm 时，除外侧钢筋外，其底板配筋长度可取相应方向底板长度的 0.9 倍。

A. 1500

B. 2000

C. 2500

D. 3000

答案：C

解析：由 22G101-3 第 2-14 页"独立基础底板配筋长度减短 10％构造"可知，当独立基础底板长度≥2500mm 时，除外侧钢筋外，其底板配筋长度可取相应方向底板长度的 0.9 倍，交错放置。

题 3-6-8 如图所示，JL1（3B）左侧顶部钢筋应伸至尽端弯折（　　）mm。

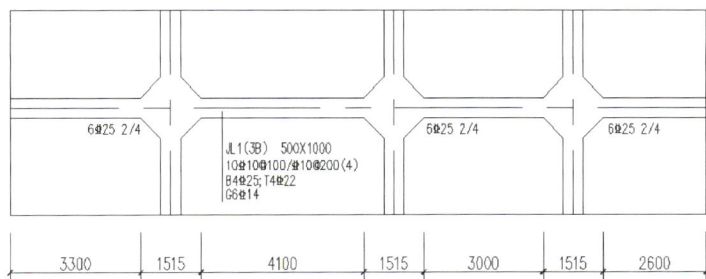

6Φ25 2/4 | 6Φ25 2/4 | 6Φ25 2/4

JL1(3B) 500X1000
10Φ10@100/Φ10@200(4)
B:4Φ25; T:4Φ22
G:6Φ14

3300 | 1515 | 4100 | 1515 | 3000 | 1515 | 2600

A. 330

B. 264

C. 375

D. 300

答案：B

解析：由 22G101-3 第 2-25 页"梁板式筏形基础基础梁端部等截面外伸构造"可知，JL1（3B）左侧顶部钢筋应伸至尽端弯折 $12d$，即 264mm。

题 3-6-9　如图所示，JL1（3A）与 JL2（1）交汇处变截面构造，JL1（3A）顶部贯通纵筋应在尽端弯折（　　）。（抗震等级为二级，混凝土强度等级为 C40）

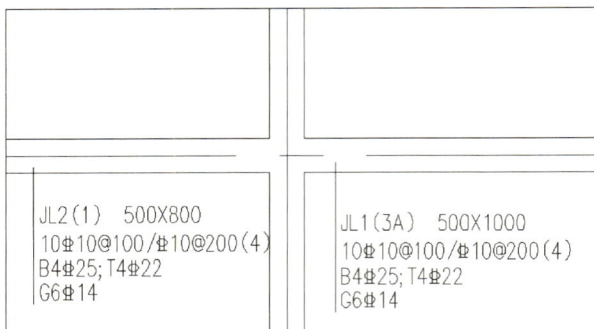

JL2（1）　500X800
10Φ10@100/Φ10@200(4)
B4Φ25；T4Φ22
G6Φ14

JL1（3A）　500X1000
10Φ10@100/Φ10@200(4)
B4Φ25；T4Φ22
G6Φ14

A. 从 JL2（1）顶面算起，弯折 638mm
B. 从 JL1（3A）顶面算起，弯折 638mm
C. 从 JL2（1）顶面算起，弯折 726mm
D. 从 JL1（3A）顶面算起，弯折 726mm

答案：A
解析：由 22G101-3 第 2-27 页"梁顶有高差钢筋构造"可知，JL1（3B）顶部贯通纵筋应从 JL2（1）顶面算起，弯折 l_a。查表得 l_a 为 29d，JL1（3A）顶部贯通纵筋直径为 22mm，l_a 为 638mm。

题 3-6-10　如图所示，LPB1 在左侧支座板上部纵筋伸入支座内（　　）mm。

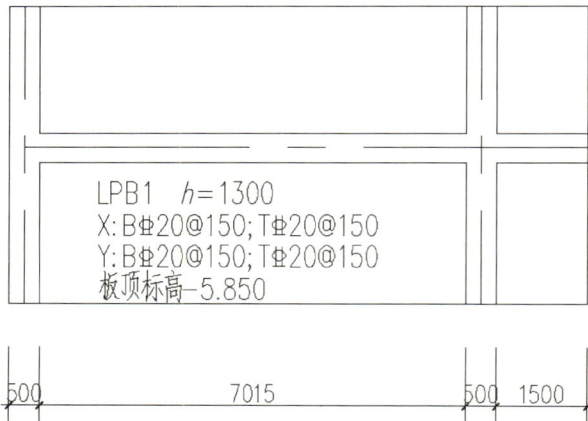

LPB1　h=1300
X：BΦ20@150；TΦ20@150
Y：BΦ20@150；TΦ20@150
板顶标高−5.850

500　　7015　　500　1500

A. 200
B. 240
C. 250
D. 300

答案：C
解析：由 22G101-3 第 2-33 页"端部无外伸构造"可知，板上部纵筋伸入支座内 12d（LPB1 在支座内上部纵筋直径为 20mm，12×20＝240mm）且至少到支座中线，支座中线为 250mm。

结构施工图识读

结构施工图是指结构设计人员在建筑施工图的基础上选择合理的结构类型，并对构件进行合理布置，再通过力学计算分析确定构件的材料、形状、尺寸及构造等，最后将设计成果绘制成的图纸。结构施工图和建筑施工图一样，是建筑施工的依据，不仅用于施工放线、开挖基槽、基础施工、支模板、绑扎钢筋、设置预埋件、浇筑混凝土、安装预制构件等施工过程，也用于计算工程量、编制预算和施工进度计划。

一、结构施工图的内容（图 4-1）

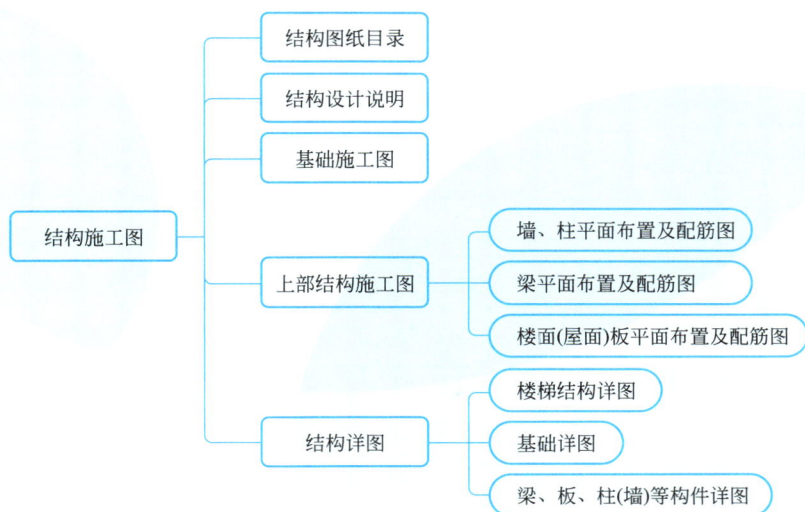

```
                          ┌─ 结构图纸目录
                          │
                          ├─ 结构设计说明
                          │
                          ├─ 基础施工图
                          │
                          │                    ┌─ 墙、柱平面布置及配筋图
                          │                    │
结构施工图 ───────────────┼─ 上部结构施工图 ───┼─ 梁平面布置及配筋图
                          │                    │
                          │                    └─ 楼面(屋面)板平面布置及配筋图
                          │
                          │                    ┌─ 楼梯结构详图
                          │                    │
                          └─ 结构详图 ─────────┼─ 基础详图
                                               │
                                               └─ 梁、板、柱(墙)等构件详图
```

图 4-1　结构施工图内容

二、结构施工图的识读方法

1. 结构施工图的识读方法一般是先要弄清是什么图，然后根据图纸特点看图时要注意从粗到细、由大到小、由外向内。先粗看一遍，了解工程概况，然后再细看。应先看设

计总说明和基本图纸，再深入到构件和详图。

2. 一套完整的施工图是由建施、结施、电施、水施、暖施等专业图纸组成，各专业图纸之间是互相配合、紧密联系的。图纸的绘制基本是按照施工过程中不同的工种、工序分解成一定的层次和部位进行的，因此要相互协调、综合来看图。

3. 图样与说明对照，结施与建施结合看，水暖电施参照看。注意各图纸中有相同之处和不同之处以及相关联之处。

1) 相同处：如轴线、墙厚、柱尺寸，过梁位置与洞口对应，梁底标高同洞顶标高，结构详图与建筑详图有无矛盾等。

2) 不同处：如建筑标高与结构标高；结构尺寸和建筑尺寸；结构仅表示承重结构墙，而非承重隔墙则在建筑图上表示等。

3) 相关联处：如建施中有墙的部位，结施中应该有梁；建施中的底层墙，结施为基础或基础梁；楼面梁与门窗洞口有无矛盾；楼梯图有无矛盾等。

4) 联系实际看图。看图时把实践和认知结合起来，就能够较快地掌握图纸的内容。

5) 还要根据结构设计说明准备好相应的标准图集与相关资料。

三、结构施工图的识读步骤（图4-2）

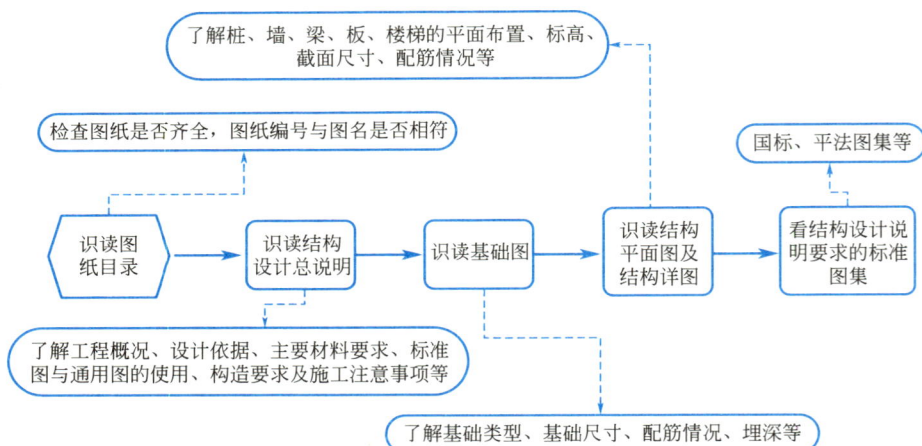

图4-2　结构施工图识读步骤

任务 4.1　识读"结构设计总说明"

结构设计总说明是对一个建筑物的结构形式和结构构造要求等的总体概述，是结构施工图的纲领性文件，是施工的重要依据。它根据现行的规范要求，结合工程结构的实际情况，将设计的依据、对材料的要求、所选用的标准图集和对施工的特殊要求等，以文字表达为主的方式形成的设计文件。它在结构施工中占有重要的位置，一般位于"结施"图的首页，需逐条认真阅读。

4.1.1 结构设计总说明的主要内容（图 4-1-1）

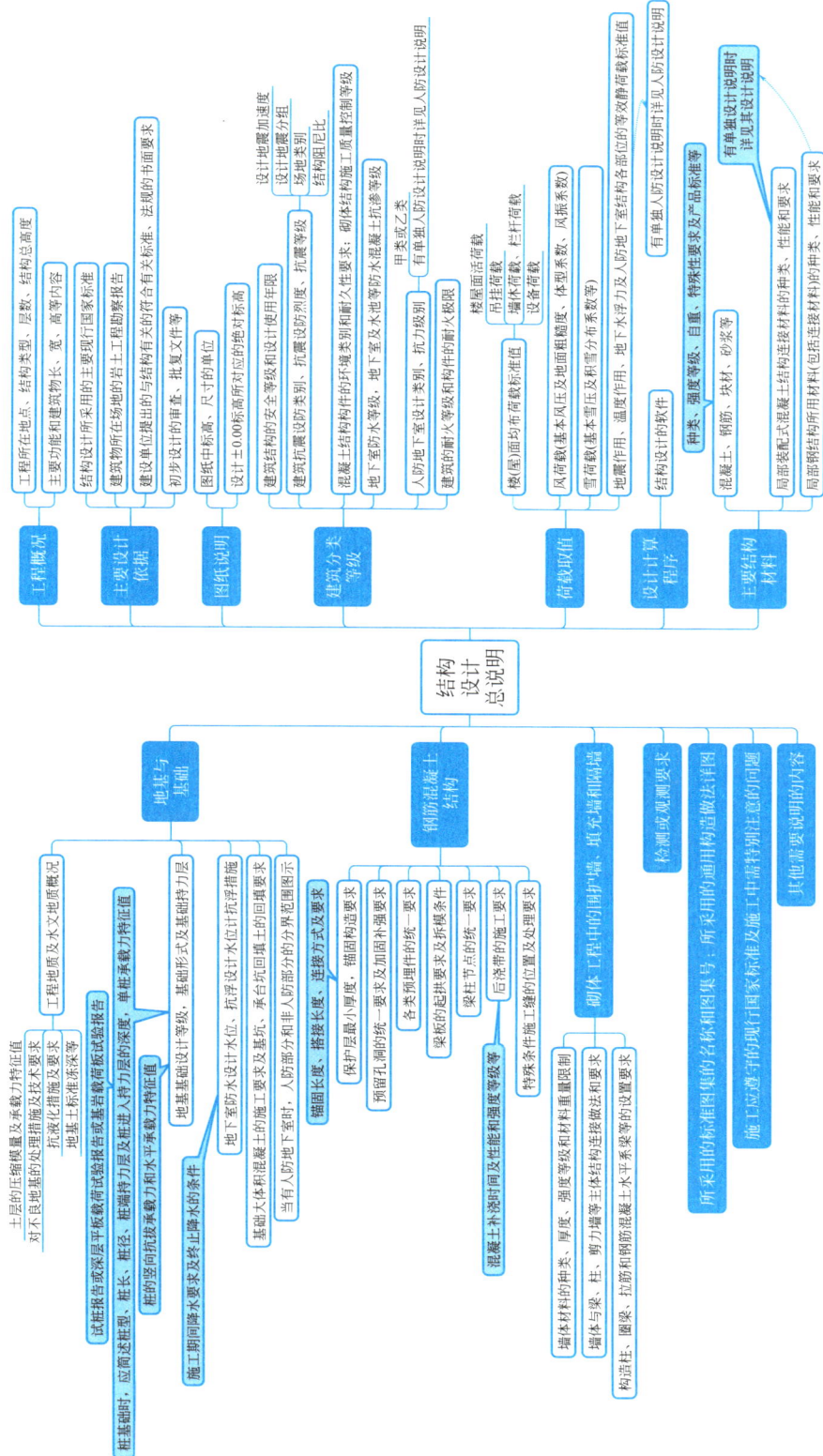

图 4-1-1 结构设计总说明内容

4.1.2　重要知识点（表 4-1-1）

重要知识点　　　　　　　　　　　　　　　　　　　表 4-1-1

识读内容	重要知识点	具体考点
结构设计说明	1. 结构类型	框架-剪力墙结构形式概念及受力特点
		框架-核心筒结构形式概念及受力特点
	2. 主要设计依据	国家标准、行业标准
	3. 图纸说明	±0.000 绝对标高
	4. 建筑分类等级	设计使用年限
		抗震设防类别、抗震设防烈度
		抗震等级
		环境类别与抗渗等级
		人防地下室设计类别及抗力级别（有单独人防设计说明时，详见人防设计说明）
	5. 主要荷载取值	荷载取值
	6. 设计计算程序	嵌固端部位
	7. 主要结构材料	混凝土种类、规格、强度等级、特殊性能要求
		钢筋种类、规格、强度等级、特殊性能要求
		砌体的块材和砌筑砂浆
		钢材的力学性能、焊接方法及材料
	8. 地基与基础	基础形式及基础持力层；桩进入持力层的深度
		地下室防水抗浮设计水位，施工期间降水要求及终止降水的条件
		基坑回填土的回填要求；车库顶板覆土
	9. 钢筋混凝土结构	保护层厚度
		钢筋的锚固长度、搭接长度、连接方式及要求；各类构件受力钢筋的锚固构造要求
		梁、板、墙预留孔洞的统一要求及加固补强要求；现浇板预埋管线要求
		梁板的起拱要求及拆模条件
		梁柱节点混凝土浇筑要求；梁柱节点箍筋
		后浇带、后浇板的施工要求；膨胀加强带（图中未有的拓展知识点）的施工要求
	10. 砌体工程	围护墙、填充墙、隔墙、圈梁、过梁、构造柱
	11. 检测与观测要求	沉降观测
	12. 其他需说明的内容	框架梁水平加腋

4.1.3　典型例题及解析（根据附图答题）

题 4-1-1　* 本工程裙房的结构类型为（　　）。

A. 框架结构

B. 剪力墙结构

C. 框架-剪力墙结构

D. 框架-核心筒结构

答案：A

解析：由结施-01 第 1.5 条可知或根据图纸内容判断，主楼为框架-核心筒结构，裙房及纯地下车库为框架结构。

题 4-1-2　* **** 本工程主楼采用框架-核心筒结构，以下说法错误的是（　　）。

A. 框架-核心筒结构指周边密柱框架与核心筒组成的结构

B. 框架-核心筒和筒中筒结构属于筒体结构

C. 核心筒刚度比框架大

D. 结构底部剪力由核心筒和框架共同承担，核心筒承担大部分剪力

答案：A

解析：筒中筒结构是由外部的框筒（《高规》规定密柱柱距不宜大于 4m）和内部的核心筒组成。

题 4-1-2

题 4-1-3　* ** 以下不属于装配式混凝土结构体系的是（　　）。

A. 装配整体式框架结构

B. 装配整体式剪力墙结构

C. 装配整体式叠合板柱结构

D. 装配整体式部分框支剪力墙结构

答案：C

解析：装配式混凝土结构体系主要有装配整体式剪力墙结构、框架结构、框架剪力墙结构、框支剪力墙结构等。

题 4-1-4　* 本工程±0.000 对应黄海绝对高程为（　　）m。

A. 90.820

B. 87.000

C. 59.300

D. 22.050

答案：A

解析：详见结施-01 第 1.7 条。

题 4-1-5　* ** 本工程裙房抗震设防烈度及抗震设防类别分别是（　　）。

A. 6 度、乙类

B. 6 度、丙类

C. 7 度、乙类

D. 7 度、丙类

答案：D

解析：详见结施-01 第 2.2.4 条和结施-01 第 4.3 条。

题 4-1-6　* **** 本工程地下二层车库的抗震等级为三级，主楼地下二层框架的抗震等级为（　　）。

A. 一级强

B. 一级

C. 二级

D. 三级

答案：C

解析：由结施-01 第 4.4 条及附表 4.4.1 可知，主楼地下二层框架的抗震等级为二级。

题 4-1-7 ＊＊＊　以下因素与确定混凝土结构抗震等级相关的是（　　）。

A. 结构安全等级

B. 结构类型

C. 房屋高度

D. 基础类型

E. 场地类别

答案：BCE

解析：由《建筑抗震设计规范》第 6.1.2 条和 3.3.3 条可知，影响因素主要有设防类别、烈度、结构类型、房屋高度和场地类别。

题4-1-7

题 4-1-8 ＊＊＊　本工程施工时，以下结构构件抗震等级说法错误的是（　　）。

A. 主楼地面六层以上部分框架抗震等级为三级

B. 主楼地面以上部分剪力墙抗震等级均按一级施工

C. 主楼地下一层的框架抗震等级为一级

D. 主楼地下二层的框架抗震等级为二级

答案：A

解析：由结施-01 表 4.4.1 及注 3 可知，本题考核结构构件的抗震等级均按表中"抗震构造措施的抗震等级"规定的抗震等级。

题 4-1-9 ＊＊　按照本工程的要求，以下说法错误的是（　　）。

A. 地下部分有覆土的地下室顶板环境类别为二 b 类

B. 地下部分的地下室外墙环境类别为二 b 类

C. 地下室底板混凝土抗渗等级为 P8

D. 地下室外墙混凝土抗渗等级为 P8

答案：D

解析：由结施-01 第 4.5 条及附表 7.2.1 可知，地下室外墙混凝土抗渗等级为 P6。

题 4-1-10 ＊　本工程中，消防控制室活荷载标准值为（　　）kN/m²。

A. 3.5　　　　　　　　B. 4.0

C. 5.0　　　　　　　　D. 7.0

答案：C

解析：详见结施-01 附表 5.1.1。

题 4-1-11 ＊＊　本工程高层部分结构的计算嵌固部位相对标高为（　　）。

A. 筏板顶标高处

B. ±0.000m

C. −0.050m

D. −5.450m

答案：C

解析：由结施-01 第 6.2 条可知，结构计算嵌固部位为地下室顶板；再由墙柱图中结构层高表可知，结构的计算嵌固部位标高为−0.050m。

题 4-1-12 ＊＊＊　以下属于本工程剪力墙边缘构件钢筋要求的是（　　）。

A. 箍筋强度标准值应具有不小于 95％ 的保证率

B. 纵向受力钢筋抗拉强度实测值与屈服强度实测值的比值不应小于 1.25

C. 钢筋屈服强度实测值与屈服强度标准值的比值不应大于 1.30

D. 钢筋在最大力下的总伸长率实测值不应小于 9％

答案：A

解析：详见结施-01 第 7.1.1 和 7.3.2 条，其中第 7.3.2 条有关抗震钢筋的要求出自《建筑抗震设计规范》GB 50011—2010 第 3.9.2 条。

题4-1-1

题 4-1-13 * 预埋吊钩、吊环采用（   ）钢筋，且不得采用冷加工钢筋。

A. HRB500 级

B. HRB400 级

C. HRB300 级

D. HPB300 级

答案：D

解析：详见结施-01 第 7.3.3 条。

题 4-1-14 * * 按本工程的要求，三层内隔墙的砌筑砂浆采用（   ）。

A. A5.0

B. A3.5

C. Ma5.0

D. Ma7.5

答案：C

解析：详见结施-01 第 7.4.2 条。

题 4-1-15 * * * 关于本工程墙体说法正确的是（   ）。

A. 地下室内墙采用 MU20 烧结煤矸石砖砌筑

B. ±0.000 以上墙体均采用混合砂浆砌筑

C. 砌筑砂浆应全部采用预拌砂浆

D. 填充墙应采用钢丝网砂浆面层

答案：C

解析：详见结施-01 第 7.4.1、7.4.2、7.4.3 和 10.7 条，B 选项考虑种植屋面覆土与结构墙体的接触。

题 4-1-16 * 根据本工程结构设计要求，HRB400 钢筋所用的焊条为（   ）。

A. E43

B. E50

C. E55

D. E60

答案：B

解析：由结施-01 第 7.5.2 条可知，HRB400 钢筋采用 E50 型焊条。

题 4-1-17 * 本工程主楼的基础类型为（   ）。

A. 钻孔灌注桩筏形基础

B. 筏形基础

C. CFG 桩独立承台基础

D. 钻孔灌注桩独立承台＋防水底板基础

答案：B

解析：由结施-01 第 1.5 条或便民基础图可知，本工程主楼为筏形基础，裙房及纯地下车库为钻孔灌注桩独立承台＋防水底板基础。

题 4-1-18 * * 关于本工程，以下说法正确的是（   ）。

A. 梁柱节点处混凝土应按柱混凝土强度等级浇筑

B. 地下室周边采用素土回填，分层夯实

C. 基础施工时，地下水位应始终保持在最深基底以下 0.5m

D. 地下室周边回填土压实系数≥0.94

答案：D

解析：由结施-01 第 9.6.4 条可知，A 错误；由结施-01 第 8.6 条可知，B 错误；由结施-01 第 8.2 条可知，C 错误；由结施-01 第 8.6 条可知，D 正确。

题 4-1-19 ＊ 本工程抗浮水位的绝对标高为（　　）m。

A. 90.820

B. 87.000

C. 59.300

D. 22.050

答案：B
解析：详见结施-01 第 5.6 条。

题 4-1-20 ＊ 下列因素中与普通钢筋混凝土保护层厚度无关的是（　　）。

A. 混凝土强度等级

B. 构件类型

C. 环境类别

D. 荷载大小

答案：D
解析：由图集 22G101-1 第 2-1 页可知，荷载大小与普通钢筋混凝土保护层厚度无关。

题 4-1-21 ＊ 本工程中，消防水池侧壁迎水面钢筋混凝土保护层厚度为（　　）mm。

A. 20

B. 30

C. 40

D. 50

答案：D
解析：详见结施-01 第 9.1 条。

题 4-1-22 ＊ 本工程板内预埋管线应严格控制在板厚的中部，且上下保护层厚度不小于（　　）mm。

A. 15

B. 20

C. 25

D. 30

答案：C
解析：详见结施-01 第 9.4.8条。

题 4-1-23 ＊ 本工程板内预埋管线处无板面筋时，应在管线顶部沿管线方向设置（　　）防裂钢筋网。

A. φ4@150，宽 450

B. φ4@150，宽 500

C. φ6@150，宽 450

D. φ6@150，宽 500

答案：A
解析：详见结施-01 第 9.4.8条。

题 4-1-24 ＊＊ 根据构造要求，三层梁平法施工图中，KL3Q（3）在④轴～⑤轴跨的起拱高度约为（　　）mm。

A. 5

B. 15

C. 30

D. 应不小于 30

答案：B
解析：由结施-01 第 9.5.4 条和结施-21 可知，按梁跨的 1/1000～3/1000 起拱。起拱高度约为 8400×(1/1000～3/1000) = 8.4～25.2mm。

题 4-1-25 ＊＊＊ 根据构造要求，三层梁平法施工图中，KL18Q 的起拱高度约为（　　）mm。

A. 15

B. 50

C. 80

D. 100

答案：C

解析： 由结施-01 第 9.5.4 条、结施-21 可知，需按梁跨的 1/1000～3/1000 进行施工起拱。由结施-21 注 1 可知，KL18Q 设计起拱值为 40mm，故起拱高度范围约为 18651×（1/1000～3/1000）＋40＝58.651～95.953mm。

题 4-1-26 ＊＊＊ 关于本工程，下列正确的是（　　）。

A. 悬挑构件施工时应加临时支撑，须待混凝土强度等级达到 100％时方可拆除

B. 楼梯间和人流通道的填充墙，应采用钢丝网砂浆面层加强

C. 预埋件之锚筋及吊筋不得用冷加工钢筋

D. 基础筏板、剪力墙约束边缘构件的纵向钢筋可采用焊接

E. 跨度不小于 4m 的梁板施工单位根据需要进行施工起拱

答案：ABCE

解析： 由结施-01 第 9.5.5 条可知，A 正确；由结施-01 第 10.7 条可知，B 正确；由结施-01 第 7.3.3 条可知，C 正确；由结施-01 第 9.3.5 条可知，D 错误；由结施-01 第 9.4.9、9.5.4 条可知，E 正确。

题 4-1-27 ＊ 本工程中，现浇栏板每隔（　　）m 左右设置一条伸缩缝。

A. 6　　　　　　　B. 12

C. 15　　　　　　D. 20

答案：B

解析： 由结施-01 第 9.10 条可知，B 正确。

题 4-1-28 ＊＊ 以下做法不符合本工程要求的是（　　）。

A. 未注明的后浇带宽度为 800mm

B. 梁、外墙钢筋贯通后浇带，板钢筋在后浇带部位采用 100％搭接连接

C. 后浇带部位用高一级的微膨胀混凝土浇筑

D. 收缩后浇带和沉降后浇带应待其两侧混凝土均浇筑完毕 45 天后方可进行浇筑

E. 后浇带部位混凝土养护时间不得少于 14 天

答案：BDE

解析： 详见结施-01 第 9.11 条和防结施-01 人防设计说明第五部分的第 11 条。

题 4-1-29 ＊＊ 本工程中遇到以下情况不需要设置构造柱的是（　　）。

A. 填充墙长度为 6m

B. 填充墙长度为 4m，墙中设置门洞，洞口宽度为 2.2m

C. 3m 长的砌体女儿墙

D. 填充墙高度为 4.5m

答案：D

解析： 详见结施-01 第 10.2.2、10.5 条。

题 4-1-30 ＊＊　按图集 22G101-1 的要求，当框架梁采用水平加腋，设计未给出配筋时，以下说法错误的是（　　）。

A. 梁腋上下部的斜纵筋水平间距不宜大于 200mm

B. 梁腋上下部的斜纵筋应对称布置

C. 加腋部位侧面纵向构造筋设置要求同梁内侧面纵向构造筋

D. 加腋部位箍筋规格及肢距与梁端部箍筋相同

答案：B

解析：详见 22G101-1 图集第 2-36 页。

题 4-1-31 ＊＊　以下叙述正确的有（　　）。

A. 本工程人防地下室为甲类人防地下室，防常规武器抗力级别为六级，防核武器抗力级别为六级

B. 砌筑砂浆采用预拌砂浆

C. 本工程钢材应具有良好的焊接性和合格的冲击韧性

D. 钢筋的强度标准值应具有大于 95％的保证率

E. 沉降观测在基础完成后开始

答案：ABCD

解析：A 选项详见防结施-01 人防设计说明；B 选项详见结施-01 第 7.4.3 条；C 选项详见结施-01 第 7.5.3 条；D 选项详见结施-01 第 7.1.1 条；E 选项详见结施-01 第 13.7 条。

任务 4.2　识读"基础平面图及基础详图"

4.2.1　基础平面图

基础平面图是假想用一个水平面沿建筑物室内地面以下剖切后，移去上部房屋和基础上的泥土，用正投影绘制的水平投影图。

基础平面图主要表示基础的平面位置、基础与墙和柱的定位轴线的关系、基础底部的宽度、基础上预留的孔洞、管沟等，是施工过程中指导放线、基坑开挖、定位基础的依据。

1. 基础平面图的内容

基础平面图主要表示墙体轮廓线、基础轮廓线、预留洞、基础的宽度和基础剖面的位置，标注出定位轴线和定位轴线之间的距离。主要内容如图 4-2-1 所示。

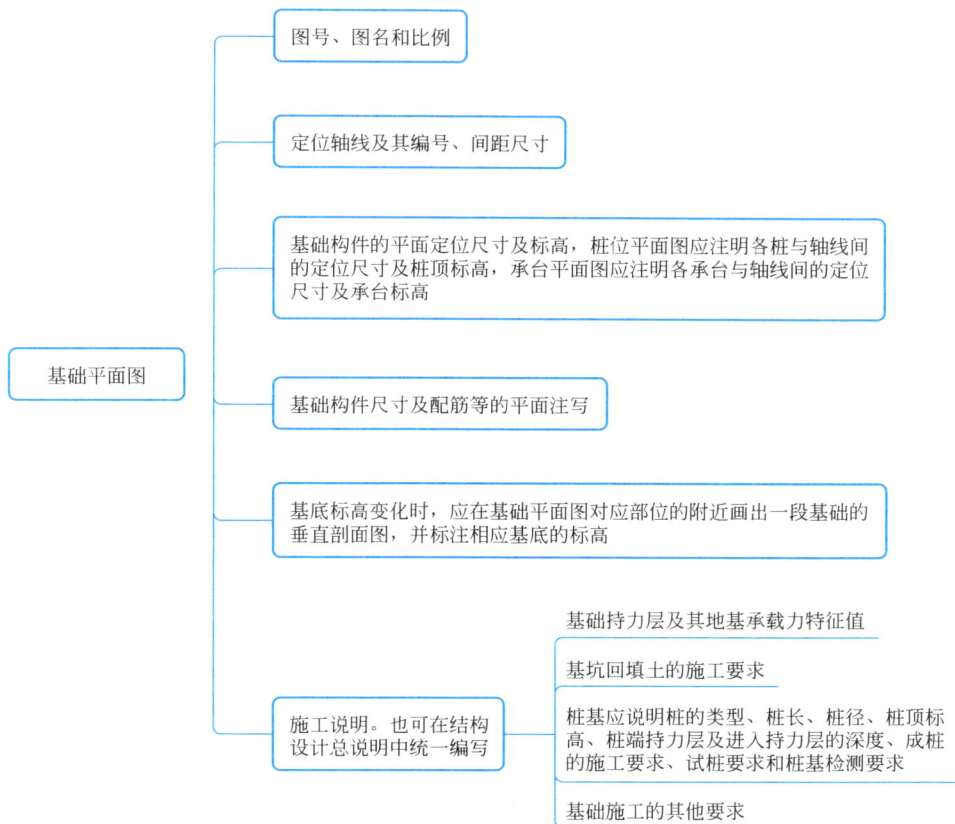

图 4-2-1　基础平面图内容

2. 基础平面图的识读方法和步骤

在阅读基础施工图前，一般应先认真阅读《岩土工程详细勘察报告》。根据勘探点的平面布置图，查阅地质剖面，了解拟建场地的标高、土层分布及各项指标、地下水位、持力层位置、承载力，重点阅读勘察单位提出的结论与建议。

基础有独立基础、条形基础、筏形基础、桩基础、独基防水板、桩独立承台加防水板、桩筏基础等多种不同类型，因此基础施工图内容也各有差异。不论采用何种基础类型，一般均先阅读基础平面图，再看基础详图。

基础平面图识读步骤如图 4-2-2 所示。

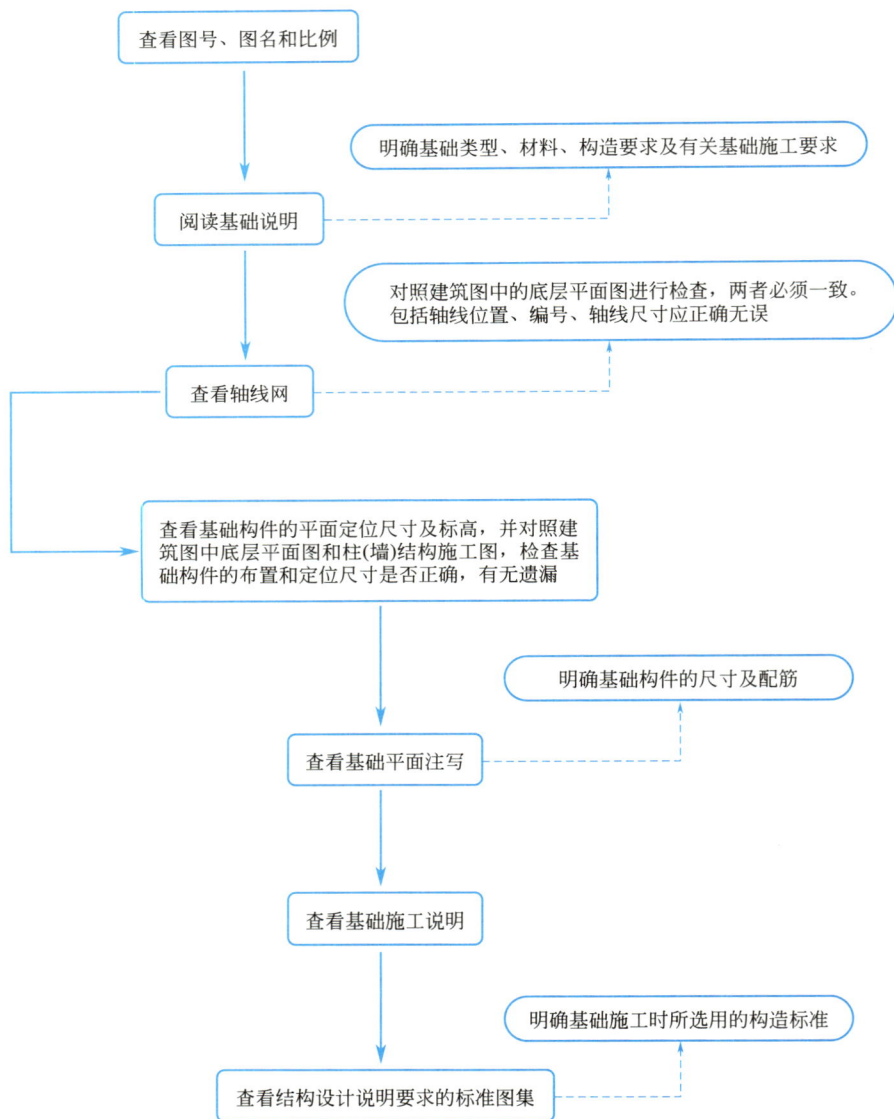

图 4-2-2　基础平面图识读步骤

4.2.2　重要知识点（表 4-2-1）

重要知识点　　　　　　　　　　　　　　　　　　　　　　　　　　表 4-2-1

识读内容	重要知识点	具体考点
基础平面图及基础详图	1. 基础类型	独立基础、条形基础、筏形基础、桩筏基础、独基防水板基础、桩独立承台防水板等
	2. 基础持力层	基础持力层及其地基承载力
	3. 基础垫层	基础垫层材料、厚度
	4. 复合地基	CFG 桩直径、布置方式、中心距,褥垫层材料及厚度,CFG 桩检测
		灰土挤密桩直径、布置方式、中心距,褥垫层材料及厚度,灰土挤密桩检测
		复合地基承载力
		其他复合地基
	5. 独立基础	平法标注,基底标高
		独立基础底板配筋构造
		双柱普通独立基础底部或顶部配筋构造
		设置基础梁的双柱普通独立基础配筋构造
		独立基础底板配筋长度减短 10% 构造
	6. 条形基础	平法标注,基底标高;配筋构造
	7. 筏形基础	筏板厚度、标高、配筋及配筋构造;混凝土强度等级及保护层厚度;抗渗等级
		梁板式、平板式筏形基础平板端部与外伸部位钢筋构造
		梁板式、平板式筏形基础平板变截面部位钢筋构造
		上柱墩 SZD 构造,柱下筏板局部增加板厚 JBH 构造
	8. 防水板	防水板厚度、标高、配筋及配筋构造;混凝土强度等级及保护层厚度;抗渗等级
	9. 基础梁	基础梁平法标注,标高;配筋构造;横断面
	10. 预应力管桩	平法标注;桩直径、有效桩长;桩顶标高;桩混凝土强度等级;桩端进入持力层的深度;桩嵌入承台深度;单桩承载力特征值;静载试验;试桩;桩基施工要求
	11. 钻孔灌注桩(抗压桩和抗拔桩)	平法标注;桩直径、有效桩长;桩顶标高;桩配筋;桩混凝土强度等级;桩保护层厚度;桩基检测;桩纵筋伸出桩顶长度;桩端进入持力层的深度;桩嵌入承台深度;单桩承载力特征值;静载试验;试桩;桩基施工要求
	12. 承台和承台梁	平法标注,标高;混凝土强度等级;配筋构造
	13. 集水井、电梯基坑	位置、深度、标高;基坑构造
	14. 基础插筋	基础柱插筋:构造要求
		基础剪力墙插筋:构造要求

4.2.3　典型例题及解析（根据附图答题）

题 4-2-1 ＊　本工程裙房的基础类型为（　　）。

A. 钻孔灌注桩筏形基础

B. 筏板基础

C. CFG 桩独立承台基础

D. 钻孔灌注桩独立承台＋防水底板基础

答案：D

解析：详见结施-01 第 1.5 条及便民基础图。

题 4-2-2 ＊　本工程主楼筏形基础持力层为（　　）。

A. 第 4 层粉土层

B. 第 5 层粉质黏土夹粉土层

C. 第 6 层粉土层

D. 第 7 层粉质黏土夹粉土层

答案：C

解析：详见结施-03 注 1。

题 4-2-3 ＊　本工程褥垫层为（　　）。

A. 250mm 厚灰土垫层

B. 200mm 厚级配砂石垫层

C. 300mm 厚灰土垫层

D. 100mm 厚级配砂石垫层

答案：B

解析：详见结施-02 中注 3 或 CFG 桩大样。

题 4-2-4 ＊＊　关于 CFG 桩，以下描述错误的是（　　）。

A. CFG 桩为正四边形布置

B. CFG 桩径为 400mm

C. CFG 桩顶设 300mm 厚褥垫层

D. CFG 桩中心距为 1400mm

答案：C

解析：详见结施-02 注 3，CFG 桩顶设 200mm 厚褥垫层。

题 4-2-5 ＊＊＊　对于本工程施工图中桩基础说法正确的是（　　）。

A. 有两种抗拔桩

B. 桩端全截面进入持力层深度均不应小于 3.0m

C. 桩共有两种直径

D. φ600 桩无需做抗拔静载测试

答案：B

解析：详见结施-02 桩基平面布置图及注 4、11 条。

题 4-2-6 ＊＊＊　关于本工程基础，以下表述错误的是（　　）。

A. 工程桩 ZHa 单桩竖向抗压承载力特征值为 1350kN

B. 所有基桩嵌入承台均为 50mm

C. 工程桩 ZHb 钢筋笼底部 5000 范围内不设置螺旋箍，仅设置加密的加劲箍筋

D. 承台梁 CTL1 纵筋为上下各 6φ22

答案：C

解析：选项 A、B 详见结施-02 注 4、10 条及钢筋混凝土钻孔灌注桩大样 1；选项 C 详见结施-02 桩基平面布置图钢筋混凝土钻孔灌注桩大样 2；选项 D 详见结施-03 基础平面布置图。

题 4-2-7 ＊＊ 根据设计要求，本工程钻孔灌注桩 ZHb 纵筋伸出桩顶的长度至少（ ）mm。

A. 560
B. 630
C. 666
D. 720

答案：B
解析：详见结施-02 注 10 条，桩纵筋锚入承台内的长度为 l_a 且不小于 $35d$。查图集 22G101-3 第 2-3 页受拉钢筋锚固长度 $l_a=35d$，故答案为 630mm。

题 4-2-8 ＊＊ 根据设计要求，本工程钻孔灌注桩嵌入承台的长度为（ ）mm。

A. 100
B. 50
C. 70
D. 与桩径有关

答案：B
解析：当桩直径或桩截面边长＜800mm 时，桩顶嵌入承台 50mm；当桩直径或桩截面边长≥800mm 时，桩顶嵌入承台 100mm。本工程钻孔灌注桩直径为 600mm，故其嵌入承台的长度为 50mm。

题 4-2-9 ＊＊＊ 本工程钻孔灌注桩静载荷试验要求是（ ）。

A. 桩数量不应少于桩总数的 1%
B. 桩数量不应少于 3 根
C. 应选取可靠性最差的桩
D. 应选取可靠性最好的桩
E. 所有桩

答案：ABC
解析：详见结施-02 注 11 条。另外，桩静载荷试验应选取可靠性最差的桩。

题 4-2-10 ＊＊ 关于本工程桩描述错误的是（ ）。

A. 箍筋采用螺旋箍并沿桩身全长布置，加密区范围长度为 5D
B. 桩身混凝土保护层厚度为 50mm
C. 桩非加密区箍筋为 $\phi 8@200$
D. 桩单桩竖向受压承载力特征值均为 1350kN

答案：A
解析：详见结施-02 钢筋混凝土钻孔灌注桩大样及注 4、5。

题 4-2-11 ＊＊＊ 本工程⑧轴与ⓒ轴相交处承台的桩顶标高为（ ）m。

A. −11.700
B. −11.650
C. −11.600
D. −10.350

答案：B
解析：由结施-03 可知，⑧轴与ⓒ轴相交处承台为 CT7，高度 $h=1350$mm，顶标高为 −10.350m；由结施-02 可知，承台 CT7 下抗拔桩直径为 600mm，顶部深入承台 50mm，桩顶标高为 −10.350−1.350+0.05＝−11.650m。

题4-2-11

题 4-2-12 ＊＊＊ 本工程⑧轴与ⓒ轴相交处承台的桩顶绝对标高为（　　　）m。

A. 79.120

B. 79.170

C. 79.220

D. 80.470

答案：B

解析：由结施-03可知，⑧轴与ⓒ轴相交处承台为CT7，高度 $h=1350mm$，顶标高为 $-10.350m$；由结施-02可知，承台CT7下抗拔桩直径为600mm，顶部深入承台50mm，桩顶标高为 $-10.350-1.350+0.05=-11.650m$；由结施-01第1.7条可知，$\pm0.000$ 的绝对标高为90.820m，桩顶绝对标高 $-11.650+90.820=79.170m$。

题 4-2-13 ＊＊＊ 对图中地下室 2♯汽车坡道处承台 CT3，以下说法错误的是（　　　）。

A. 桩为 $\phi600$ 的钻孔灌注桩

B. 桩顶标高为 $-11.400m$

C. 桩混凝土采用 C30

D. 承台混凝土采用 C35

答案：D

解析：由结施-37汽车坡道图、结施-02桩基平面布置图可知 A、C 正确；由结施-37汽车坡道图和结施-03基础平面布置图可知CT3桩顶标高为 $-10.350-1.1+0.05=-11.400m$；由结施-01附表7.2.1可知承台混凝土采用C30。

题 4-2-14 ＊＊＊ 独立承台 CT-8 顶部配筋为（　　　）。

A. 水平向⚊22@110，垂直向⚊20@110

B. 水平向⚊20@110，垂直向⚊22@110

C. 双向⚊16@200

D. 双向⚊25@220

答案：C

解析：由结施-03基础平面布置图、注6及承台与防水底板相交时配筋构造大样可知，防水板上部双向⚊16@200全部贯通承台。基础平面布置图中CT8上部未有附加筋，故CT8上部配筋为双向⚊16@200。

题4-2-

题 4-2-15 ＊＊＊ 按结施图要求，⑧轴与①轴相交处的承台垫层底标高是（　　）m。

A. －11.650
B. －11.720
C. －11.750
D. －11.820

答案：D
解析：根据结施-03 基础平面布置图可知，⑧轴与①轴相交处为 CT6，CT6 高度为 1300mm，承台顶标高为－10.350m，故承台底标高为－11.650m。再由结施-03 基础平面图中承台与防水底板相交时配筋构造大样可知，承台底防水层厚 70mm，垫层厚 100mm，故承台垫层底标高为－11.820m。

题 4-2-16 ＊＊ 关于承台 CT3 说法错误的是（　　）。

A. 承台面受力筋为Φ10@200
B. 承台底受力筋为三边各 8Φ22@100
C. 承台高度为 1100mm
D. 承台底受力筋最里面的三根钢筋围成的三角形应在柱截面范围内

答案：A
解析：由结施-03 基础平面布置图、注 6 及承台与防水底板相交时配筋构造大样可知，防水板上部双向Φ16@200 全部贯通承台，但图中局部有附加钢筋通过承台面，因此承台 CT3 面受力筋不完全相同。

题 4-2-17 ＊＊ 本工程中与承台相连的 CTL1 的底标高为（　　）m。

A. －10.350
B. －10.630
C. －11.350
D. 图中未明确

答案：C
解析：由结施-03 中承台梁与防水底板相交时配筋构造大样可知，CTL1 顶标高同承台顶标高－10.350m，CTL1 高度为 1000mm，故 CTL1 底标高为－11.350m。

题 4-2-18 ＊＊ 基础平面布置图中，JL5（2）上部钢筋为（　　）。

A. 5Φ22　　　B. 4Φ22
C. 3Φ22　　　D. 2Φ22

答案：B
解析：详见结施-03。

题 4-2-19 ＊＊ 基础平面布置图中，JL7（1）底标高正确的是（　　）m。

A. －10.350　　　B. －10.600
C. －11.350　　　D. 图中未明确

答案：C
解析：详见结施-03 可知，JL7（1）高度为 750mm，顶标高为－10.600m，故底标高为－10.600－0.75＝－11.350m。

题 4-2-20 ＊＊　基础梁侧面纵向钢筋搭接长度为（　　）。

A. $15d$

B. $0.4l_{ab}$

C. $0.6l_{ab}$

D. $20d$

答案：A

解析：详见图集 22G101-3 第 2-26 页基础梁侧面构造纵筋。

题 4-2-21 ＊＊　根据设计要求，消防电梯 XT1 集水井底板面标高为（　　）m。

A. －10.350

B. －10.630

C. －12.230

D. －13.230

答案：D

解析：详见建施-06 一层平面图和结施-03 基础平面布置图及 4-4 断面图。

题 4-2-22 ＊＊　除特殊标注外，本工程主楼核心筒筏板顶面的结构标高为（　　）m。

A. －12.230

B. －10.630

C. －10.350

D. －10.300

答案：B

解析：详见结施-03 基础平面布置图主楼核心筒阴影部分断面标高。

题4-2-2

题 4-2-23 ＊　本工程 1200mm 厚筏形基础顶部贯通筋为（　　）。

A. $\phi18@220$

B. $\phi20@220$

C. $\phi22@220$

D. $\phi25@220$

答案：D

解析：详见结施-03 注 2。

题 4-2-24 ＊＊　属于本工程主楼核心筒筏形基础的下部附加钢筋的是（　　）。

A. $\phi12@220$

B. $\phi18@220$

C. $\phi20@220$

D. $\phi25@220$

E. $\phi28@220$

答案：BCDE

解析：详见结施-03。

题 4-2-25 ＊　除特殊标注外，本工程承台与防水板顶面的结构标高均为（　　）m。

A. －10.830

B. －10.630

C. －10.350

D. －10.300

答案：C

解析：详见结施-03 基础平面布置图注 4。

题 4-2-26 ＊　除特殊说明外，本工程防水底板厚度为（　　）mm。

A. 250

B. 300

C. 400

D. 500

答案：D

解析：详见结施-03 基础平面布置图注 6。

题 4-2-27 ＊　筏板边缘侧面采用 U 形筋构造封边方式，U 形筋为（　　）。

A. ⌀12@250

B. ⌀12@200

C. ⌀16@220

D. ⌀16@200

答案：C

解析：详见结施-03 基础平面布置图注 2。

题 4-2-28 ＊＊　以下叙述正确的是（　　）。

A. 当基础高度不满足直锚时，柱纵筋应伸至基础板底部，支撑在底板钢筋网上，并设 $6d$ 直角钩

B. 当基础高度不满足直锚时，柱纵筋伸入基础内的直段长度应≥$0.6l_{abE}$ 且≥$20d$

C. 柱纵筋在基础内的箍筋应设置封闭的复合箍

D. 基础内第一道柱箍筋，距基础顶面 50mm

答案：B

解析：详见图集 22G101-3 第 2-10 页。

题 4-2-29 ＊＊　框架柱与基础的连接，叙述错误的是（　　）。

A. 框架柱在基础内的锚固长度应按抗震锚固长度考虑

B. 框架柱在基础内的箍筋不应少于 2 道，箍筋间距应≤500mm

C. 框架柱在基础内的箍筋为非复合箍

D. 当基础高度大于柱纵筋锚固长度时，柱纵筋伸至基础内的长度≥l_{aE} 即可

答案：D

解析：详见图集 22G101-3 第 2-10 页。

题 4-2-30 ＊＊＊　按照图集 22G101-3 的要求，以下叙述错误的是（　　）。

A. 当基础高度不满足直锚，保护层厚度＞$5d$ 时，剪力墙竖向分布钢筋应伸至基础板底部，支撑在底板钢筋网上，并设 $6d$ 且≥150mm 的直角钩

B. 基础内第一道剪力墙边缘构件箍筋，距基础顶面 100mm

C. 当墙身竖向分布钢筋或边缘构件纵筋在基础中保护层厚度不一致，保护层厚度≤$5d$ 的部分应设置锚固区横向钢筋

D. 剪力墙身在基础内仅需设置间距≤500mm，且不少于 2 道水平分布钢筋与拉结筋

E. 当基础高度满足直锚，保护层厚度＞$5d$ 时，剪力墙边缘构件纵向钢筋应全部伸至基础板底部，也可支撑在筏形基础的中间层钢筋网片上，并设 $6d$ 且≥150mm 的直角钩

答案：ADE

解析：详见图集 22G101-3 第 2-8 页墙身竖向分布钢筋在基础中构造和第 2-9 页边缘构件纵向钢筋在基础中构造。

题4-2-30

题 4-2-31 ＊＊＊　关于本工程基础描述不正确的是（　　）。

A. 本工程基础由 CFG 桩、筏板、钻孔灌注桩以及柱下独立承台组成

B. 柱下筏板局部增加板厚 JBH 范围内筏板下部钢筋连续通过

C. 桩身钢筋笼主筋应通长设置，接头应采用焊接，接头间距不小于 900mm

D. 消防水池下桩顶标高应一致

E. 柱下筏板局部增加板厚 JBH 上部钢筋按筏板钢筋设置

答案：ABCD

解析：由结施-01 第 1.5 条、结施-02 和结施-03 可知，本工程主楼为筏形基础，裙房为钻孔灌注桩独立承台＋防水板基础；由结施-02 钢筋混凝土钻孔灌注桩大样可知，抗压桩钢筋笼主筋未通长设置；由结施-03 和建施-04 地下二层平面图可知，筏板下部钢筋锚入 JBH 即可，消防水池处承台高度不同，故桩顶标高不同。

题 4-2-32 ＊　基础施工图 G（施）-03 中，图例 ▨ 表示（　　）。

A. 电梯基坑

B. 集水坑

C. 消防电梯集水坑

D. 伸缩后浇带

答案：D

解析：详见结施-03 基础平面图及注 11。

任务 4.3　识读"柱（墙）施工图"

柱（墙）平面图是表示建筑物柱（墙）承重构件平面布置、构造、配筋及构件之间结构关系的图纸，是施工布置和安放柱（墙）承重构件的依据。

4.3.1　柱平法施工图的主要内容和识读步骤

1. 柱平法施工图的主要内容（图 4-3-1）

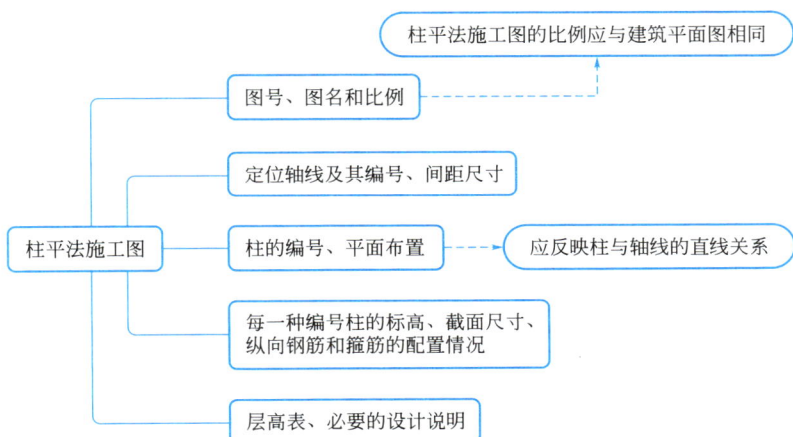

图 4-3-1　柱平法施工图主要内容

2. 柱平法施工图的识读步骤（图 4-3-2）

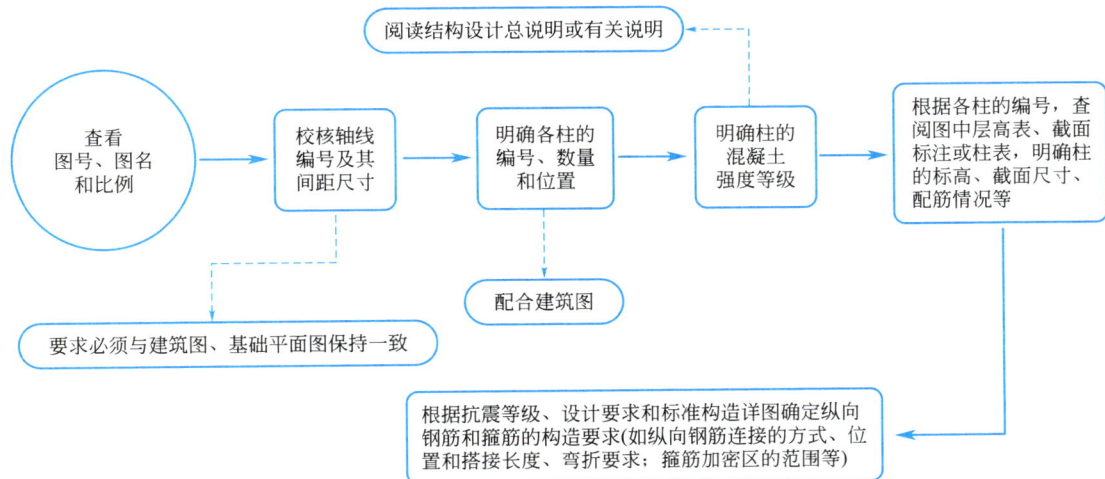

图 4-3-2　柱平法施工图识读步骤

4.3.2　剪力墙平法施工图的主要内容和识读步骤

1. 剪力墙平法施工图的主要内容（图 4-3-3）

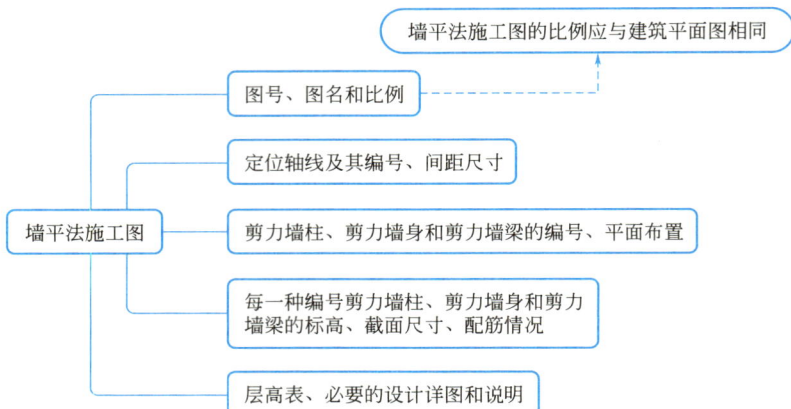

墙平法施工图
- 图号、图名和比例 → 墙平法施工图的比例应与建筑平面图相同
- 定位轴线及其编号、间距尺寸
- 剪力墙柱、剪力墙身和剪力墙梁的编号、平面布置
- 每一种编号剪力墙柱、剪力墙身和剪力墙梁的标高、截面尺寸、配筋情况
- 层高表、必要的设计详图和说明

图 4-3-3　剪力墙平法施工图主要内容

2. 剪力墙平法施工图的识读步骤（图 4-3-4）

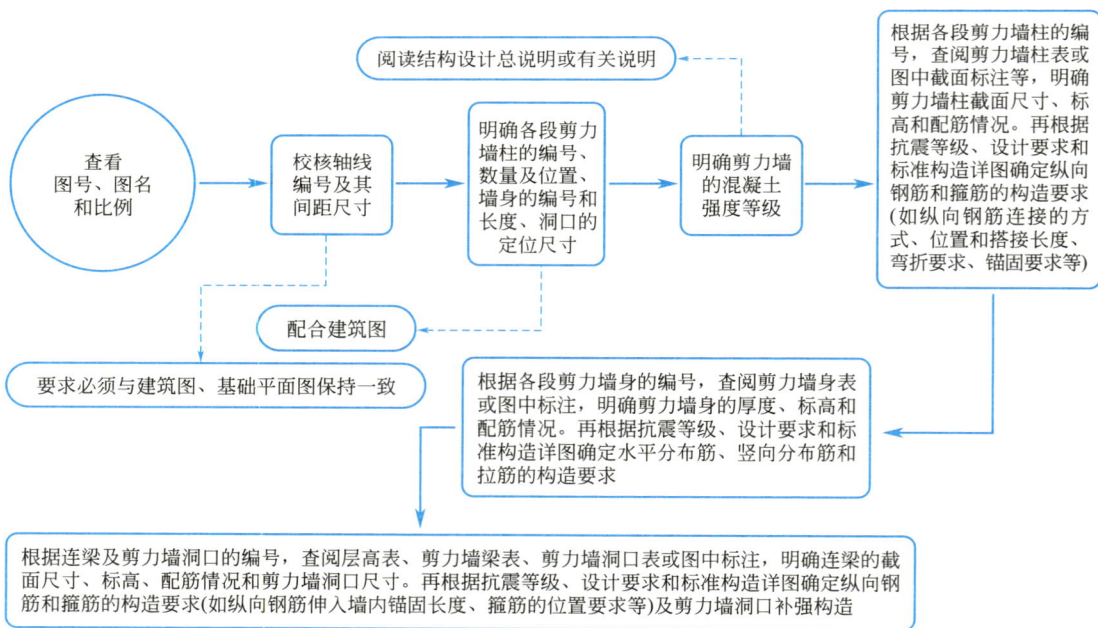

阅读结构设计总说明或有关说明

查看图号、图名和比例 → 校核轴线编号及其间距尺寸 → 明确各段剪力墙柱的编号、数量及位置、墙身的编号和长度、洞口的定位尺寸 → 明确剪力墙的混凝土强度等级 → 根据各段剪力墙柱的编号，查阅剪力墙柱表或图中截面标注等，明确剪力墙柱截面尺寸、标高和配筋情况。再根据抗震等级、设计要求和标准构造详图确定纵向钢筋和箍筋的构造要求（如纵向钢筋连接的方式、位置和搭接长度、弯折要求、锚固要求等）

配合建筑图

要求必须与建筑图、基础平面图保持一致

根据各段剪力墙身的编号，查阅剪力墙身表或图中标注，明确剪力墙身的厚度、标高和配筋情况。再根据抗震等级、设计要求和标准构造详图确定水平分布筋、竖向分布筋和拉筋的构造要求

根据连梁及剪力墙洞口的编号，查阅层高表、剪力墙梁表、剪力墙洞口表或图中标注，明确连梁的截面尺寸、标高、配筋情况和剪力墙洞口尺寸。再根据抗震等级、设计要求和标准构造详图确定纵向钢筋和箍筋的构造要求（如纵向钢筋伸入墙内锚固长度、箍筋的位置要求等）及剪力墙洞口补强构造

图 4-3-4　剪力墙平法施工图识读步骤

　　需要特别说明的是，不同楼层的剪力墙混凝土等级由下向上会有变化，同一楼层柱、墙和梁板的混凝土可能也有所不同，应格外注意。

4.3.3　重要知识点（表 4-3-1）

重要知识点　　　　　　　　　　　　　　　　　　　　　　　　表 4-3-1

识读内容	重要知识点	具体考点
柱（墙）施工图	1. 框架柱	平法标注,标高;纵向钢筋配置及纵向钢筋锚固、弯折、截断及连接构造;箍筋配置、箍筋加密区范围
	2. 框支柱	平法标注,标高;纵向钢筋配置及纵向钢筋配置构造;箍筋配置、箍筋加密区范围
	3. 墙上起框架柱	平法标注,标高;纵向钢筋配置及纵向钢筋构造;箍筋配置及箍筋加密区范围
	4. 梁上起框架柱	平法标注,标高;纵向钢筋配置及纵向钢筋构造;箍筋配置及箍筋加密区范围
	5. 箍筋及拉筋构造	封闭箍筋及拉筋弯钩构造;拉结筋构造
	6. 柱纵筋间距	柱纵筋间距要求
	7. 柱顶纵向钢筋构造	KZ 边柱、角柱和中柱柱顶纵向钢筋构造
	8. 柱变截面	KZ 变截面位置纵向钢筋构造
	9. 芯柱	芯柱 XZ 配筋构造
	10. 梁柱节点	节点核心区混凝土强度等级及箍筋配置
	11. 剪力墙边缘构件	平法标注
		约束边缘构件 YBZ、构造边缘构件 GBZ、非边缘暗柱 AZ 构造
		剪力墙上起边缘构件纵筋构造
		剪力墙边缘构件纵向钢筋连接构造
		剪力墙边缘构件变截面处竖向钢筋构造
		剪力墙边缘构件竖向钢筋顶部构造
	12. 剪力墙身	平法标注
		剪力墙水平分布钢筋构造
		剪力墙竖向分布钢筋配连接构造
		剪力墙双排、三排、四排配筋
		剪力墙身变截面处竖向钢筋构造
		剪力墙身竖向钢筋顶部构造
		剪力墙竖向分布钢筋锚入连梁构造、剪力墙上起边缘构件纵筋构造
		剪力墙洞口补强构造
	13. 地下室外墙	平法标注
		地下室外墙 DWQ 水平、竖向钢筋构造;地下室外墙施工缝
	14. 人防墙	人防墙类型;人防墙位置、厚度、标高、配筋及配筋构造
	15. 边框梁	平法标注,标高;侧面纵筋和拉筋构造
		剪力墙 BKL 与 LL 重叠时配筋构造
	16. 暗梁	位置、标高、配筋、箍筋等
		剪力墙 AL 与 LL 重叠时配筋构造
	17. 连梁	平法标注,标高
		连梁配筋构造;连梁侧面纵筋和拉筋构造
		剪力墙 LLk 纵向钢筋、箍筋加密区构造
		连梁交叉斜筋 LL(JX)、连梁集中对角斜筋 LL(DX)、连梁对角暗撑 LL(JC)配筋构造
		连梁中部圆形洞口补强钢筋构造

4.3.4　典型例题及解析（根据附图答题）

题 4-3-1 ＊　框柱 KZ19 的柱顶标高为（　　）m。

A. 13.650　　　　　　　　　B. 17.850

C. 21.500　　　　　　　　　D. 59.000

题 4-3-2 ＊　四层框柱 KZ22 的全部纵向受力钢筋为（　　）。

A. 14 Φ 22　　　　　　　　　B. 14 Φ 25

C. 18 Φ 22　　　　　　　　　D. 18 Φ 25

题 4-3-3 ＊＊＊　对于框架柱纵筋在端节点处弯折时，圆弧内直径 D 说法错误的是（　　）。

A. 楼层处，外侧角筋为 Φ 28，D 应≥168

B. 楼层处，外侧中筋为 Φ 20，D 应≥80

C. 顶层处，外侧角筋为 Φ 28，D 应≥448

D. 顶层处，外侧中筋为 Φ 20，D 应≥240

题 4-3-4 ＊＊＊　⑤轴交Ⓕ轴 KZ17d 地下室比一层多出的纵筋伸至（　　）。

A. 伸至梁底以上 814mm

B. 伸至梁底以上 977mm

C. 伸至梁顶

D. 伸至梁顶弯折 264mm

题 4-3-5 ＊＊　对于结施-12 中地下室二层的框架柱，施工时做法符合构造要求且满足经济性原则的是（　　）。

A. KZ6 的箍筋与柱纵筋焊接

B. KZ2 的箍筋弯钩平直段长度 80mm

C. ⑨轴与Ⓚ轴相交处的 KZ13 箍筋沿柱高范围全长加密

D. ⑦轴与Ⓒ轴相交处的 KZ18 箍筋沿柱高范围全长加密

答案：C

解析：详见结施-17 中的框架柱配筋表。

答案：C

解析：详见结施-17 框架柱配筋表。

答案：A

解析：详见图集 22G101-1 第 2-2 页。

题4-3-3

答案：D

解析：由结施-17 框架柱配筋表可知，KZ17d 地下室比一层多出的钢筋直径为 22mm，由结施-19 一层梁平法施工图可知，与 KZ17d 相连的梁高为 650，再由 22G101-1 第 2-10 页地下一层增加钢筋锚固构造可知，二级抗震 C35，l_{aE}＝37d＝814mm＞650mm，故伸至梁顶弯折 12d＝264mm。

答案：B

解析：《高层建筑混凝土结构技术规程》JGJ 3—2010 第 6.3.6 及 6.4.5 条规定，框架梁、柱不应与箍筋、拉筋及预埋件等焊接。由结施-12、结施-17 及图集 22G101-1 第 2-7 页可知，KZ2 箍筋直径为 8mm，故弯钩平直段为 80mm，C、D 选项均不全高加密。

题 4-3-6 * * 结施-13 中的 KZ22，计算箍筋加密区范围时净高 H_n 应取（ ）mm。

A. 4350

B. 5000

C. 4750

D. 5400

答案：C

解析： 结施-13 为地下一层墙柱平面图，结构层高为 5400mm，KZ22 为 ⑧ 轴与 ⑪ 轴相交处柱，由结施-19 一层梁平法施工图可知与 KZ22 相连的梁高均为 650mm 高，故净高 H_n = 5400－650＝4750mm。

题 4-3-7 * * 结施-13 中，⑥轴交⑭轴处的 KZ35 柱净高范围内，上端箍筋加密区范围长度为（ ）mm。

A. 500

B. 700

C. 800

D. 900

答案：C

解析： 详见结施-13 墙柱平面图及结施-19 一层梁平法施工图，箍筋加密区范围长度 = Max{500mm、800mm、（5400－800）/6}＝800mm。

题4-3-7

题 4-3-8 * * 本工程钢筋混凝土框柱的箍筋形式有（ ）种。

A. 4   B. 5

C. 6   D. 7

答案：D

解析： 由结施-17 中框架柱配筋表可知，钢筋混凝土框柱的箍筋形式有 7 种。

题 4-3-9 * * 结施-14 中，关于 LZ2 说法正确的是（ ）。

A. LZ2 的标高为－0.050～13.650m

B. LZ2 的全部纵向受力钢筋为 16 Φ 20

C. LZ2 在梁内的柱箍筋为 Φ 8@200

D. LZ2 的全部纵向受力钢筋应伸至梁底且 $\geqslant 0.6 l_{abE}$，且 $\geqslant 20d$，并做 150mm 的直角钩

答案：B

解析： 由结施-17 可知，LZ2 的标高为－0.050m～4.950m，全部纵向受力钢筋为 16 Φ 20。由图集 22G101-1 第 2-12 页可知，C、D 错误。

题4-3-9

题 4-3-10 * * 9 层楼面处柱节点核心区混凝土强度等级为（ ）。

A. C45

B. C40

C. C35

D. C30

答案：B

解析： 由结施-01 附表 7.2.1 和第 9.6.4 条及结施-12 层高表可知，柱强度等级为 C40，梁强度等级为 C30，柱节点核心区混凝土强度等级为 C40。

题 4-3-11 ＊＊　三层 K 轴 KZ13 梁柱节点核心区箍筋设置正确的是（　　）。

A. 按梁端箍筋加密区要求设置梁的箍筋

B. 按柱端箍筋加密区要求设置柱的箍筋

C. 按梁端箍筋加密区要求设置梁的箍筋，同时按柱端箍筋加密区要求设置柱的箍筋

D. 按 Φ12@100 配置，箍筋类型按柱箍筋加密区要求设置

答案：D

解析：详见结施-14 及结施-17 框柱柱配筋表。

题 4-3-12 ＊　三层 YBZ3 纵向钢筋为（　　）。

A. 6Φ25＋14Φ18

B. 6Φ16＋14Φ25

C. 14Φ20

D. 16Φ25

答案：B

解析：由结施-14 墙柱平面图和结施-16 墙柱表可知，B 正确。

题 4-3-13 ＊＊　结施-15 中，若 Φ14 的单根钢筋面积为 154mm²，GBZ21 纵向钢筋的配筋率约为（　　）。

A. 0.792%

B. 0.956%

C. 1.205%

D. 以上都不对

答案：B

解析：由结施-17 墙柱表可知，GBZ21 纵向钢筋配筋率约为 18×154/（200×1000＋300×300）＝0.956%。

题 4-3-14 ＊＊　结施-14 中，图中墙肢配筋有误的有（　　）。

A. YBZ2

B. YBZ8

C. YBZ10

D. YBZ18

答案：B

解析：由结施-14 和结施-16 中－0.050～13.650 墙柱表可知，墙肢 YBZ8 的全部纵向钢筋为 22Φ18。

题 4-3-15 ＊＊　结施-12 中，消防水池墙 SQ1 墙顶标高正确的是（　　）m。

A. －5.450

B. －5.150

C. －0.150

D. －0.050

答案：B

解析：详见结施-12 和结施-16 中的地下室外侧墙墙身表及 SQ1 大样。

题 4-3-16 ＊＊　首层墙柱配筋图中，Q5 的水平分布钢筋为（　　）。

A. Φ10@150

B. Φ10@120

C. Φ10@100

D. Φ14@100

答案：B

解析：由结施-14 中的剪力墙墙身表可知，首层 Q5 的水平分布钢筋为Φ10@120。

题 4-3-17 ＊＊ 本工程一层平面～二层平面的转角墙(不包括端柱转角墙)处,剪力墙内侧水平筋做法正确的是( )。

A. 伸至端部 90°弯折后勾住对边竖向筋

B. 伸至端部竖向筋内侧弯折 $10d$

C. 伸至端部竖向筋内侧弯折 $12d$

D. 伸至端部竖向筋内侧弯折 $15d$

答案: D

解析: 见图集 22G101-1 第 2-19 页剪力墙水平分布钢筋构造及结施-14 剪力墙墙身表注 1。

题 4-3-18 ＊＊ 按 22G101-1 要求,关于剪力墙水平筋构造做法错误的是( )。

A. 转角墙外侧水平筋连续通过转弯

B. 水平筋交错搭接,接头应错开 500mm

C. 端部有暗柱时,剪力墙水平筋应紧贴角筋内侧弯折

D. 端部有端柱时,外侧水平筋深入端柱的长度如满足直锚要求,可直锚

答案: D

解析: 由图集 22G101-1 第 2-19、2-20 页可知,D 项错误。

题 4-3-19 ＊＊＊ 七层①轴 Q5 剪力墙水平筋应伸入 YBZ1 锚固方式正确的是( )。

A. 剪力墙水平分布筋均应伸至端柱对边弯折 $15d$

B. 位于端柱纵向钢筋内侧的水平分布筋可直锚

C. 剪力墙水平分布筋均应伸至端柱对边弯折 $12d$

D. 剪力墙水平分布筋均可直锚

答案: B

解析: 由结施-15、17 可知,Q5 水平钢筋 ϕ 10 @ 200,YBZ1 端柱尺寸 600mm×600mm,由结施-01 附表 7.2.1 及结施-13 注 3 可知,端柱混凝土强度等级为 C30,抗震等级为一级,$l_{aE} = 40d = 400mm < 600mm$,故可直锚。

题4-3-19

题 4-3-20 ＊＊ 结施-12 中,地下室外墙 WQ2 临土侧竖向贯通筋为( )。

A. ϕ 14@100

B. ϕ 16@100

C. ϕ 20@200

D. ϕ 20@150

答案: D

解析: 详见结施-12 和结施-16 中的地下室外侧墙墙身表及外墙大样。

题 4-3-21 ＊＊＊ 对于剪力墙竖向钢筋说法正确的是( )。

A. 一级抗震等级剪力墙底部加强部位竖向分布钢筋满足搭接长度 $1.2l_{aE}$ 时可在同一部位搭接

B. 剪力墙竖向分布钢筋锚入连梁自楼面向下 $1.2l_{aE}$

C. 剪力墙变截面处,当 $\Delta \leqslant 50$ 时下层竖向分布筋可以弯折直接伸至上层

D. 剪力墙端柱竖向钢筋构造也应符合框架柱构造要求

答案: D

解析: 由图集 22G101-1 第 2-21 页可知,A 错;由图集 22G101-1 第 2-22 页可知,B 错、C 错;《高层建筑混凝土结构技术规程》JGJ 3—2010 8.2.2 第 5 条,剪力墙边框柱应符合框架柱构造配筋规定,D 正确。

题 4-3-22 ＊＊ 以下剪力墙洞口加筋做法，不符合本工程要求的是（ ）。

A. 矩形洞口尺寸为 250mm×300mm 时，无须加筋

B. 矩形洞口尺寸为 850mm×850mm 时，洞口上下均设置暗梁，左右两侧设置暗柱

C. 圆形洞口直径为 500mm 时，洞口上下左右四侧均设置补强筋，且增设环向加强筋

D. 圆形洞口直径为 850mm 时，洞口上下均设置暗梁，左右两侧设置暗柱，且增设环向加强筋

答案：A
解析： 详见结施-01 附表 9.7.3 剪力墙洞口补强钢筋配筋及结施-12 注 4。

题 4-3-23 ＊＊＊ 结施-14，Ⓚ轴～Ⓛ轴间 Q4 上暗梁顶标高为（ ）。

A. 13.650m

B. 13.650m 和 9.450m

C. 13.650m、9.450m 和 4.950m

D. 13.650m、9.450m、4.950m 和－0.050m

答案：C
解析： 详见结施-14 墙柱平面图及暗梁侧面纵筋和拉筋详图。

题4-3-2

题 4-3-24 ＊＊＊ 结施-27 中，关于屋顶层梁平法施工图中⑧轴处剪力墙 LL5n，下列说法正确的有（ ）。

A. 连梁箍筋布置按梁跨范围内设置

B. 连梁箍筋布置按纵筋长度范围内设置

C. 连梁上下部纵筋锚入剪力墙长度为 l_{aE}，且≥600mm

D. 连梁上下部纵筋锚入剪力墙长度为 l_{aE}，且≥500mm

E. 梁底标高为 58.600m

答案：ACE
解析： 由结施-27 可知，LL5n 为楼层连梁，梁顶标高为 59.000m，梁高 400mm，故梁底标高为 58.600m；A、C 选项详见图集 16G101-1 第 78 页连梁 LL 配筋构造。

题 4-3-25 ＊＊ 本工程地下室外墙的施工缝留在底板面以上（ ）mm。

A. 300

B. 400

C. 500

D. 图中未注明

答案：A
解析： 详见结施-01 第 8.7 条和结施-16 地下室外墙详图大样。

题 4-3-26 ＊＊ 关于本工程地下室说法正确的是（ ）。

A. 地下室采用防水混凝土浇筑，不能留设施工缝

B. 地下室外墙采防水混凝土，抗渗等级为 P6

C. 地下室外墙混凝土保护层厚度均为 50mm

D. 地下室外墙顶处设置暗梁，暗梁侧面钢筋直径和间距均同地下室外墙水平贯通钢筋

答案：B
解析： 由结施-01 第 8.7 条，A 错；由结施-01 附表 7.2.1，B 正确；由结施-01 第 9.1 条，地下室外墙临土侧保护层为 50mm，C 错；由结施-16 注 2 的 c 条、地下室外侧墙墙身表、地下室外墙墙身大样及外墙墙顶暗梁大样可知，D 错。

题 4-3-27 ＊＊ 结施-15 中，以下各项哪些属于偏心受拉构件（　　）。

A. KZ8 和 GBZ8

B. GBZ4 和 GBZ6

C. YBZ2 和 GBZ7a

D. 以上都对

答案：C
解析：详见结施-15 墙柱平面图及结施-12 注 6。

 题4-3-27

题 4-3-28 ＊＊＊ 关于本工程竖向承重构件描述正确的是（　　）。

A. 二层⑦轴左边 Q3 墙在三层梁 KL3n 作用处应设置暗柱

B. 本工程柱纵筋应采用机械连接

C. 13.650～59.000m 柱保护层厚度从柱纵筋外表起 25mm 厚

D. KZ11 柱箍筋全高加密

E. 未注明的框架柱与剪力墙相连的混凝土等级随剪力墙

答案：DE
解析：由结施-14、结施-21 及结施-12 注 3 可知，KL3n 梁长＜4m，故不设置暗柱；由结施-01 第 9.3.5 条和结施-17 框架柱配筋表可知，B 错，D 正确；C 项明显错误；由结施-13 注 3 可知，E 正确。

 题4-3-28

题 4-3-29 ＊＊ 二层墙、柱平面布置图，以下描述正确的是（　　）。

A. 本层未注明的 200mm 厚混凝土剪力墙均为 Q1，且墙混凝土强度等级均为 C35

B. 本层框架抗震等级为二级

C. 混凝土墙 Q1 起止标高为 4.950～9.450m

D. 图中所有框柱纵筋均可以采用绑扎搭接

答案：C
解析：由结施-14 及结施-12 中的层高表和结施-01 附表 7.2.1 可知，本层未注明的混凝土剪力墙均为 Q1，墙厚为 300mm，混凝土强度等级为 C35，Q1 起止标高为 4.950～9.450。由结施-01 附表 4.4.1 可知，B 选项错误。由结施-01 第 9.3.5 条可知，D 选项错误。

题 4-3-30 ＊＊ 本工程临空墙 LKQ2 的厚度和竖向钢筋分别为（　　）。

A. 250mm、Φ14@200

B. 250mm、Φ14@150

C. 300mm、Φ14@150

D. 300mm、Φ14@100

答案：D
解析：详见防结施-02 人防地下室结构平面图。

题 4-3-31 ＊ 结施-12 中，地下室外墙拉结筋水平间距为（　　）mm。

A. 600　　　　B. 450

C. 400　　　　D. 300

答案：A
解析：详见结施-12 及结施-16 地下室外侧墙墙身表。

题 4-3-32 ＊＊ 结施-14 中，暗梁 AL 箍筋外边缘至混凝土表面的距离为（　　）mm。

A. 15

B. 20

C. 25

D. 31

答案：D

解析：由结施-14 可知暗梁 AL 在 Q4 上，AL 箍筋外水平分布钢筋直径为 10mm，拉筋直径为 6mm。由结施-01 第 4.5 条可知，环境类别为一类，查图集 22G101-1 第 2-1 页可知，保护层厚度为 15mm，故暗梁 AL 箍筋外边缘至混凝土表面的距离为 10＋6＋15＝31mm。

梁平面施工图是表示建筑物梁承重构件平面布置、构造、配筋及构件之间结构关系的图纸，是施工布置和安放梁承重构件的依据。

4.4.1 梁平法施工图的主要内容和识读步骤

1. 梁平法施工图的主要内容（图 4-4-1）

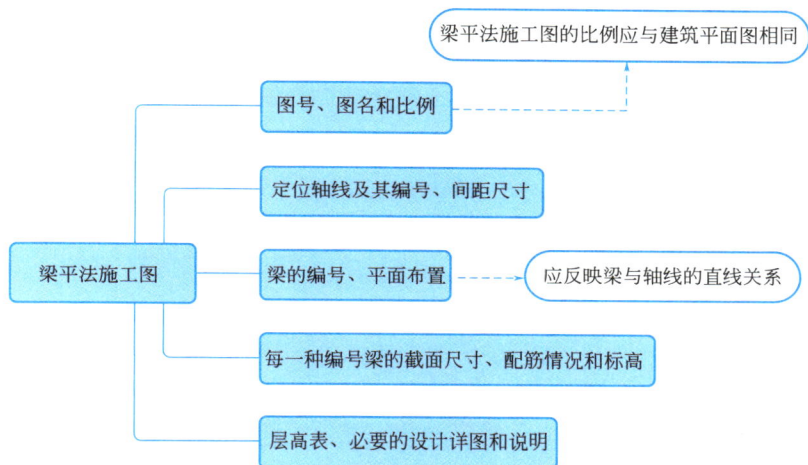

图 4-4-1 梁平法施工图主要内容

2. 梁平法施工图的识读步骤（图 4-4-2）

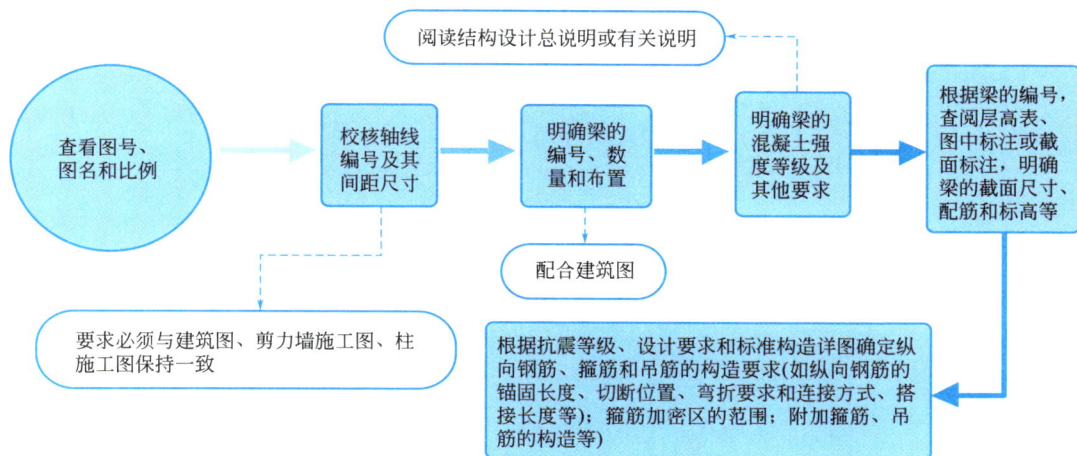

图 4-4-2 梁平法施工图识读步骤

4.4.2　重要知识点（表 4-4-1）

重要知识点　　　　　　　　　　　　　　　　　　　　　　　表 4-4-1

识读内容	重要知识点	具体考点
梁施工图	1. 屋框梁	平法标注，标高
		屋面框架梁 KL 纵向钢筋构造
		屋框梁 WKL 中间支座纵向钢筋构造
		屋框梁 WKL 箍筋加密区范围
	2. 楼层框架梁	平法标注，标高
		楼层框架梁 KL 纵向钢筋构造
		框架梁 KL 中间支座纵向钢筋构造
		框架梁 KL 箍筋加密区范围
	3. 非框架梁	平法标注，标高
		非框架梁配筋构造
		端支座非框架梁下部纵筋弯锚构造
		受扭非框架梁纵筋构造
		非框架梁中间支座纵向钢筋构造
	4. 悬挑梁	平法标注，标高
		纯悬挑梁和各类梁的悬挑端配筋构造
	5. 框支梁	平法标注，标高
		框支梁 KZL 配筋构造
		托柱转换梁 TZL 托柱位置箍筋加密构造
	6. 井字梁	平法标注，标高
		井字梁配筋构造
	7. 人防梁	平法标注，标高
		位置、配筋及配筋构造
	8. 折梁	水平折梁、竖向折梁钢筋构造
	9. 梁下部纵向钢筋截断	不伸入支座的梁下部纵向钢筋断点位置
	10. 梁侧面纵向构造钢筋	梁侧面纵向构造钢筋和拉筋
	11. 附加箍筋和附加吊筋	附加箍筋和附加吊筋构造
	12. 框架梁加腋	框架梁水平、竖向加腋构造
	13. 梁纵、横断面	梁纵、横断面
	14. 梁纵筋间距	梁纵筋间距要求

4.4.3　典型例题及解析（根据附图答题）

题 4-4-1　*　防结施-04，KL16 在②轴～③轴间，顶部跨中纵筋为（　　）。

A. 2 ⨎ 25

B. 5 ⨎ 25

C. 4 ⨎ 25

D. 6 ⨎ 25

答案：C

解析：详见防结施-04 中 KL16 原位标注。

题 4-4-2　**　防结施-04，KL14（4）⑤轴～⑥轴跨，平法原位标注 "11⨎25 3（-3)/8" 表示的意思是（　　）。

A. 该跨底部纵筋为 11⨎25，其中第一排设置 3⨎25，全部伸入支座，第二排设置 8⨎25，全部伸入支座内锚固

B. 该跨底部纵筋为 11⨎25，其中第一排设置 3⨎25，在距离支座 $l_n/3$ 处截断，第二排设置 8⨎25，全部伸入支座内锚固

C. 该跨底部纵筋为 11⨎25，其中第一排设置 8⨎25，不伸入支座，第二排设置 3⨎25，全部伸入支座内锚固

D. 该跨底部纵筋为 11⨎25，其中第一排设置 3⨎25，不伸入支座，第二排设置 8⨎25，全部伸入支座内锚固

答案：D

解析：详见图集 22G101-1 第 1-26 页。

题 4-4-3　**　以下关于梁内纵向受力钢筋说法错误的是（　　）。

注：d 为纵筋最大直径

A. 梁上部纵筋水平净距不应小于 30mm 和 1.5d

B. 梁下部纵筋水平净距不应小于 25mm 和 d

C. 梁下部纵筋有 3 层时，第 3 层纵筋水平净间距应比下面 2 层增大一倍

D. 各层钢筋之间的净间距不应小于 25mm 和 d

答案：C

解析：详见图集 22G101-1 第 2-8 页梁纵筋间距要求和《混凝土结构设计规范》GB 50010—2010 9.2.1 第 3 条。

题 4-4-4　***　水箱间梁平法施工图 K 轴 WKL1 在⑤轴往右 1500mm 处梁断面图正确的是（　　）。

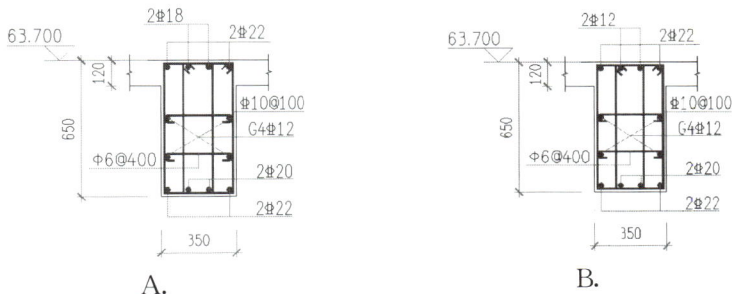

答案：A

解析：由结施-27 和结施-17 可知，水箱间梁平法施工图 K 轴 WKL1 在⑤轴往右 1500mm 处梁截面仍位于加密区。

A.

B.

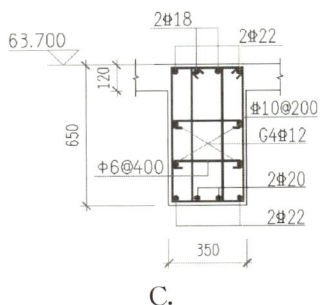

C.

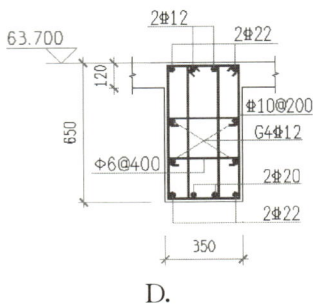

D.

题 4-4-5 ＊＊　四层梁平法施工图中，KL7Q 在⑤轴支座左跨处第一排钢筋截断点到柱边的距离为（　　）mm。

A. 500

B. 2100

C. 2584

D. 2567

答案：C

解析：由结施-22 和结施-15 可知，KL7Q 在⑧轴支座左跨处第一排钢筋截断点到柱边的距离为（8400－350－300）/3＝2584mm。

题 4-4-6 ＊＊　五层梁平法施工图中，KL28 在⑧轴支座右跨处第二排钢筋截断点到柱边的距离为（　　）mm。

A. 500

B. 1434

C. 1075

D. 1825

答案：D

解析：由结施-23 和结施-15 可知，KL28 在⑤轴支座右跨处第二排钢筋截断点到柱边的距离为（8400－700－400）/4＝1825mm。

题 4-4-7 ＊＊　三层 F 轴 KL7Q 在⑧轴支座处左跨上部第一排纵筋 7Φ25 不能通过支座的，伸到柱内≥0.4l_{abE} 下弯（　　）mm。

A. 至梁底

B. 375

C. 925

D. 1000

答案：B

解析：详见结施-21 和图集 22G101-1 第 2-37 页 KL 中间支座纵向钢筋构造。

题 4-4-8 ＊＊　屋顶层梁平法施工图中 H 轴 WKL4s 在⑤轴支座处左跨上部第一排纵筋 4Φ22 不能通过支座的，伸至柱纵筋内侧且≥0.4l_{abE} 下弯（　　）mm。

A. 至梁底

B. 375

C. 814

D. 880

答案：D

解析：由结施-27、结施-01 附表 4.4.1 及 7.2.1 可知，抗震构造等级为二级，混凝土 C30，图集 22G101-1 第 2-37 页 WKL 中间支座纵向钢筋构造可知下弯 l_{aE}＝40d＝40×22＝880mm。

题 4-4-9 ＊＊＊　四层梁平法施工图中⑩轴～ⓔ轴之间 L17Q 下部钢筋在 L11Q 处锚固方式正确的是（　　）。

答案：B

解析：详见结施-22 和图集

A. 伸入支座直锚 12d

B. 伸入支座对边弯折，平直段≥7.5d

C. 伸入支座直锚 15d

D. 伸入支座对边弯折，平直段≥9d

题4-4-9

题 4-4-10 * 五层梁平法施工图中 KL1Q（3）的"G6 ⸙ 12"锚固长度不应小于（　　）mm。

A. 480

B. 240

C. 180

D. 120

题 4-4-11 ** 七层梁平法施工图中 KL17（5）的"N6 ⸙ 12"锚固长度不应小于（　　）mm。

A. 444

B. 240

C. 180

D. 460

题 4-4-12 ** 对于三层平面⑧轴的梁 KL14Q（4A），Ⓒ轴～Ⓓ轴跨的箍筋加密区说法正确的是（　　）。

注：加密区箍筋范围尺寸取值：箍筋间距按图中平法标注要求设置，不允许人为调整，且必须考虑首个箍筋的定位构造要求。

A. 每端加密区范围不应小于 1300mm

B. 每端加密区范围不应小于 1350mm

C. 每端加密区范围不应小于 975mm

D. 每端加密区范围不应小于 1150mm

题 4-4-13 ** 主次梁相交处箍筋排布表述正确的是（　　）。

A. 主、次梁箍筋均按自身间距排布设置

B. 主梁箍筋均按自身间距排布设置，不受次梁及附加横向钢筋的影响

C. 次梁箍筋均按自身间距排布设置，不受主梁及附加横向钢筋的影响

D. 主、次梁箍筋均按自身间距 2 倍排布设置

22G101-1 第 40 页端支座非框架梁下部纵筋弯锚构造可知，带肋钢筋不满足 12d 直锚时应伸入支座对边弯折平直段≥7.5d。

答案：C

解析：由图集 22G101-1 第 2-41 页可知，梁侧面构造钢筋搭接和锚固长度可取 15d＝180mm。

答案：A

解析：由结施-01 附表 4.4.1 可知，抗震构造措施等级二级，C35，l_{aE}＝37d＝37×12＝444mm。小于 0.5h_c＋5d＝0.5×800＋5×12＝460mm。

答案：D

解析：由结施-21 和结施-01 附表 4.4.1 可知，KL14Q（4A）抗震构造措施等级为二级，Ⓒ轴～Ⓓ轴梁高为 750mm，每端加密区范围不应小于 1.5h_b＝1.5×750＝1125mm，按题意取 1150mm。

答案：B

解析：详见图集 22G101-1 第 2-39 页梁箍筋构造。

题 4-4-14　＊＊　屋面层梁平法施工图 WKL8 在 L3 作用处每侧各附加箍筋（　　）。

A. 3 ϕ 8@100

B. 3 ϕ 8@50

C. 6 ϕ 8@100

D. 6 ϕ 8@50

答案：B

解析：详见结施-27 和结施-18 注 2。

题 4-4-15　＊＊　结施-19，KL9 吊筋 2 ϕ 16 的弯起角度应为（　　）。

A. 45°

B. 50°

C. 55°

D. 60°

答案：A

解析：由结施-19 可知，KL9 截面高度为 650mm，再由图集 22G101-1 第 39 页附加吊筋构造，$h_b \leqslant$ 800mm 时，$\alpha = 45°$。

题 4-4-16　＊＊　结施-27，屋顶层梁平法施工图中 WKL24 水平加腋纵筋为（　　）。

A. 上下各 1 ϕ 25

B. 上下各 1 ϕ 22

C. 上下各 1 ϕ 12

D. 未设置加腋筋

答案：C

解析：详见结施-01 第 F2.3 条和结施-18 注 5。

题 4-4-17　＊＊＊　本工程中，四层梁平法施工图中，关于 KL2Q 中的水平折梁的说法，错误的有（　　）。

A. 折梁水平段和斜段截面尺寸均为 350mm×1000mm

B. 按照楼层框架梁施工要求施工

C. 折梁转折处设置的附加箍筋直径、肢数设计未明确

D. 折梁内折角处非贯通纵筋的锚固长度不小于 1000mm

E. 折梁内折角处非贯通纵筋锚入对边的平直段长度为 15d

答案：ABCE

解析：详见结施-22、结施-21 及图集 22G101-1 第 42 页水平折梁钢筋构造。

题 4-4-18　＊＊＊　结施-19 中，关于托住转换梁 TZL2（1）的说法，错误的有（　　）。

A. TZL2（1）在端支座的箍筋加密区长度不应小于1200mm

B. TZL2（1）上部第一排钢筋应伸至对边柱纵筋内侧，且 $\geqslant 0.4 l_{abE}$ 后下弯不小于 375mm

C. TZL2（1）上部第二排钢筋截断点到柱边距离为 1900mm

D. TZL2（1）托柱位置箍筋加密区的长度不应小于 2800mm

E. TZL2（1）侧面钢筋在支座内直锚长度为 592mm。

答案：ABC

解析：由结施-19 和图集 22G101-1 第 2-47 页可知，TZL2（1）在端支座的箍筋加密区长度不应小于 1520mm，TZL2（1）上部第一排钢筋应伸至对边柱纵筋内侧，且 $\geqslant 0.4 l_{abE}$ 后下弯至梁底部以下不小于 l_{aE} 处，TZL2（1）上部第二排钢筋截断点到柱边距离为 2534mm。

题4-4-18

题 4-4-19 ＊＊　按照本工程的要求，对于屋顶梁平法施工图中 L7，以下说法正确的是（　　）。

A. 共有两种跨度

B. 梁面标高不明确

C. 梁下部纵筋在支座处的锚固长度均为 168mm

D. 梁配筋未明确

答案：C

解析：由结施-27 可知，L7 共有三种跨度；梁标高和梁配筋均明确；由图集 22G101 第 2-40 页非框架梁配筋构造可知，梁下部纵筋在支座处的锚固长度为 $12d = 12 \times 14 = 168mm$。

题 4-4-20 ＊＊　对于一层平面 L 轴的梁，以下说法正确的是（　　）。

A. 混凝土为 C35，抗渗等级 P8

B. 最外层钢筋的混凝土保护层厚度不应小于 25mm

C. 抗震构造措施等级为一级

D. KL23（5）梁面标高为－1.500m

答案：C

解析：由结施-19 可知，L 轴梁分别为车库顶覆土或临土的梁，由结施-01 附表 7.2.1 可知，混凝土为 C35，抗渗等级 P6；由结施-01 第 4.5 条可知，梁环境类别为二 b，外层混凝土保护层厚度不应小于 35mm；由结施-01 附表 4.4.1 可知，抗震构造措施等级为一级；由结施-19 一层梁平法施工图可知，KL23（5）梁面标高为－0.050m。

题 4-4-21 ＊＊　结施-19，关于Ⓒ轴处 KL5 描述正确的是（　　）。

A. 全梁设置 6⊉12 的构造筋

B. 梁上部支座负筋全为 7⊉25

C. 梁靠近 4 轴支座处上部架立筋为 1⊉12

D. 架立筋与支座负筋搭接长度为 150mm

答案：D

解析：详见结施-19 和图集 22G101-1 第 2-33 页楼层框架梁 KL 纵向钢筋构造。

题 4-4-22 ＊＊＊　七层梁平法施工图中，关于⑦轴～⑧轴之间的 KL7n 说法正确的是（　　）。

A. KL7n 与剪力墙顺接一端纵向钢筋锚入剪力墙的长度按连梁处理

B. KL7n 与剪力墙顺接一端纵向钢筋锚入剪力墙的长度按框架梁处理

C. KL7n 上有 1 道次梁，故其应为 2 跨

D. 在 KL7n 的次梁附近，由于附加箍筋的存在，故不需要放置普通箍筋

答案：BE

解析：详见结施-25 和结施-18 注 6。

题4-4-22

E. KL7n 与剪力墙垂直一端纵向钢筋锚入剪力墙的长度按非框架次梁处理

题 4-4-23 ＊＊　四层梁平面布置图中，梁标注正确的是（　　）。

A. KL4Q

B. KL5Q

C. L2Q

D. L11Q

答案：C

解析：由结施-22 可知，KL4Q 为 5 跨，KL5Q 为 6 跨一端悬挑，L11Q 为 1 跨。

题 4-4-24 ＊＊＊　结施-23，图中存在构造及平法表示错误或不合理的有（　　）。

A. KL4Q

B. KL6Q

C. KL16

D. KL20

E. KL30

答案：ABCD

解析：由结施-23 可知，KL4Q 在右边第二跨应该设置侧面构造钢筋，KL6Q 为 3 肢箍，跨中应设置一根架立筋，KL16 底筋为 2Φ25/3Φ22 不应放置 2 排，应该是 2Φ25＋3Φ22，KL20 支座处 5Φ25＋2Φ20 应该设置 2 排，设置 1 排不能满足梁上部纵筋间距要求。

题 4-4-25 ＊＊＊　关于水箱间结构图，以下说法不正确的是（　　）。

A. 本层框架抗震等级按二级进行计算

B. 梁板混凝土均为 C35

C. 仅 WKL1 设置了水平加腋

D. 图中所表示的电梯吊钩为 1ϕ25

E. 除特殊标注外，本层所表达的梁板顶标高只有一种，即 63.700m

答案：ABD

解析：由结施-01 附表 4.4.1 可知，水箱间标高为 63.700m，框架抗震等级为三级，抗震构造措施的抗震等级为二级。在结构设计时，框架抗震等级按三级进行计算，构件按抗震构造措施的抗震等级进行施工，故 A 错误。由结施-01 附表 7.2.1 可知，水箱间梁板混凝土均为 C30。图中仅 WKL1 设置了水平加腋。由结施-27 和结施-11 中电梯吊钩大样可知，电梯吊钩为 1ϕ20。由结施-27 和结施-11 可知，E 正确。

题4-4-25

题 4-4-26 ＊＊ 结施-19 中，KL19（3）梁面标高正确的是（　　）m。

A. －2.720

B. －0.050

C. －1.500

D. ±0.000

答案：C

解析：详见结施-19 及注 1。

题 4-4-27 ＊＊ 结施-19 中，未注明吊筋规格正确的是（　　）。

A. 2Φ12

B. 2Φ14

C. 2Φ16

D. 2Φ20

答案：A

解析：详见结施-19 及结施-18 注 2、9。

题 4-4-28 ＊＊ 结施-20 中 KL19（2B），以下叙述错误的是（　　）。

A. ⑴～Ⓚ轴跨梁底标高为 4.300m

B. Ⓚ～Ⓛ轴跨梁底标高为 4.300m

C. 两端均为悬臂

D. 悬臂全长范围箍筋加密

答案：B

解析：由结施-20 可知，Ⓚ～Ⓛ轴跨梁底标高为 4.220m。

任务 4.5　识读"板施工图"

板平面施工图是表示建筑物板承重构件平面布置、构造、配筋及构件之间结构关系的图纸，是施工布置和安放板承重构件的依据。

4.5.1　板平法施工图的主要内容和识读步骤

1. 板平法施工图的主要内容（图 4-5-1）

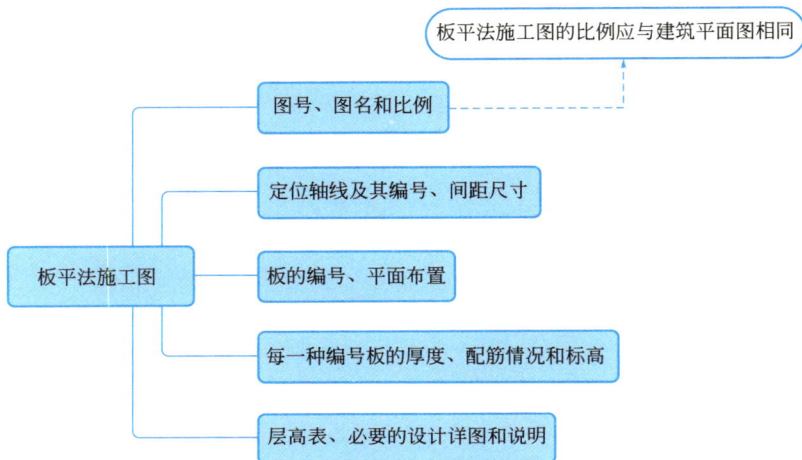

图 4-5-1　板平法施工图主要内容

2. 板平法施工图的识读步骤（图 4-5-2）

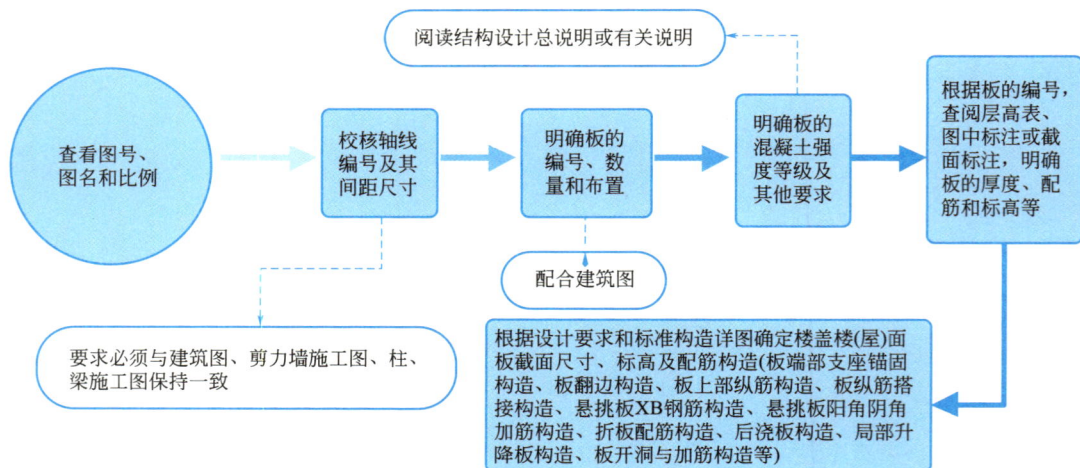

图 4-5-2　板平法施工图识读步骤

4.5.2 重要知识点（表 4-5-1）

重要知识点　　　　　　　　　　　　　　　　表 4-5-1

识读内容	重要知识点	具体考点
板施工图	1. 楼（屋）面板	平法标注
		板厚度、配筋及标高
		有梁楼盖楼面板 LB 和屋面板 WB 钢筋构造
		板在端支座的锚固构造
	2. 悬挑板	板平法标注
		板厚度、配筋及标高，
		悬挑板 XB 钢筋构造
	3. 折板	折板配筋构造
	4. 无梁楼盖	柱上板带 ZSB 和跨中板带 KZB；板平法标注，板厚度、配筋及标高，纵向钢筋构造，板带端支座纵向钢筋构造等
		柱帽构造；柱顶柱帽柱纵向钢筋构造
		抗冲切箍筋 Rh 构造；抗冲切弯起筋 Rb 构造
	5. 人防板	平法标注
		板位置、厚度、标高、配筋及配筋构造
	6. 楼板相关构造	板翻边 FB 构造
		局部升降板 SJB 构造
		板开洞 BD 与洞边加强钢筋构造
		悬挑板阳角放射筋 Ces 及阴角构造
		板内纵筋加强带 JQD 构造
	7. 单（双）向板	单（双）向板定义及钢筋位置
	8. 板钢筋长度	板钢筋长度计算
	9. 板覆土	板覆土位置、厚度
	10. 后浇板	水电管井混凝土后浇筑施工要求

4.5.3 典型例题及解析（根据附图答题）

题 4-5-1 ＊＊ 按本工程要求，一层办公门厅入口处楼板（⑥～⑦轴间的⑭～⑯轴区域）说法正确的是（　　）。

A. ⑯轴处板面附加筋长度 1350mm

B. ⑥轴处板面筋为 12⚊180＋12⚊360

C. 现浇板面标高图中未明确

D. 覆土厚度 1.2m

答案：B
解析：由建施-06、结施-05 及注 2、结施-01 图 9.4.3 可知，A、C、D 错误，B 正确。

177

题 4-5-2 ** 以下关于楼板钢筋说法正确的是（　　）。

A. 对于板底筋，长向钢筋应置于短向钢筋之上

B. 对于板面筋，长向负筋应置于短向负筋之下

C. 板端部面筋伸入梁内锚固，水平段长度不应小于 $0.6l_{abE}$

D. 板端部面筋应在梁角筋内侧弯折，弯折段长度不应小于 $15d$

E. 后浇设备管井处，板钢筋不应截断

题 4-5-3 ** 三层⑨～⑩轴交Ⓙ～Ⓚ轴板底 X 向钢筋长度为（　　）mm。

A. 4100

B. 3980

C. 3900

D. 3830

题 4-5-4 ** 主楼核心筒内电梯 XT1 机房屋顶结构板厚度和板面标高分别为（　　）。

A. 120mm；59.000m

B. 120mm；60.700m

C. 120mm；63.700m

D. 120mm；67.100m

题 4-5-5 ** 地下一层⑥～⑦轴交Ⓢ/Ⓚ～Ⓛ轴之间机械停车位处，以下说法错误的是（　　）。

A. 车位处楼板，即地下一层平面处楼板为人防板，厚度 250mm

B. 车位处楼板，即地下一层平面处楼板的集水坑深度为 1500mm

C. 车位上方顶板，即一层平面处楼板为人防板，厚度 250mm

D. 车位上方顶板，即一层平面处楼板的板面标高为 −0.050m

题 4-5-6 ** 按平法规则，楼板一注写为"LB1，$h=100$mm，B：X⊉10/⊉12@150；Y⊉10@120"，楼板二注写为"XB1，$h=120/80$mm，B：Xc&Yc⊉8@150"，以下说法错误的是（　　）。

A. LB1 板底的 X 向纵筋为⊉10、⊉12 间隔布置，⊉10 和⊉12 间距为 150mm

答案：ABDE

解析：由结施-01 第 9.4.1 和 9.4.6 条可知 A、B、D、E 正确；由图集 22G101-1 第 2-50 页板在端部支座的锚固构造可知，C 错误。

答案：A

解析：由结施-07 和结施-21 可知，A 正确。

答案：C

解析：由建施-06 一层平面图、建施-13、结施-11 水箱间板结构平面图及注 2 可知，C 正确。

答案：C

解析：由建施-04、建施-05、结施-04、结施-05、结施-39 和防结施-03

题4-5-5

可知，车位处楼板，即地下一层平面处楼板为人防板，厚度为 250mm，集水井为坑 3，深度为 1500mm；车位上方顶板，即一层平面处楼板的板面标高为 −0.050m。

答案：BE

解析：详见图集 22G101-1 第 1-35 页。

B. XB1 根部板厚为 200mm

C. XB1 根部板厚为 120mm

D. XB1 的Φ8@150 为构造钢筋

E. XB1 板面不配贯通纵筋

题 4-5-7 ＊＊　关于结施-06，Ⓙ～Ⓚ轴与⑨～⑩轴间板跨中受力筋，根据 22G101-1 可以用平法表示为（　　　）。

A. T：XΦ8@200＋Φ8@170；Y：Φ8@200

B. B：XΦ8@200；Y：Φ8@200＋Φ8@170

C. T：XΦ8@200；Y：Φ8@200＋Φ8@170

D. B：XΦ8@200＋Φ8@170；Y：Φ8@200

题 4-5-8 ＊＊　水箱间屋顶板板面筋Φ8@200 进入 WKL4（1）内锚固时，应做 90°弯钩，弯钩长度不应小于（　　　）mm。

A. 80

B. 96

C. 120

D. 160

题 4-5-9 ＊＊　水箱间屋顶结构平面图中，LB3 板底筋进入 WKL4（1）内锚固时，锚固长度为（　　　）mm。

A. 40

B. 120

C. 150

D. 192

题 4-5-10 ＊＊＊　关于结施-05，以下正确的是（　　　）。

A. 电梯基坑 KT4 坑底标高为－1.600m，但底板厚度无法确定

B. 电梯基坑与周围框架梁混凝土强度等级达到 75％时即可拆模

C. 地下一层顶板内配双层双向Φ10@170 钢筋网

D. 待管线安装完毕后即可浇筑水电管井混凝土，混凝土强度等级不变

答案：D

解析：由结施-06 和图集 22G 101-1 板平法标注可知，D 正确。

 题4-5-7

答案：C

解析：由图集 22G101-1 第 2-50 页板在端支座的锚固构造（一）可知，水箱间屋顶板板面筋Φ8@200 进入 WKL4（1）内锚固时，应做 90°弯钩，弯钩长度不应小于 15d＝120mm。

答案：C

解析：由结施-11 可知，LB3 底部 X 向钢筋为 Φ8@200。

 题4-5-9

由图集 22G101-1 第 2-50 页板在端支座的锚固构造（一）可知，LB3 板底筋进入 WKL4（1）内锚固时，锚固长度≥5d 且至少到梁中线。由结施-27 可知，WKL4 梁宽为 300mm。故锚固长度为 150mm。

答案：D

解析：由建施-06、结施-05 及注 2 可知，A、C 错误；由结施-01 第 9.4.6 和 9.5.5 条、结施-05 可知，B 错误，D 正确。

题 4-5-11 ＊＊　关于结施-07，关于卫生间现浇板做法，以下正确的是（　　）。

A. 卫生间范围内板厚均为 120mm
B. 卫生间范围板内配双层双向Φ6@140 钢筋网
C. 卫生间板顶结构标高为 9.370m
D. 混凝土采用 C35

答案：C
解析：由结施-07 和结施-01 附表 7.2.1 可知，A、B、D 错误，C 正确。

题 4-5-12 ＊＊　本工程一层卫生间结构板面标高为（　　）m。

A. －0.050
B. －0.065
C. －0.130
D. ±0.000

答案：C
解析：由建施-06 和结施-05 可知，一层卫生间结构板面标高为－0.130m。

任务 4.6　识读"结构详图"

　　结构详图包括楼梯结构详图、基础详图及梁、板、柱（墙）等构件详图。由于基础详图、梁、板、柱（墙）构件详图已融入基础、梁、板、柱（墙）施工图中，本节主要内容为识读"楼梯结构详图"。

　　楼梯结构详图是表示梯梁、梯段板和平台板等楼梯间主要构件的断面形式、尺寸及配筋情况的图纸。它是用于表明各构件的竖向布置和构造、梯段板和梯段梁的形状和配筋、断面尺寸、定位尺寸和钢筋尺寸以及各构件底面的结构标高等。

4.6.1　楼梯结构详图的主要内容和识读步骤

1. 楼梯结构详图的主要内容（图 4-6-1）

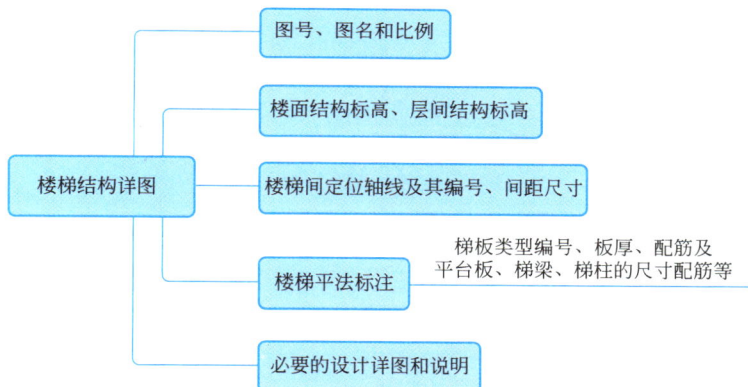

图 4-6-1　楼梯结构详图主要内容

2. 楼梯结构详图的识读步骤（图 4-6-2）

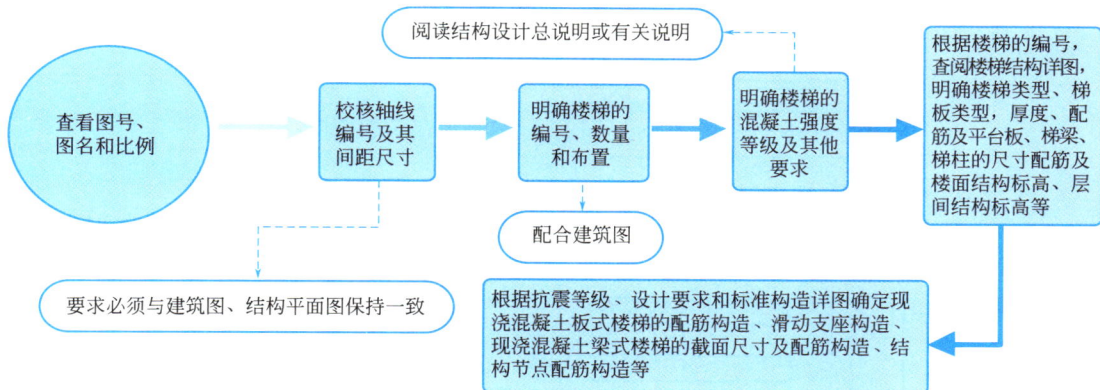

图 4-6-2　楼梯结构详图识读步骤

4.6.2　重要知识点（表 4-6-1）

重要知识点　　　　　　　　　　　　　　　表 4-6-1

识读内容	重要知识点	具体考点
楼梯结构详图	1. 楼梯类型	楼梯类型
	2. 现浇钢筋混凝土 AT、BT、CT、DT 型板式楼梯	楼梯截面形状与支座位置
		楼梯平面注写
		楼梯施工图剖面注写
		楼梯板配筋构造
		梯板混凝土强度等级、保护层厚度
	3. 现浇钢筋混凝土 ET、FT、GT 型板式楼梯	楼梯截面形状与支座位置；楼梯平面注写；楼梯施工图剖面注写；楼梯板配筋构造等
	4. 现浇钢筋混凝土 ATa、ATb 型板式楼梯	楼梯截面形状与支座位置
		楼梯平面注写
		楼梯施工图剖面注写
		楼梯板配筋构造
		滑动支座构造
		梯板混凝土强度等级、保护层厚度
	5. 现浇钢筋混凝土 ATc 型板式楼梯	楼梯截面形状与支座位置
		楼梯平面注写
		楼梯施工图剖面注写
		楼梯板配筋构造
		梯板混凝土强度等级、保护层厚度
	6. 现浇钢筋混凝土 BTb、CTa、CTb、DTb 型板式楼梯	楼梯截面形状与支座位置
		楼梯平面注写
		楼梯施工图剖面注写
		楼梯板配筋构造
		滑动支座构造
		梯板混凝土强度等级、保护层厚度
	7. 梯梁、梯柱	梯梁支座，梯梁、梯柱尺寸、配筋及配筋构造
	8. 平台板、楼层板	平台板、楼层板配筋及标高
	9. 现浇梁式楼梯	现浇混凝土梁式楼梯的截面尺寸及配筋构造、结构节点配筋构造等

4.6.3　典型例题及解析（根据附图答题）

题 4-6-1 ＊＊　下列属于本工程楼梯类型的是（　　）。

A. CT

B. DT

C. ATc

D. ATa

E. CTb

答案：ABDE

解析： 由结施-28～35 可知，本工程楼梯类型有 AT、BT、CT、DT、ATa、ATb、CTa、CTb。

题 4-6-2 ＊＊　对于 1♯楼梯详图，以下说法正确的是（　　）。

A. 地下一层到一层共有三跑

B. 一层平面图中的 BT2 的梯板跨度为 3020mm

C. 一层平面图中的 BT2 的踏面数为 11 个

D. 一层平面图中的 BT2 的踢面高度未明确

答案：B

解析： 详见结施-28 中 1♯楼梯详图。

题 4-6-3 ＊＊　本工程，1♯楼梯配筋图的 AT2 梯板配筋中的 1850/11 表示（　　）。

A. 踏步段水平长为 1850mm，踏步级数为 10

B. 踏步段水平长为 1850mm，踏步级数为 11

C. 踏步段总高度为 1850mm，踏步级数为 10

D. 踏步段总高度为 1850mm，踏步级数为 11

答案：D

解析： 详见图集 22G101-2 第 2-7 页。

题 4-6-4 ＊　本工程，2♯楼梯配筋图的 AT2 梯板配筋中 Φ12@100 表示（　　）。

A. 梯板的分布钢筋

B. 梯板的支座上部纵筋

C. 梯板的底部纵筋

D. 梯板的顶面贯通纵筋

答案：C

解析： 详见结施-29 和图集 22G101-2。

题 4-6-5 ＊＊　本工程，10♯楼梯配筋图的 ATb1 梯板配筋中 Φ10@200 表示（　　）。

A. 梯板的分布钢筋

B. 梯板的支座上部纵筋

C. 梯板的底部纵筋

D. 梯板的顶面贯通纵筋

答案：D

解析： 详见结施-35 和图集 22G101-2。第 2-24 和 2-28 页

题4-6-5

题 4-6-6 ＊＊　本工程，2♯楼梯配筋图的 AT4 下部纵筋进入梯梁内锚固，锚固长度刚好满足平法图集构造要求的是（　　）。

A. 180mm（水平向）

B. ＞100mm（水平向）

答案：B

解析： 由结施-29 可知，2♯楼梯 AT4 下部纵筋为 Φ12@100，L1（1）宽度为 200mm。由图集 22G101-2 第 2-8 页可

C. 180mm（沿钢筋方向）

D. 60mm（沿钢筋方向）

题 4-6-7 ＊＊　本工程，1#楼梯配筋图的 AT3 上部纵筋做法正确的是（　　）。

A. 应通长布置

B. 自支座边伸入跨内 $l_n/4$（水平向）可截断

C. 自支座边伸入跨内 $l_n/3$（水平向）可截断

D. 自支座边伸入跨内 $l_n/5$（水平向）可截断

注：l_n 为梯段净跨。

题 4-6-8 ＊＊　2#楼梯 4.550～6.850m 结构标高段，梯梁说法正确的是（　　）。

A. KL1（1）的支座均为 TZ1

B. KL1（1）的支座一端为 TZ1，一端为框架梁

C. KL1（1）的支座均为剪力墙

D. KL1（1）的支座一端为 TZ1，一端为剪力墙

题 4-6-9 ＊＊　2#楼梯按平法图集构造修改为带滑动支座的楼梯，以下说法错误的是（　　）。

A. 滑动支座设置在梯板的低端

B. 梯板在滑动支座端不承受弯矩

C. 梯板纵筋锚固应按非抗震锚固长度计算

D. 滑动支座可支撑在梯梁上，也可支撑在梯梁的挑板上

题 4-6-10 ＊＊　结施-29 关于 2#楼梯，以下错误的有（　　）。

A. 所有梯段都带有折板

B. 梯板 AT 型共有五种

C. 梯段上部纵向钢筋，按铰接设计时，锚固长度为 $0.6l_{abE}$

D. 标高 2.250～4.950m 范围内的梯段为 AT2

E. 地下两层除 DT6 外，其他梯段板底纵向受力钢筋均为 Φ 10@100

题 4-6-11 ＊＊＊　对于 7#楼梯说法错误的是（　　）。

A. 梯梁下需设置梯柱做支撑，将力传给楼层梁

B. 有六种梯板类型

C. 1～2 层设置 4 个梯段

D. 标高 3.700～4.950m 梯板低端平台长 670mm

E. 梯板保护层厚度为 20mm

知，AT4 下部纵筋伸入梯梁内沿钢筋方向≥5d 且至少伸过支座中线。故 B 正确。

答案：B

解析：详见图集 22G101-2 第 2-8 页 AT 型楼梯板配筋构造。

答案：A

解析：详见结施-29。

题4-6-8

答案：C

解析：详见结施-29 图集 22G101-2。

题4-6-9

答案：AC

解析：详见结施-29 和图集 22G101-2。

答案：BDE

解析：由结施-29 可知，有五种梯板类型，再由结施-01 附表 7.2.1 可知，混凝土强度等级为 C35，标高 3.700～4.950m 梯板低端平台长 400mm；由结施-01 第 4.5 条可知，环境类别为一类，梯板保护层厚度为 15mm。

题 4-6-12 ＊ 1♯楼梯的梯板 AT2 的上部纵筋间距为
（ ） mm。

A. 100

B. 150

C. 200

D. 250

答案：C

解析：详见结施-28 中 1a-1a 剖面图。

题 4-6-13 ＊＊ 关于 1♯楼梯的梯板 BT2 说法正确的是
（ ）。

A. 属于梁式楼梯的梯板

B. 由踏步段和高端平板组成的折板

C. 低端标高为—1.400m

D. 高端标高为 1.800m

答案：D

解析：详见结施-28 中 1a-1a 剖面图。

建筑

第 2 篇

CAD 绘制施工图

Chapter 05

项目 5

CAD常用基本命令

任务 5.1 CAD 常用命令

CAD 常用命令及英文简写见表 5-1-1。

CAD 常用命令的快捷键 表 5-1-1

工具类	绘图命令	修改命令	常用 Ctrl 快捷键
LA(图层操作)	L(直线)	CO(复制)	【Ctrl】+1(修改特性)
LT(线形)	XL(射线)	MI(镜像)	【Ctrl】+2(设计中心)
LTS(线行比例)	PL(多段线)	AR(阵列)	【Ctrl】+0(打开文件)
LW(线宽)	ML(多线)	O(偏移)	【Ctrl】+N、M(新建文件)
UN(图形单位)	SPL(样条曲线)	RO(旋转)	【Ctrl】+P(打印文件)
ATE(编辑属性)	POL(正多边形)	M(移动)	【Ctrl】+S(保存文件)
BO(边界创建)	REC(矩形)	E(删除)	【Ctrl】+Z(放弃)
AL(对齐)	C(圆)	X(分解)	【Ctrl】+X(剪切)
R(重新生成)	A(圆弧)	TR(修剪)	【Ctrl】+C(复制)
REN(重命名)	DO(圆环)	EX(延伸)	【Ctrl】+V(粘贴)
SN(捕捉栅格)	EL(椭圆)	S(拉伸)	【Ctrl】+B(栅格捕捉)
DS(设置极轴追踪)	REG(面域)	LEN(直线拉长)	【Ctrl】+F(对象捕捉)
OS(设置捕捉模式)	MT(多行文字)	SC(比例缩放)	【Ctrl】+G(栅格)
AA(面积)	T(多行文本)	BR(打断)	【Ctrl】+L(正交)
DI(距离)	B(块定义)	CHA(倒角)	【Ctrl】+W(对象追踪)
LI(显示图形数据信息)	I(插入块)	F(倒圆角)	【Ctrl】+U(极轴)
	W(定义块文件)	PE, * PEDIT(多段线编辑)	常用功能键
	DIV(等分)	ED, * DDEDIT(修改文本)	【F1】(帮助)
	H(填充)		【F2】(文本窗口)
	PO(点)		【F3】(对象捕捉)
			【F7】(栅格)
			【F8】(正交)

任务 5.2　图层设置与管理

一套完整的建筑施工平面图主要包含（但不限于）以下几个图层：轴线、墙线、门窗、楼梯、文字、标注、设施、散水以及其他图层等。因此在绘制图形之前，要先建立图形相应的图层，图层设置要求见表 5-2-1。

5-2-1
图层设置

建筑常用图层　　　　　　　　　　　　　表 5-2-1

序号	图层名	线宽(mm)	线型	色号	描述内容	图例
1	轴线	默认	单点长划线（CENTER）	红色（1号）	定位轴线	—·—·—·—
2	墙体	粗实线	实线（CONTINUOUS）	灰色（9号）	墙体	———
3	柱子	默认	实线（CONTINUOUS）	蓝色（5号）	柱子	☐
4	门窗	默认	实线（CONTINUOUS）	青色（4号）	门窗	≡
5	楼梯	默认	实线（CONTINUOUS）	黄色（2号）	楼梯	
6	尺寸标注	默认	实线（CONTINUOUS）	绿色（3号）	尺寸线	600
7	文字标注	默认	实线（CONTINUOUS）	白色（7号）	图中文字	二层平面图

在创建图层后，需要对图层内颜色、线型、线宽等进行设置，如图 5-2-1 所示。

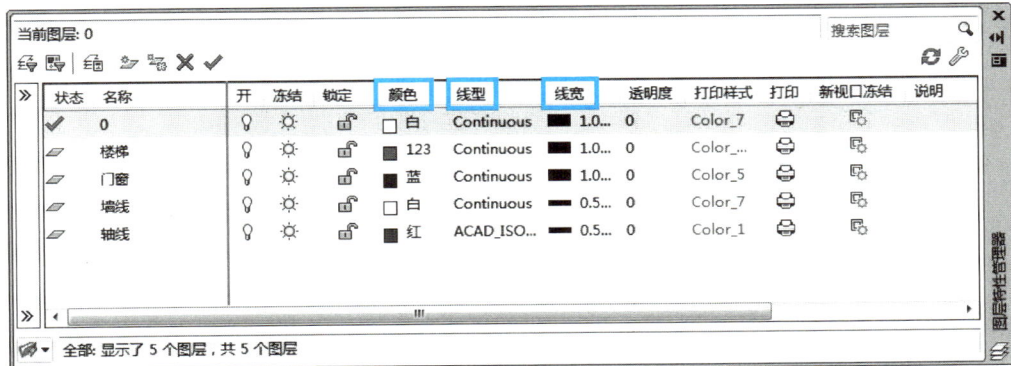

图 5-2-1　图层特性（一）

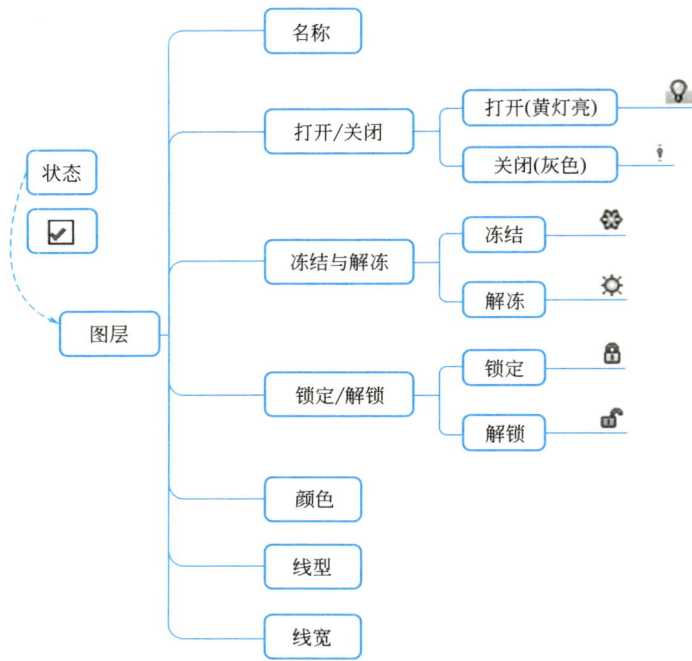

图 5-2-1　图层特性（二）

任务 5.3　绘图命令

1. 直线的绘制 L

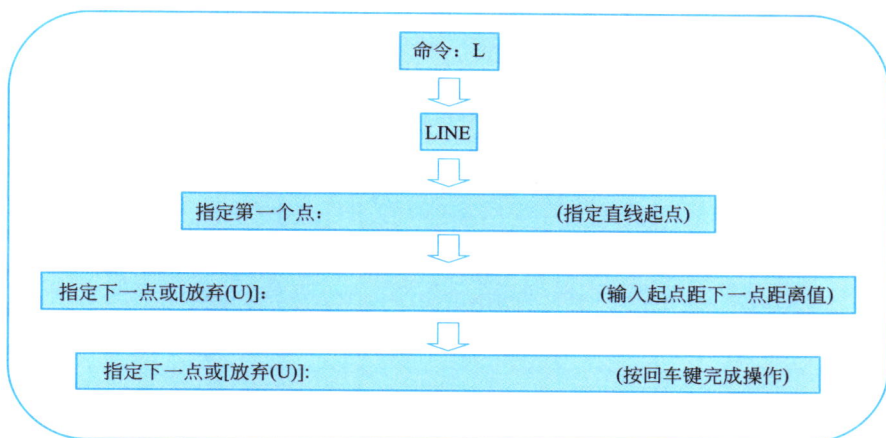

命令：L

LINE

指定第一个点：　　　　　　　　　　　　　　　（指定直线起点）

指定下一点或[放弃(U)]：　　　　　　　　　　　（输入起点距下一点距离值）

指定下一点或[放弃(U)]：　　　　　　　　　　　（按回车键完成操作）

5-3-1
常用绘图工具：直线与构造线

2. 多段线的绘制 PL

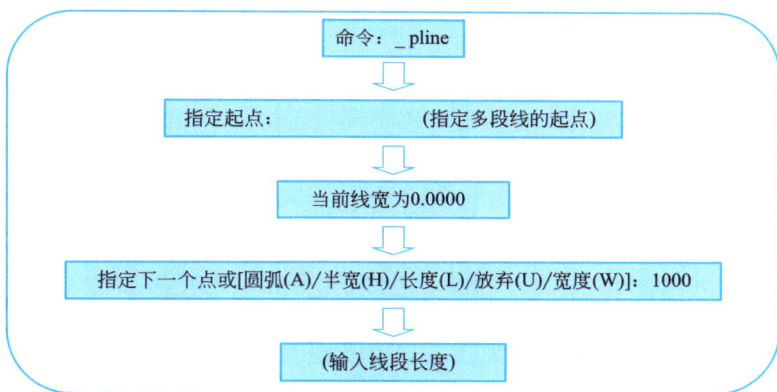

命令：_pline

指定起点：　　　　　　（指定多段线的起点）

当前线宽为0.0000

指定下一个点或[圆弧(A)/半宽(H)/长度(L)/放弃(U)/宽度(W)]：1000

（输入线段长度）

5-3-2
常用绘图工具：多段线与正多边形

3. 矩形的绘制 REC

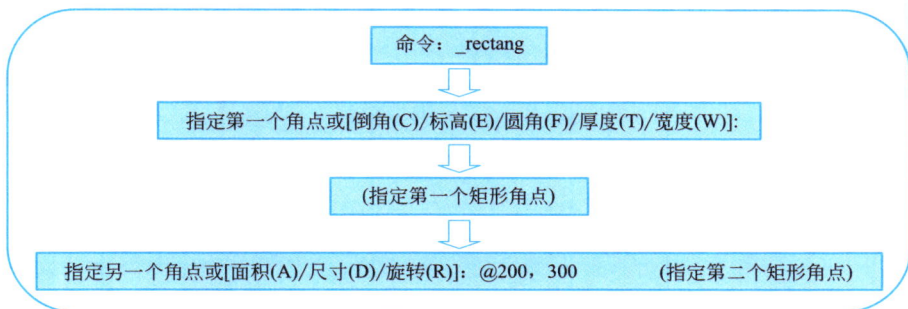

命令：_rectang

指定第一个角点或[倒角(C)/标高(E)/圆角(F)/厚度(T)/宽度(W)]：

（指定第一个矩形角点）

指定另一个角点或[面积(A)/尺寸(D)/旋转(R)]：@200，300　　　（指定第二个矩形角点）

5-3-3
常用绘图工具：矩形与圆弧

4. 圆的绘制 C

5-3-4
常用绘图
工具：圆
与圆环

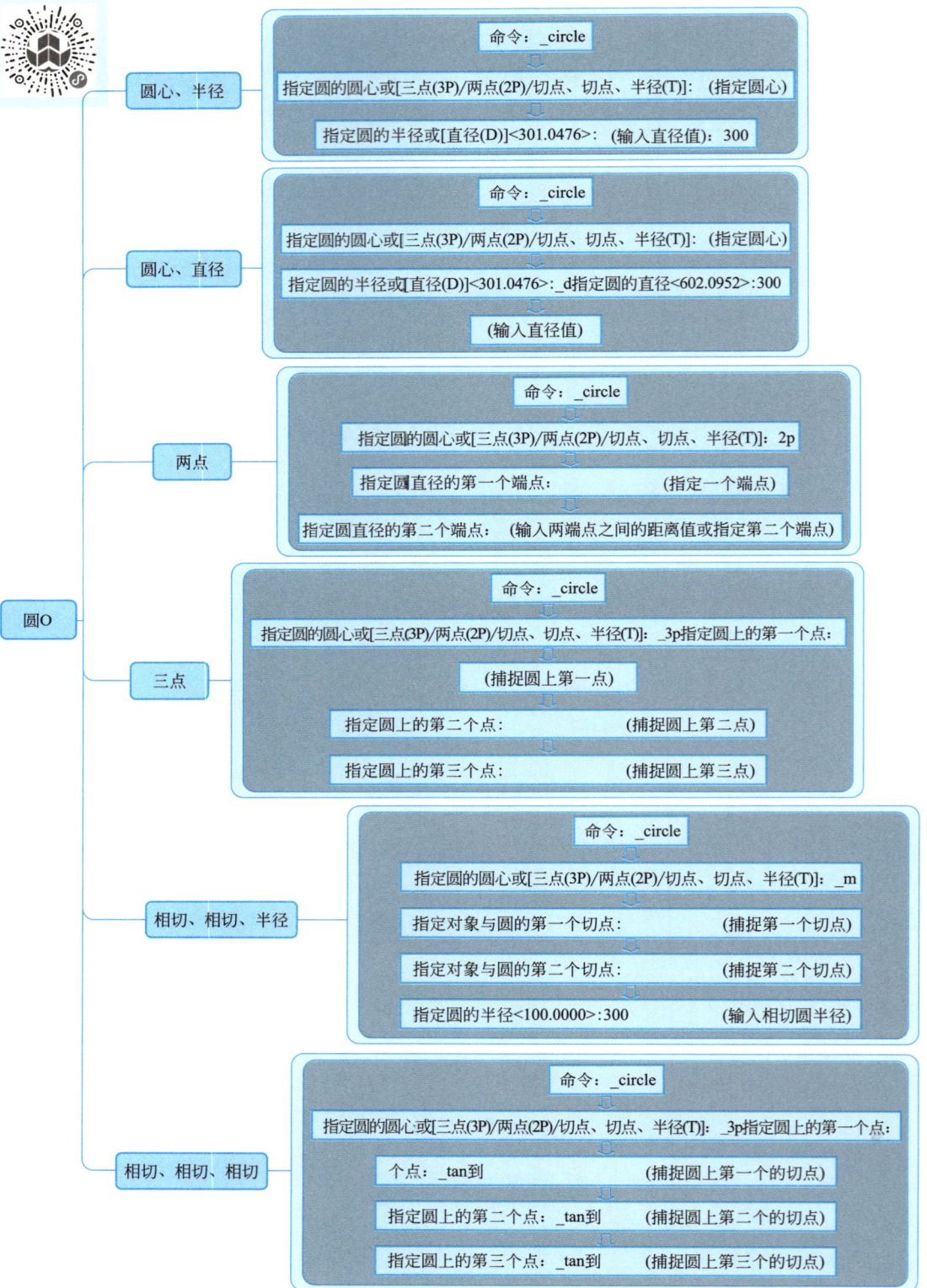

圆心、半径

命令：_circle

指定圆的圆心或[三点(3P)/两点(2P)/切点、切点、半径(T)]：（指定圆心）

指定圆的半径或[直径(D)]<301.0476>：（输入直径值）：300

圆心、直径

命令：_circle

指定圆的圆心或[三点(3P)/两点(2P)/切点、切点、半径(T)]：（指定圆心）

指定圆的半径或[直径(D)]<301.0476>：_d指定圆的直径<602.0952>：300

（输入直径值）

两点

命令：_circle

指定圆的圆心或[三点(3P)/两点(2P)/切点、切点、半径(T)]：2p

指定圆直径的第一个端点：　　　　　（指定一个端点）

指定圆直径的第二个端点：（输入两端点之间的距离值或指定第二个端点）

三点

命令：_circle

指定圆的圆心或[三点(3P)/两点(2P)/切点、切点、半径(T)]：_3p指定圆上的第一个点：

（捕捉圆上第一点）

指定圆上的第二个点：（捕捉圆上第二点）

指定圆上的第三个点：（捕捉圆上第三点）

相切、相切、半径

命令：_circle

指定圆的圆心或[三点(3P)/两点(2P)/切点、切点、半径(T)]：_m

指定对象与圆的第一个切点：（捕捉第一个切点）

指定对象与圆的第二个切点：（捕捉第二个切点）

指定圆的半径<100.0000>:300（输入相切圆半径）

相切、相切、相切

命令：_circle

指定圆的圆心或[三点(3P)/两点(2P)/切点、切点、半径(T)]：_3p指定圆上的第一个点：

个点：_tan到（捕捉圆上第一个的切点）

指定圆上的第二个点：_tan到（捕捉圆上第二个的切点）

指定圆上的第三个点：_tan到（捕捉圆上第三个的切点）

圆O

5. 圆弧的绘制

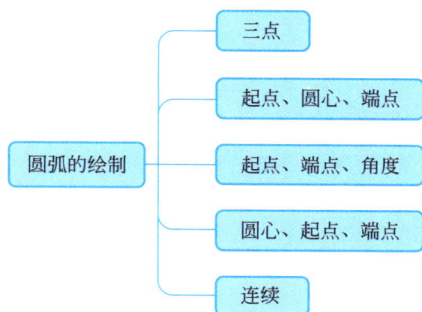

下面以【起点、圆心、端点】为例介绍圆弧的绘制方法。

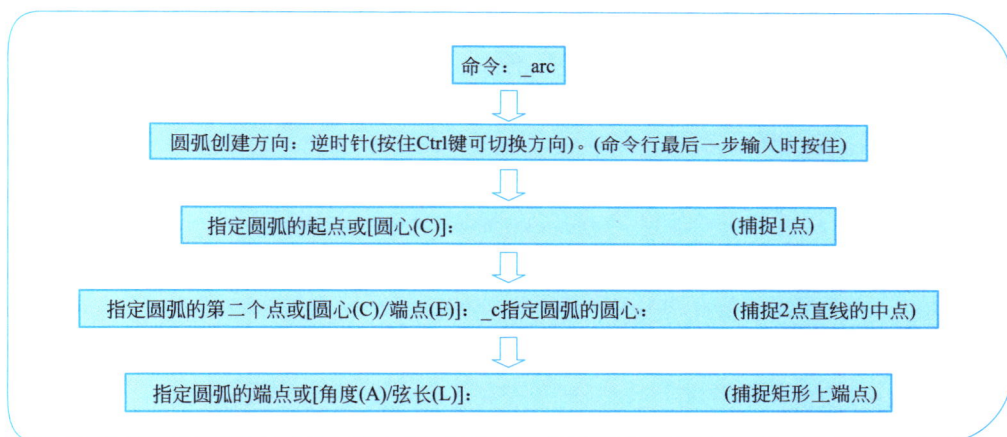

6. 圆环

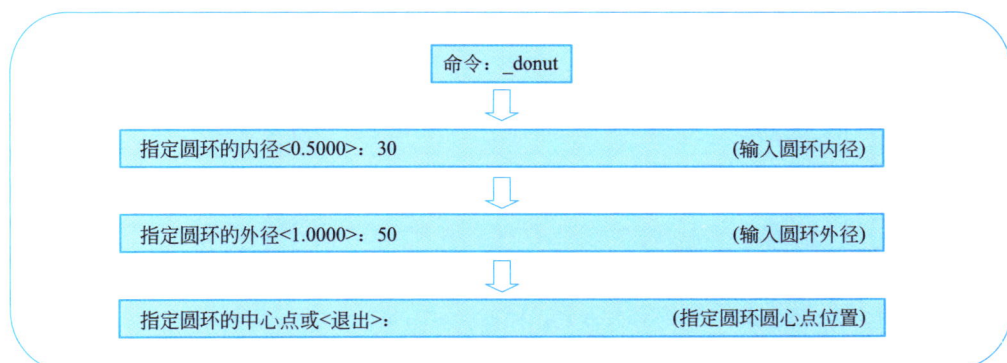

7. 绘制多线 ML

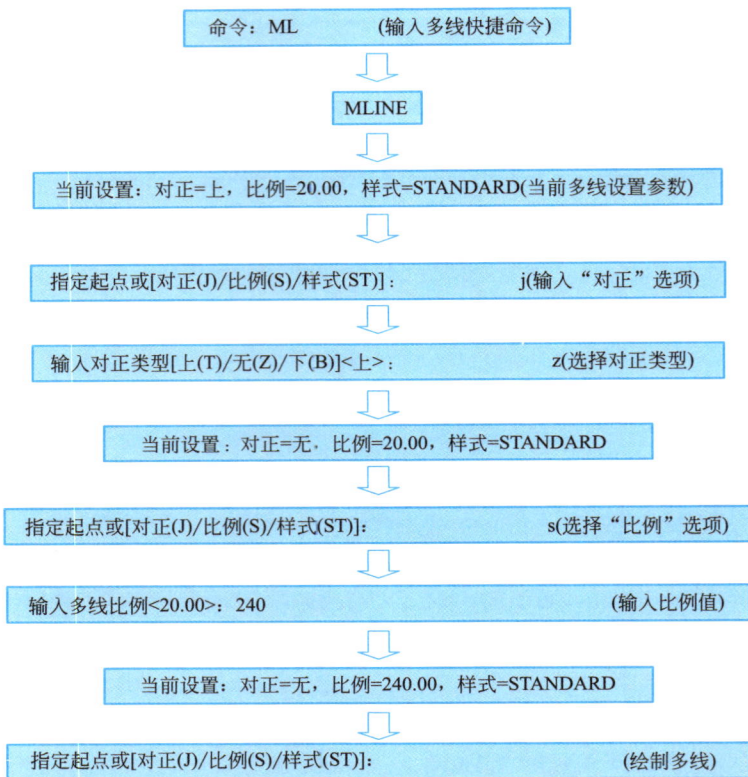

命令：ML　　　　(输入多线快捷命令)

⬇

MLINE

⬇

当前设置：对正=上，比例=20.00，样式=STANDARD(当前多线设置参数)

⬇

指定起点或[对正(J)/比例(S)/样式(ST)]：　　　　j(输入"对正"选项)

⬇

输入对正类型[上(T)/无(Z)/下(B)]<上>：　　　　z(选择对正类型)

⬇

当前设置：对正=无，比例=20.00，样式=STANDARD

⬇

指定起点或[对正(J)/比例(S)/样式(ST)]：　　　　s(选择"比例"选项)

⬇

输入多线比例<20.00>：240　　　　(输入比例值)

⬇

当前设置：对正=无，比例=240.00，样式=STANDARD

⬇

指定起点或[对正(J)/比例(S)/样式(ST)]：　　　　(绘制多线)

多线的绘制方法和直线相同。墙线的绘制一般以轴线为准，故只需要沿着轴线来绘制即可，如图 5-3-1 所示。

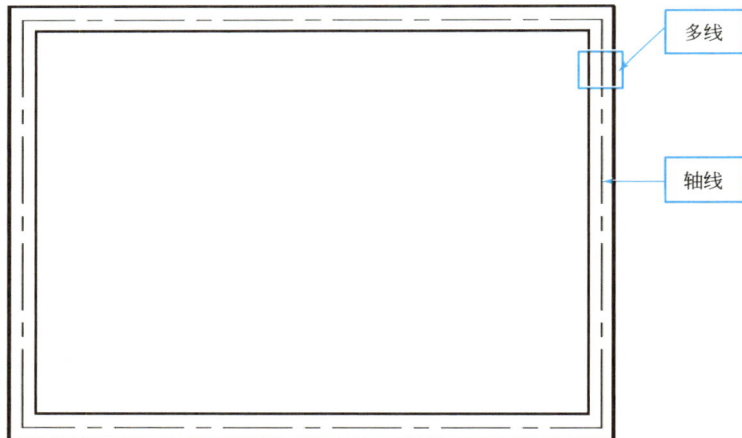

图 5-3-1　绘制多线

8. 图案填充及编辑

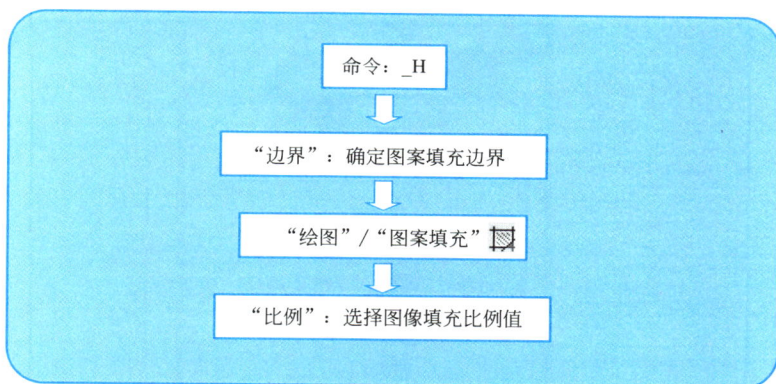

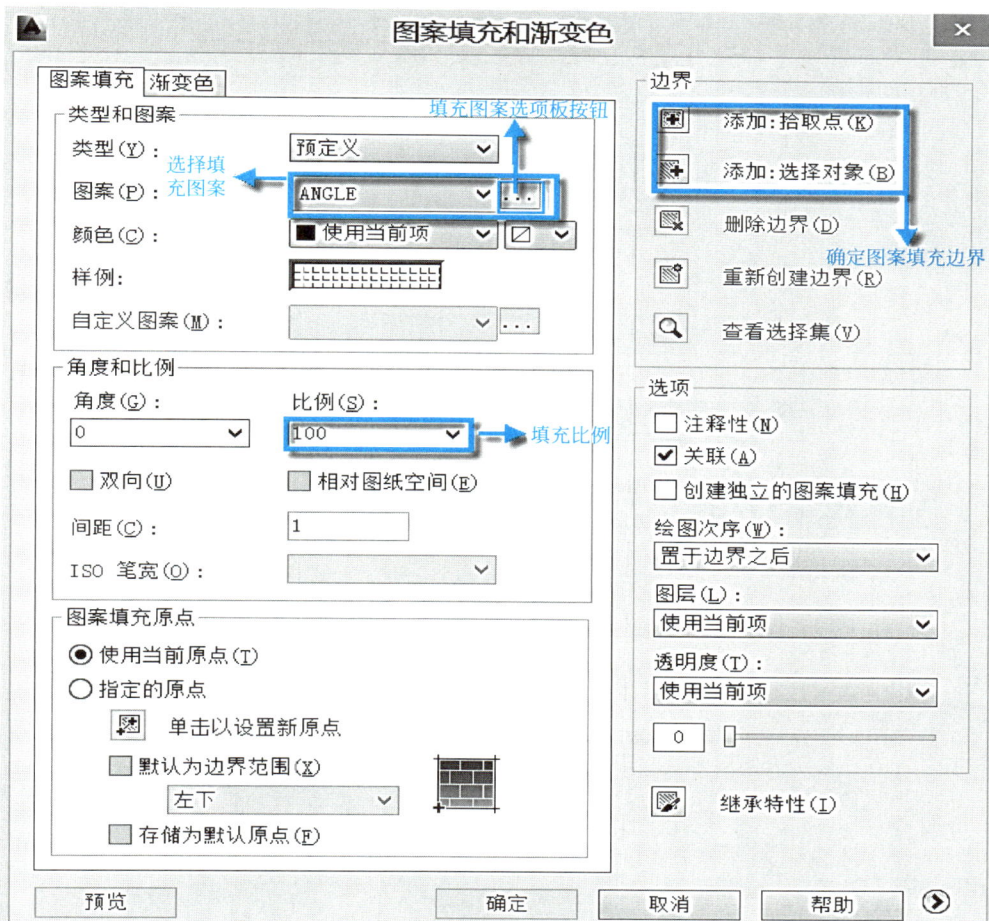

命令：_H

⬇

"边界"：确定图案填充边界

⬇

"绘图" / "图案填充"

⬇

"比例"：选择图像填充比例值

图案填充和渐变色

图案填充 | 渐变色

类型和图案

填充图案选项板按钮

类型(Y)：　预定义　　　　选择填

图案(P)：　ANGLE　　　充图案　⋯

颜色(C)：　■ 使用当前项　　☑

样例：　⊞⊞⊞⊞⊞⊞⊞

自定义图案(M)：　　　　　⋯

角度和比例

角度(G)：　　　　比例(S)：

0　　　　　　　100　　→　填充比例

☐ 双向(U)　　　☐ 相对图纸空间(E)

间距(C)：　　　1

ISO 笔宽(O)：

图案填充原点

⦿ 使用当前原点(T)

○ 指定的原点

　　☒ 单击以设置新原点

　　☐ 默认为边界范围(X)

　　　左下

　　☐ 存储为默认原点(F)

边界

⊞ 添加：拾取点(K)

⊠ 添加：选择对象(B)

　　　　　　确定图案填充边界

☒ 删除边界(D)

☒ 重新创建边界(R)

🔍 查看选择集(V)

选项

☐ 注释性(N)

☑ 关联(A)

☐ 创建独立的图案填充(H)

绘图次序(W)：

置于边界之后

图层(L)：

使用当前项

透明度(T)：

使用当前项

0

☒ 继承特性(I)

预览　　　　　确定　　取消　　帮助　⊙

图 5-3-2　"图案填充和渐变色"对话框

9. 定数等分

5-3-7
定距等分
定数等分
与重生成

命令：_divide

选择要定数等分的对象：　　　　　　　　　　　　　　　　　　(选择等分图形对象)

输入线段数目或[块(B)]：5　　　　　　　　　　　　　　(输入等分数值)

10. 定距等分

命令：MEASURE

选择要定距等分的对象：　　　　　　　　　　　　　　　　　　(选择等分图形对象)

指定线段长度或[块(B)]：100　　　　　　　　　　　　　　(输入线段长度)

11. 尺寸标注

1）尺寸样式

5-3-8
注释类工具：
建立尺寸标
注样式

"标注样式管理器"

命令"D"

"标注样式对话框"，点击"新建"

"创建新标注样式"，命名新样式名，点击"继续"

"新建标注样式"，完成"线"、"符号与箭头"、文字等选项设置，点击"确定"

"置为当前"

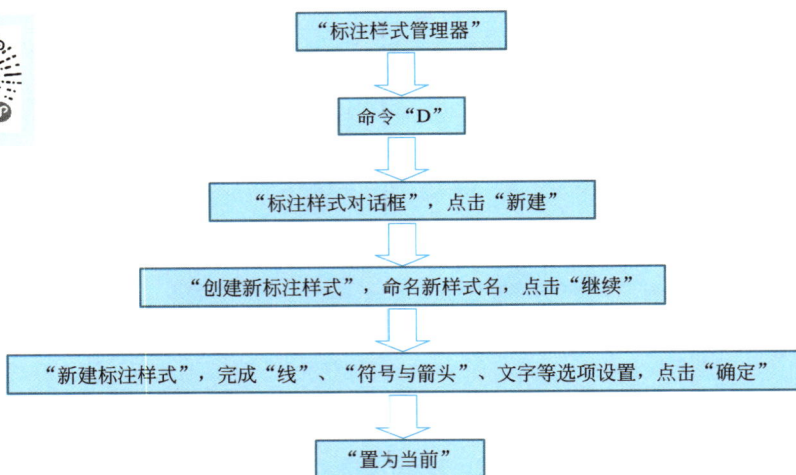

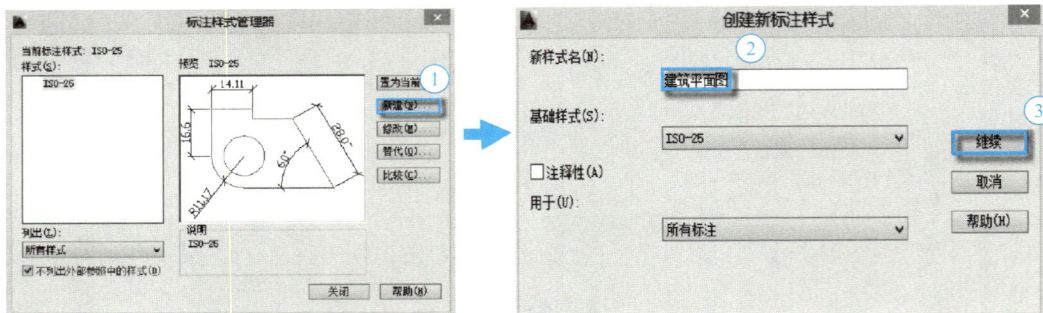

图 5-3-3　"标注样式管理器"对话框

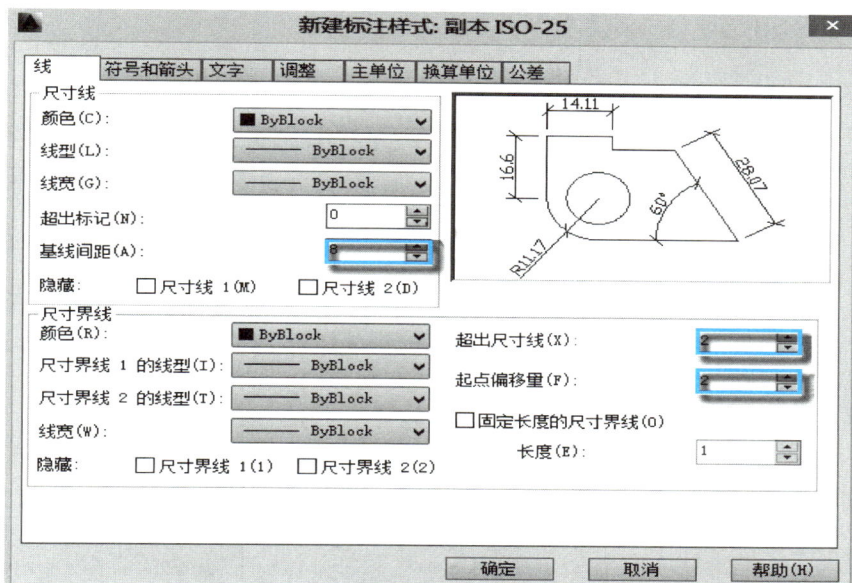

图 5-3-4　"新建标注样式"对话框

2）尺寸标注

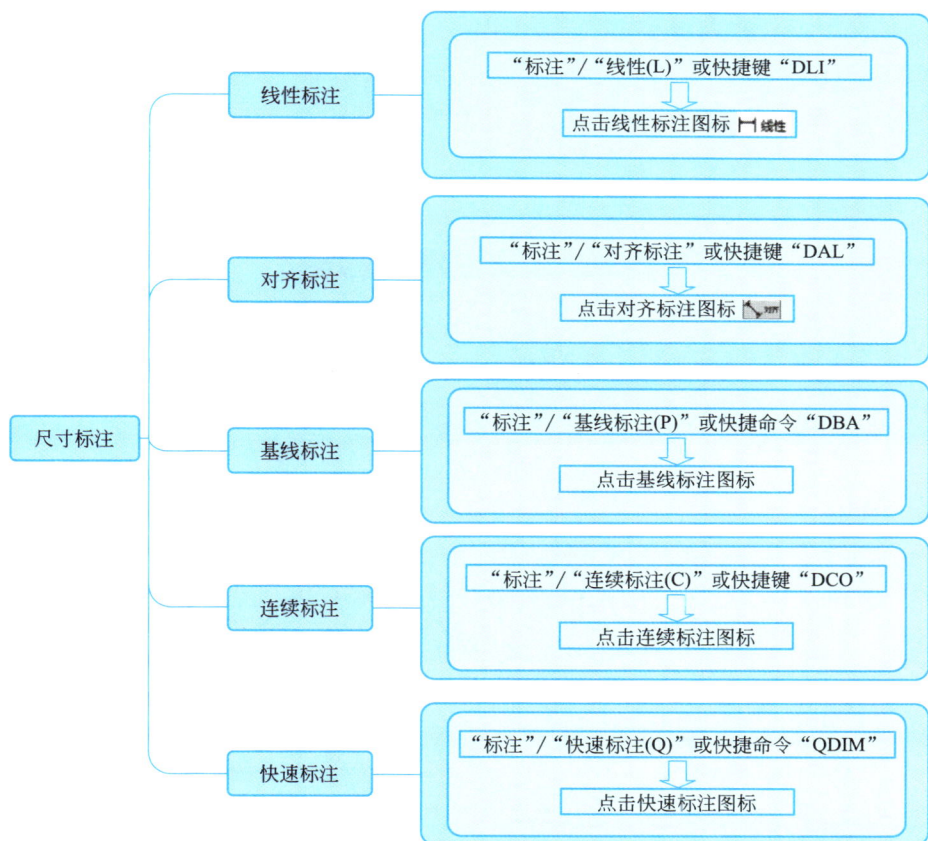

5-3-9
注释类工
具：尺寸
标注（1）

5-3-10
注释类工
具：尺寸
标注（2）
与子样式

12. 文字样式及书写

5-3-11
注释类工具：
文字样式与
单行文字、
多行文字

文字样式及书写
- 文字样式
- 文字书写
  - 单行文字

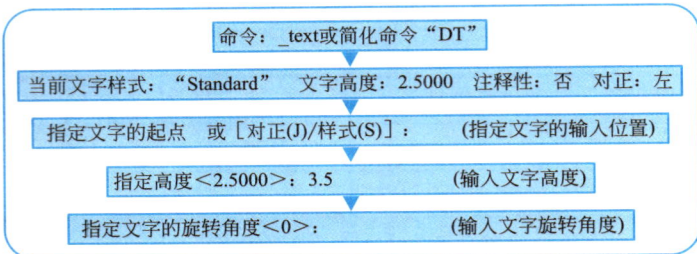

命令：_text或简化命令"DT"

当前文字样式："Standard" 文字高度：2.5000 注释性：否 对正：左

指定文字的起点 或〔对正(J)/样式(S)〕：   (指定文字的输入位置)

指定高度<2.5000>：3.5   (输入文字高度)

指定文字的旋转角度<0>：   (输入文字旋转角度)

  - 多行文字

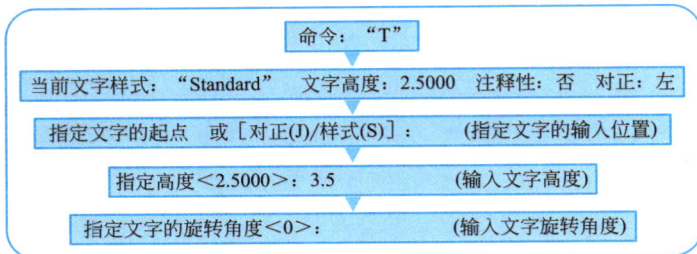

命令："T"

当前文字样式："Standard" 文字高度：2.5000 注释性：否 对正：左

指定文字的起点 或〔对正(J)/样式(S)〕：   (指定文字的输入位置)

指定高度<2.5000>：3.5   (输入文字高度)

指定文字的旋转角度<0>：   (输入文字旋转角度)

13. 图块

（1）创建图块 B

5-3-12
块创建：
普通块与
属性块

命令"B"

【属性定义】

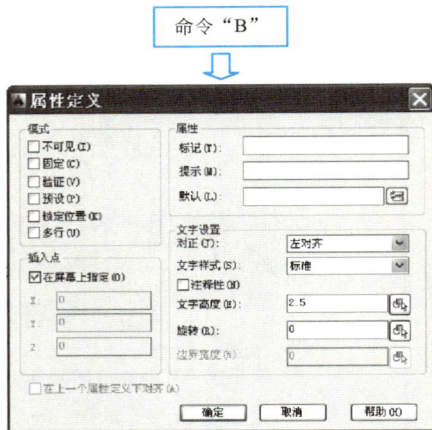

输入"属性"及"文字设置"选项

单击"确定"

在弹出的"块定义"对话框中完成设置

单击"确定"

（2）插入块 I

命令【插入块】I

⬇

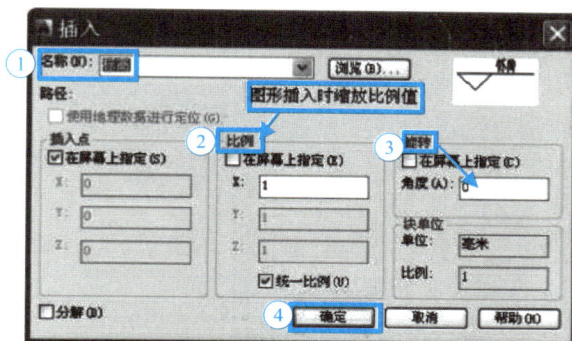

设置"名称"、"比例"

⬇

单击"确定"

（3）编辑块

双击块，弹出"增强属性编辑器"对话框

⬇

编辑"属性""文字选项""特性"等

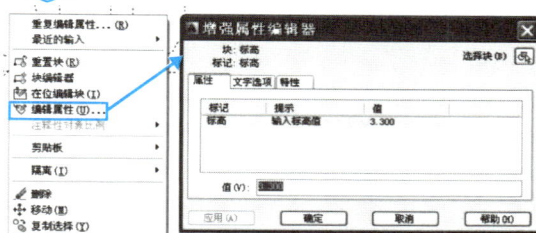

任务 5.4　修改命令

1. 删除 E

5-4-1
常用修改
工具：删
除与复制

命令：_erase

⇩

选择对象：找到1个　　　　　　　　　　　　　　　　　　　　(选择需删除对象，按回车键结束)

2. 复制 CO

命令：_copy

⇩

选择对象：找到1个

⇩

选择对象：　　　　　　　　　　　　　　　　　　　　　　　　(选择需复制图形)

⇩

当前设置：复制模式=多个

⇩

指定基点或[位移(D)/模式(O)]<位移>：　　　　　　　　　　　　(指定复制基点)

⇩

指定第二个点或[阵列(A)]<使用第一个点作为位移>：　　　　　　　(指定新位置，完成)

⇩

指定第二个点或[阵列(A)/退出(E)/放弃(U)]<退出>：

3. 镜像 MI

5-4-2
常用修改
工具：镜
像与偏移

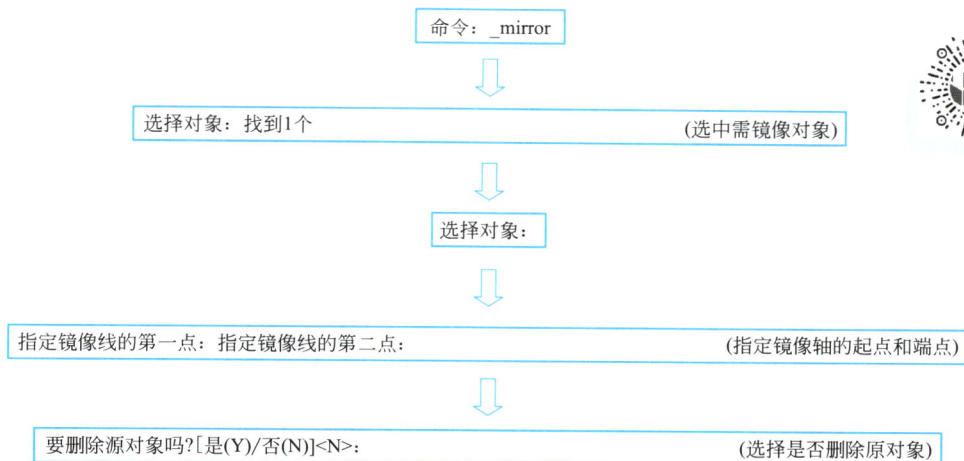

4. 偏移 O

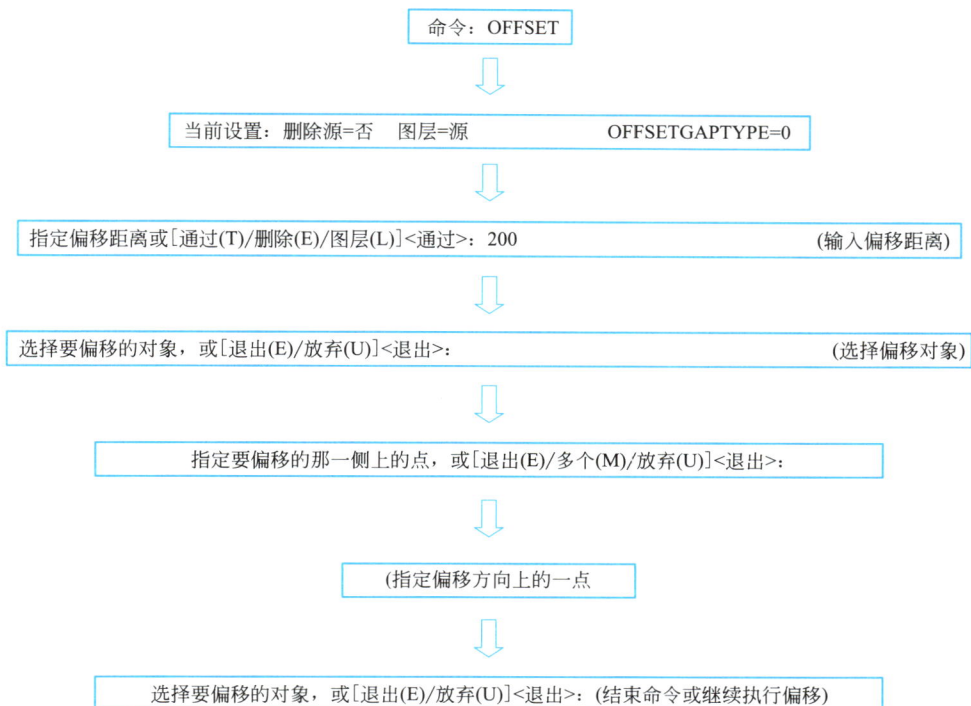

5. 阵列 ARR

（1）矩形阵列

5-4-3
常用修改
工具：
阵列

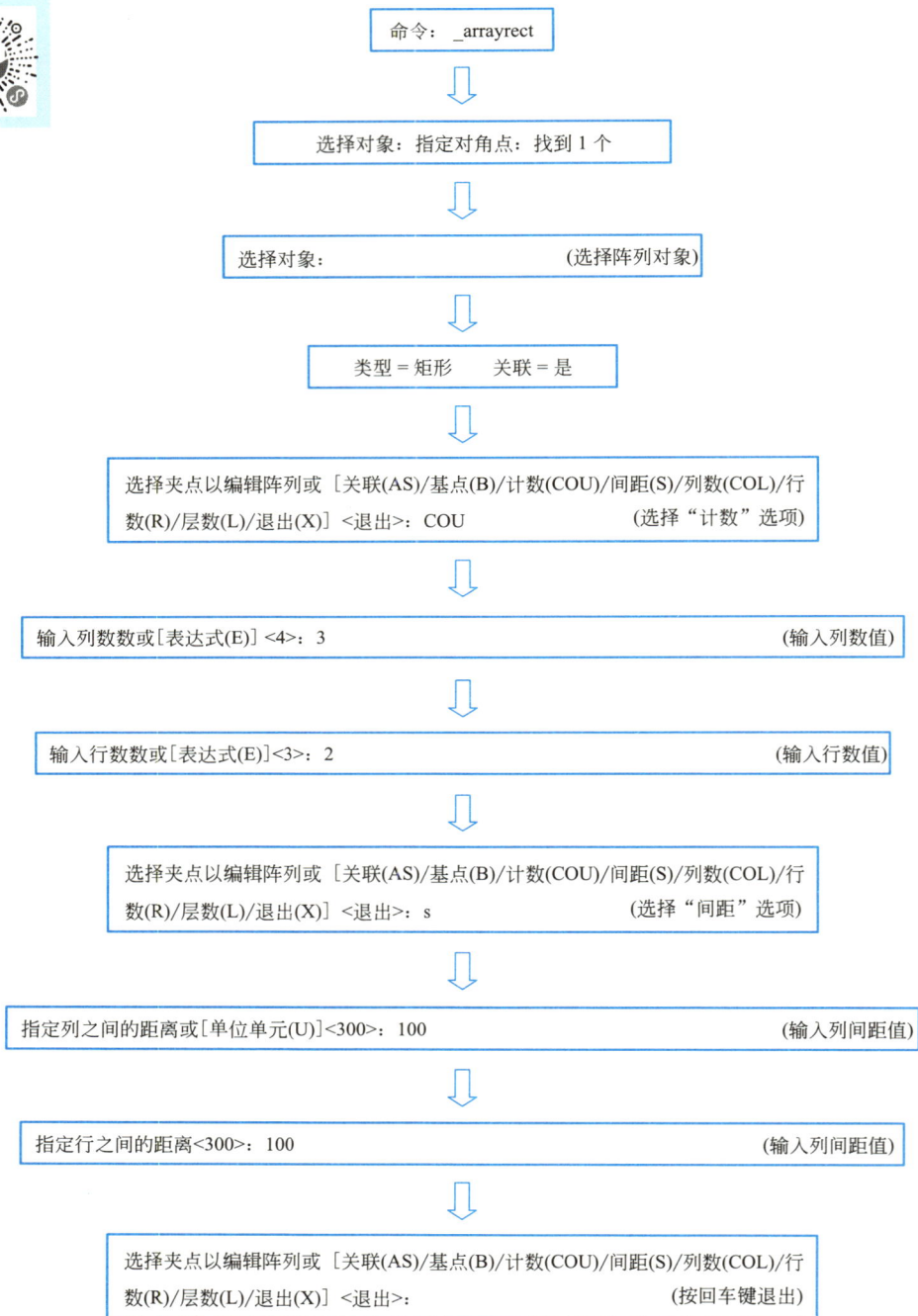

命令：_arrayrect

⬇

选择对象：指定对角点：找到 1 个

⬇

选择对象：　　　　　　　　　　　　　（选择阵列对象）

⬇

类型＝矩形　　关联＝是

⬇

选择夹点以编辑阵列或［关联(AS)/基点(B)/计数(COU)/间距(S)/列数(COL)/行数(R)/层数(L)/退出(X)］<退出>：COU　　　　　　（选择"计数"选项）

⬇

输入列数数或［表达式(E)］<4>：3　　　　　　　　　　（输入列数值）

⬇

输入行数数或［表达式(E)］<3>：2　　　　　　　　　　（输入行数值）

⬇

选择夹点以编辑阵列或［关联(AS)/基点(B)/计数(COU)/间距(S)/列数(COL)/行数(R)/层数(L)/退出(X)］<退出>：s　　　　　　（选择"间距"选项）

⬇

指定列之间的距离或［单位单元(U)]<300>：100　　　　　（输入列间距值）

⬇

指定行之间的距离<300>：100　　　　　　　　　　　　（输入列间距值）

⬇

选择夹点以编辑阵列或［关联(AS)/基点(B)/计数(COU)/间距(S)/列数(COL)/行数(R)/层数(L)/退出(X)］<退出>：　　　　　　（按回车键退出）

（2）路径阵列

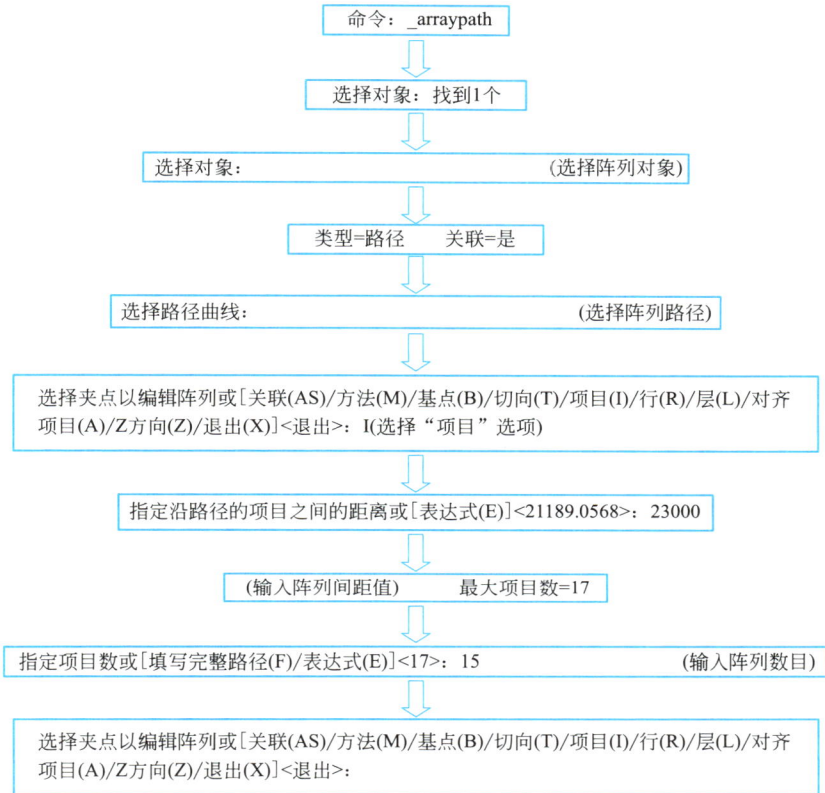

（3）环形阵列

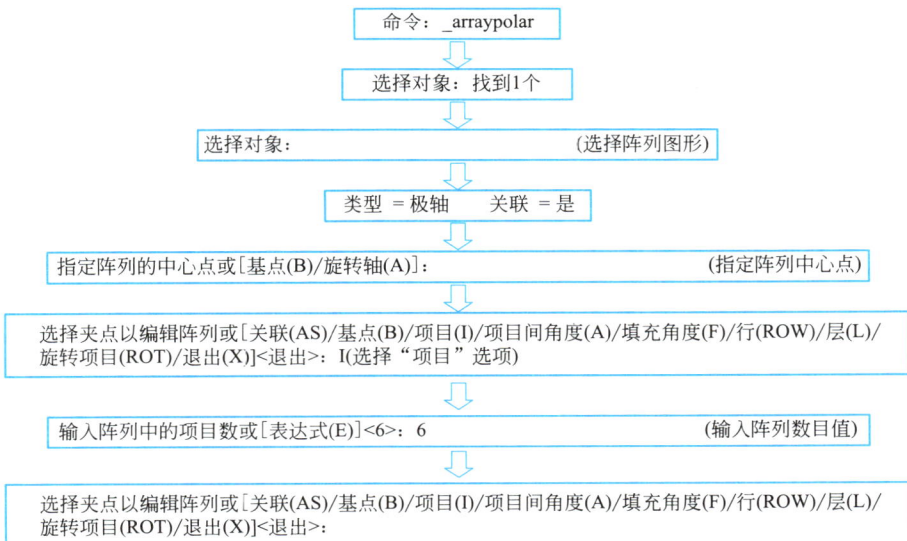

6. 移动 M

5-4-4
常用修改
工具：移
动与旋转

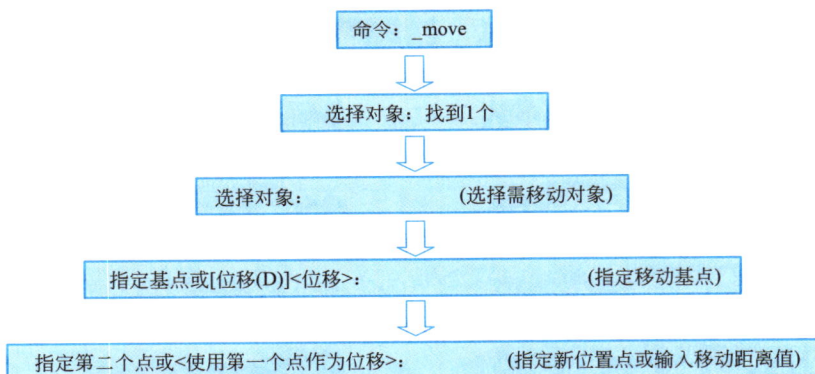

命令：_move

选择对象：找到1个

选择对象：　　　　　　　　　(选择需移动对象)

指定基点或[位移(D)]<位移>：　　　　　　　　(指定移动基点)

指定第二个点或<使用第一个点作为位移>：　　(指定新位置点或输入移动距离值)

7. 拉伸 ST

5-4-5
常用修改
工具：缩
放与拉伸

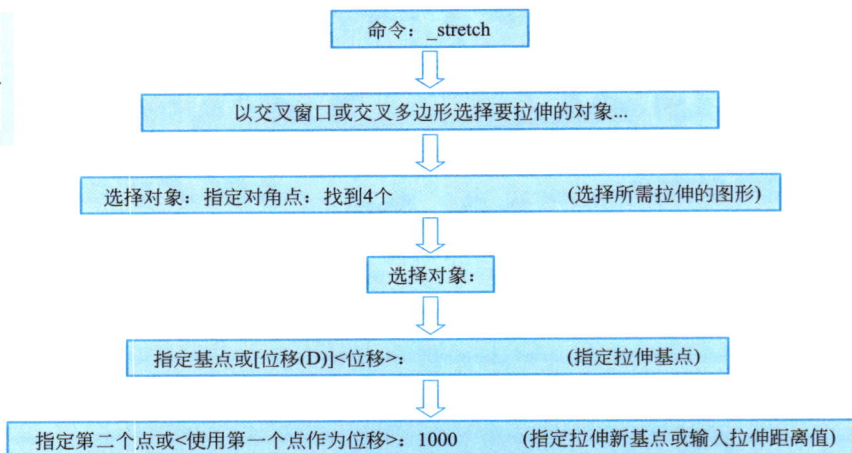

命令：_stretch

以交叉窗口或交叉多边形选择要拉伸的对象...

选择对象：指定对角点：找到4个　　　　　　(选择所需拉伸的图形)

选择对象：

指定基点或[位移(D)]<位移>：　　　　　　　(指定拉伸基点)

指定第二个点或<使用第一个点作为位移>：1000　　(指定拉伸新基点或输入拉伸距离值)

8. 修剪 TR

5-4-6
常用修改
工具：修
剪与延伸

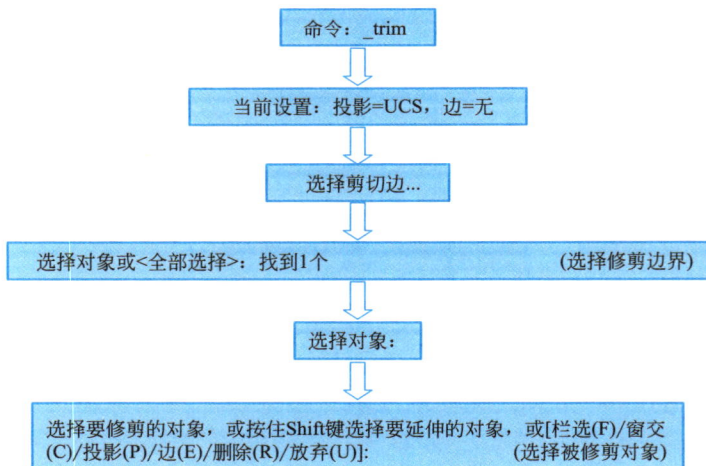

命令：_trim

当前设置：投影=UCS，边=无

选择剪切边...

选择对象或<全部选择>：找到1个　　　　　　(选择修剪边界)

选择对象：

选择要修剪的对象，或按住Shift键选择要延伸的对象，或[栏选(F)/窗交(C)/投影(P)/边(E)/删除(R)/放弃(U)]：　　　　(选择被修剪对象)

9. 延伸 EX

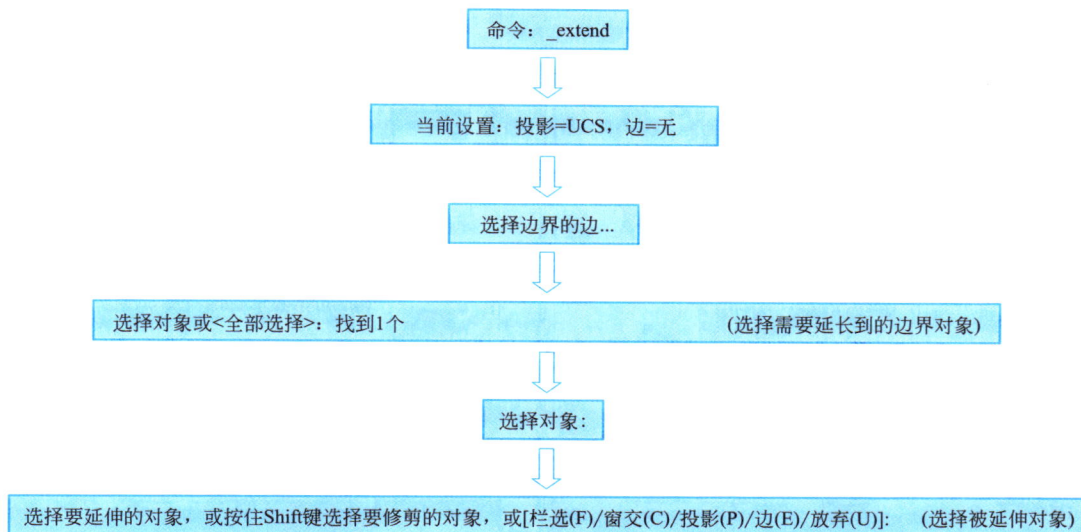

命令：_extend

⇩

当前设置：投影=UCS，边=无

⇩

选择边界的边...

⇩

选择对象或<全部选择>：找到1个　　　　　　　　　　　　　　（选择需要延长到的边界对象）

⇩

选择对象：

⇩

选择要延伸的对象，或按住Shift键选择要修剪的对象，或[栏选(F)/窗交(C)/投影(P)/边(E)/放弃(U)]：　　（选择被延伸对象）

10. 倒角及圆角

（1）倒角

5-4-7
常用修改
工具：倒
角与圆角

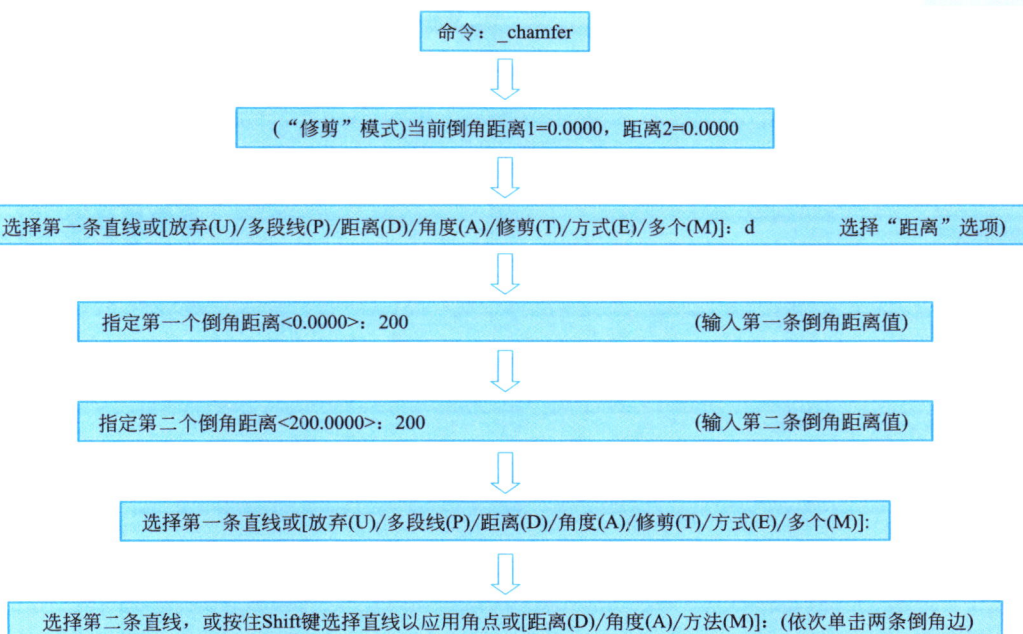

命令：_chamfer

⇩

（"修剪"模式）当前倒角距离1=0.0000，距离2=0.0000

⇩

选择第一条直线或[放弃(U)/多段线(P)/距离(D)/角度(A)/修剪(T)/方式(E)/多个(M)]：d　　　　　　选择"距离"选项）

⇩

指定第一个倒角距离<0.0000>：200　　　　　　　　　（输入第一条倒角距离值）

⇩

指定第二个倒角距离<200.0000>：200　　　　　　　　（输入第二条倒角距离值）

⇩

选择第一条直线或[放弃(U)/多段线(P)/距离(D)/角度(A)/修剪(T)/方式(E)/多个(M)]：

⇩

选择第二条直线，或按住Shift键选择直线以应用角点或[距离(D)/角度(A)/方法(M)]：（依次单击两条倒角边）

（2）圆角

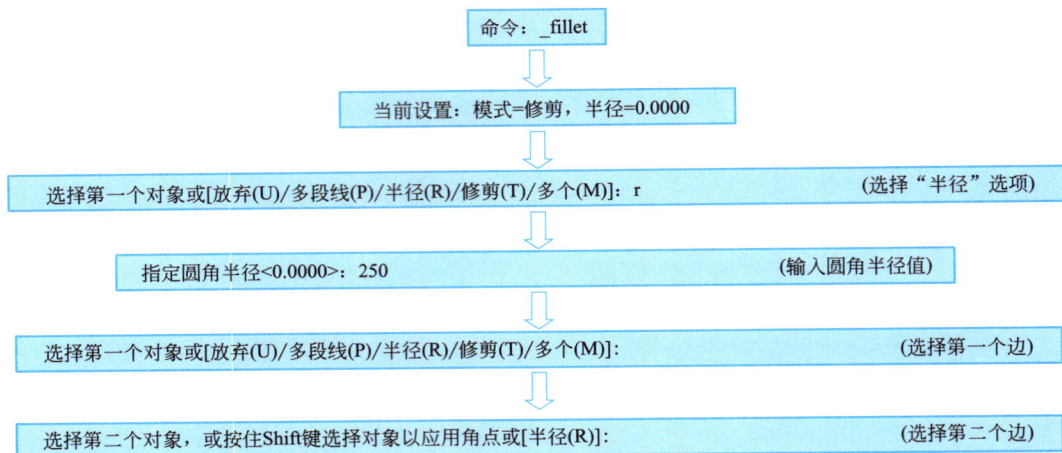

11. 分解 X

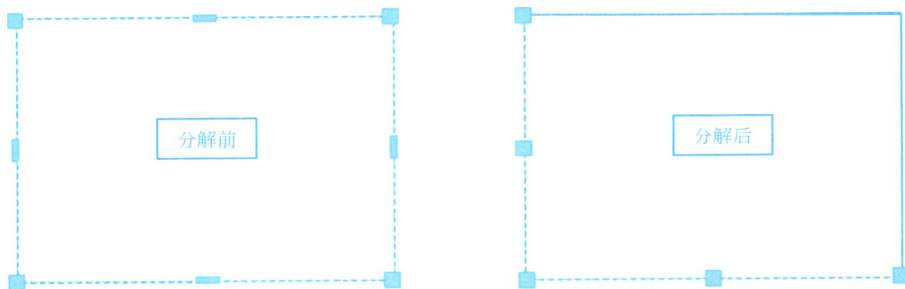

图 5-4-1　分解命令

5-4-8
块创建：
分解与
剪裁

项目6

Chapter 06

CAD绘制建筑施工图

建筑施工图是用来表达房屋的规划位置、外部造型、内部布置、内外装修、细部构造、固定设施及施工要求等的图纸。良好的绘图能力更能体现建筑设计者的设计意图，也能更好地指导现场施工。因此，工程师应当具备绘制建筑施工图纸这一基本技能。

一、建筑施工图绘制的基本要求（图6-1）

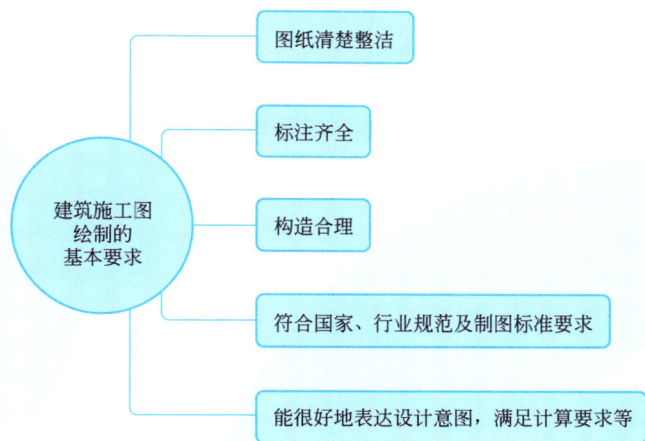

图 6-1 建筑施工图绘制的基本要求

二、建筑施工图绘制内容（图6-2）

一套完整的实际建筑施工图绘制内容如图6-2所示，而"1+X"建筑工程识图职业技能等级考试和建筑工程识图全国职业院校技能大赛主要是根据给定的建筑工程施工图纸、图纸会审纪要、设计变更单等资料，运用CAD绘图软件，完成指定建筑施工图（例如：平面图、立面图、剖面图、详图等）的绘制任务。本部分以中望CAD软件为例讲解如何绘制建筑施工图。

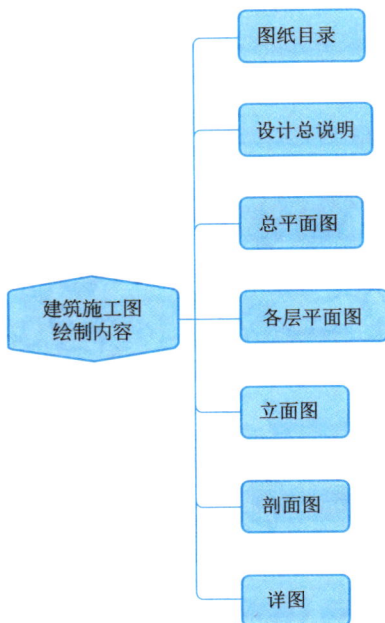

图 6-2　建筑施工图绘制内容

任务 6.1　绘制建筑平面图

6.1.1　建筑平面图绘制内容（图 6-1-1）

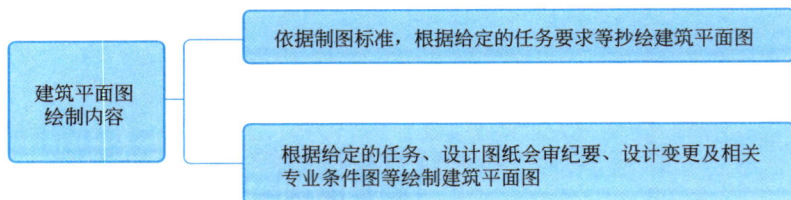

图 6-1-1　建筑平面图绘制内容

6.1.2　经典例题及分析（根据附图答题）

建筑绘图注意事项：

图层、文字、尺寸标注设置详见试题要求，并按设置的要求进行绘图及标注。建筑施工图绘图比例 1：1，出图比例按试题要求。试题中未明确部分均按现行制图标准绘制。

【试题 6-1-1：建筑平面图绘制】

保存要求：完成绘制任务后，将绘制好的建筑试题图纸保存在指定文件夹，文件名为"建筑试题-XXXX"。

打开样板图"建筑试题.dwg"，在给出的绘图区域内，抄绘完成如图 6-1-2 所示的六层平面图（局部）。绘图比例 1：1，出图比例 1：100，绘制完成后放入 A3 横式图框内。

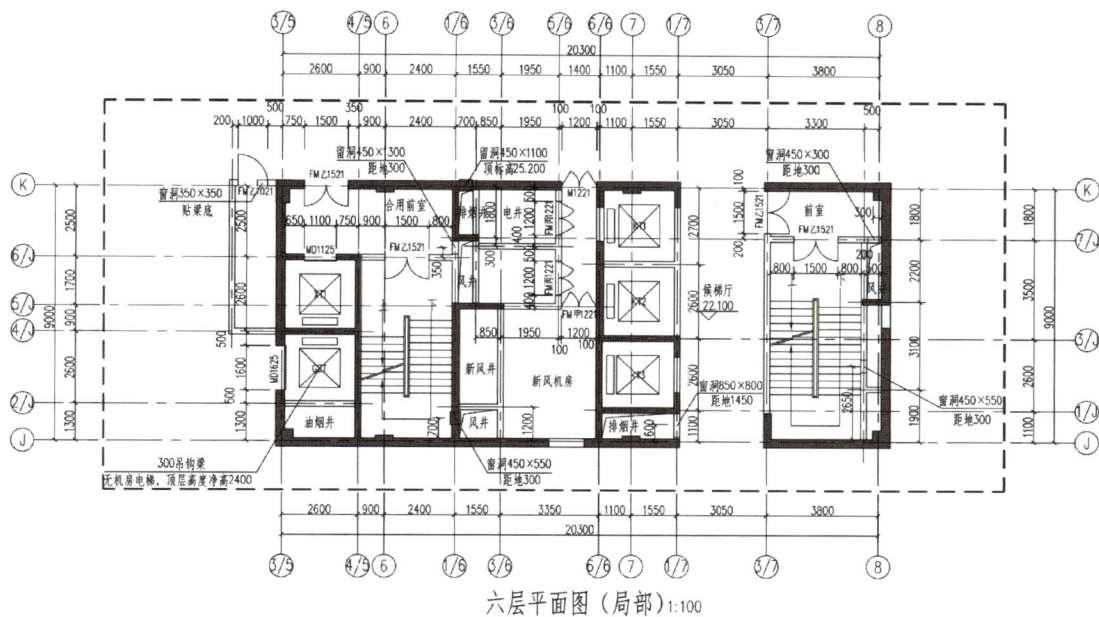

六层平面图（局部）1:100

图 6-1-2　六层平面图（局部）

1. 图层设置

图层归类表 表 6-1-1

图层	颜色	线型	线宽（mm）
轴网	红	CENTER2	0.13
墙柱	白	随层	0.5
门窗洞口	青	随层	0.35
注释	绿	随层	0.25
楼梯、台阶、坡道、扶手	洋红	随层	0.25
家具	252	随层	0.13
图案填充	8	随层	0.13
图框	5	随层	0.35

2. 文字设置样式

标高及尺寸标注中的文字：设置文字样式名为"非汉字"，字体名为"Simplex"，宽度因子 0.7；其他文字标注：采用文字样式名为"汉字"，字体为"仿宋"，宽度因子 0.7。

3. 尺寸标注样式设置

尺寸标注样式名为"标注"，文字样式选用"非汉字"，箭头大小为 2mm，文字高度 3mm，基线间距 7mm，超出尺寸线 3mm，起点偏移量 3mm，使用全局比例为 100。

4. 其他绘图要求

所有门窗均采用单线绘制。

5. 图框绘制要求

绘制 A3 横式图框，图框线宽要求细线 0.35mm，中粗 0.7mm，粗线 1.0mm，线宽均采用对象线宽。标题栏文字采用"汉字"样式，字高 5mm，按图 6-1-3 绘制（尺寸无需标注）。

图 6-1-3　图框标题栏

绘图步骤：

（1）建立图层、绘制轴网平面

为方便图纸的管理、修改以及后续其他相关专业的施工图设计，在绘制前需要将不同属性的图元分别建立图层并赋予图层颜色、线宽、线型等属性。依据《房屋建筑制图统一标准》GB/T 50001—2017 的规定图层大致可分为轴网、墙柱、门窗洞口、注释、楼梯，台阶，坡道扶手、家具、图案填充、图框，见表 6-1-1。

点击水平工具栏右上角的图层特性管理器按钮（图 6-1-4），打开图层特性管理器对话框（图 6-1-5），连续点击【8】次新建按钮，建立【8】个新图层（图 6-1-6），选中"图层 1"后按快捷键【F2】，图层名称即可变为可编辑模式，根据表 6-1-1 的要求，将所建立的【8】个图层完成重命名、图层颜色的修改以及图层的线宽修改（图 6-1-7），然后点击轴网图层的线型选项，弹出线型管理器对话框，点击加载按钮（图 6-1-8），在弹出的添加线型对话框中选择"CENTER2"选项后点击确定按钮（图 6-1-9），在返回的线型管理器对话框中选中"CENTER2"线型后点击确定按钮，即可为轴网图层添加轴线线型（图 6-1-10、图 6-1-11）。

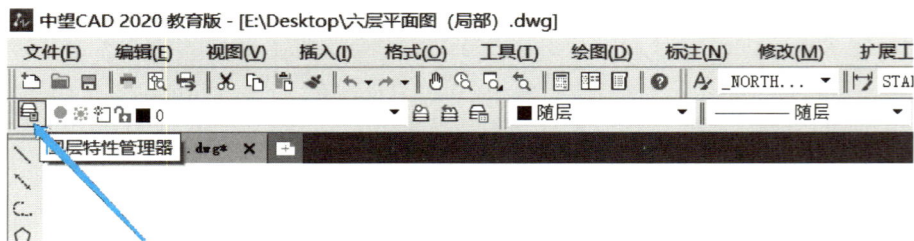

图 6-1-4　图层特性管理器按钮

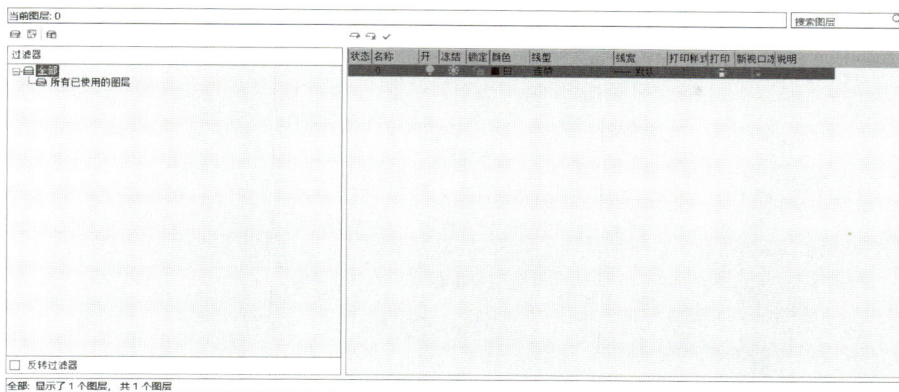

图 6-1-5 图层特性管理器对话框

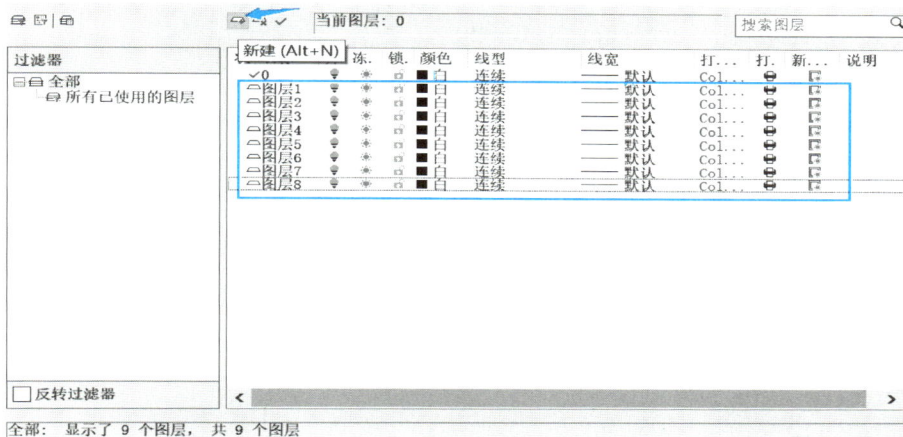

图 6-1-6 新建图层

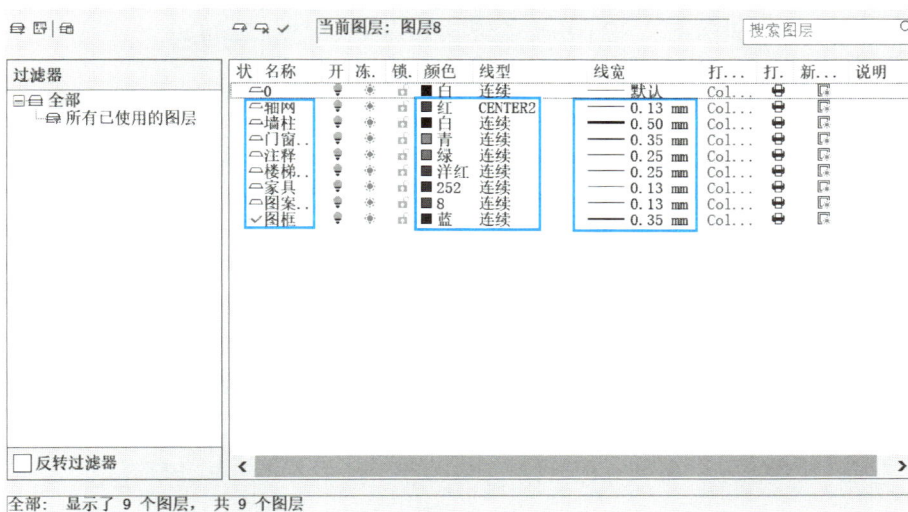

图 6-1-7 更改图层名称、颜色及线宽

图 6-1-8　线型管理器

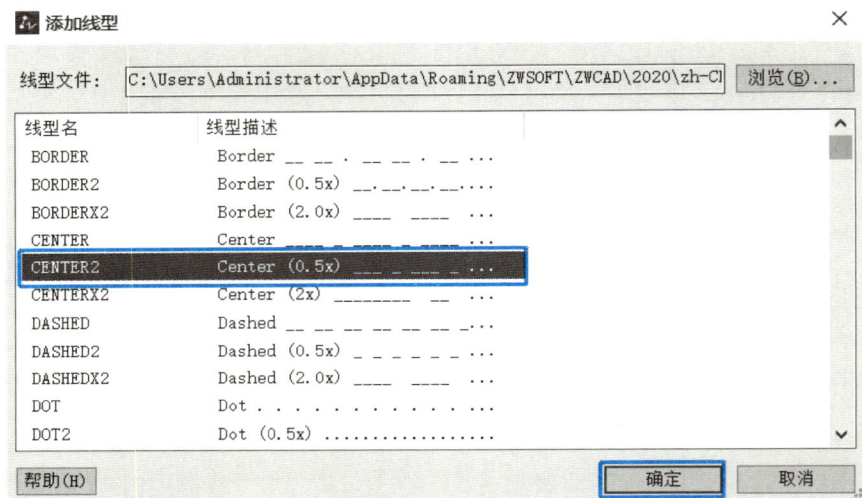

图 6-1-9　添加线型

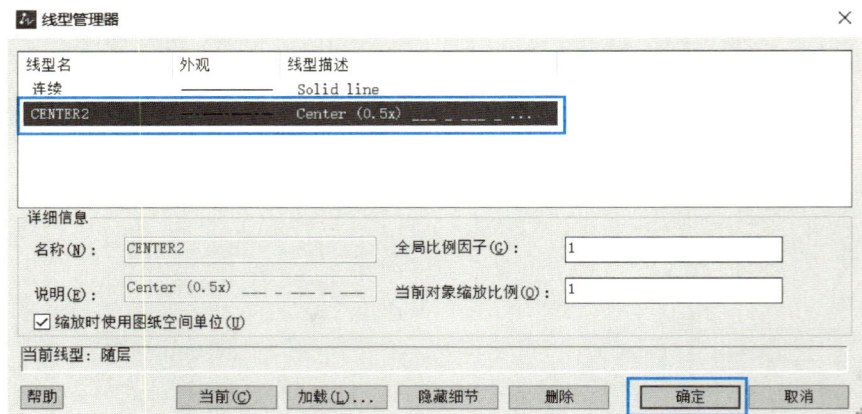

图 6-1-10　加载线型

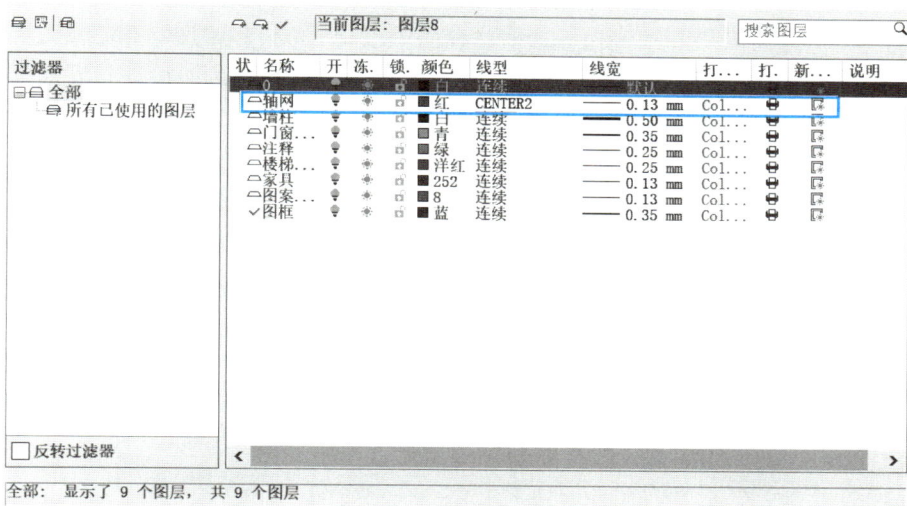

图 6-1-11 轴网线型加载

图层建立完成后即可关闭图层特性管理器对话框，点击图层工具下拉菜单栏右侧向下箭头，选择轴网图层，切换当前绘图图层为轴网图层（图 6-1-12）。

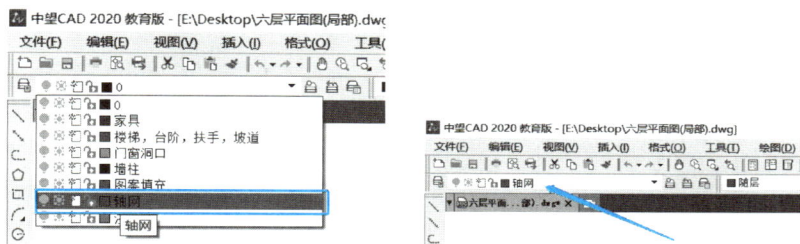

图 6-1-12 切换图层

点击左侧绘图工具栏第一个图标，或者输入简化命令【L】激活直线命令（图 6-1-13），在绘图区任意位置点击一点确定线段的起始位置点，再点击底部状态栏第三个图标或按快捷键【F8】激活正交模式（图 6-1-14），使直线命令只能以绝对的水平或垂直方向绘制线段。

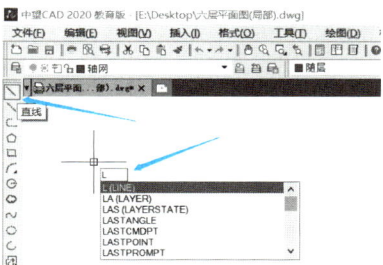

6-1-1
图层创建、
线型、
线宽设置

图 6-1-13 直线命令

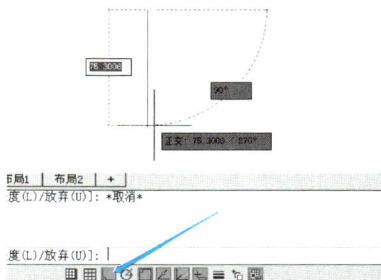

图 6-1-14 正交模式

213

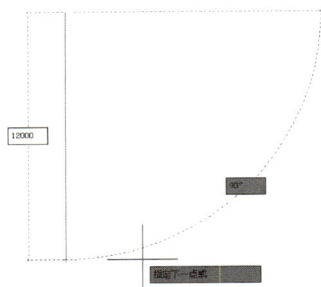

图 6-1-15　绘制第一条轴线

保持鼠标光标垂直的状态下输入超过图 6-1-3 中水平轴线Ⓚ～Ⓙ轴总和的长度【12000】后按空格键确定线段的绘制，再次按空格键结束直线命令，即可完成第一条垂直轴线的绘制（图 6-1-15）。

此时所绘制的轴线线型还未正常显示，这是由于线型比例不正确所导致的，点选直线线段，点击水平工具栏中的特性按钮（图 6-1-16）或者按键盘组合键【Ctrl＋1】打开特性管理器，修改线型比例为【100】，即可正常显示轴线线型（图 6-1-17）。

图 6-1-16　特性管理器

修改完成后按快捷键【Esc】取消选中轴线，点击右侧修改工具栏第四个图标，或者输入简化命令【O】，激活偏移命令（图 6-1-18）。

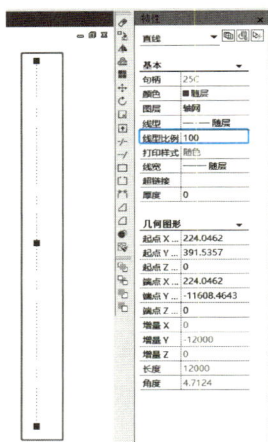

图 6-1-17　修改线型比例

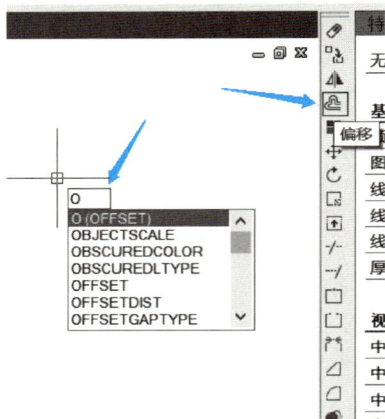

图 6-1-18　偏移命令

依据图 6-1-3 所示，输入③/⑤～④/⑤轴线的距离【2600】后按空格键确定（图 6-1-19），此时鼠标光标变为拾取框模式，点选之前所绘制的轴线后，鼠标点击第一条轴线右侧的任意一点，完成【④/⑤】轴线的绘制（图 6-1-20）。

保持拾取框状态下连续敲击两次空格键重复偏移命令输入④/⑤～⑥轴线的距离【900】，选择之前创建的④/⑤轴线并点击其右侧的任意一点，完成⑥轴线的绘制（图 6-1-21）。

图 6-1-19　输入偏移距离

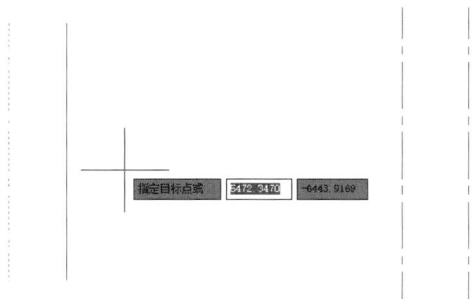

图 6-1-20　偏移轴线

图 6-1-21　绘制⑥轴线

依据之前所介绍的方法以及图 6-1-3，绘制所有水平、垂直方向的轴线，组成轴网（图 6-1-22）。

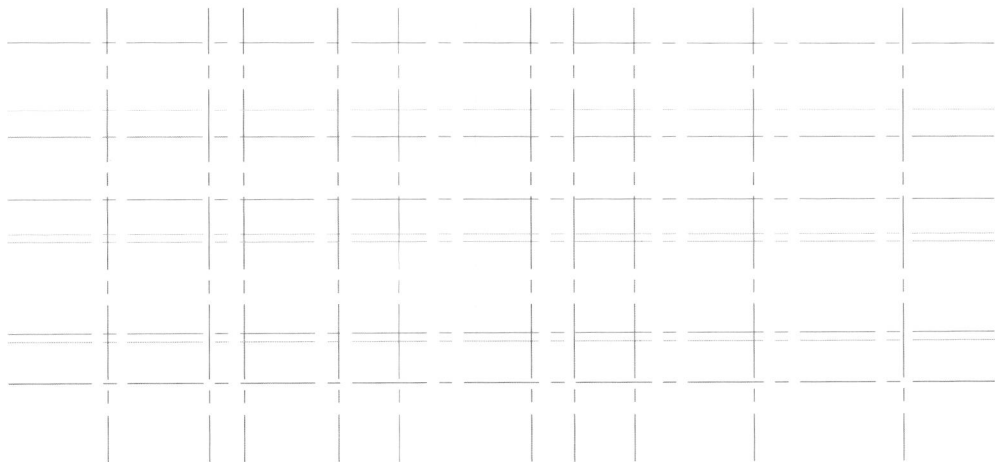

图 6-1-22　绘制完整轴网

由于垂直方向的⑤⑥轴线、水平方向左侧的②⑦、④⑦、⑤⑦、⑥⑦轴线以及水平方向右侧的①⑦、③⑦、⑦⑦轴线是非贯通轴线，所以分别修改为黄、绿、青三种颜色，方便区分；操作方法是，选中非贯通轴线，点击水平工具栏中颜色控制右侧的向下箭头，选择适当的颜色即可（图 6-1-23）。

轴网绘制完成后，应进行轴线的编号，以免造成轴线混淆，依据《房屋建筑制图统一标准》GB/T 50001—2017 的规定，轴线圆的直径为【6～8】，这里选择最大直径【8】，由于出图比例为【1：100】，所以在模型空间绘制轴号时需要将轴号的直径放大【100】倍，点击左侧绘图工具栏第七个图标，或者输入简化命令【C】激活圆命令（图 6-1-24）。

根据命令行提示，在绘图区任意位置点击确定圆心，输入圆的半径【400】，按空格键确定即可（图 6-1-25）。

215

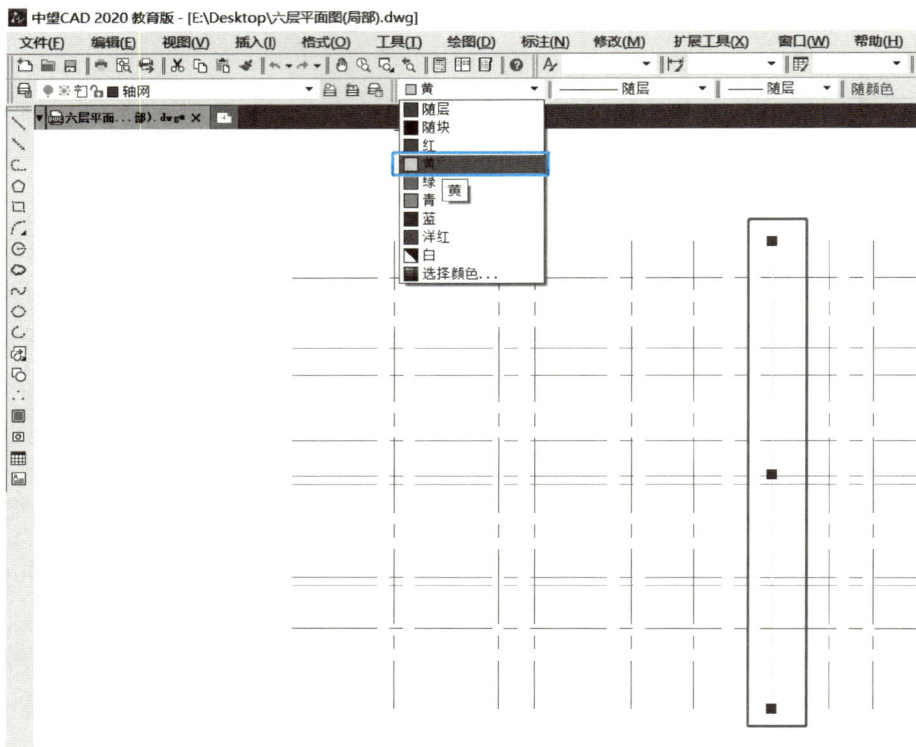

图 6-1-23　修改轴线颜色

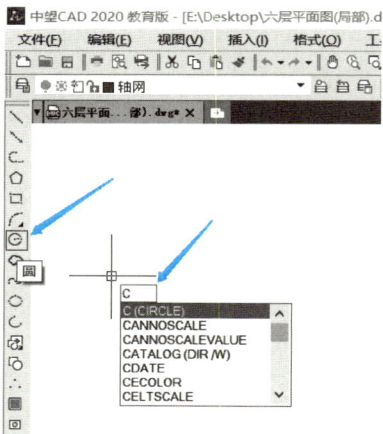

图 6-1-24　圆命令

轴号圆绘制完成后还需注写轴线数字，在注写之前需要对文字的样式、宽高比进行定义，使其符合相关制图标准的规定。

点击格式下菜单，选择文字样式选项，或者输入简化命令【ST】（图 6-1-26），弹出文字样式管理器对话框（图 6-1-27）。

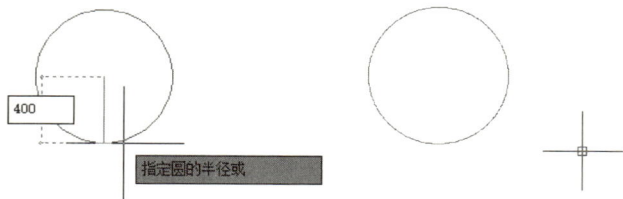

图 6-1-25　绘制轴号

依据《房屋建筑制图统一标准》GB/T 50001—2017 的规定，建筑制图中的中文文字采用汉字矢量字体，字体高度采用【3.5、5、7、10、14、20】，英文字母和阿拉伯数字采用非汉字矢量字体，字体高度采用【3、4、6、8、10、14、20】，两者的字体宽高比例均为【≈0.7】，比如字高为【3.5】时，字宽则为【2.5】。

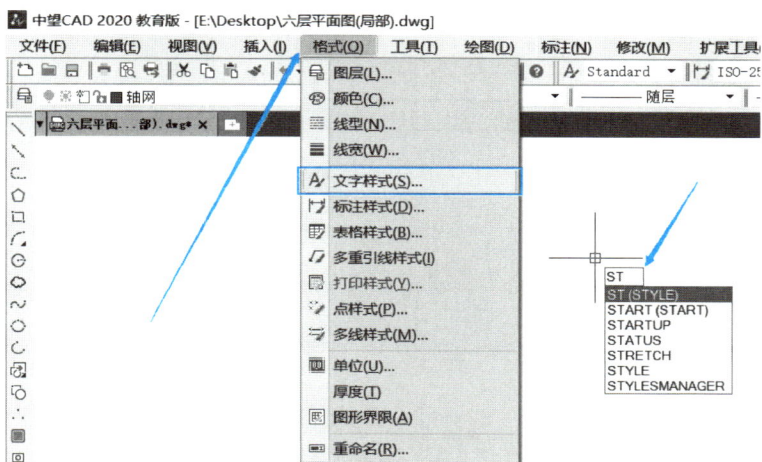

图 6-1-26 调用文字样式管理器的方法

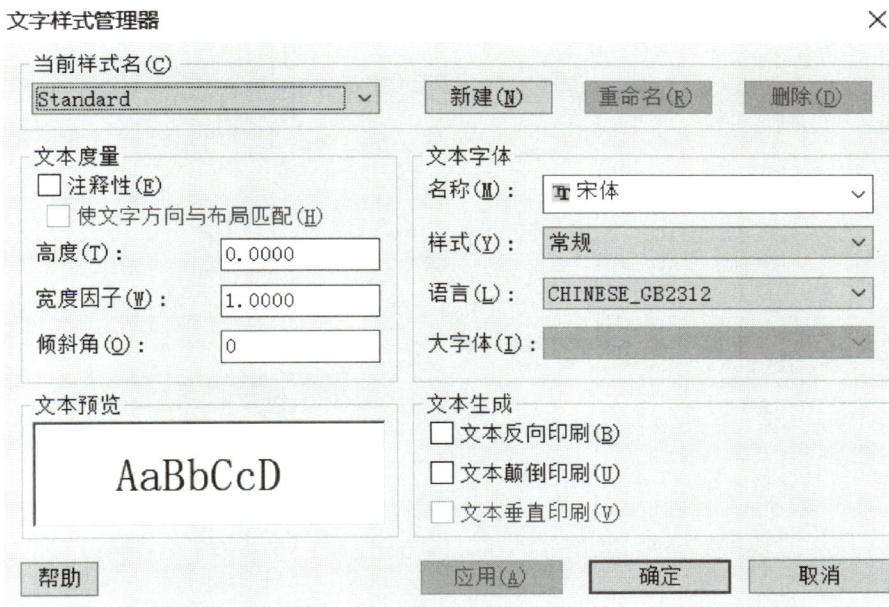

图 6-1-27 文字样式管理器

在文字样式管理器中点击"新建"按钮，在弹出的对话框中输入"汉字"，点击确定（图 6-1-28），再点击名称右侧的下拉菜单，选择"仿宋"，调整宽度因子为【0.7】，勾选"注释性"复选框后，点击应用按钮，完成汉字矢量字体的建立（图 6-1-29）。

重复之前的步骤新建"非汉字"字体，字体名称为"simplex.shx"，宽度因子为【0.7】，勾选"注释性"复选框后点击应用按钮，再点击确定按钮，即可完成非汉字矢量字体的建立（图 6-1-30）。

轴号由英文字母和阿拉伯数字组成，根据《房屋建筑制图统一标准》GB/T 50001—

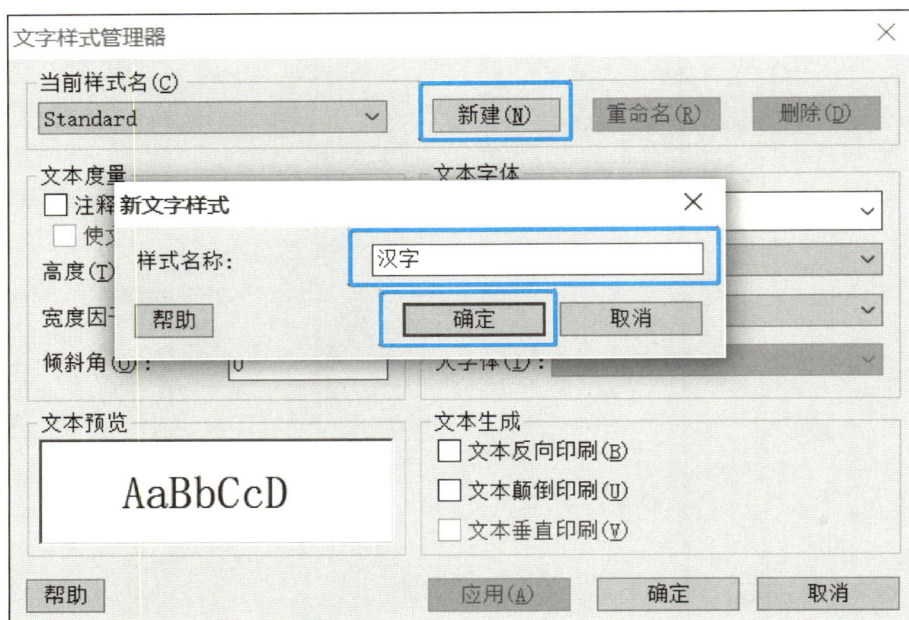

图 6-1-28 新建汉字字体

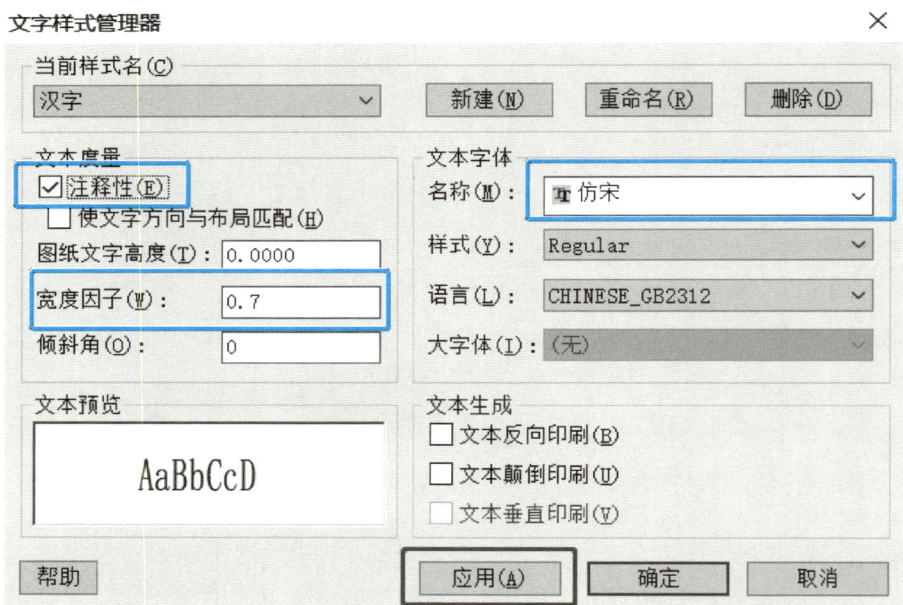

图 6-1-29 完成新建汉字矢量字体

2017 的规定，应选用"非汉字矢量字体"进行注写，由于轴号圆的直径为【8】，为了轴号的美观，轴号文字则采用字高【4】注写。

由于文字属于注释性信息，在注写之前需要将图层切换为"注释"图层（图 6-1-31）。

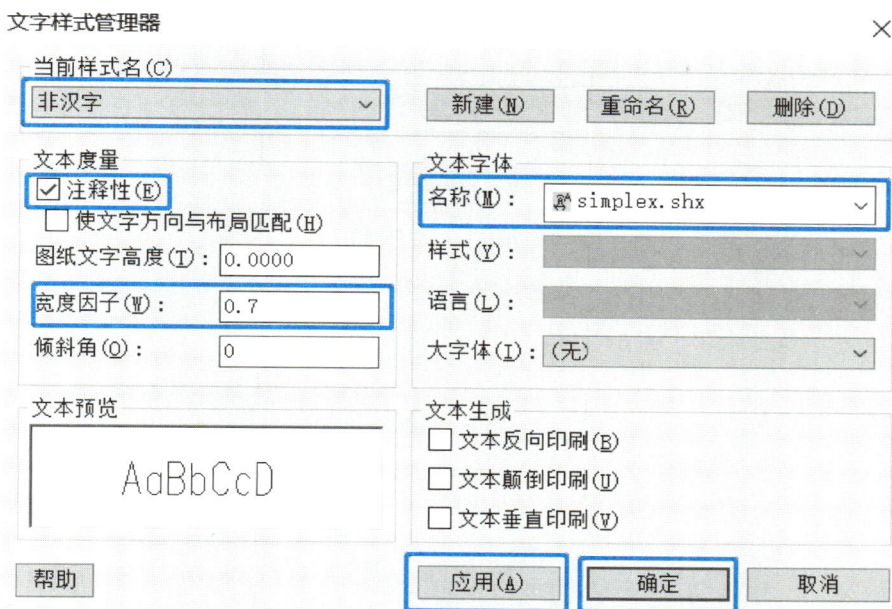

图 6-1-30　完成新建非汉字矢量字体

点击左侧绘图工具栏最后一个图标，或者输入简化命令【T】，激活多行文字命令（图 6-1-32），由于在建立文字样式时勾选了"注释性"，所以在首次使用文字命令时会弹出"选择注释比例"对话框，根据图纸的出图比例，需要将比例切换为【1：100】，点击右侧的下拉菜单，选择【1：100】比例后按确定按钮（图 6-1-33）。

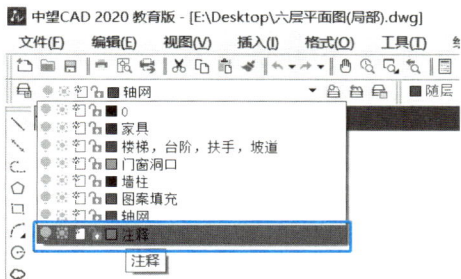

图 6-1-31　切换至注释图层

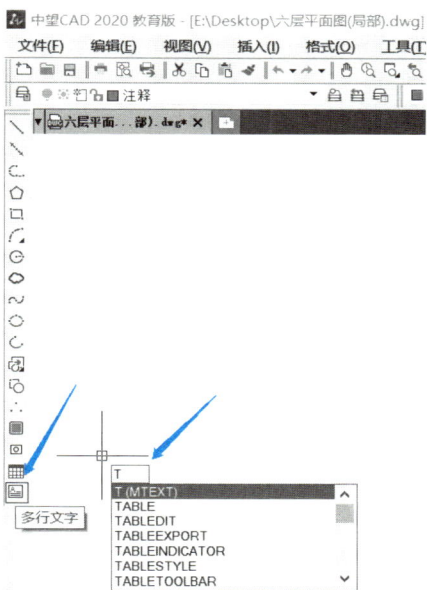

图 6-1-32　多行文字命令

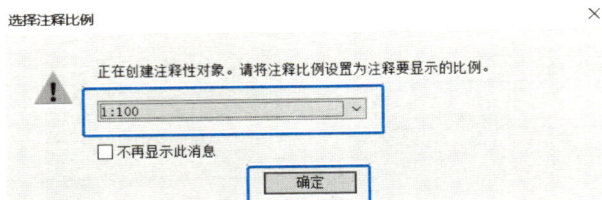

图 6-1-33　注释性

　　根据命令行提示，在绘图区任意位置点击一点，拖动鼠标出现矩形框时点击第二点，弹出文本格式浮动对话框（图 6-1-34）。

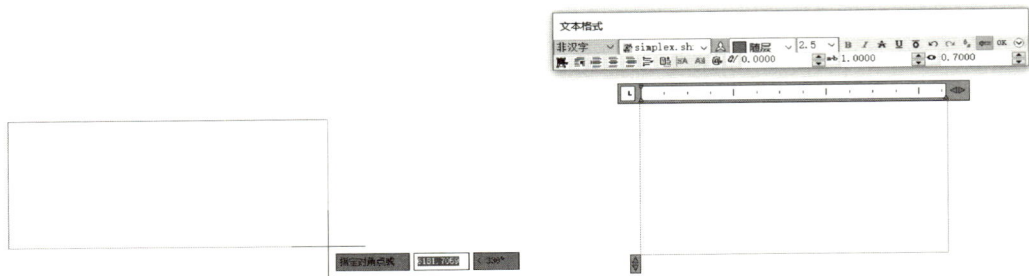

图 6-1-34　文字输入对话框

　　调整文字样式为"非汉字"，字高为【4】，在闪烁的矩形框中输入【3/5】后按"OK"按钮，即可完成文字的注写（图 6-1-35）。

　　文字注写完成后选中文字图元，点击水平工具栏中的"特性"按钮，或者按键盘组合键【Ctrl＋1】打开特性工具栏，调整文字的对正方式为"正中"（图 6-1-36），即可为所注写的文字添加中心夹点（图 6-1-37）。

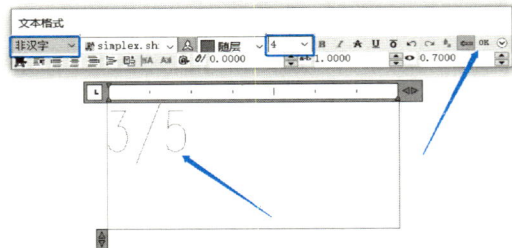

图 6-1-35　注写文字

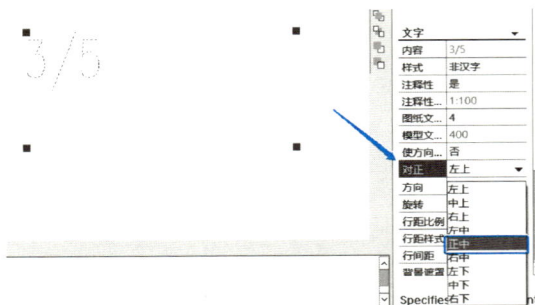

图 6-1-36　调整对正方式

　　保持选中图元的状态下点击中心夹点，此时夹点则变为红色，说明文字图元处于移动状态。拖动鼠标悬停在之前所绘制的轴号圆的边缘上，此时在圆的中心点位置会出现捕捉点（图 6-1-38），点击圆的中心捕捉点即可将文字放置在圆的中心位置（图 6-1-39）。

　　轴号样板绘制完成后，将轴号的组成部分圆和文字全部选中，点击右侧修改工具栏第六个图标，或者输入简化命令【M】，激活移动命令（图 6-1-40）。

图 6-1-37　添加中心夹点　　　图 6-1-38　移动文字图元　　　图 6-1-39　放置文字图元

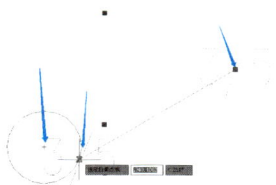

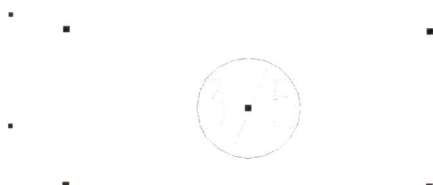

根据命令行提示，确定移动的位置点为圆的下方象限点（图 6-1-41），拖动鼠标放置到垂直方向的第一根轴线上方即可（图 6-1-42）。

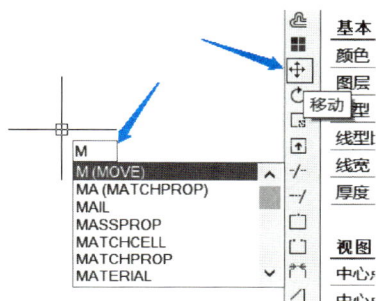

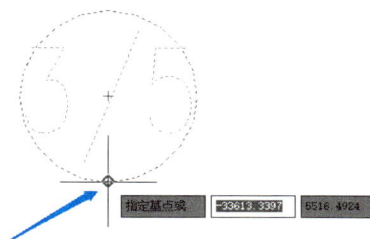

图 6-1-40　移动命令　　　　　　　　　图 6-1-41　确定移动位置点

如果光标悬停时不能捕捉到象限点，可以在下方状态栏任意图标位置上点击鼠标右键，选择"设置"选项，或者输入简化命令【SE】（图 6-1-43），打开草图设置对话框，切换到对象捕捉栏，勾选"象限点"复选框后点击确定按钮，重新激活移动命令即可正常捕捉（图 6-1-44）。

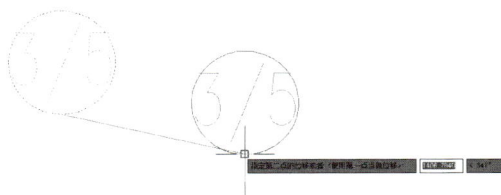

图 6-1-42　放置轴号　　　　　　　　　图 6-1-43　草图设置选项

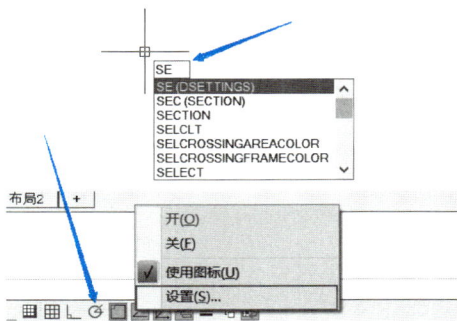

再次选中轴号，点击右侧修改工具栏中第二个图标，或者输入简化命令【CO】激活复制命令（图 6-1-45），指定轴号的下方象限点为移动位置点（图 6-1-46），拖动鼠标放置到第二根轴线端点上，完成第二个轴号的绘制（图 6-1-47），复制命令在不手动取消的状态下可以连续复制，依据此特性以及之前所介绍的复制命令用法将轴号布置在轴网的四周（图 6-1-48）。

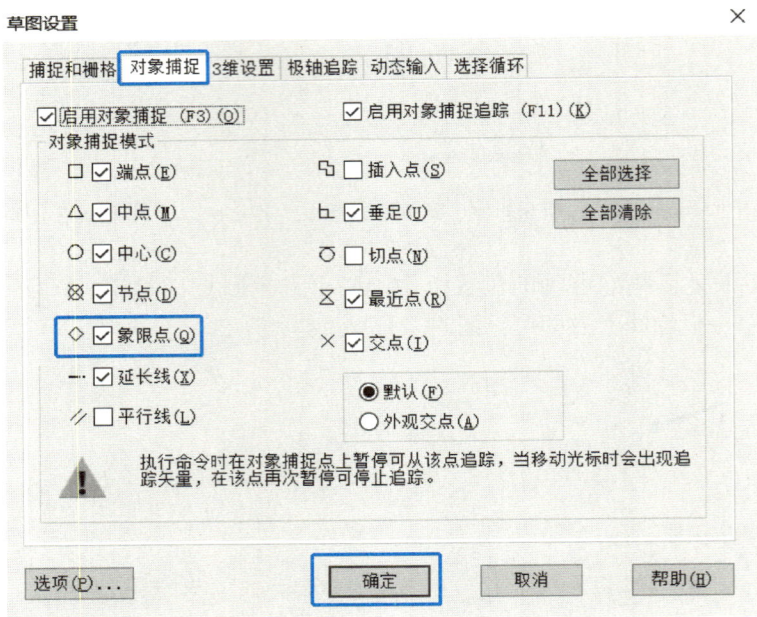

图 6-1-44　捕捉象限点

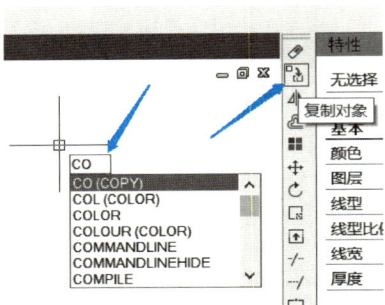

图 6-1-45　复制命令

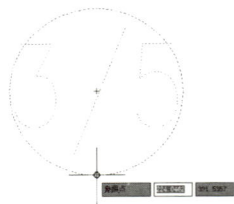

图 6-1-46　确定移动位置点

图 6-1-47　复制轴号

　　轴网编号布置完成后，鼠标双击需要修改的编号文字，返回到文字编辑状态，在光标闪动位置处长按鼠标向左拖动，选中所有文字（图 6-1-49），输入文字【K】后，点击"OK"按钮，即可完成轴线编号文字的修改（图 6-1-50）；

　　根据所介绍的文字编辑方法，完成轴网编号文字的修改（图 6-1-51）。

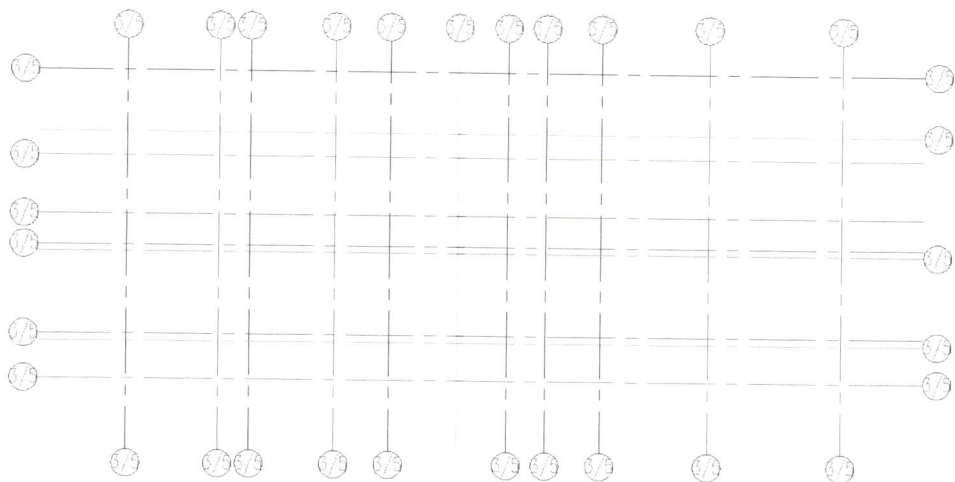

图 6-1-48　布置轴网编号

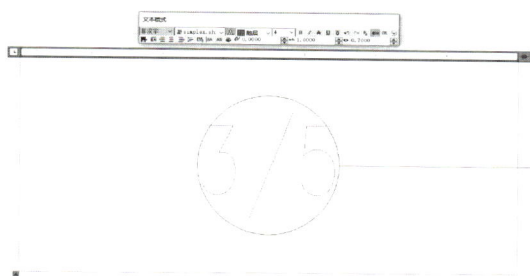

图 6-1-49　返回文字编辑状态

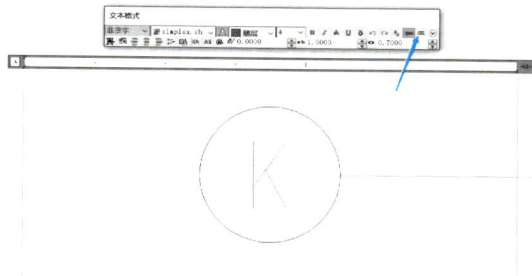

图 6-1-50　修改轴号文字

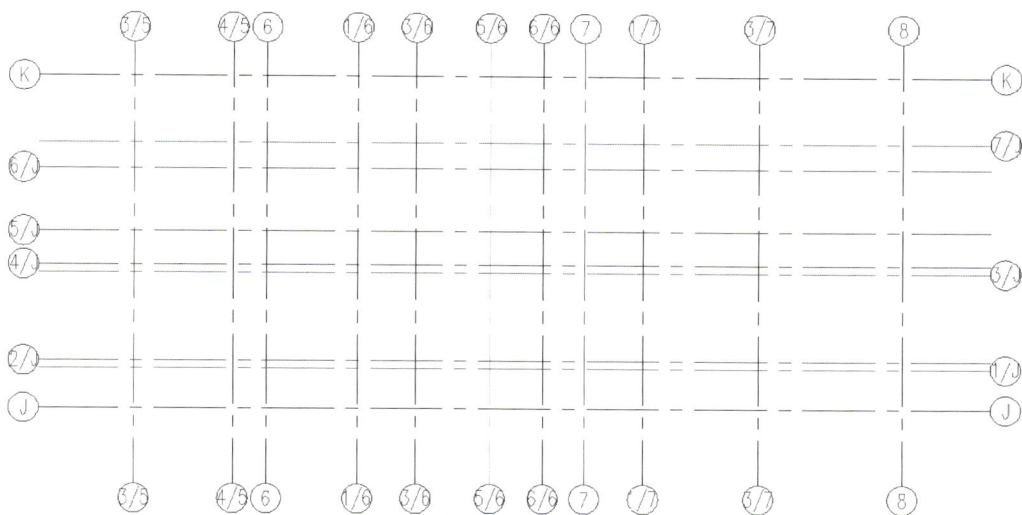

图 6-1-51　轴网编号文字修改

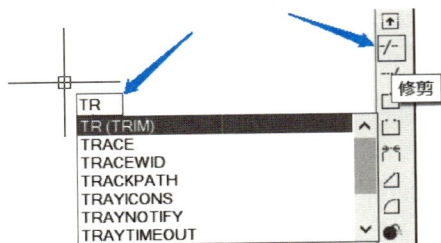

图 6-1-52　修剪命令

非贯通轴线一般是为了某一段墙体所增加的轴线，对于此类轴线应在轴网绘制完成后将无效的长度修剪，保留有效线段，降低轴网混乱程度。

点击右侧修改工具栏第十个图标，或者输入简化命令【TR】激活修剪命令（图 6-1-52），当鼠标变为拾取框模式时，选择⑤/⑦轴线，按空格键确定后选择⑤/⑥轴线下半部分，完成修剪（图 6-1-53），再次敲击空格键取消修剪命令。

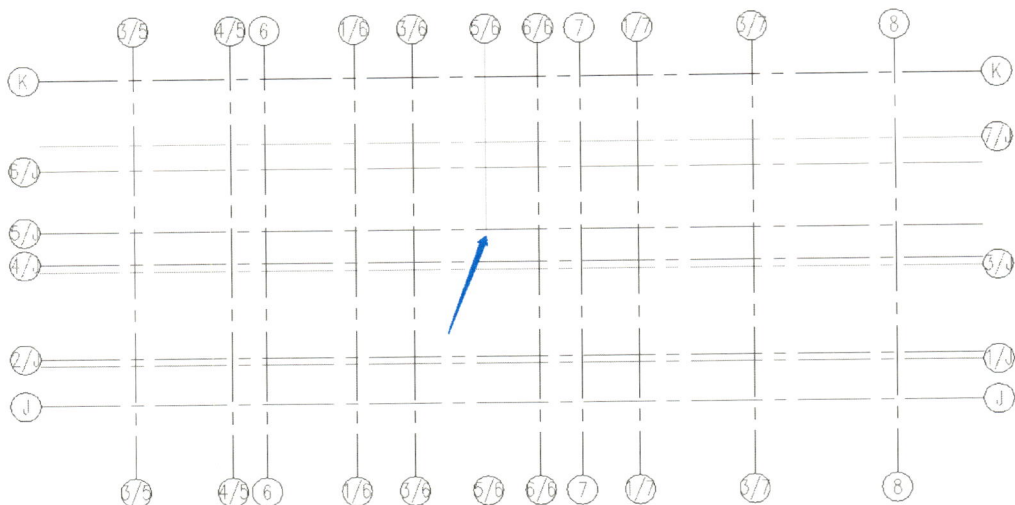

图 6-1-53　修剪轴线

在空选的状态下选择⑤/⑥轴线，点击线段下方的蓝色夹点，当夹点变为红色时向下拖动鼠标，保持正交模式在开启状态，输入【500】，按空格键确定，即可拉伸线段（图 6-1-54）。

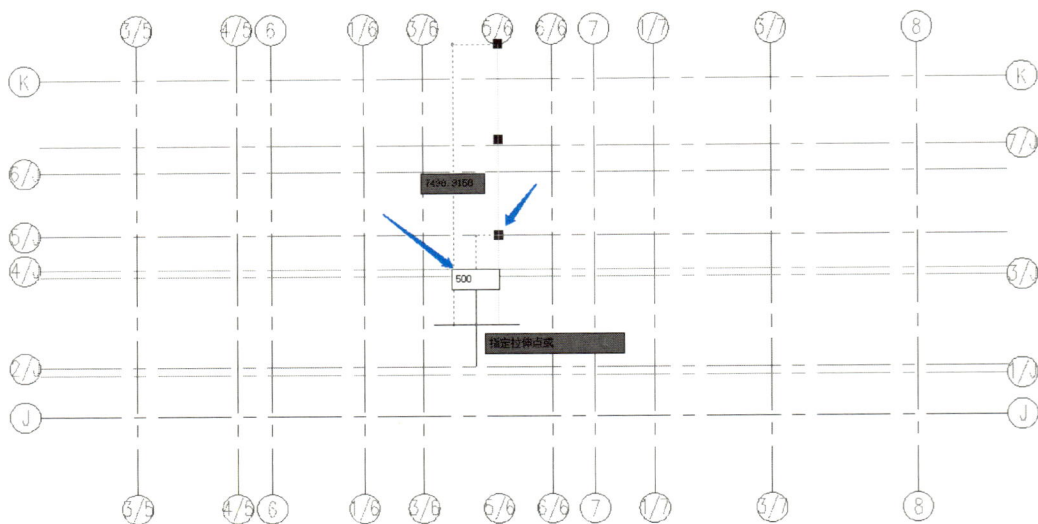

图 6-1-54　拉伸线段

使用修剪命令、拉伸夹点以及结合（图 6-1-3）将非贯通轴线进行修剪，效果如图 6-1-55 所示。

（2）绘制墙柱

轴网编辑完成后，将依据本层墙柱平面图、墙柱表等结构施工图来确定钢筋混凝土墙、柱、非承重墙柱的具体位置以及尺寸（图 6-1-56～图 6-1-58）。

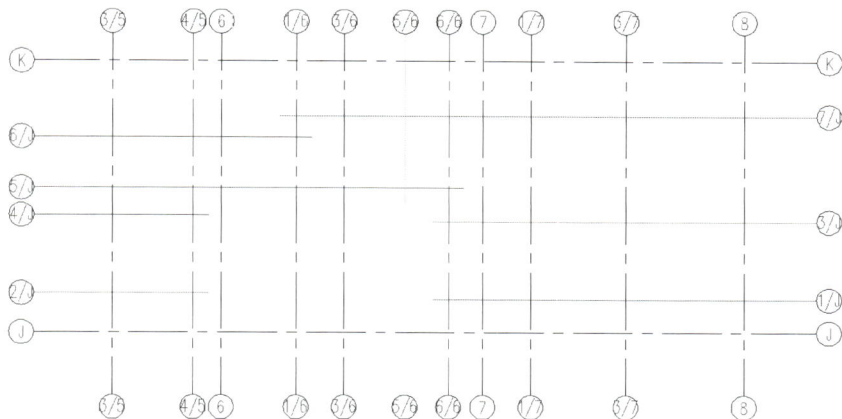

图 6-1-55　轴网编辑

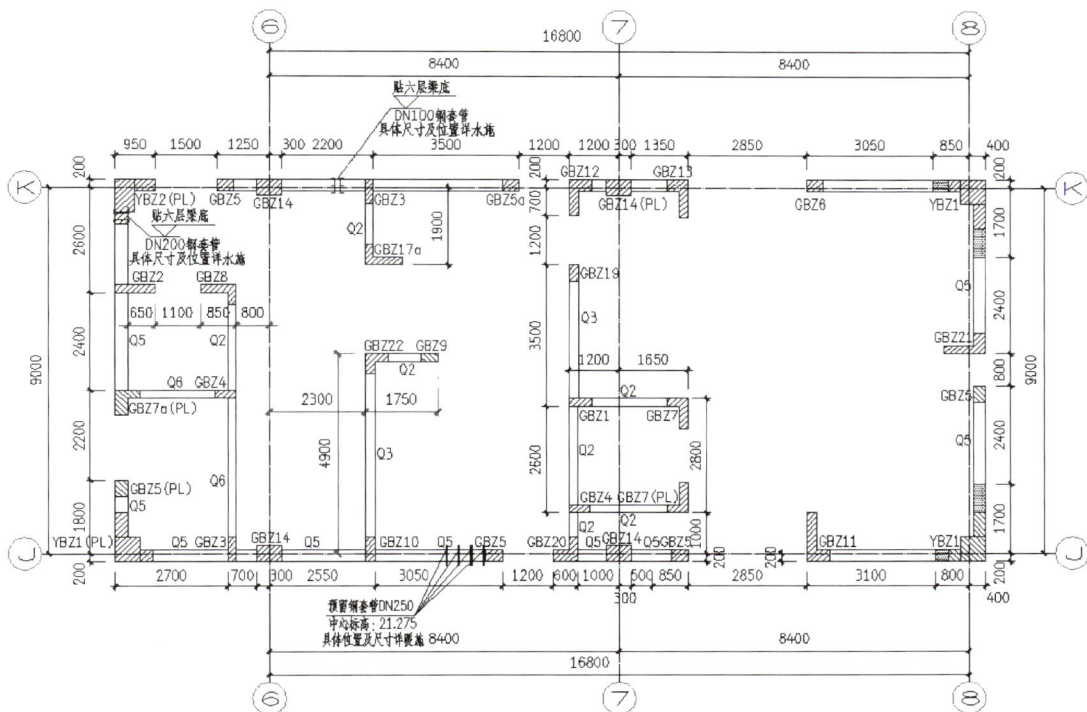

13.650~59.000墙柱平面图（局部）

注：1. 未注明的剪力墙均为 Q1，剪力墙身表见剪力墙身表图；

　　2. 其他说明同前。

图 6-1-56　墙柱平面图

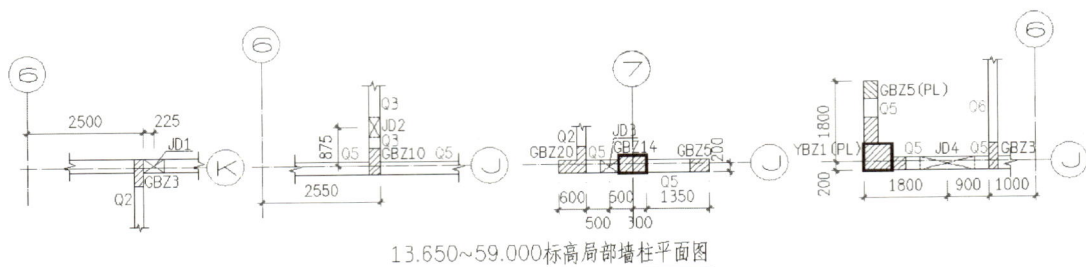

13.650~59.000标高局部墙柱平面图

13.650~59.000标高剪力墙墙身表						
编号	标　高	墙厚	排数	水平分布筋	垂直分布筋	拉筋
Q1	13.650~59.000	300	2	⊕10@200	⊕10@200	Φ6@600×600
Q2	13.650~59.000	200	2	⊕8@200	⊕8@200	Φ6@600×600
Q3	13.650~59.000	250	2	⊕8@150	⊕8@150	Φ6@600×600
Q4	13.650~59.000	350	2	⊕10@150	⊕10@150	Φ6@600×600
Q5	13.650~26.550	300	2	⊕12@120	⊕10@200	Φ6@600×600
	26.550~59.000	300	2	⊕10@200	⊕10@200	Φ6@600×600
Q6	13.650~59.000	200	2	⊕10@150	⊕8@200	Φ6@600×600

注：1、Q*的水平钢筋要求拉通，在转角处互锚。

预留洞口表

编　号	截　面	洞顶标高	楼　层
JD1	450×1100	20.100	5
	450×1100	25.200	6
JD2	450×550	22.950	6
JD3	400×1100	16.500	4
JD4	400×1100	25.950	6

注：1. 7~15层JD1为450×1100，洞口距地1100mm。
　　2. JD2仅在6、9、12、15层留洞，9、12、15层洞底距地1550mm。
　　3. JD3仅在4层留洞，JD4仅在6层留洞。

图 6-1-57　剪力墙身表

截面				
编号	YBZ1	YBZ2	GBZ1	GBZ2
标高	13.650~59.000	13.650~59.000	13.650~59.000	13.650~59.000
截面				
编号	GBZ3	GBZ4	GBZ5	GBZ5a
标高	13.650~59.000	13.650~59.000	13.650~59.000	13.650~59.000

图 6-1-58　剪力墙墙柱表（一）

截　面	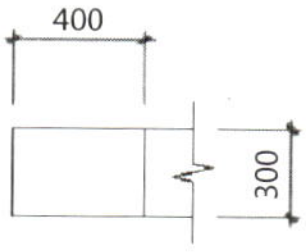	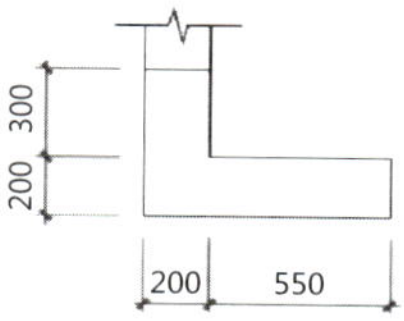	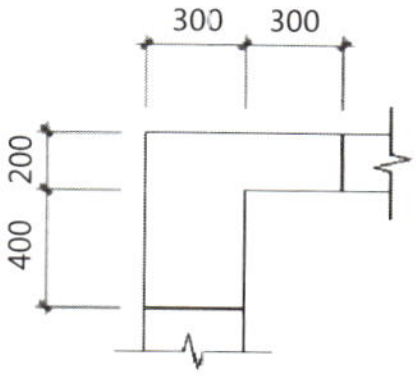	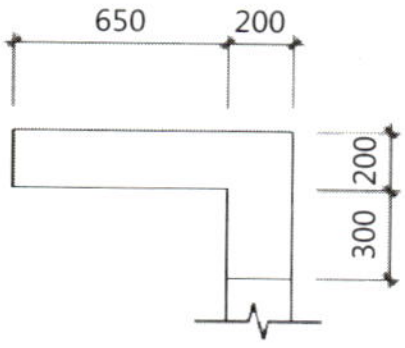
编　号	GBZ6	GBZ7	GBZ7a	GBZ8
标　高	13.650～59.000	13.650～59.000	基础顶~-5.450	13.650～59.000
截　面	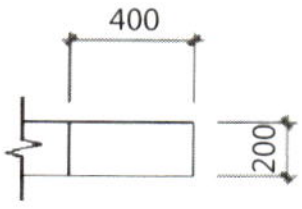	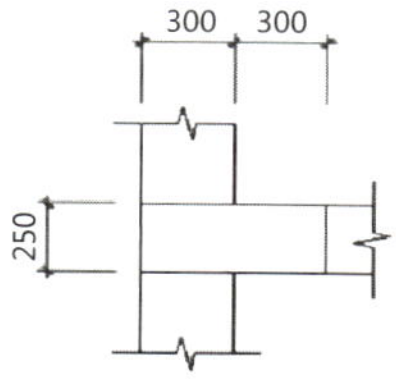	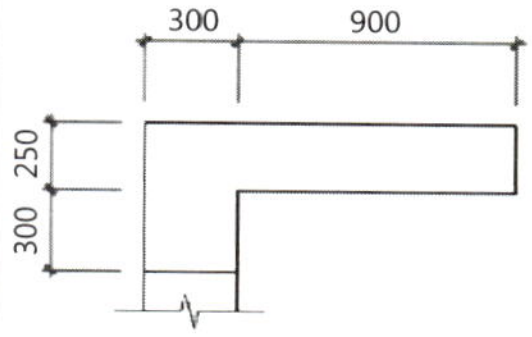	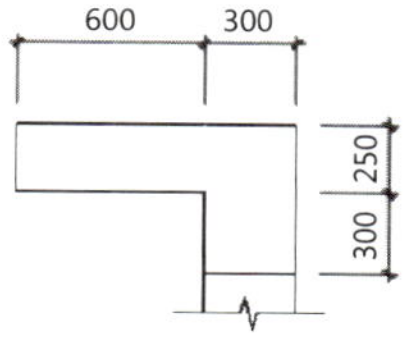
编　号	GBZ9	GBZ10	GBZ11	GBZ12
标　高	13.650～59.000	13.650～59.000	13.650～59.000	13.650～59.000
截　面 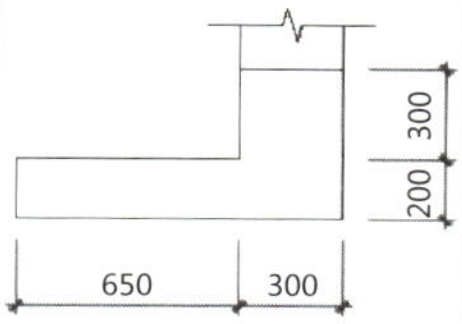 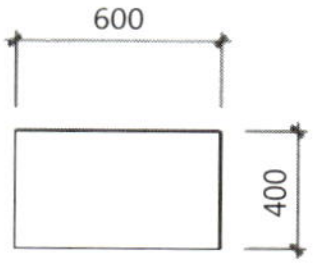 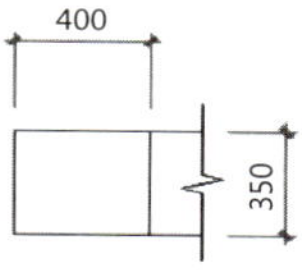 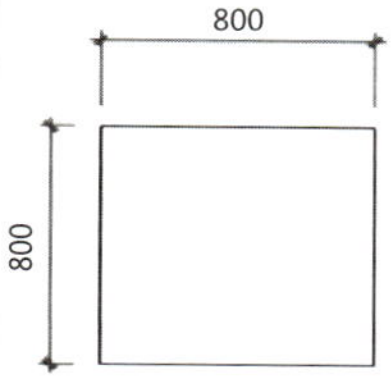 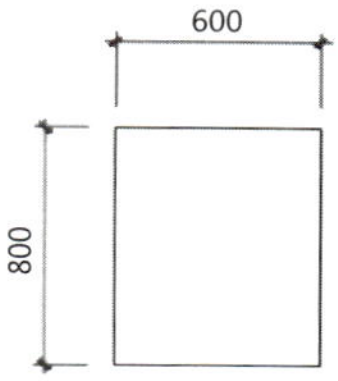				
编　号	GBZ13	GBZ14	GBZ15	GBZ16
标　高	13.650～59.000	13.650～59.000	13.650～59.000	13.650～26.550　26.550～59.000
截　面	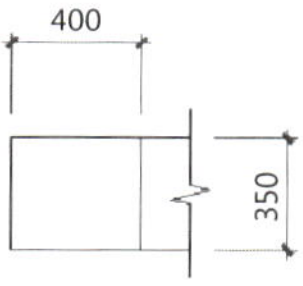	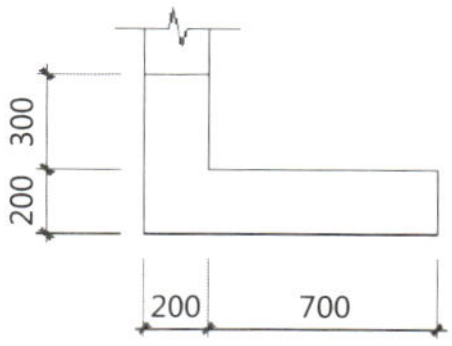	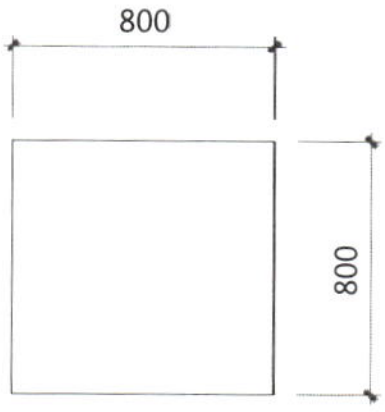	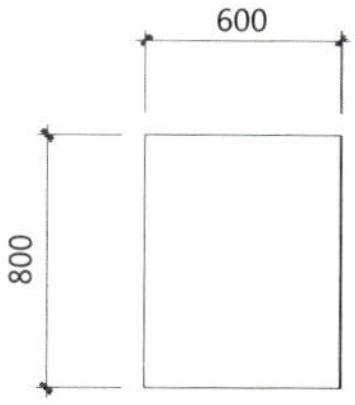
编　号	GBZ17	GBZ17a	GBZ18	
标　高	13.650～59.000	13.650～59.000	13.650～26.550　26.550～59.000	
截　面	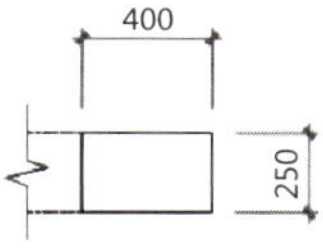	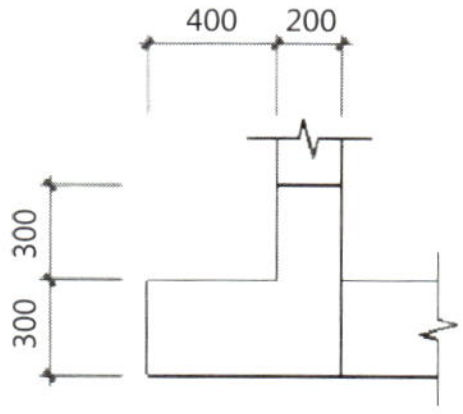	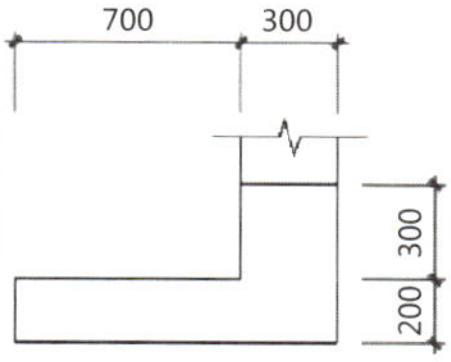	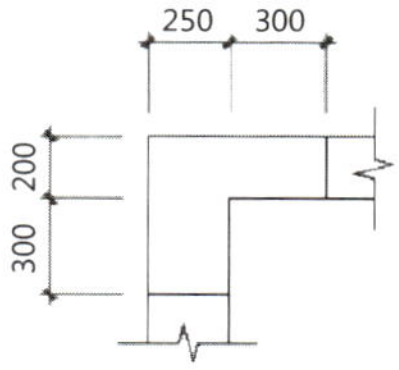
编　号	GBZ19	GBZ20	GBZ21	GBZ22
标　高	13.650～59.000	13.650～59.000	13.650～59.000	13.650～59.000

图 6-1-58　剪力墙墙柱表（二）

在绘制墙柱之前，应将图层切换为墙柱图层，根据本层墙柱平面图、墙柱表等结构施工图得知外墙的墙厚均为【300】，使用偏移命令【O】将⑥轴线向左偏移【3700】、①轴线向下偏移【200】、⑧轴线向右偏移【400】、Ⓚ轴线向上偏移【200】，作为临时辅助线，修改所偏移的辅助线颜色为"洋红色"（图 6-1-59）。

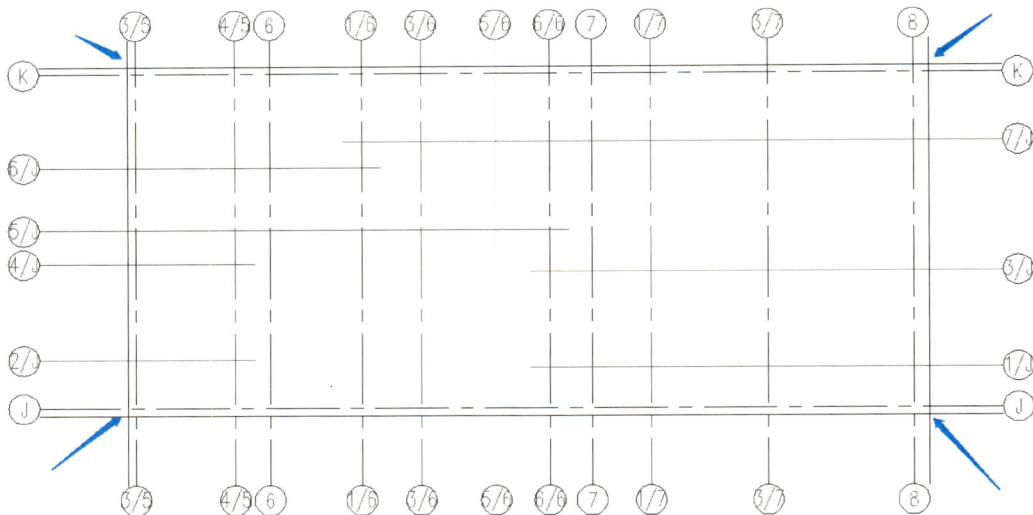

图 6-1-59　绘制辅助线

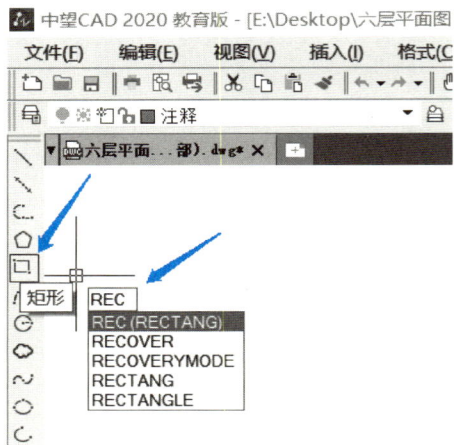

图 6-1-60　矩形命令

点击左侧绘图工具栏第五个图标，或者输入简化命令【REC】，激活矩形命令（图 6-1-60），根据命令行提示，点击辅助线的左上角点，拖动鼠标至辅助线右下角点（图 6-1-61），再输入偏移命令【O】，输入偏移距离为【300】，选择所绘制的矩形后，在矩形内部空间任意位置点击一点，完成外墙的绘制（图 6-1-62）。

至此，辅助线已经起到应起的作用，可以将其删除，选中四条辅助线后点击右侧修改工具栏第一个图标，或者输入简化命令【E】，按空格键确定即可。

依据图 6-1-56～图 6-1-58，在①～③轴外墙角处使用矩形命令确定第一点后在第一个文本框中输入【600】，再按【Tab】键切换至第二个文本框，输入【600】按空格键确定（图 6-1-63）；使用修剪命令【TR】选择矩形为边界，将与柱重叠的墙体修剪，完成柱的主体部分（图 6-1-64）。

柱主体部分绘制完成后，点击左侧绘图工具栏第二个图标，或者输入简化命令【XL】，激活构造线（图 6-1-65），根据命令行提示，输入水平【H】，按空格键确定，点击柱主体部分上部任意位置，确定构造线位置（图 6-1-66），绘制完成后连续敲击两次空格键，根据命令行提示输入竖直【V】，将构造线确定在柱主体部分右侧（图 6-1-67）；使用

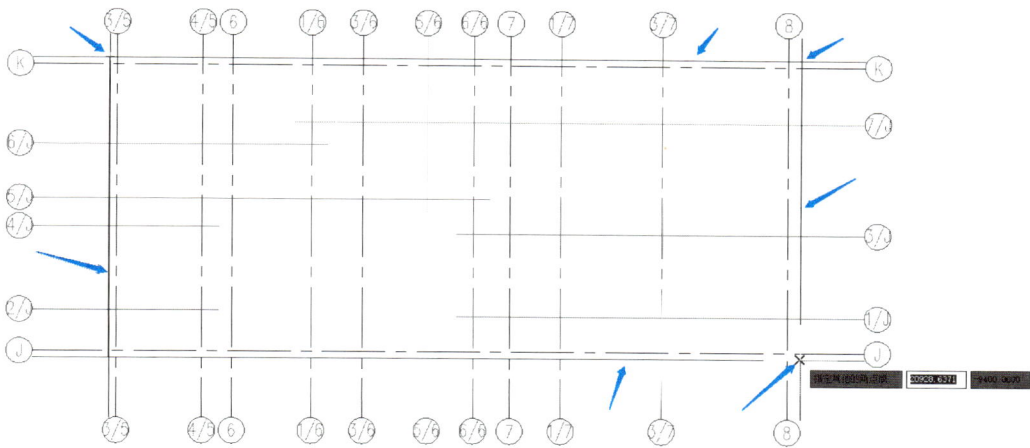

图 6-1-61　绘制矩形

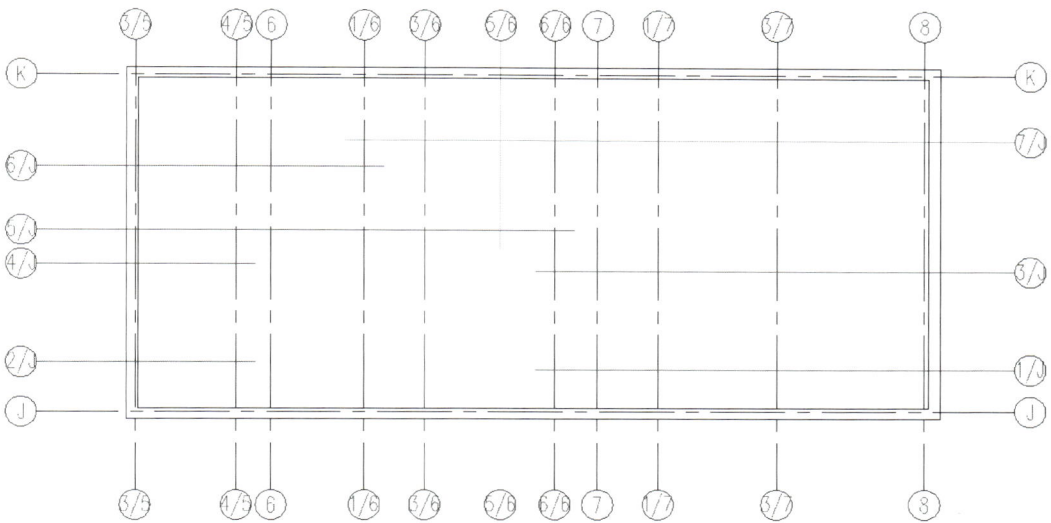

图 6-1-62　绘制墙体

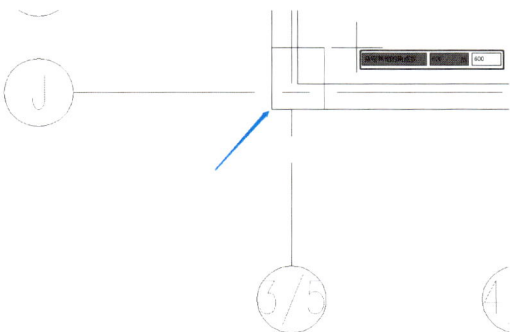

图 6-1-63　绘制柱

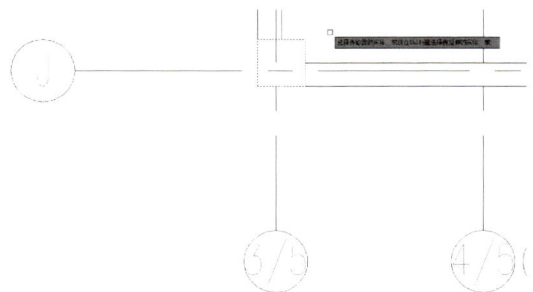

图 6-1-64　修剪墙体

229

图 6-1-65　构造线命令

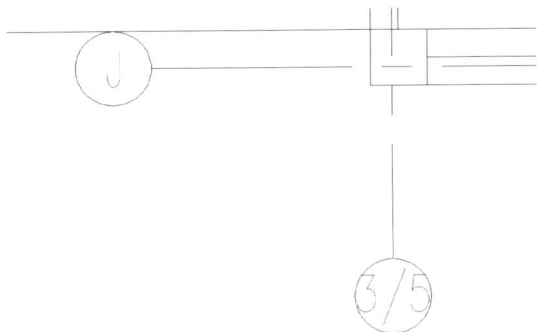

图 6-1-66　绘制水平构造线

偏移命令【O】将构造线向上方偏移【600】，重复偏移命令将构造线向右方偏移【300】后将柱主体部分上的构造线使用删除命令【E】删除（图 6-1-68）。

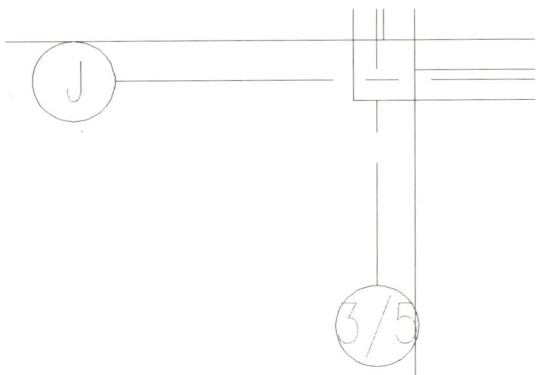

图 6-1-67　绘制竖直构造线

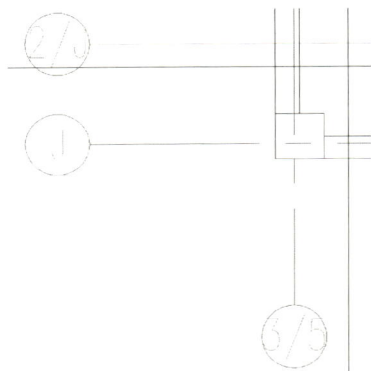

图 6-1-68　确定柱边缘线

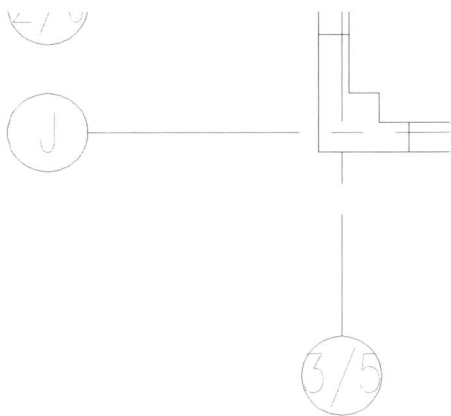

图 6-1-69　修剪完成柱的绘制

　　柱最终边缘线确定后，使用修剪命令【TR】将构造线以及柱主体多余部分进行修剪，完成【YBZ1(PL)】柱的绘制（图 6-1-69）。

　　根据之前所介绍的直线、偏移、修剪、删除等一系列命令，结合图 6-1-56～图 6-1-58，将外墙上的墙柱位置线、洞口、内部墙体等绘制出来，最终效果如图 6-1-70 所示。

　　钢筋混凝土墙柱绘制完成后，需要对其进行填充，依据《房屋建筑制图统一标准》GB/T 50001—2017 的规定，当出图比例【≥100】时，钢筋混凝土墙柱的填充图例应为颜色填充；为了方便墙柱的填充，可以暂时将轴线图层关闭，输

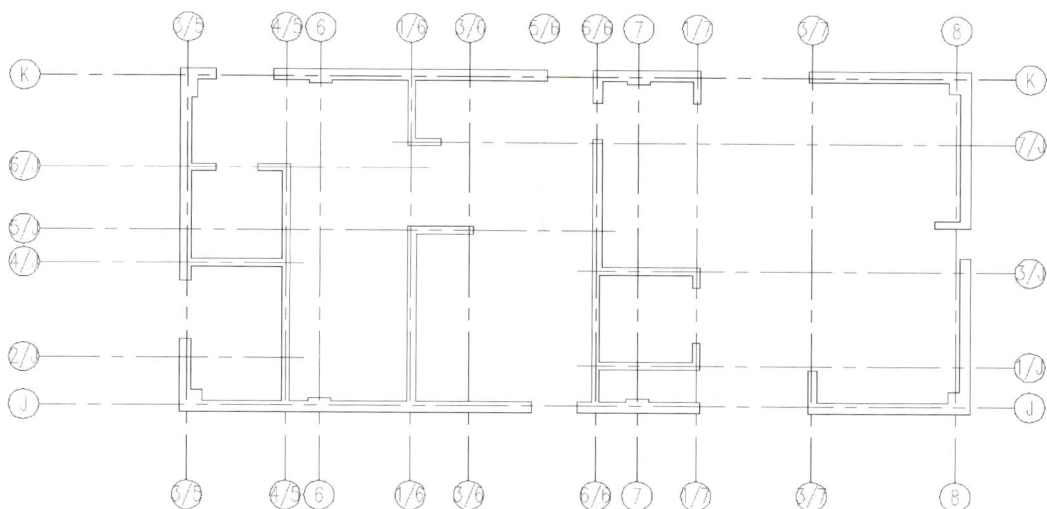

图 6-1-70 绘制结构墙柱

入图层的简化命令【LA】，打开图层对话框，点击轴线图层的开关图标，当图标变为灰色时即可关闭图层（图 6-1-71）；图层关闭后根据之前所介绍的方法将图层切换到填充图层；点击左侧绘图工具栏图案填充图标，或者输入简化命令【H】激活填充命令（图 6-1-72），在弹出的填充对话框中选择图案填充选项，再点击省略号按钮（图 6-1-73），在弹出的填充图案选项板中选择【SOLID】图标后点击确定按钮（图 6-1-74），此时会返回到填充对话框，点击右上角"添加：拾取点"前的按钮，根据命令行提示，连续点击墙柱线中间的空白区域，当所有墙柱线变为虚线时（图 6-1-75），按空格键确定，返回到填充对话框，点击填充对话框下方确定按钮，完成填充（图 6-1-76），最后根据同样的方法打开轴线图层（图 6-1-77）。

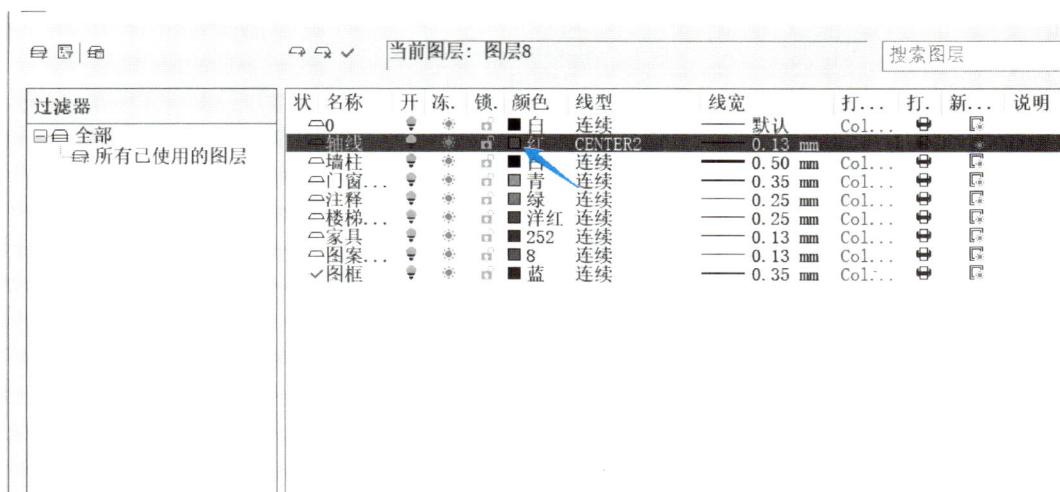

图 6-1-71 关闭轴线图层

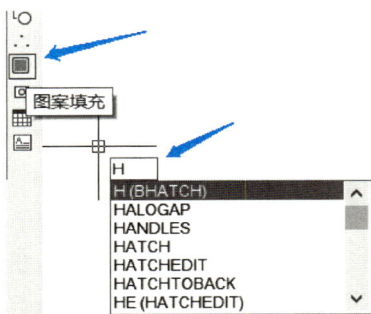

图 6-1-72 填充命令

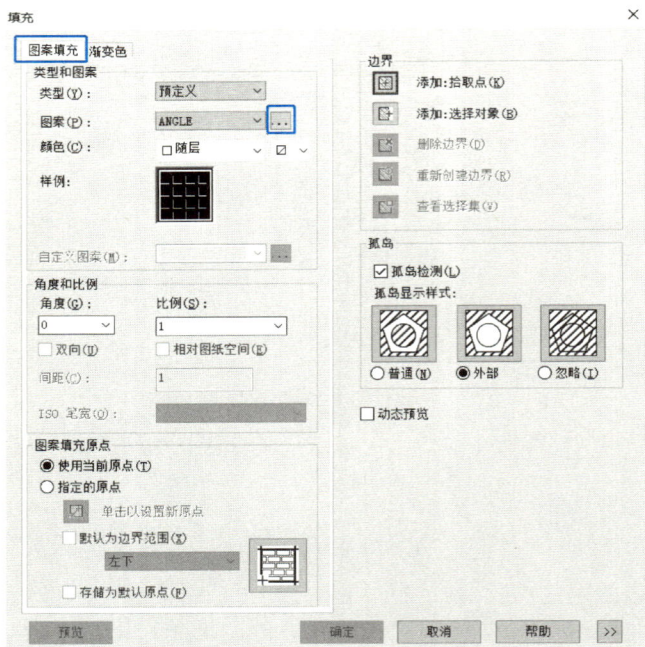

图 6-1-73 填充对话框

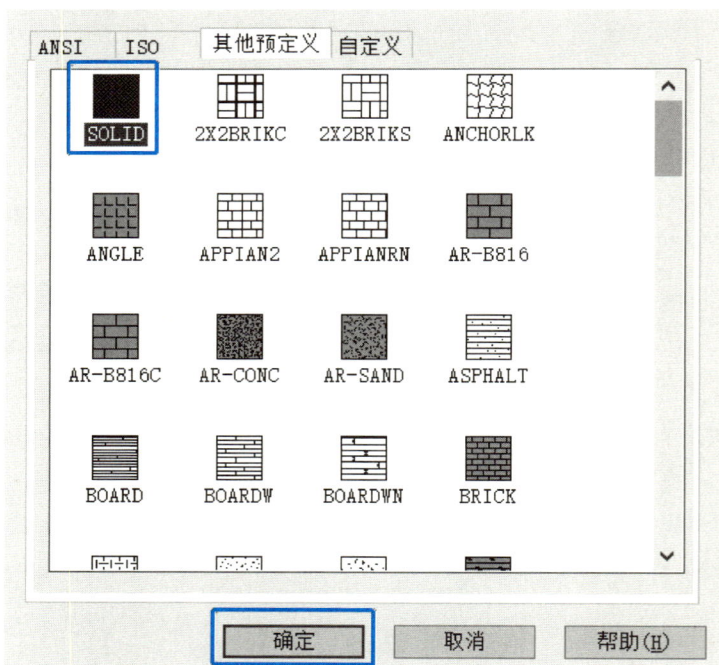

图 6-1-74 填充图案选项板

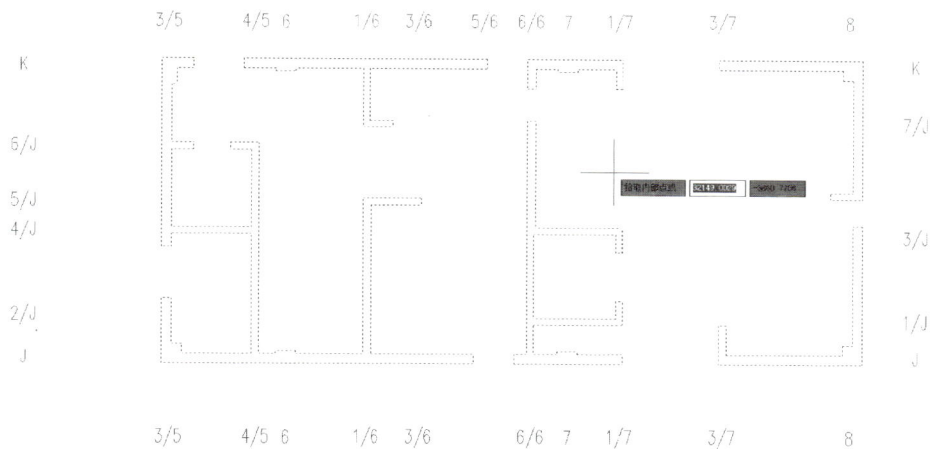

图 6-1-75　选择填充区域

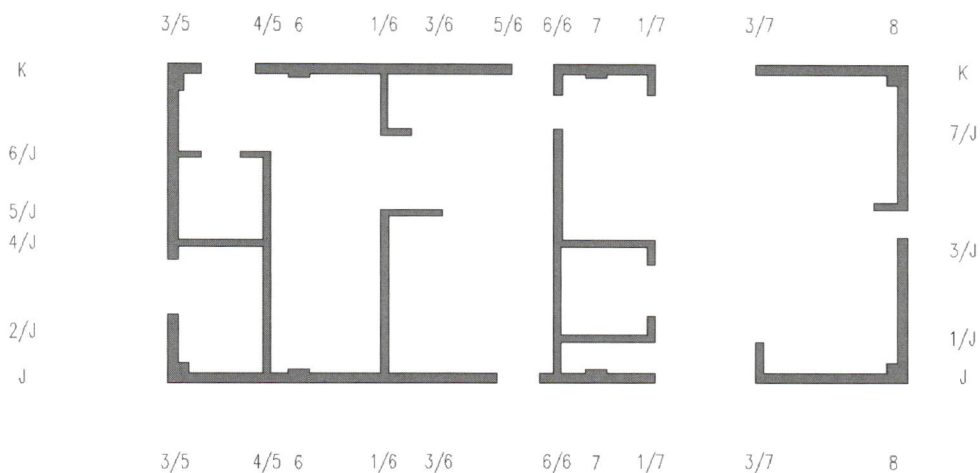

图 6-1-76　完成墙柱填充

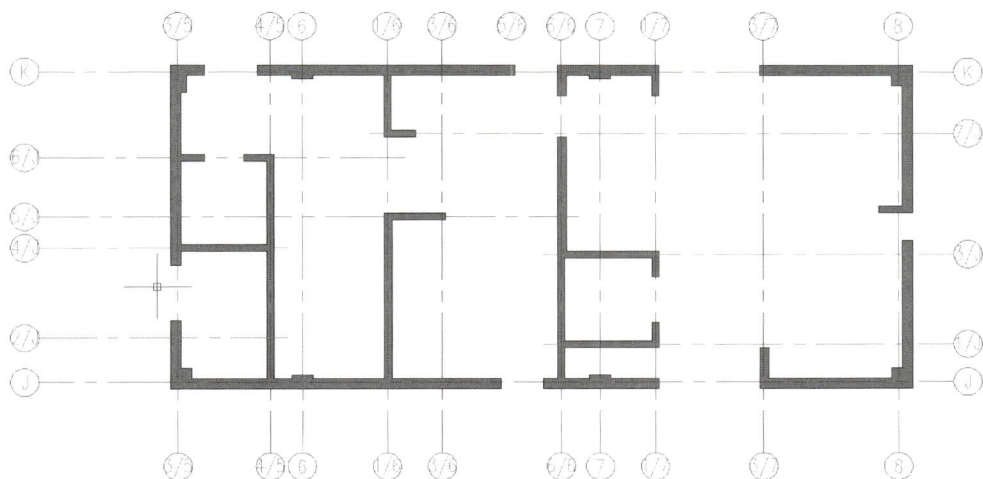

图 6-1-77　打开轴线图层

233

钢筋混凝土墙柱绘制完成后，还需绘制建筑物中非承重墙体，根据图 6-1-3 中非承重墙体的位置以及注释信息，结合之前所介绍的偏移、直线、矩形、修剪等命令将墙体、洞口以及非贯通轴线补充绘制完整，注意线条的图层分类，最终效果如图 6-1-78 所示。

注：未注明非承重内墙厚度均为【200】，外墙厚度随钢筋混凝土墙。

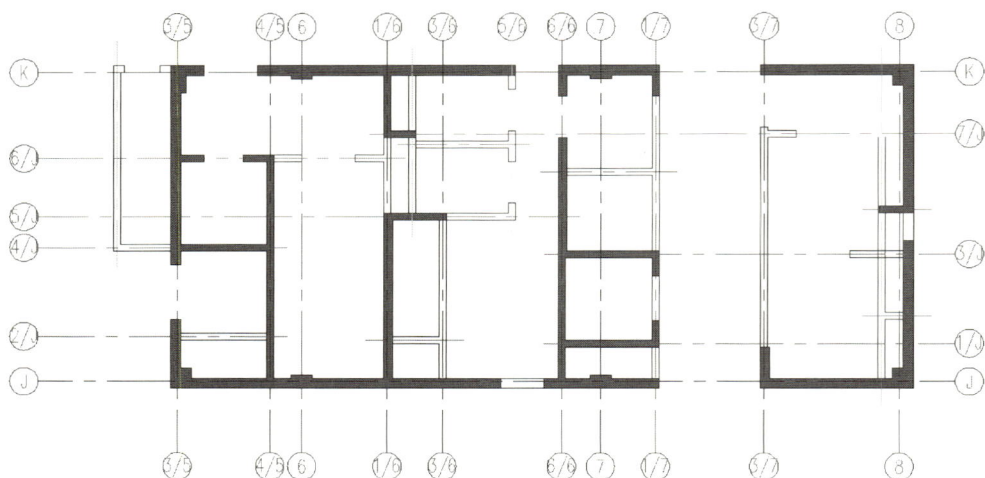

图 6-1-78 补充绘制墙柱、洞口、轴线

（3）绘制门

在绘制之前，需先设置极轴追踪的角度，输入简化命令【SE】在弹出的草图设置对话框中切换到极轴追踪选项卡，勾选启用极轴追踪复选框，输入增量角度为【60°】后按确定按钮（图 6-1-79），需要注意的是极轴追踪和正交模式互斥，只能同时开启极轴追踪或正交。

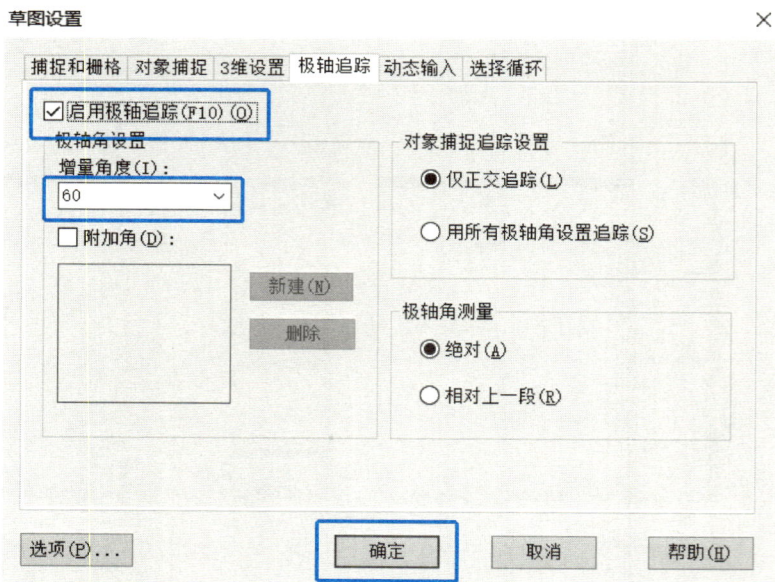

图 6-1-79 极轴追踪设置

使用直线命令【L】在⑤/⑥轴左侧墙体洞口中心点处点击一点，拖动鼠标在第一象限接近【60°】的位置悬停，当出现极轴追踪的辅助线时，输入【600】后按空格键确定，绘制门扇线（图 6-1-80），敲击两次空格重新激活直线命令，向右以绝对水平的方式绘制一条【600】长的辅助线（图 6-1-81）。

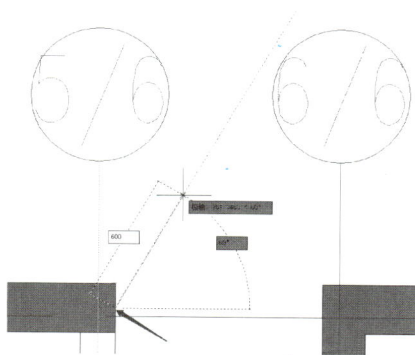

图 6-1-80　绘制门扇线

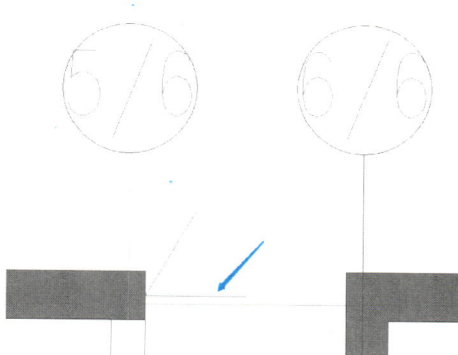

图 6-1-81　绘制辅助线

点击左侧绘图工具栏圆弧图标，或者输入简化命令【A】，激活圆弧命令（图 6-1-82），根据命令行提示，输入圆心【C】，按空格键确定（图 6-1-83），将圆心点击在门扇的旋转中心点，再点击辅助线右侧的终点，最后点击门扇线的终点，绘制门开启弧度线（图 6-1-84），最后删除辅助线。

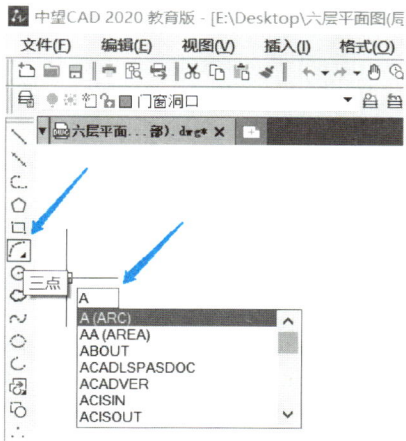

图 6-1-82　圆弧命令

图 6-1-83　圆心

点击右侧修改工具栏第三个图标，或者输入简化命令【MI】，激活镜像命令（图 6-1-85），此时鼠标光标变为拾取框模式，根据命令行提示，【C 窗选】门扇线和开启弧度线（图 6-1-86），按空格键确定，点击弧度线的端点确定第一点，按快捷键【F8】开启正交模式，拖动鼠标向上在空白处点击一点（图 6-1-87），根据命令行提示输入【N】，完成双扇单开门的绘制（图 6-1-88、图 6-1-89）。

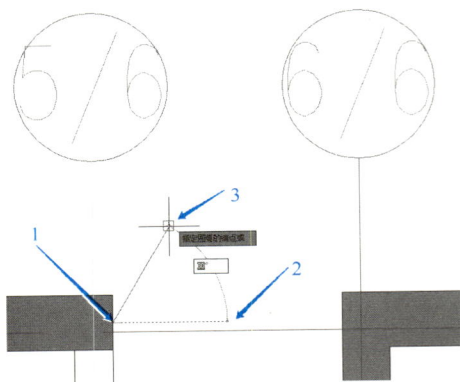

图 6-1-84 绘制开启弧度线

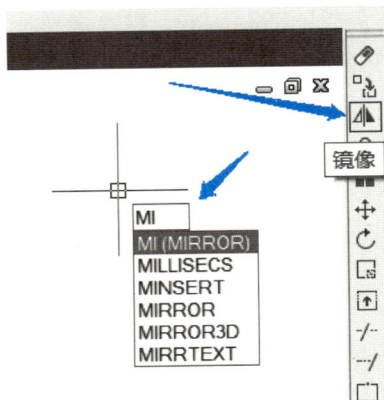

图 6-1-85 镜像命令

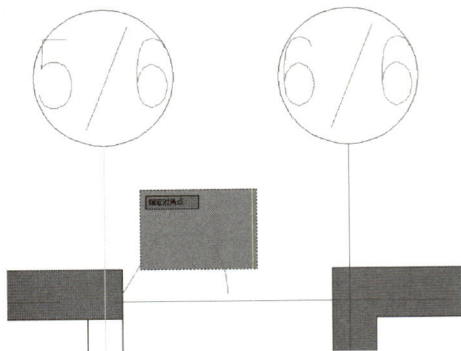

图 6-1-86 C 窗选

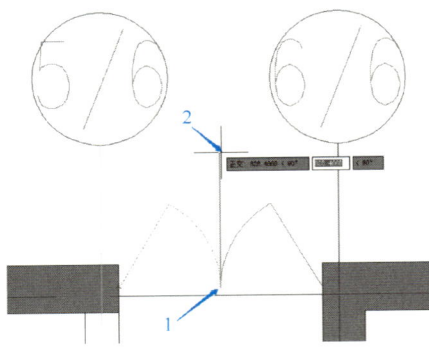

图 6-1-87 镜像命令的使用

图 6-1-88 不删除源对象

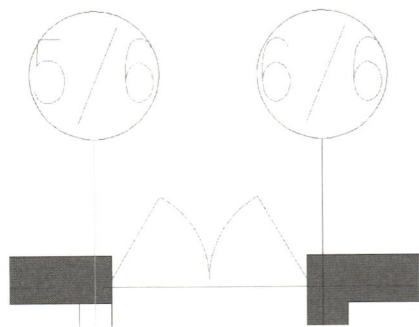

图 6-1-89 完成双扇单开门的绘制

　　根据所介绍的方法，结合门所在的位置和注释信息（图 6-1-3），使用直线、圆弧、极轴追踪、文字等命令将其余洞口位置的门线以及门代号绘制完整（字高采用【3】），最终效果如图 6-1-90 所示。

　　根据之前所介绍的方法，结合电梯的位置（图 6-1-3），使用矩形、直线、文字等命令将图中的电梯绘制完整，并注写电梯编号，最终效果如图 6-1-91 所示。

6-1-4
门窗洞
口的绘制

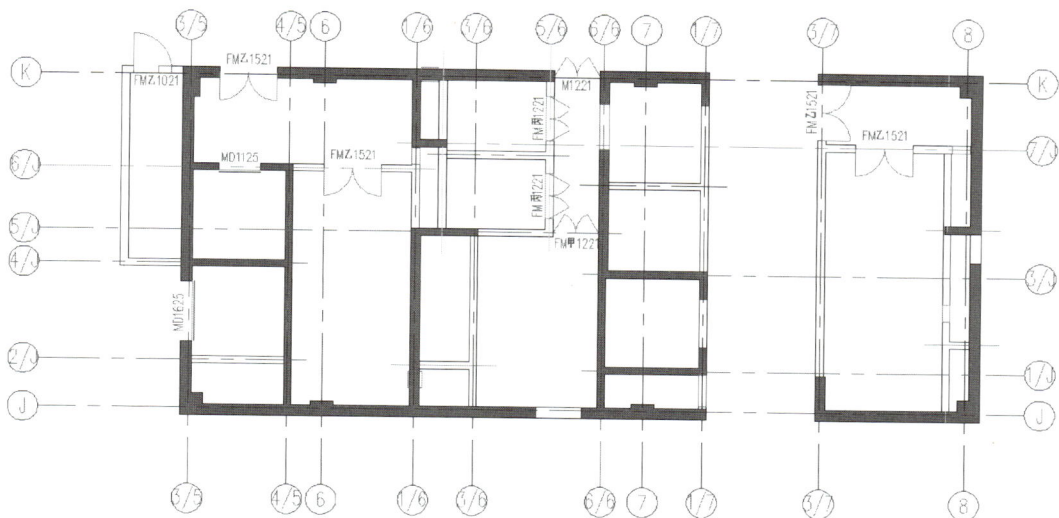

图 6-1-90　各空间门的绘制

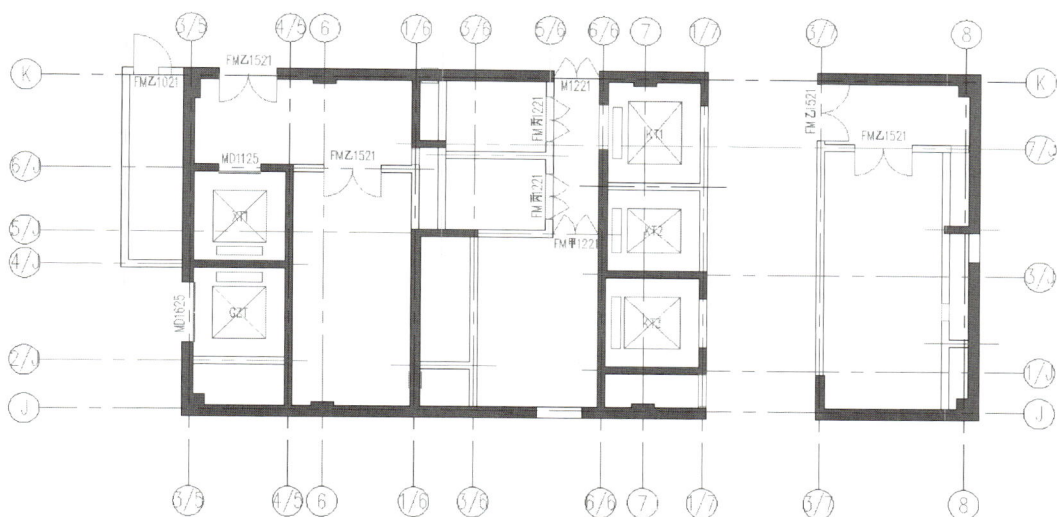

图 6-1-91　绘制电梯

（4）绘制楼梯平面

绘制左侧 1♯楼梯平面，详如图 6-1-92 所示，扶手宽度为【50】。

依据图 6-1-92 中的注释信息，使用直线、偏移、矩形、复制等命令绘制楼梯踏步、梯井和扶手（注意上下方向踏步起始位置差异），最终效果如图 6-1-93 所示。

由于楼梯空间高差不同，且需要同时表达梯段上、下的关系，所以在上和下方向重合的位置处需要使用折断线来表示。点击上部扩展工具下拉菜单—绘图工具—折断线，或者输入简化命令【BREAKL】，激活折断线命令（图 6-1-94）。

在绘制折断线之前，需要先确定折断符号的大小，根据命令行提示，输入【S】，按空格键确定（图 6-1-95），再输入【100】，按空格键确定。

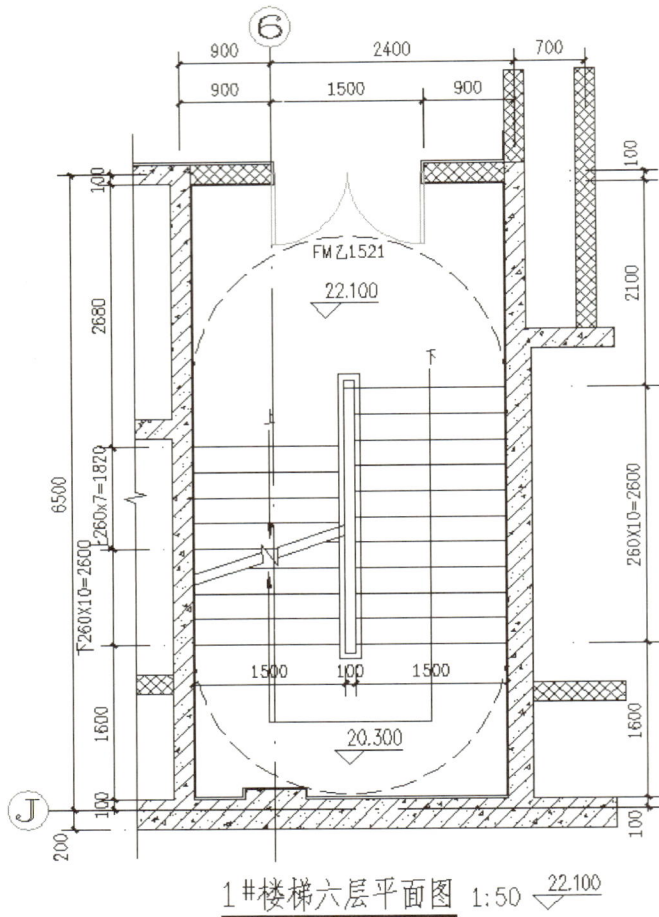

1#楼梯六层平面图 1:50

图 6-1-92　左侧 1#楼梯详图

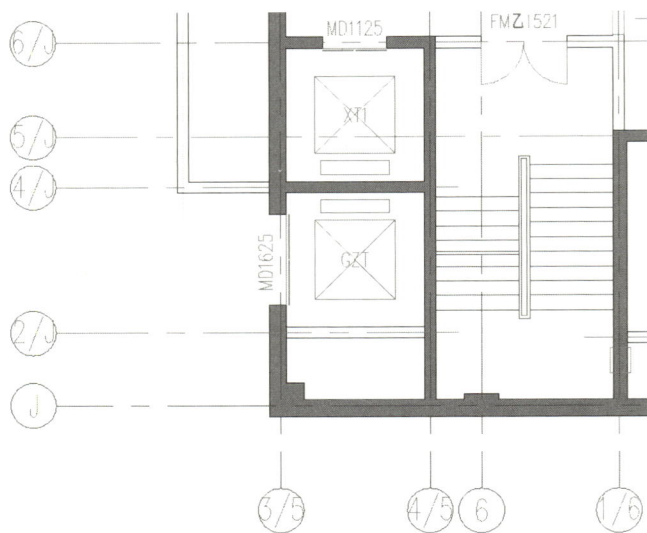

图 6-1-93　1#楼梯踏步、扶手梯井绘制

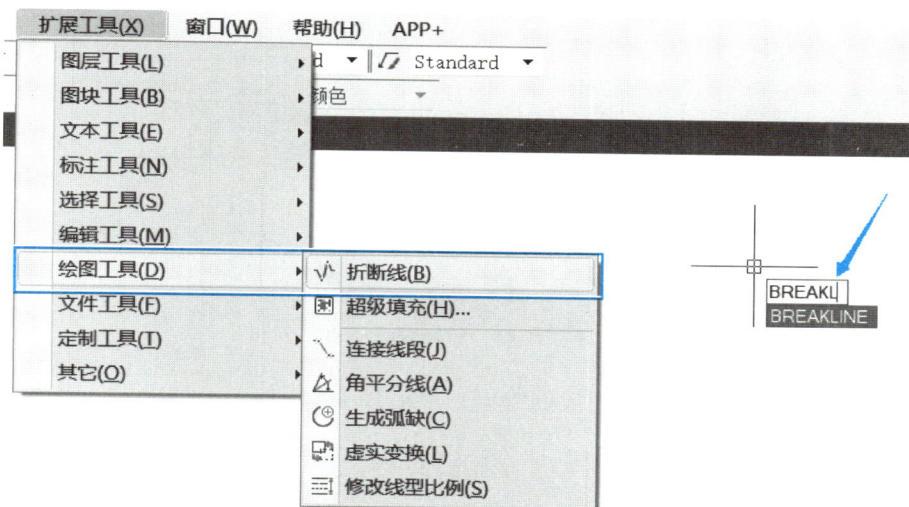

图 6-1-94　折断线命令

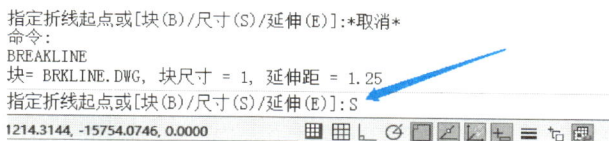

图 6-1-95　折断线命令

根据命令行提示，点击下方第三条线段左侧的交点位置，再点击第六条线右侧的交点位置（图 6-1-96），绘制一条线段，再根据命令行提示，输入【M】，按空格键确定，绘制折断符号（图 6-1-97）。

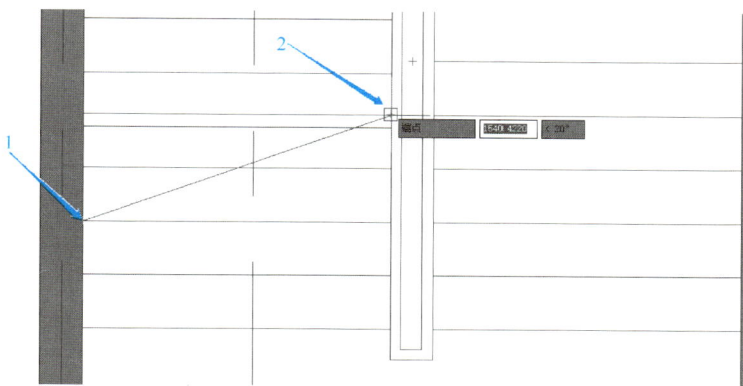

图 6-1-96　绘制折断线

使用偏移命令【O】，输入距离【50】将两端的折断线偏移（图 6-1-98）。

点击右侧修改工具栏延伸图标，或者输入简化命令【EX】，激活延伸命令（图 6-1-99），根据命令行提示，敲击一次空格，点击如图 6-1-100 所示的位置，将折断线延伸至适

折线符号尺寸<1.0000>:100
块= BRKLINE.DWG, 块尺寸 = 100, 延伸距 = 1.25
指定折线起点或[块(B)/尺寸(S)/延伸(E)]:
指定折线终点:
指定折线符号的位置<中点(M)>:M

0384.9855, -18721.0564, 0.0000

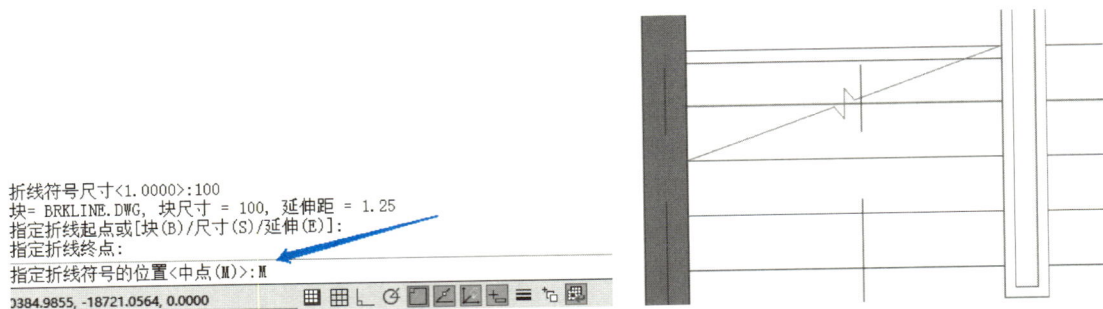

图 6-1-97　绘制折断符号

当的位置（图 6-1-101），完成折断线的绘制；然后使用修剪命令【TR】将多余的踏步线修剪即可（图 6-1-102）。

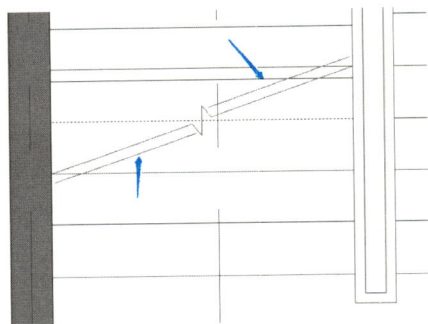

图 6-1-98　偏移折断线

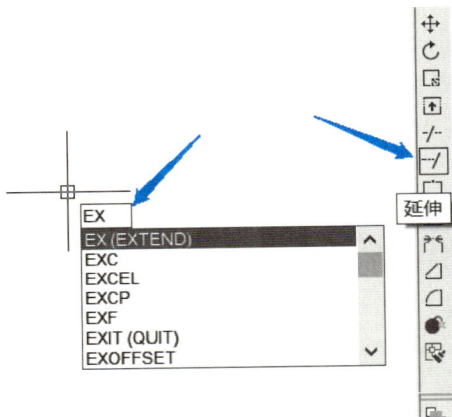

EX
EX (EXTEND)
EXC
EXCEL
EXCP
EXF
EXIT (QUIT)
EXOFFSET

延伸

图 6-1-99　延伸命令

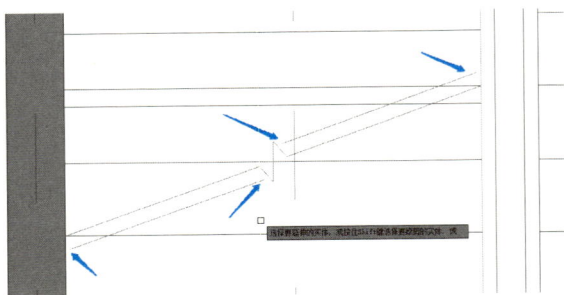

图 6-1-100　延伸位置点

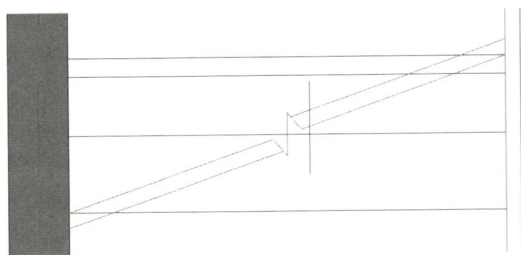

图 6-1-101　延伸折断线

梯段绘制完成后，还需绘制楼梯上下行指引线，点击左侧绘图工具栏第三个图标，或者输入简化命令【PL】激活多段线命令（图 6-1-103）。

在踏步线的中心点位置点击一点，确定起始端点（图 6-1-104）。

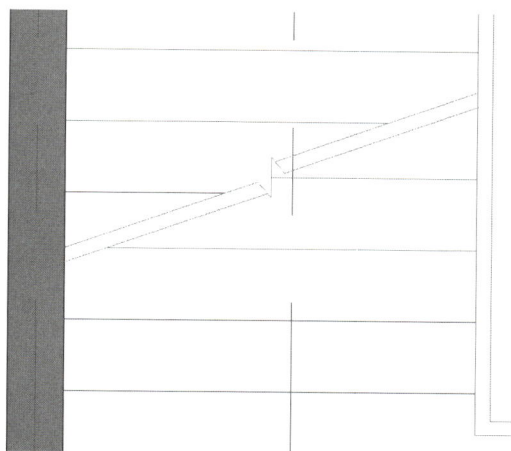

图 6-1-102 修剪多余线段

图 6-1-103 多段线命令

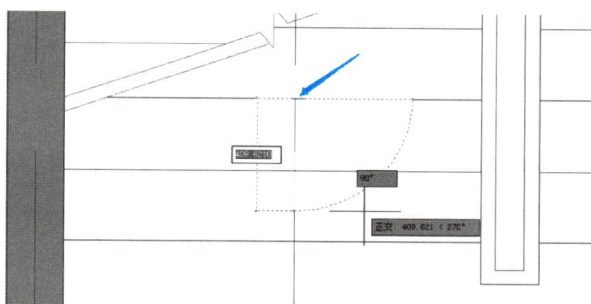

图 6-1-104 确定起始点

根据命令行提示，输入宽度【W】（图 6-1-105），起始宽度为【0】，终止宽度为【100】（图 6-1-106），打开正交【F8】，向下拖动鼠标，输入【300】，按空格键确定，绘制箭头（图 6-1-107），重复使用多段线命令，起始点点击在箭头尾部，输入【W】，将起始、终止宽度均设置为【0】，拖动鼠标在适当的位置绘制指引线（图 6-1-108）。

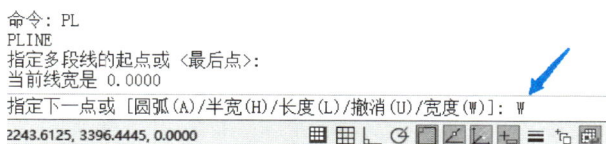

图 6-1-105 宽度

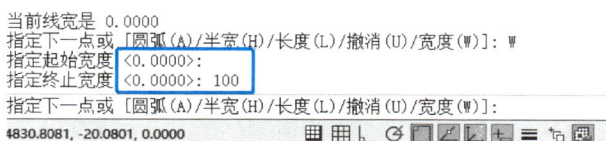

图 6-1-106 起始、终止宽度

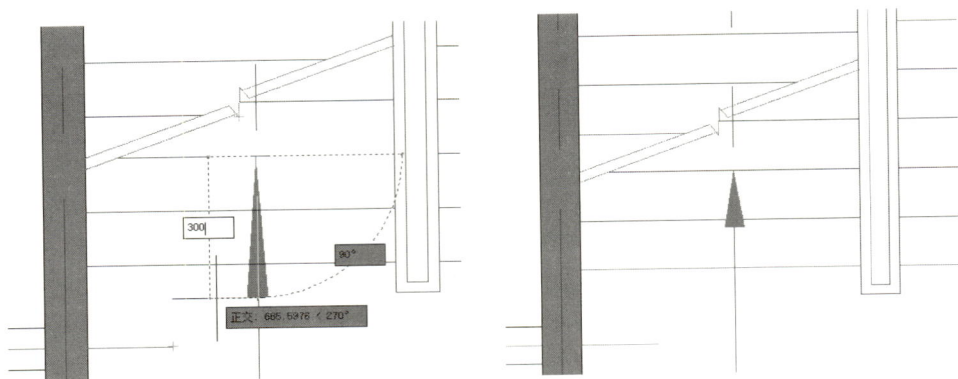

图 6-1-107　绘制箭头

使用同样的方法绘制向上指引线，并注写文字，字高【3.5】，最终效果如图 6-1-109 所示。

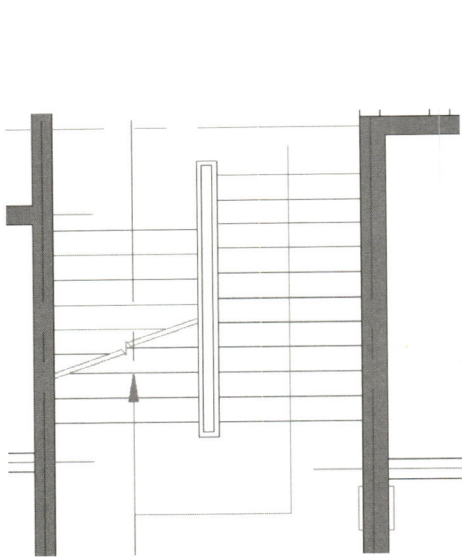

图 6-1-108　绘制指引线

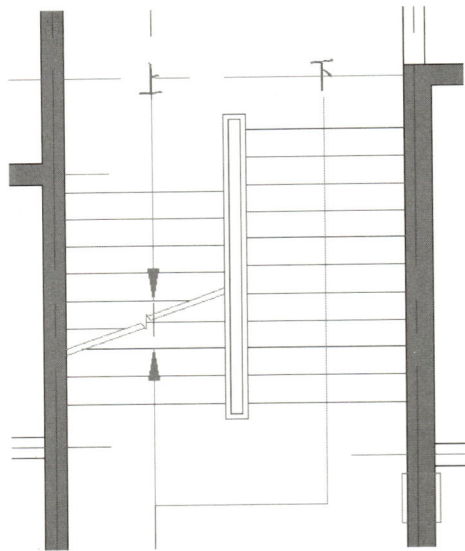

图 6-1-109　绘制上下行指引线

根据 2♯楼梯详图（图 6-1-110），结合之前所介绍的方法自行绘制右侧楼梯平面图。

（5）绘制注释信息

1）引出标注

依据《房屋建筑制图统一标准》GB/T 50001—2017 的规定，引出线的角度应采用【30°、45°、60°、90°】的直线，在绘制前，可以按快捷键【F10】打开极轴追踪，输入简化命令【SE】打开草图设置，在极轴追踪选项卡中将增量角度设置为【45°】，勾选附加角前的复选框，点击新建按钮依次输入"30、60、90、120、150、210、240、270、300、330"，点击确定按钮保存，这样即可在绘制引出线时捕捉四个象限上的【30°、45°、60°、

6-1-5
楼梯的
绘制

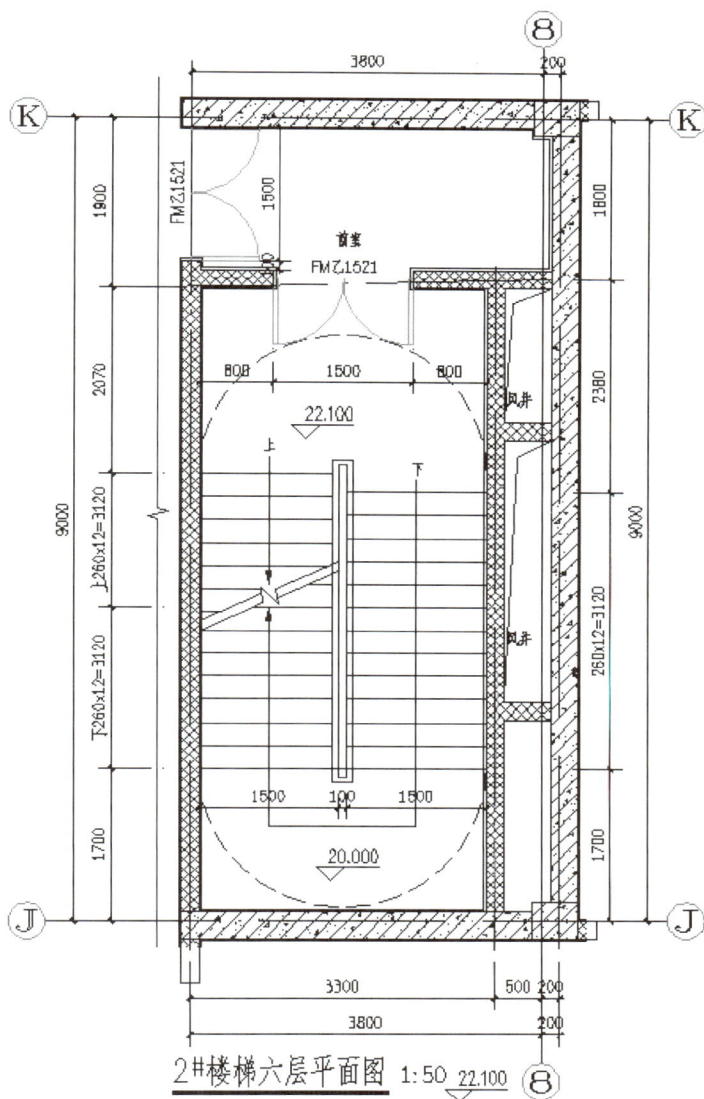

图 6-1-110　2#楼梯详图

90°】角线段（图 6-1-111）。

输入直线命令【L】，根据命令行提示，确定第一点为⑰轴线上的矩形中心点，拖动鼠标在第四象限捕捉到【60°】追踪线上（图 6-1-112），在适当的位置点击第二点，拖动鼠标捕捉到绝对水平的追踪线上，在适当的位置点击确定第三点，完成引出线的绘制（图 6-1-113）。

使用文字命令【T】，汉字字高为【3.5】，非汉字为【3】，完成引出标注的绘制（图6-1-114）。

2）标高标注

依据《房屋建筑制图统一标准》GB/T 50001—2017 的规定，标高符号的高度为【≈3】，当出图比例为【1∶100】时，高度为【300】。

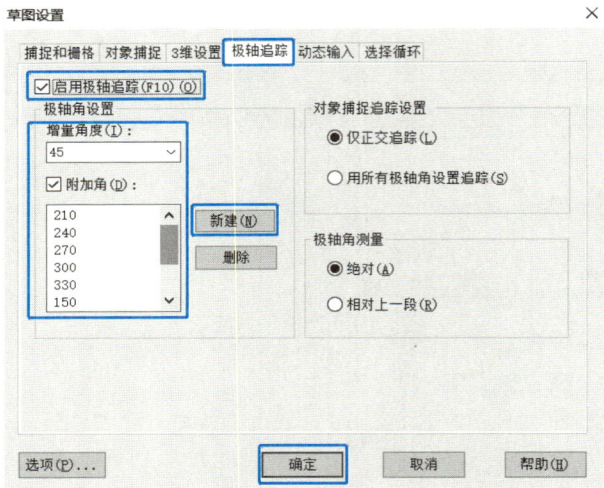

图 6-1-111　设置极轴追踪角度

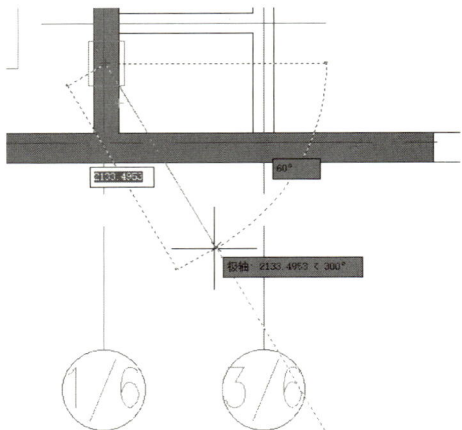

图 6-1-112　捕捉 60°追踪线

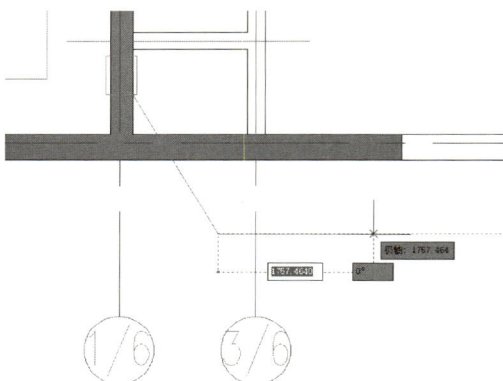

图 6-1-113　确定第三点

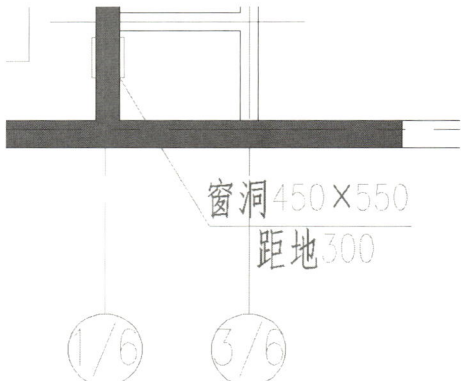

图 6-1-114　注写文字

　　输入圆命令【C】，在应标注标高位置处点击一点，根据命令行提示，输入半径【300】，再输入直线命令【L】，先点击圆右侧象限点，再点击圆下方象限点，最后点击圆左侧象限点，然后向右拖动鼠标在适当的位置确定一点，删除辅助圆，完成标高符号的绘制（图 6-1-115）。

　　最后使用文字命令【T】，字高【3】，完成标高标注的注写（图 6-1-116）。

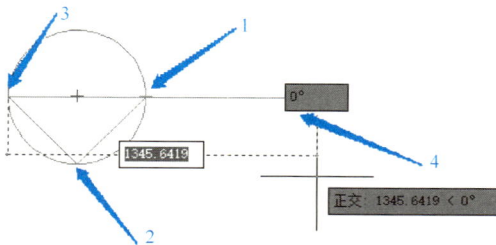

图 6-1-115　绘制标高符号

图 6-1-116　注写标高标注

3）尺寸标注

尺寸标注是指导施工的重要依据，尺寸标注中的尺寸线、尺寸界线、起止符号、尺寸数字等参数在《房屋建筑制图统一标准》GB/T 50001—2017 中有详细的规定，由于篇幅所限，请查看二维码。

使用构造线命令【XL】，根据命令行提示输入竖直【V】，在⑧轴线右侧的外墙外侧线任意位置点击一点，绘制构造线，再使用偏移命令【O】，输入【1000】，选择构造线向右偏移做辅助线（图 6-1-117）。

如果轴线编号距离辅助线较近，可以点击右侧修改工具栏拉伸图标，或者输入简化命令【S】，激活拉伸命令（图 6-1-118），根据命令行提示，【C 窗选】右侧所有的轴号和轴线，按空格键确定（图 6-1-119），开启正交模式【F8】，向右拖动鼠标，在适当的位置点击一点或者输入具体数值即可移动轴线和轴号的位置（图 6-1-120）。

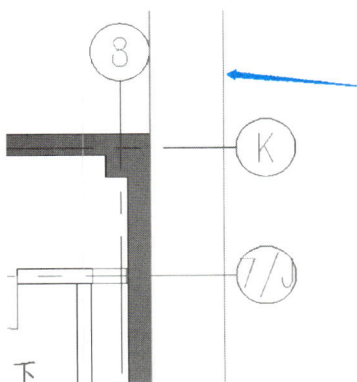

图 6-1-117　尺寸标注辅助线

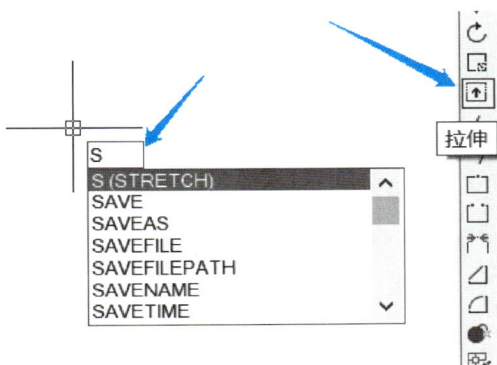

图 6-1-118　拉伸命令

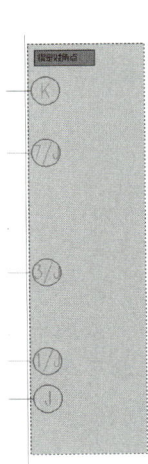

图 6-1-119　选择拉伸图元

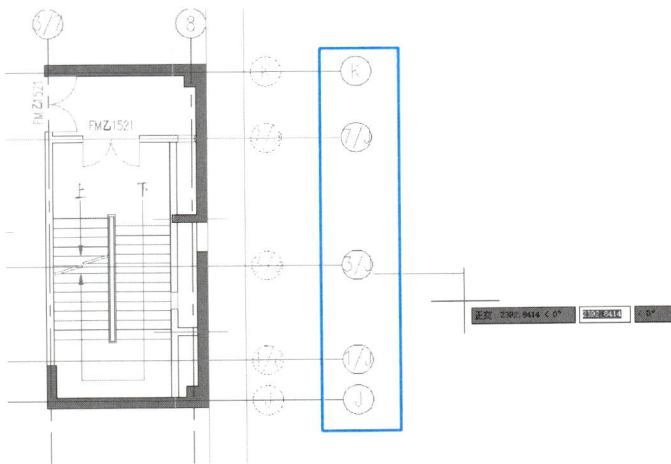

图 6-1-120　拉伸图元

点击上部标注下拉菜单，选择线性选项，或者输入简化命令【DLI】，激活线性标注（图 6-1-121），根据命令行提示，在Ⓚ轴线与墙线的交点处点击一点，向下拖动鼠标在⑦⑪

轴线与墙线的交点处点击第二点，最后向右拖动鼠标在辅助线任意位置点击第三点，完成第一个尺寸标注（图 6-1-122）。

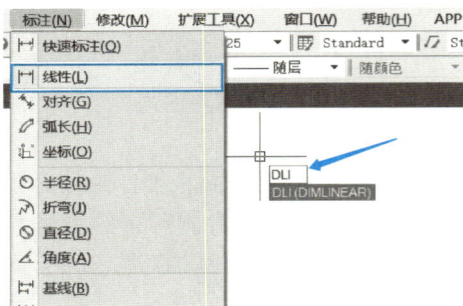

图 6-1-121　线型标注命令

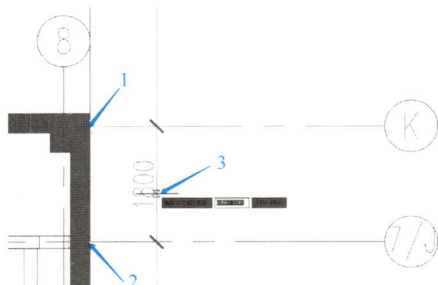

图 6-1-122　第一个尺寸标注

第一个尺寸标注绘制完成后，可以点击上部标注下拉菜单，选择连续选项，或者输入简化命令【DCO】，激活连续命令（图 6-1-123），此时会从第一个尺寸标注延伸出第二个尺寸标注，在非贯通轴线与墙体的交点处点击一点，完成第二个尺寸标注（图 6-1-124）。

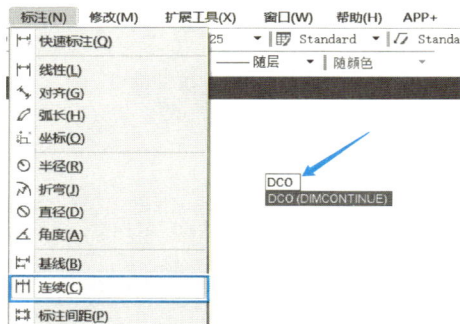

图 6-1-123　连续命令

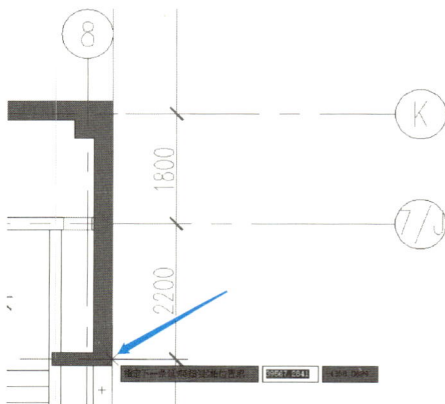

图 6-1-124　第二个尺寸标注

根据图 6-1-3 完成右侧外部第一道尺寸标注，并删除辅助线，效果如图 6-1-125 所示。

第一道尺寸标注绘制完成后，点击上部标注下拉菜单，选择基线选项，或者输入简化命令【DBA】（图 6-1-126），激活基线标注，系统会根据"标注样式管理器"中的基线间距自动生成第二道尺寸标注（图 6-1-127）。此时，第二道尺寸线的起始位置不符合标注的需求，需要进行修改，根据命令行提示，输入选取【S】（图 6-1-128），选择 Ⓚ 轴线上的第一道尺寸标注上方的尺寸界线即可正常标注第二道尺寸线（仅做示意），如图 6-1-129、图 6-1-130 所示。

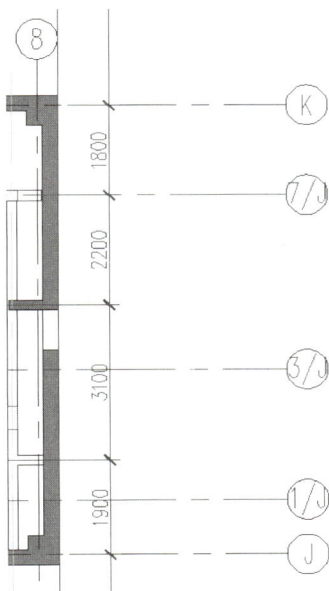

图 6-1-125 第一道尺寸标注

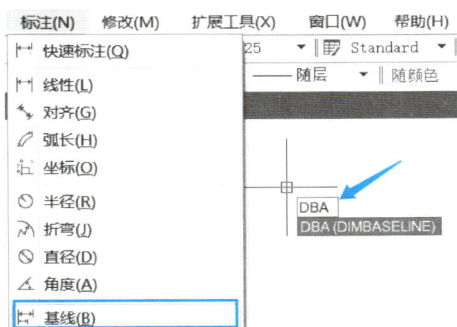

图 6-1-126 基线命令

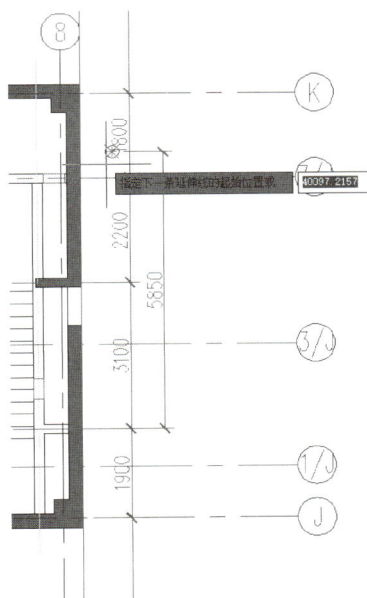

图 6-1-127 第二道尺寸标注

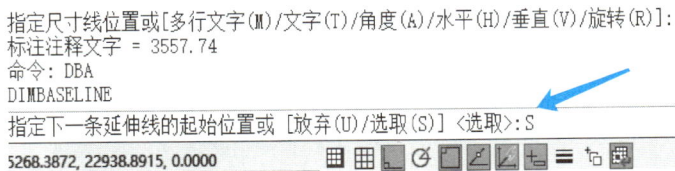

指定尺寸线位置或[多行文字(M)/文字(T)/角度(A)/水平(H)/垂直(V)/旋转(R)]:
标注注释文字 = 3557.74
命令: DBA
DIMBASELINE
指定下一条延伸线的起始位置或 [放弃(U)/选取(S)] <选取>:S

图 6-1-128 修改起始位置

4）图名标注

依据《房屋建筑制图统一标准》GB/T 50001-2017 中文字以及线宽的相关规定，本文中图名的汉字采用字高【7】，非汉字采用【4】，图名线采用多段线绘制。线宽为【b】，最终效果如图 6-1-131 所示。

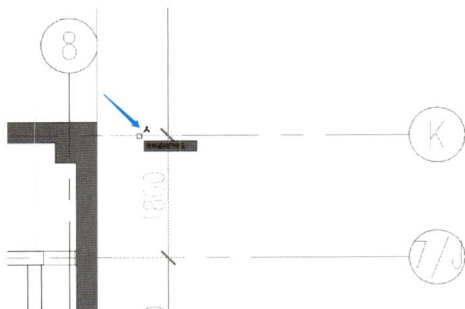

图 6-1-129　选择起始位置

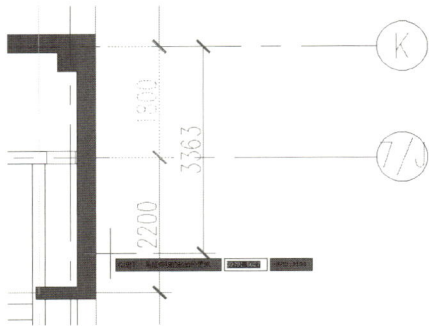

图 6-1-130　正确的起始位置

六层平面图（局部）1:100

图 6-1-131　图名标注

根据图 6-1-3，结合之前所介绍的各种方法，完成图 6-1-3 中所有的引出标注、文字、尺寸标注以及标高标注，并将图中未绘制的内容补充完整，统一轴线颜色、调整尺寸数字位置，至此完成【六层建筑平面图（局部）】的绘制，最终效果见附录图纸。

（6）绘制图框

6-1-7
建筑平面
图注释信
息的注写

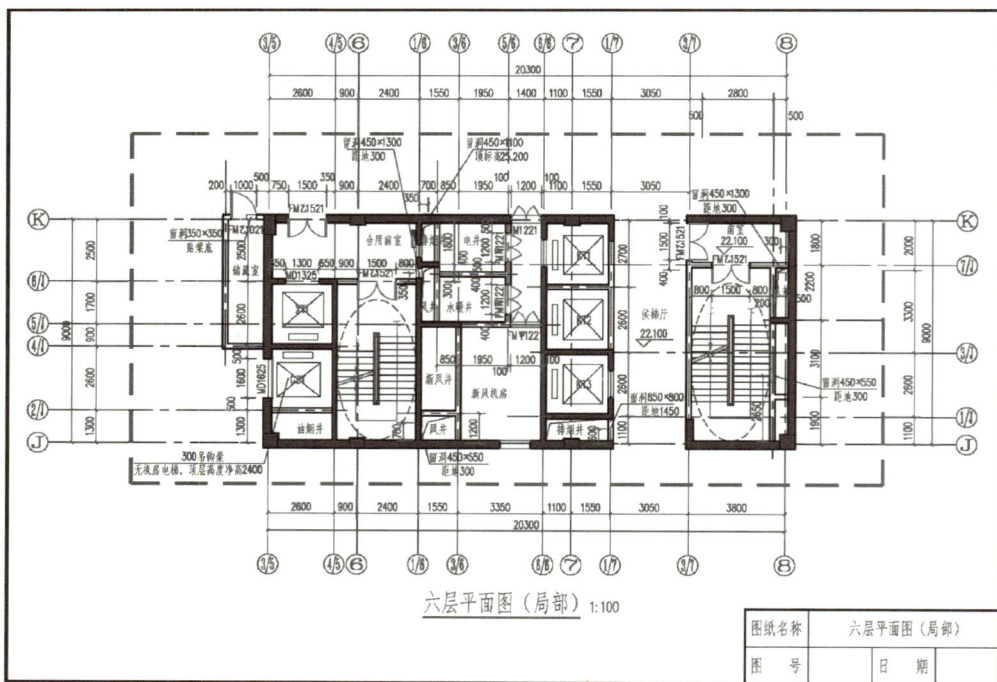

按照表 6-1-1 中的图层要求进行设置，结合图 6-1-2 标题栏尺寸运用矩形、直线、偏移、文字注写等命令绘制 A3 图框，然后把绘制好的六层平面图移入 A3 图框中（图 6-1-132）。

图 6-1-132　绘制图框

> **提示**
>
> 　　实际施工过程中，可能会出现图纸变更，建筑平面图中可能会出现诸如墙体位置、厚度等变更，在绘图练习中要学会认真读题，尤其有设计变更时更应仔细读题。

绘制建筑立面图

6.2.1　建筑立面图绘制内容（图 6-2-1）

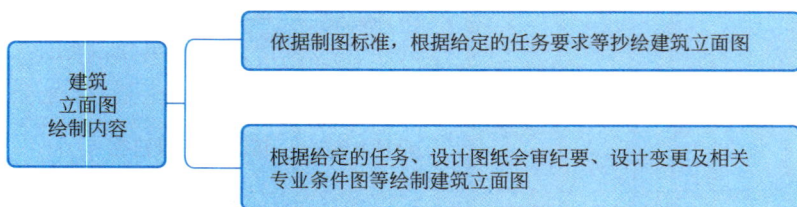

图 6-2-1　建筑立面图绘制内容

6.2.2　经典例题及分析（根据附图答题）

建筑绘图注意事项：

图层、文字、尺寸标注设置详见试题要求，并按设置的要求进行绘图及标注。建筑施工图绘图比例 1∶1，出图比例按试题要求。试题中未明确部分均按现行制图标准绘制。

【试题 6-2-1：建筑立面图绘制】

保存要求：完成绘制任务后，将绘制好的试题图纸保存在指定文件夹，文件名为"建筑试题-XXXX"。

打开样板图"建筑试题.dwg"，在给出的绘图区域内，根据所提供的建施图，绘制⑨～④轴局部建筑立面图（图 6-2-2）。绘图比例 1∶1，出图比例 1∶100，绘图要求如下，其余未明确部分按现行制图标准绘制。

1. 图层设置

图层颜色可以自选，线宽按现行制图标准绘制（线宽组取 $b=0.5$mm）。

2. 其他绘图要求

（1）门窗均用单线绘制。文字样式及尺寸标注样式同建筑平面图中要求，使用全局比例为 100。

（2）绘制内容：地坪线和外轮廓线、台阶、门窗、雨篷、阳台、檐口屋顶等，并标注尺寸、标高和图名。

绘图步骤：

由于图 6-2-2 中所表达的尺寸信息并不完善，所以还需结合本套图纸（建施-06、建施-07、建施-13、建施-16、建施-37、结施-11）来绘制。

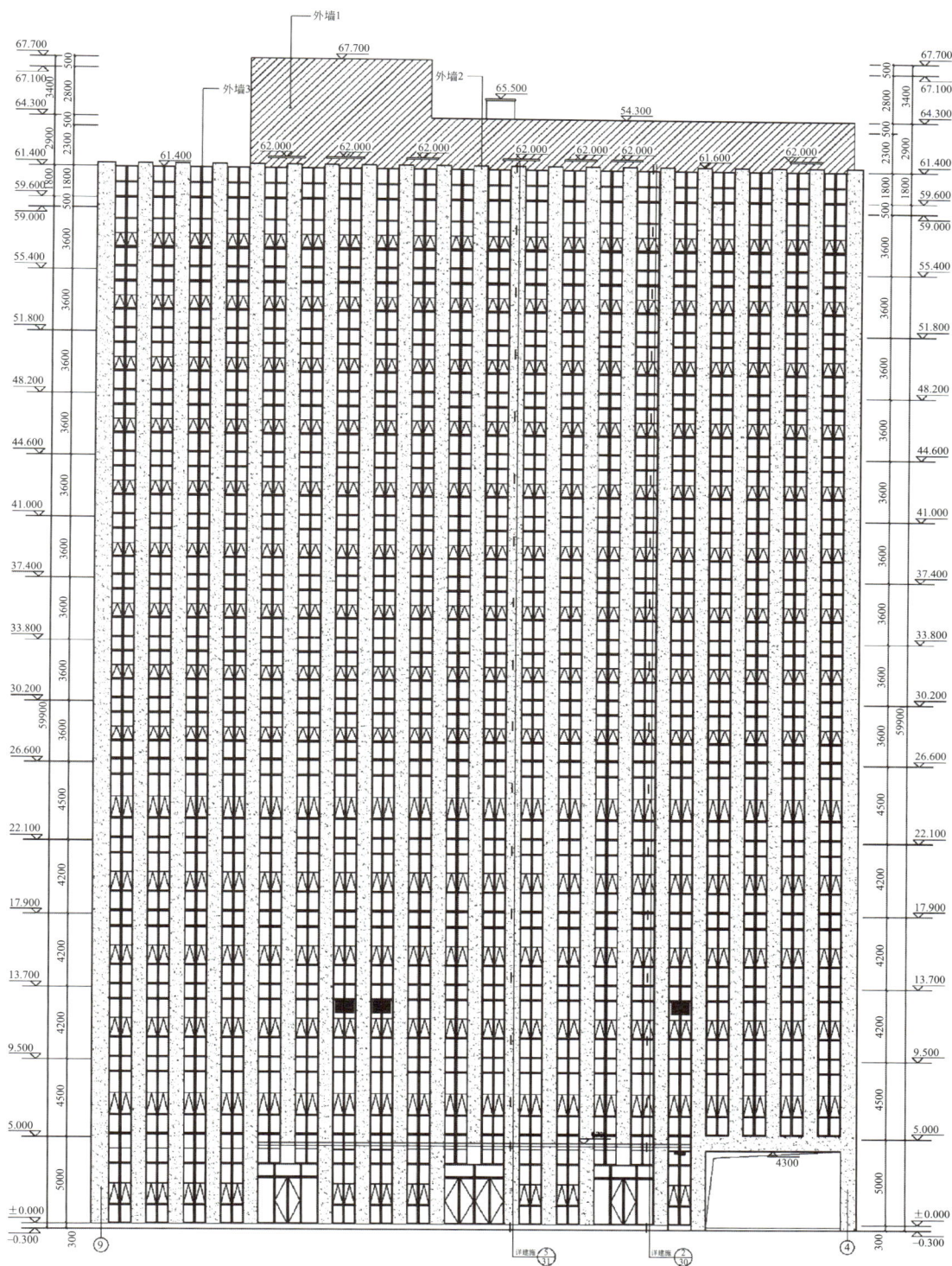

图例
浅黄色真石漆
浅咖啡色干挂石材

⑨～④立面图(局部)   1:100

图 6-2-2 ⑨～④轴建筑立面图 (局部)

251

（1）绘制轴网及楼层标高线

首先，根据（建施-06）一层平面图使用直线【L】或构造线【XL】命令，绘制⑨～④轴线之间的所有轴线，长度约为【80000】，并对轴线进行临时编号（图 6-2-3），由于⑨～④轴线的建筑立面图造型多为玻璃幕墙，所以在绘制时容易造成混淆，当出现绘制错误时可及时地根据轴号进行校对，提升绘图效率。

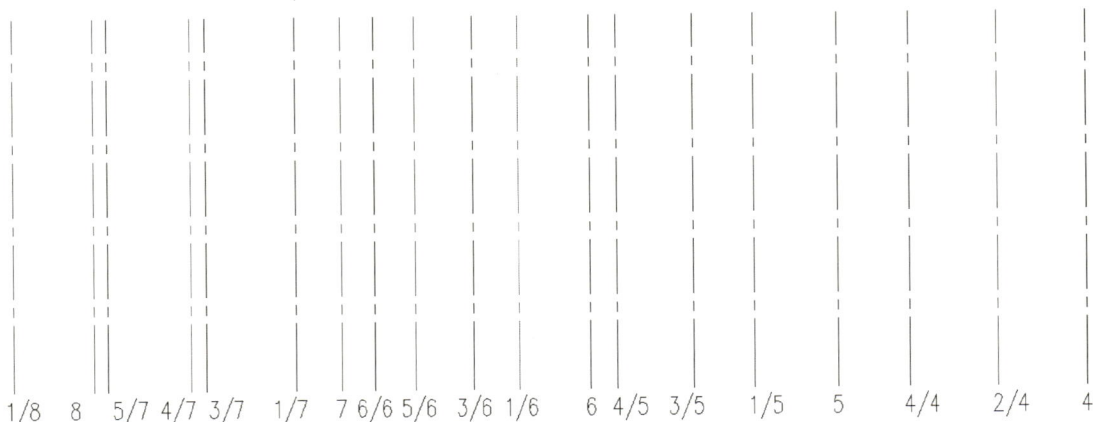

1/8　8　5/7 4/7 3/7　1/7　7 6/6 5/6　3/6 1/6　6 4/5 3/5　1/5　5　4/4　2/4　4

图 6-2-3　绘制轴网并编号

其次，根据（建施-16），绘制各个楼层的临时建筑标高线，并使用之前所介绍的线性标注、圆、直线、偏移等命令，绘制标高、注写楼层文字、绘制尺寸标注、折断符号等（图 6-2-4）。

（2）幕墙、干挂石材定位

轴线和临时建筑标高线绘制完成后，需结合本套图纸（建施-06、建施-07、建施-16、建施-37）绘制幕墙、门窗、洞口、干挂石材的详细位置线，并将屋面造型按标高修剪正确，且在底部使用引出和文字命令注写幕墙代号（图 6-2-5、图 6-2-6），这样做的好处是在依据详图绘制幕墙时无需来回翻看多张图纸，减少绘制错误的概率，并且同型号的幕墙复用时不会出错。

（3）绘制幕墙详图

幕墙定位线及幕墙代号注写完成后，根据（图 6-2-2）中⑨～④轴立面图（局部）所用到的幕墙型号结合本套图纸（建施-16、建施-37），在绘图区空白位置绘制各型号的幕墙详图并注写幕墙代号，幕墙边框宽度为【50】（图 6-2-7）。

最后将与建筑立面图对应的幕墙详图放置在适当的位置，并删除临时标注的幕墙代号，完成幕墙的绘制，效果（图 6-2-8）。

（4）绘制消防水箱间、屋顶雨篷立面轮廓

绘制消防水箱间、屋顶雨篷立面图时需结合（建施-13、建施-16、结施-11）水箱间详图中的详细定位尺寸以及所标注的标高来绘制，最终效果如图 6-2-9 所示。

6-2-1 建筑立面图轴线绘制及标高信息的注写

6-2-2 建筑立面图底层构件的绘制

6-2-3 建筑立面图幕墙详图的绘制

6-2-4 建筑立面图顶层构件的绘制

67.700 500
67.100 3400 2800
64.300 500 2900 2300
61.400 1800 2300 1800
59.600 500 1800
59.000 3600
55.400 3600
54.600 3600
48.200 3600
44.600 3600
41.000 3600
37.400 3600
33.800 3600
30.200 59000 3600
26.600 4500
22.100 4200
17.900 4200
13.700 4200
9.500 4500
5.000 5000
±0.000 300
-0.300

67.700 500
67.100 3400 2800
64.300 500 2500 2300
61.400 1800 1800
59.600 500 3600
59.000
55.400 3600
54.600 3600
48.200 3600
44.600 3600
41.000 3600
37.400 3600
33.800 3600
30.200 3600
26.600 4500
22.100 4200
17.900 4200
13.700 4200
9.500 4500
5.000 5000
±0.000 300
-0.300

9 1/8 8 5/7 4/7 3/7 1/7 7 6/6 5/6 3/6 1/6 6 4/5 3/5 1/5 5 4/4 2/4 4

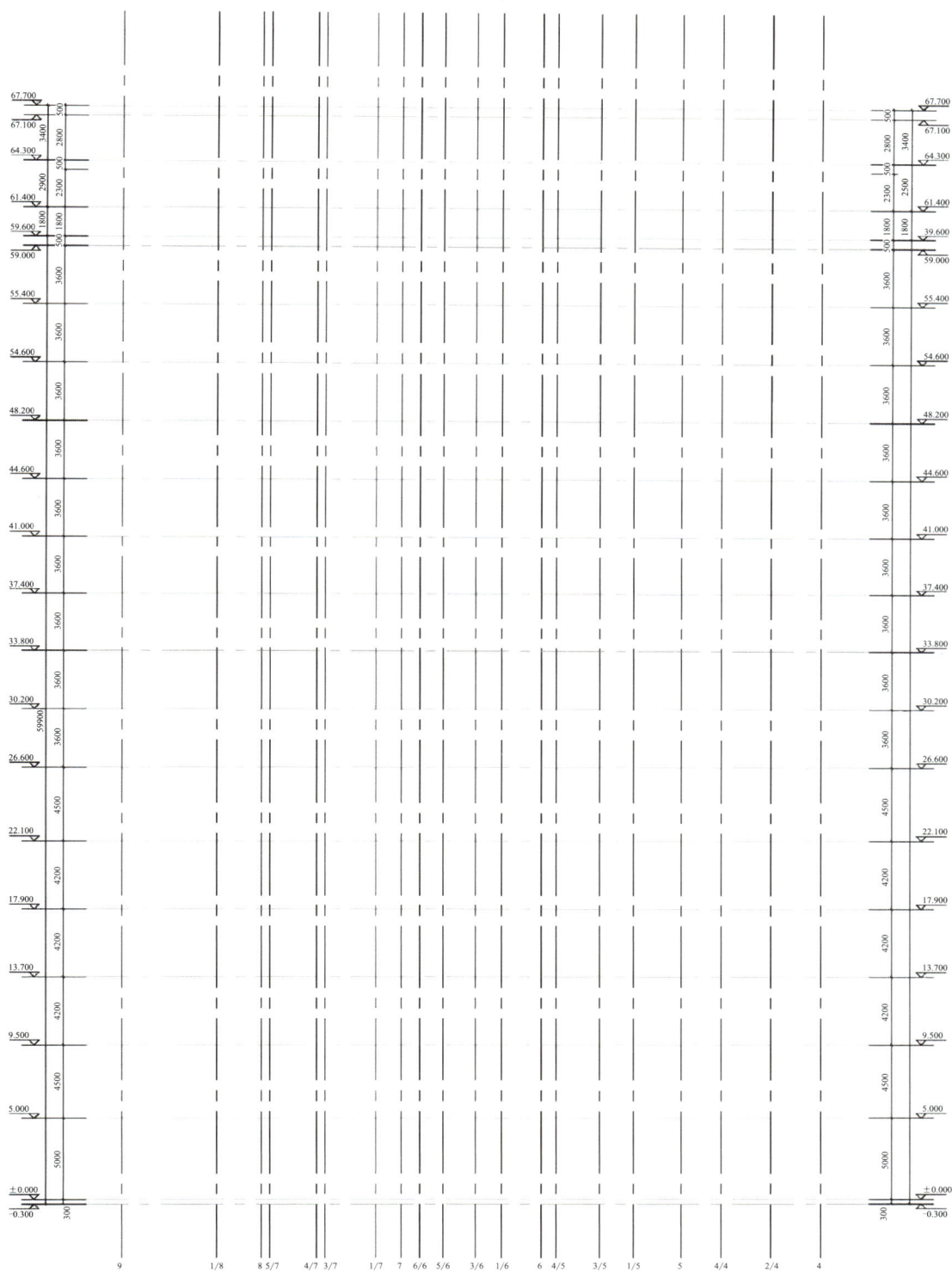

图 6-2-4 绘制临时建筑标高线

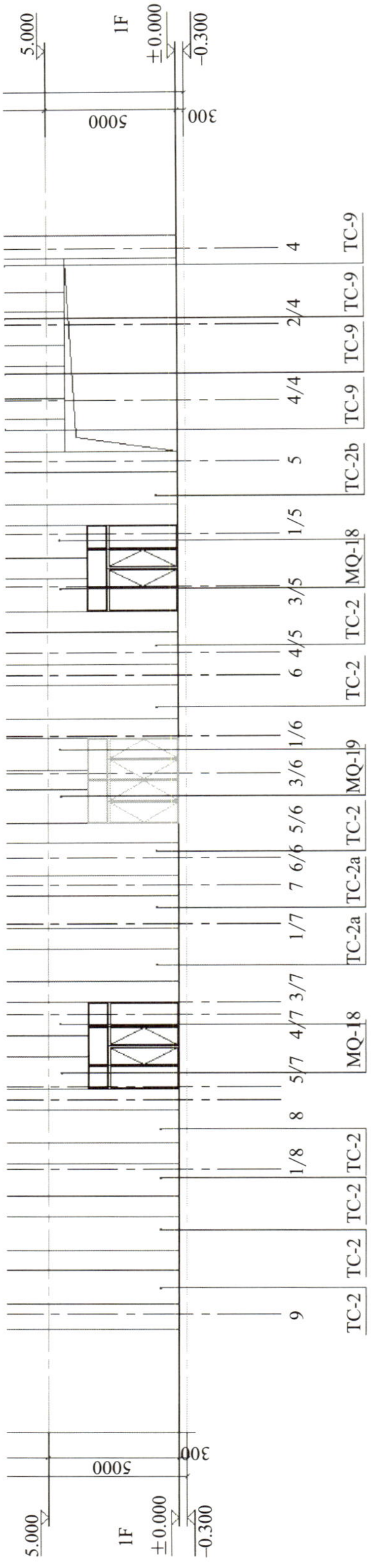

图 6-2-5 注写幕墙代号

图 6-2-6 绘制屋面造型

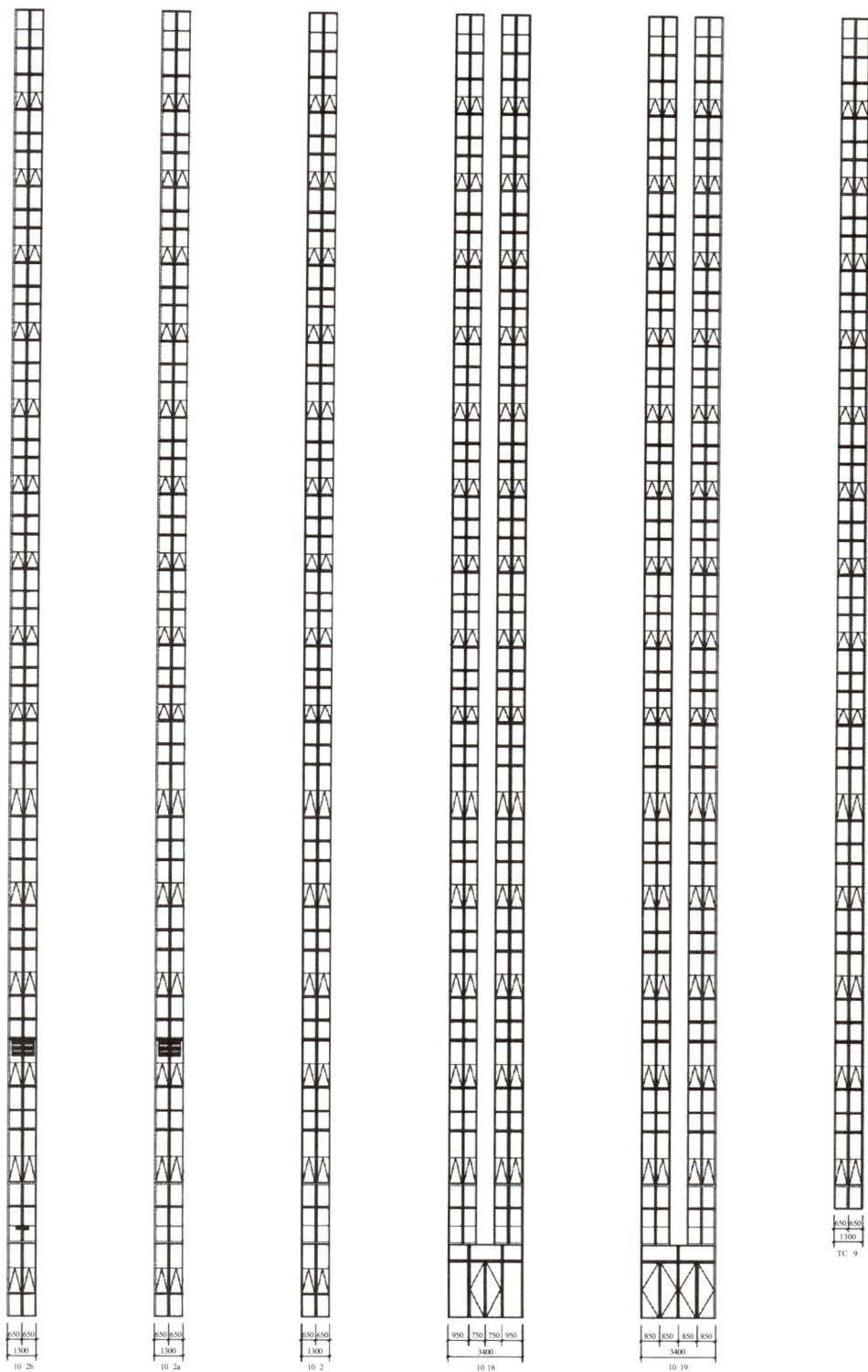

图 6-2-7　幕墙详图

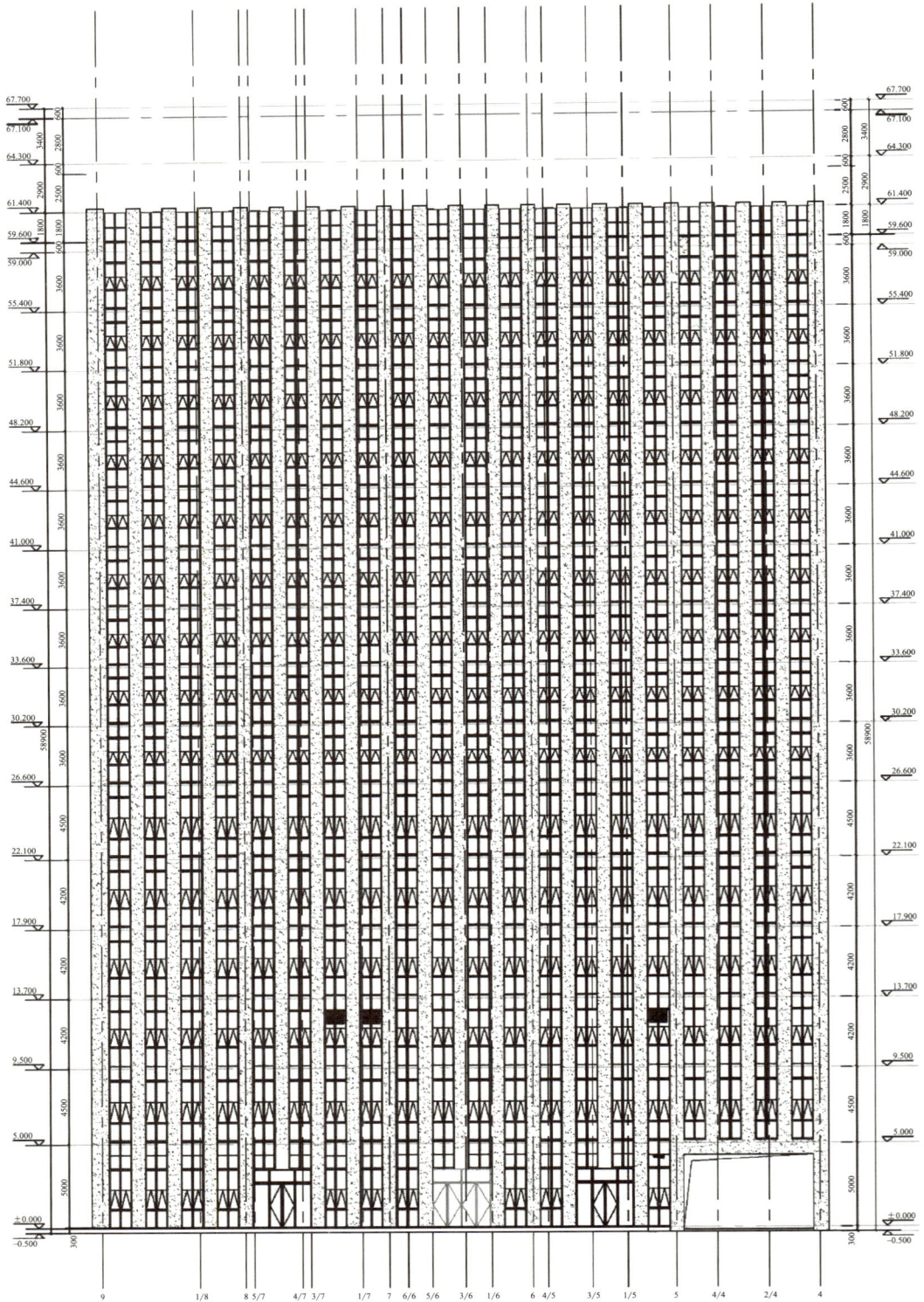

图 6-2-8　放置幕墙详图

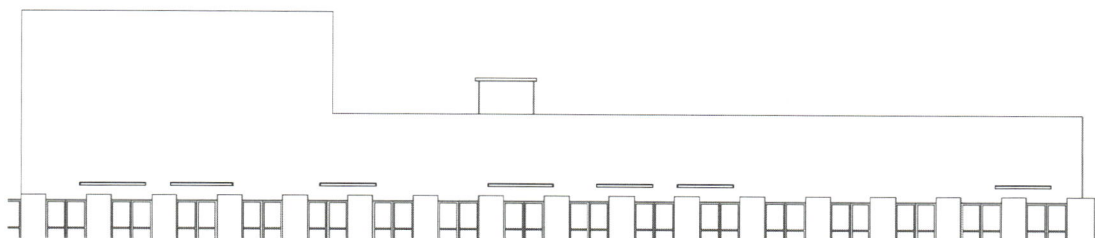

图 6-2-9　绘制水箱间、屋顶雨篷

（5）注写注释信息、图案填充

最后，依据《房屋建筑制图统一标准》GB/T 50001—2017 中的相关规定和图纸要求，注写必要的轴号、索引符号、标高符号、图名标注等信息，并根据制图标准将立面图最外围轮廓线修改为线宽【b】；删除多余的轴线、楼层位置线，根据相关图纸将底部雨篷板、台阶等补绘完整，对需要填充的图样部分进行图案填充，并绘制图例信息，最终效果如图 6-2-10 所示。

提示

　　"1＋X"建筑工程识图技能等级证书主要考核学生根据给定的任务和施工图绘制建筑立面图，要求学生以建筑平面图、建筑立面图、门窗表、墙身大样等施工图为依据，绘制指定范围的立面施工图，这种绘图方式与"建筑工程识图"全国职业院校技能大赛的考核方式类似，但不同的是"1＋X"证书中的立面图绘制任务会给出要求绘制的立面图，但"建筑工程识图"大赛中的立面图绘制任务则不会给出要求绘制的立面图。

图例

▨▨　浅黄色真石漆　⑨~④立面图(局部)　1:100

▨▨　浅咖啡色干挂石材

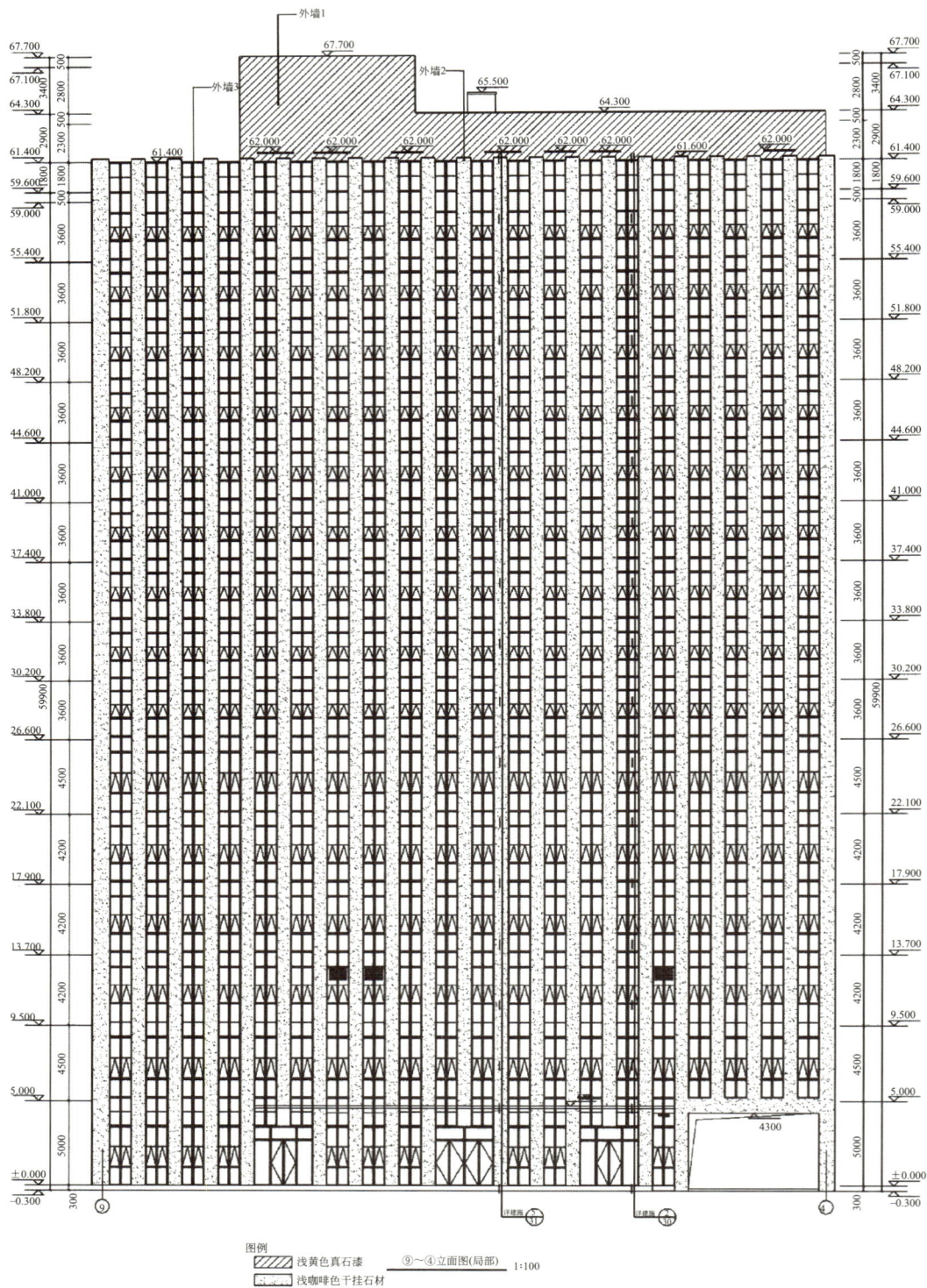

图 6-2-10　最终效果

任务 6.3　绘制建筑剖面图

6.3.1　建筑剖面图绘制内容（图 6-3-1）

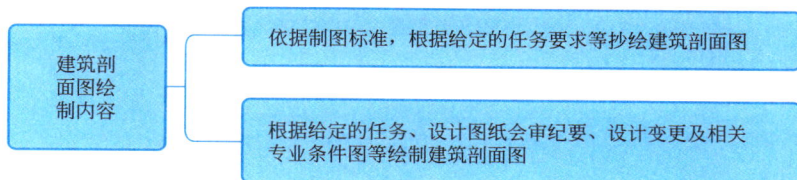

```
建筑剖      ── 依据制图标准，根据给定的任务要求等抄绘建筑剖面图
面图绘
制内容      ── 根据给定的任务、设计图纸会审纪要、设计变更及相关
             专业条件图等绘制建筑剖面图
```

图 6-3-1　建筑剖面图绘制内容

6.3.2　经典例题及分析（根据附图答题）

建筑绘图注意事项：

图层、文字、尺寸标注设置详见试题要求，并按设置的要求进行绘图及标注。建筑施工图绘图比例 1：1，出图比例按试题要求。试题中未明确部分均按现行制图标准绘制。

【试题 6-3-1：建筑剖面图绘制】

保存要求：完成绘制任务后，将绘制好的试题图纸保存在指定文件夹，文件名为"建筑试题-XXXX"。

打开样板图"建筑试题.dwg"，在绘图区域内绘制⑦轴线左侧 1-1 剖面图，绘图范围为Ⓐ～Ⓔ轴之间、一层和二层局部建筑剖面图（图 6-3-2），出图比例为 1：100，其余未明确部分按现行制图标准绘制。

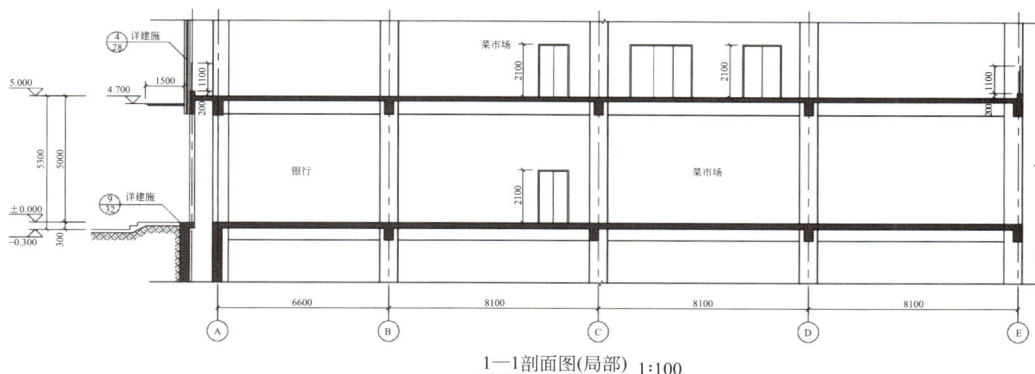

1—1剖面图(局部) 1:100

图 6-3-2　1-1 剖面图（局部）

1. 图层设置

图层颜色可以自选，线宽按现行制图标准绘制（线宽组取 $b=0.5$mm）。

2. 文字样式设置、尺寸标注样式设置同建筑平面图要求。

3. 其他绘图要求。

绘制任务：剖到的台阶、雨篷、室内外地面、楼板层、墙、门窗等，并标注尺寸、标高和图名。

绘图步骤：

由于图 6-3-2 中所表达的尺寸信息并不完善，所以还需结合本套图纸（建施-06、建施-07、建施-32、建施-28、结施-05、结施-06、结施-07、结施-12、结施-13、结施-16、结施-19、结施-20）来绘制。

（1）绘制轴网

根据图 6-3-2，使用直线命令【L】，绘制Ⓐ～Ⓔ轴垂直轴线，长度约为【13000】，并注写轴号（图 6-3-3）。

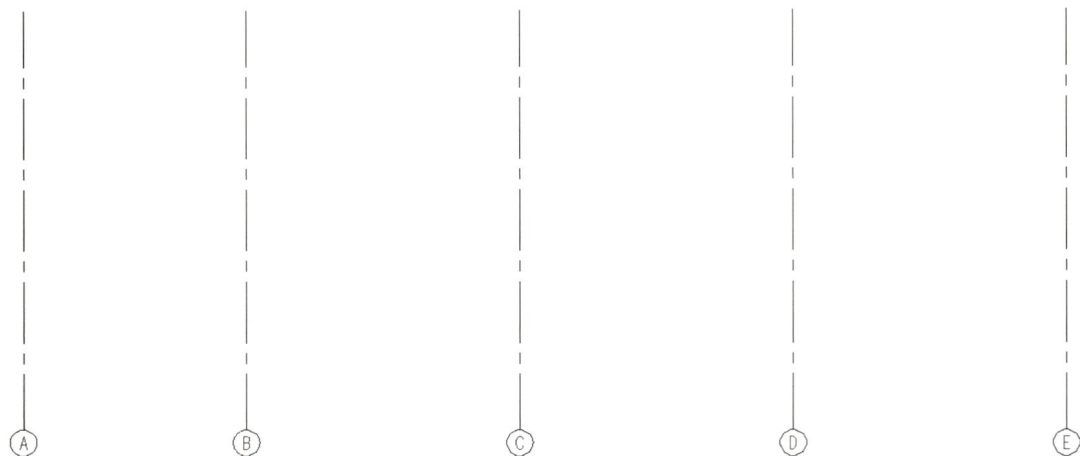

图 6-3-3　绘制轴线

（2）绘制一层、二层结构梁、板、墙

根据一层结构平面图（结施-05）中的文字说明，使用直线命令【L】，绘制一条贯通Ⓐ～Ⓔ轴线的线段，并使用偏移命令【O】，向下偏移【180】，绘制一层的结构顶板，根据本套图纸（结施-05、结施-06）中图名处的标高，将直线命令所绘制的线段向上偏移【5000】，绘制二层结构面层线，根据图纸（结施-06）剖切位置处的板编号【LB2】，结合图纸（结施-07）中【表 1】，使用偏移命令将二层结构面层线向下偏移【110】，完成一层、二层板的绘制（图 6-3-4）。

根据图纸（结施-13）可看出地下室外墙的代号为【WQ2】，风井外墙内侧距Ⓐ轴线的距离为【1100】，墙厚为【350】（图 6-3-5）。

使用偏移命令【O】，将Ⓐ轴线向左偏移两次，尺寸分别为【1100】、【1450】（图 6-3-6）。

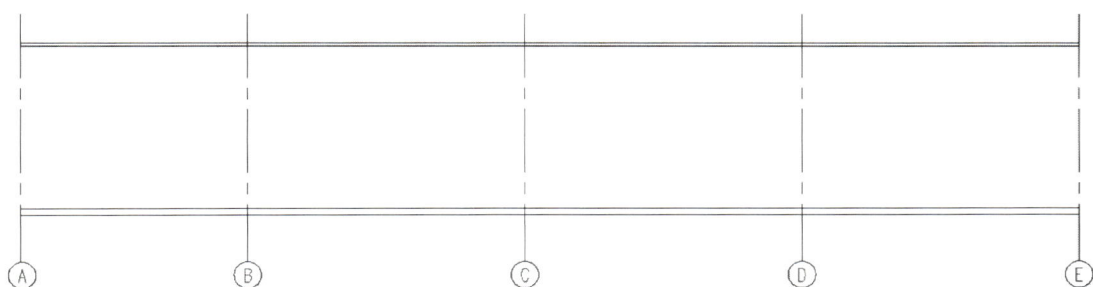

图 6-3-4 绘制一层、二层结构顶板

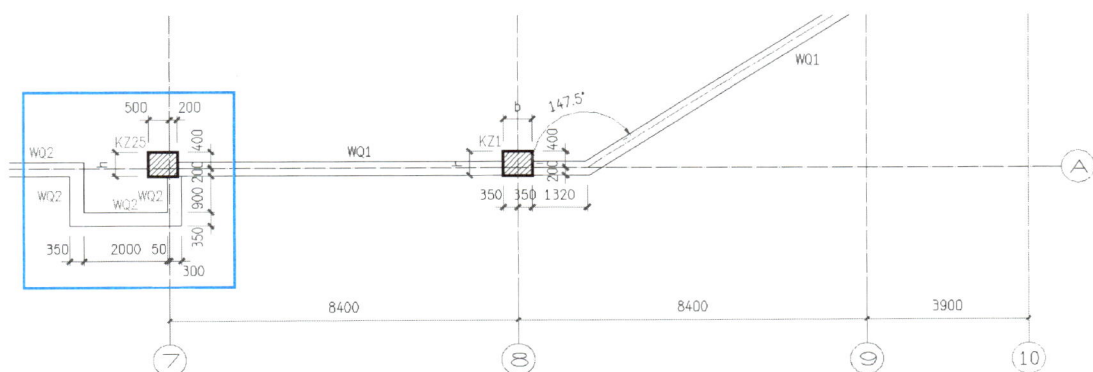

图 6-3-5 地下室外墙尺寸

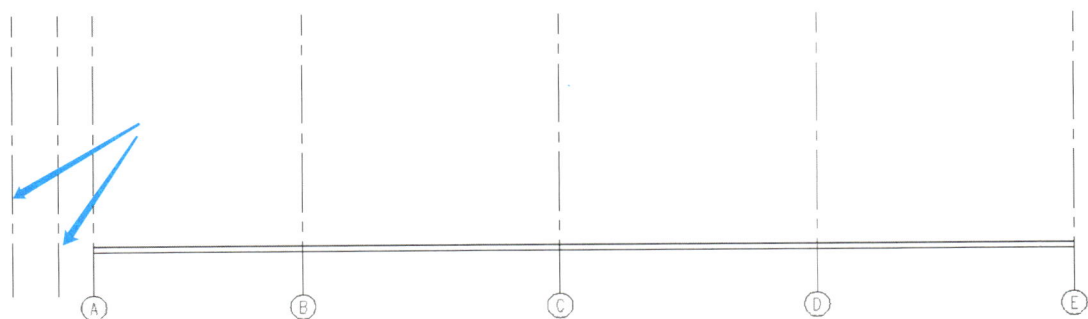

图 6-3-6 偏移外墙线

点击右侧修改工具栏倒数第三个图标，或者输入简化命令【F】，激活圆角命令（图 6-3-7），根据命令行提示，拾取最左侧偏移的线段和结构板的面层线，将两条线段相连，然后使用修剪命令【TR】，将Ⓐ轴线左侧第一条线段修剪（图 6-3-8）。

点击上部修改下拉菜单，选择特性匹配选项，或者输入简化命令【MA】，激活特性匹配命令（图 6-3-9），根据命令行提示，首先拾取结构板线，再【C 窗选】左侧所偏移的风井外墙线（图 6-3-10），将外墙线的颜色及图层修改为墙柱图层（图 6-3-11）。

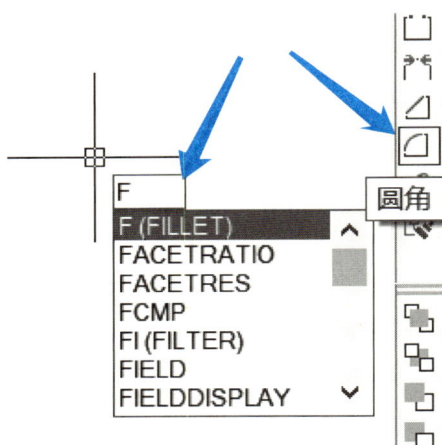

图 6-3-7　圆角命令

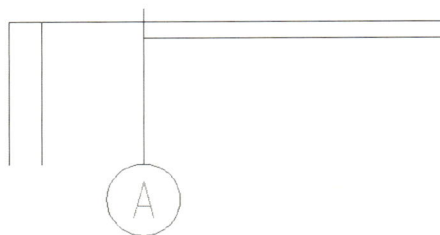

图 6-3-8　绘制风井外墙线

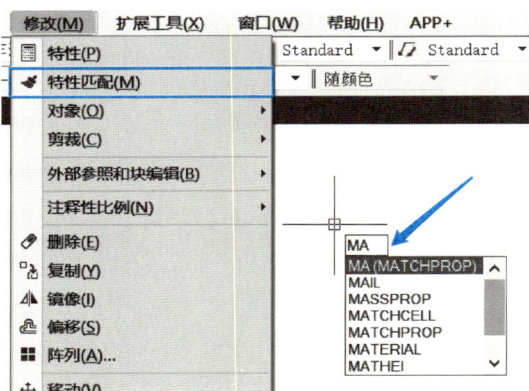

图 6-3-9　特性匹配命令

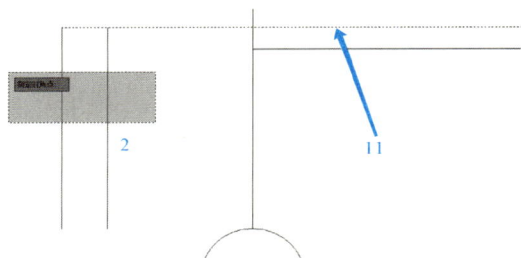

图 6-3-10　特性匹配命令的用法

　　使用同样的方法，结合图纸（结施-13），确定地下室外墙的定位，绘制Ⓐ轴线上的地下室结构外墙线，并将多余的线段修剪（图 6-3-12）。

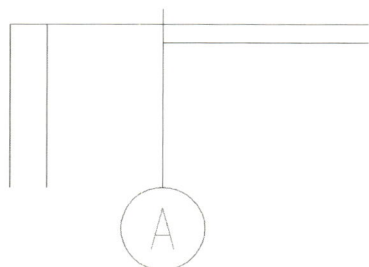

图 6-3-11　修改线段颜色及图层

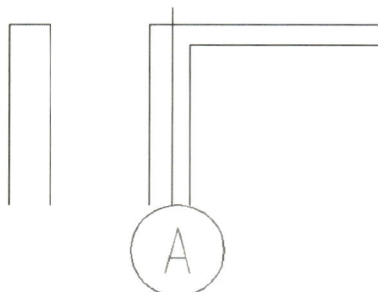

图 6-3-12　绘制地下室外墙

由于绘制的是建筑剖面图，根据《房屋建筑制图统一标准》GB/T 50001-2017 的规定，剖面图不仅需要绘制剖切到的构件，还需绘制未剖切到但是可以看到的构件，所以还需绘制⑥轴线与Ⓐ轴线相交处框架柱的轮廓线，依据图纸（结施-13）中的详细尺寸，使用偏移命令【O】将Ⓐ轴线向右偏移【400】，再使用修剪、特性匹配等命令将多余的线段修剪并放置适当的图层（图 6-3-13）。

根据图纸（结施-19）一层梁平法施工图Ⓑ轴线上的梁集中标注可看出梁的截面尺寸为【350×650】，梁居中于Ⓑ轴线，使用矩形命令【REC】绘制梁的截面尺寸，再使用移动命令【M】将矩形移动到适当位置，最后使用修剪、删除等命令将多余的线段修剪，完成Ⓑ轴线处梁截面的绘制（图 6-3-14）。

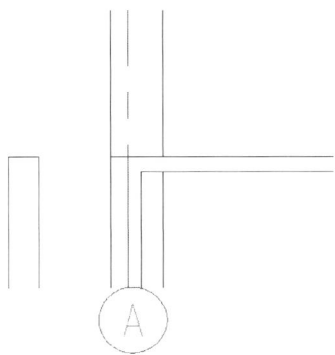

图 6-3-13　绘制看到的框架柱

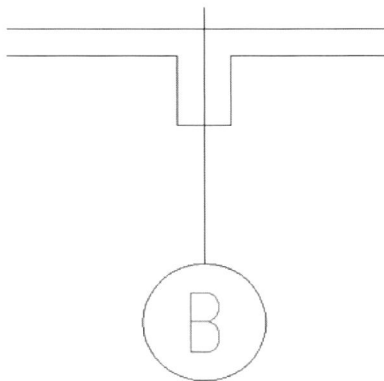

图 6-3-14　绘制剖切到的梁截面

使用同样的方法，结合图纸（结施-05、结施-06），将一层、二层中Ⓐ~Ⓔ轴线上所有的结构梁绘制出来，并将多余的线段修剪（图 6-3-15）。

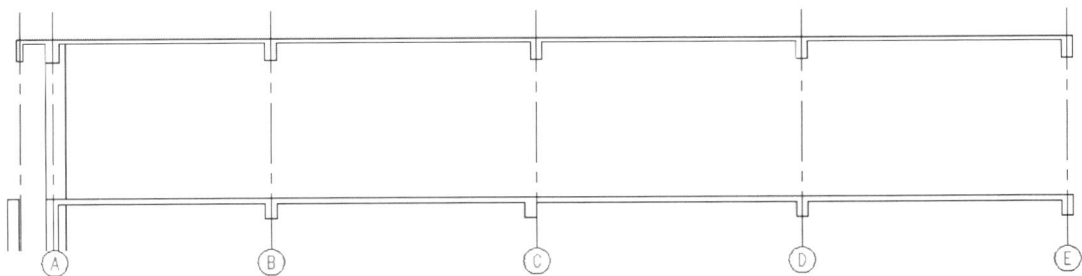

图 6-3-15　绘制一层、二层框架梁

根据之前所介绍的方法，结合图纸（结施-13、结施-14）将⑥轴线处未剖切到但是可以看到的框架柱轮廓线绘制出来（图 6-3-16）。

除了看到的框架柱，同样还需绘制可以看到的框架梁轮廓线，结合图纸（结施-19、结施-20）⑥轴线处梁的集中标注，绘制一层、二层梁立面轮廓线，并修剪多余线段（图 6-3-17）。

由于建筑完成面与结构完成面有【50】的高差，所以还需使用偏移命令【O】将一

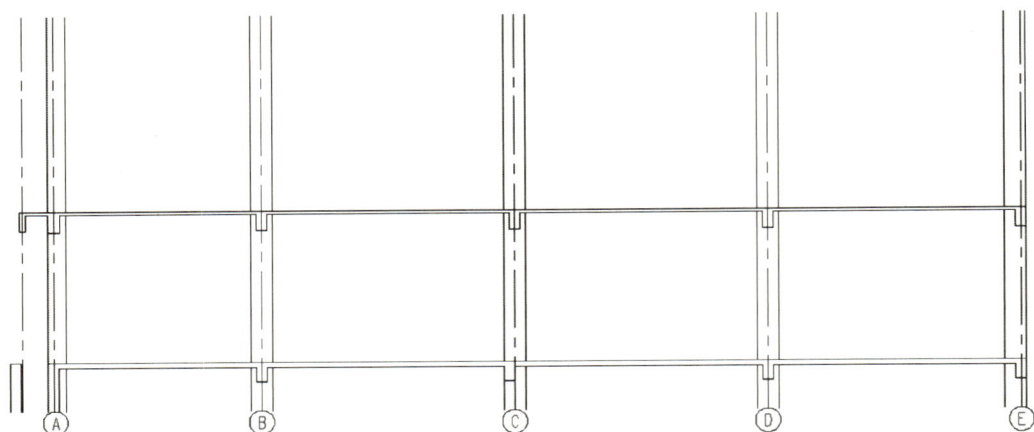

图 6-3-16　绘制一层、二层框架柱

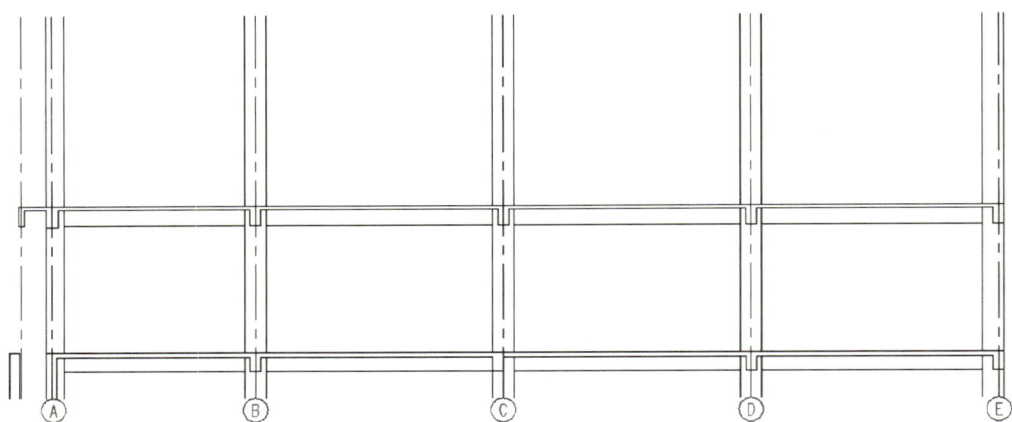

图 6-3-17　绘制一层、二层框架梁立面轮廓线

6-3-1
建筑剖面图
轴线、
梁板墙的绘制

层、二层结构板完成面线向上偏移【50】，绘制建筑完成面线，并暂时修改线条颜色，删除结构完成面线，如图 6-3-18 所示。

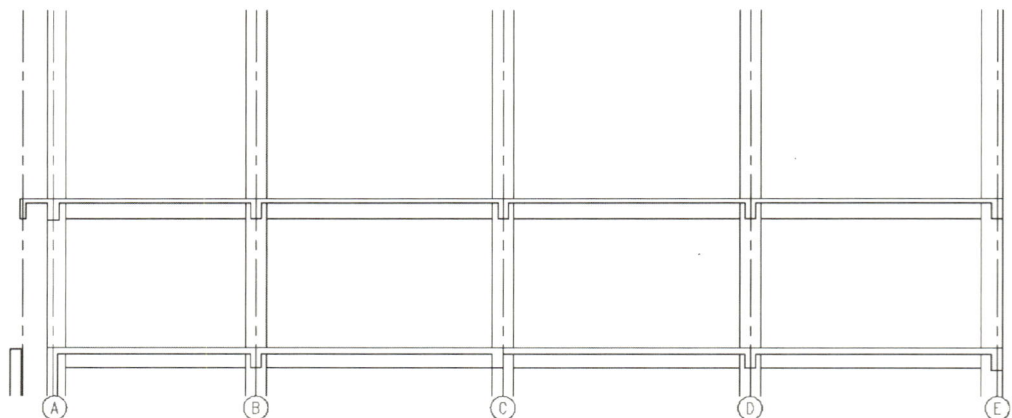

图 6-3-18　绘制一层、二层建筑完成面

（3）绘制室外台阶

根据图纸（建施-06）1-1 剖切符号处找到台阶详图（图 6-3-19、图 6-3-20）。

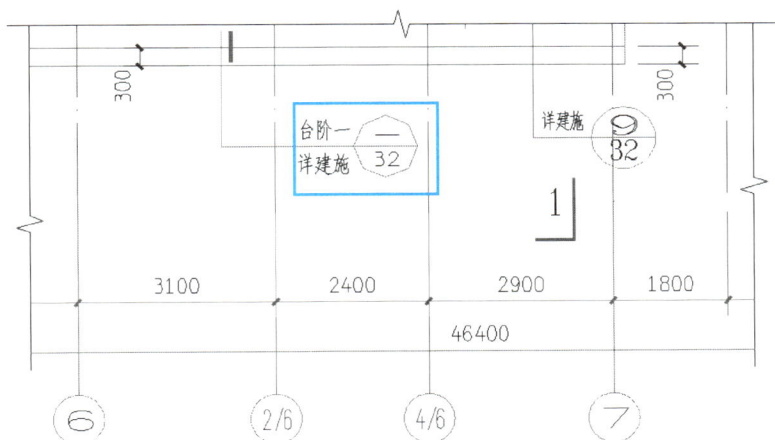

图 6-3-19　室外台阶索引图

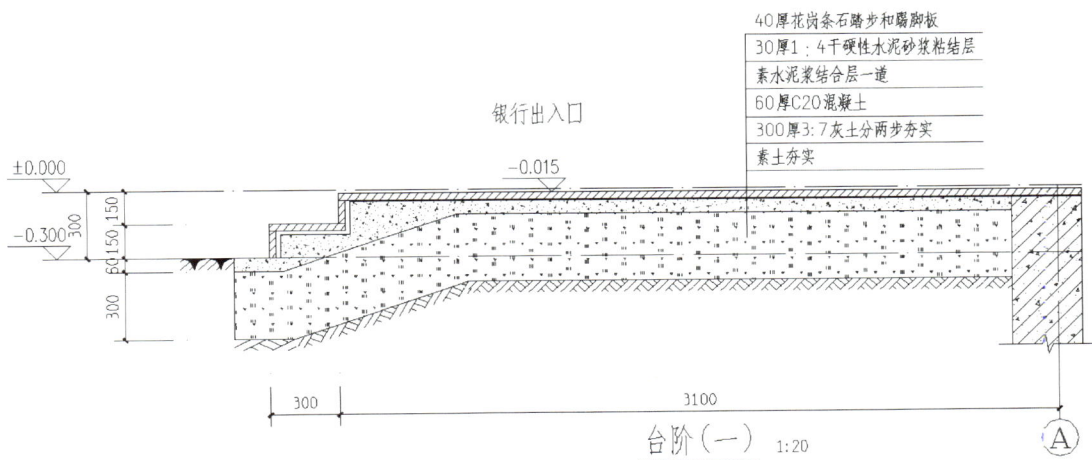

图 6-3-20　室外台阶详图

使用构造线命令【XL】，在一层完成面处绘制水平辅助线，并使用偏移命令【O】，将构造线向下偏移【15】，绘制室外台阶完成面，并删除辅助线，在适当位置修剪多余线段（图 6-3-21）。

再使用偏移命令【O】将Ⓐ轴线向右偏移【3100】后，使用圆角命令【F】将第一个踢面和踏面圆角（图 6-3-22）。

依据图 6-3-20，使用同样的方法，将剩余的台阶完成面线绘制出来，并将图线放置到适当的图层中（图 6-3-23）。

点击右侧修改倒数第五个图标，或者输入简化命令【J】，激活合并命令（图 6-3-24），根据命令行提示，【C 窗选】所有台阶完成面线后，敲击空格键，将台阶完成面线转化为多段线（图 6-3-25）。

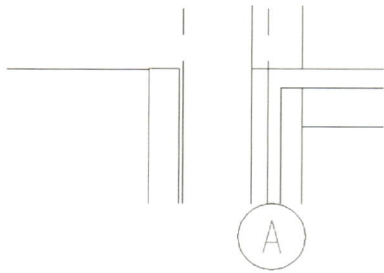

图 6-3-21 绘制室外台阶完成面

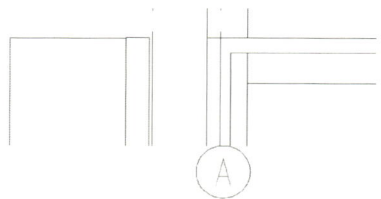

图 6-3-22 绘制第一个台阶

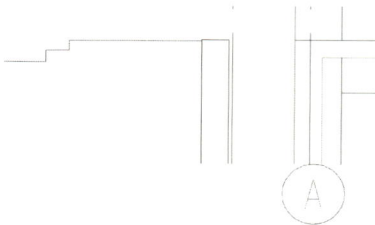

图 6-3-23 绘制室外台阶完成面

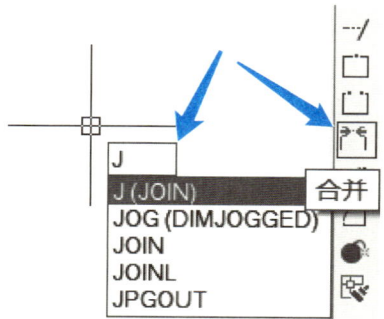

图 6-3-24 合并命令

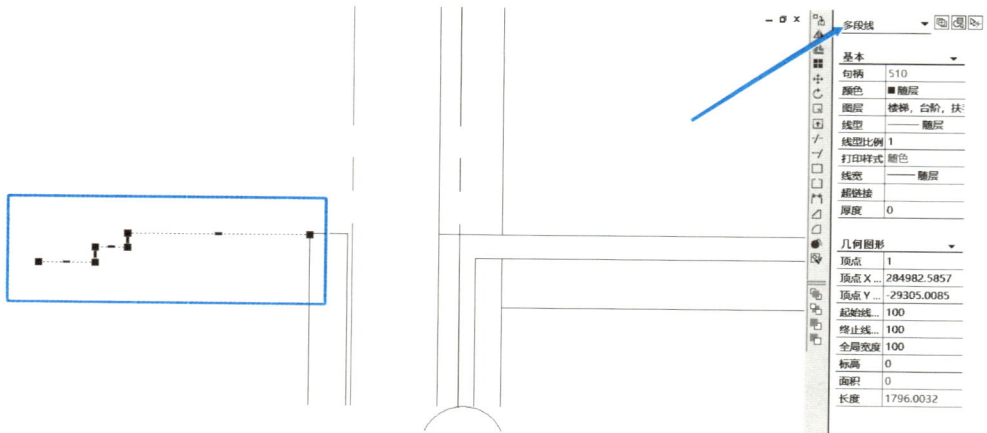

图 6-3-25 转化多段线

　　根据（图 6-3-5）中的引出标注，使用偏移命令【O】将台阶完成面线向下偏移【70】，并使用直线命令【L】连接踢面和踏面的交点（图 6-3-26），再次使用偏移命令将所绘制的斜线向下偏移【60】，同时使用构造线命令在台阶水平完成面和室外土壤处同时做辅助线并分别向下偏移【130】、【60】，最后使用圆角命令将所偏移的线段连接，并删除所有的辅助线，绘制人工地基的完成面线（图 6-3-27）。

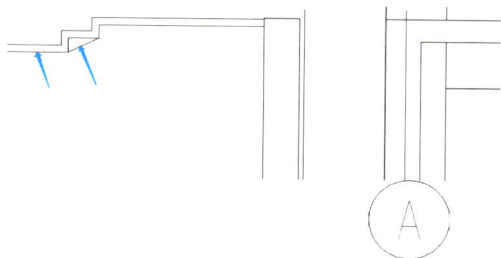

图 6-3-26　偏移踏步完成面

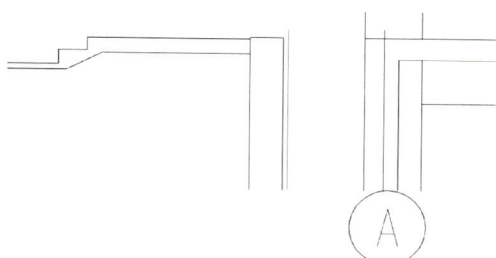

图 6-3-27　绘制人工地基完成面

重复之前的操作，使用合并命令【J】，将人工地基完成面线合并为多段线，并使用偏移命令向下偏移【300】，完成台阶的图样轮廓线绘制（图 6-3-28）。

最后，找到图 6-3-2 中风井处详图，将地下室风井檐口绘制出来，结构板厚为【180】（图 6-3-29）。

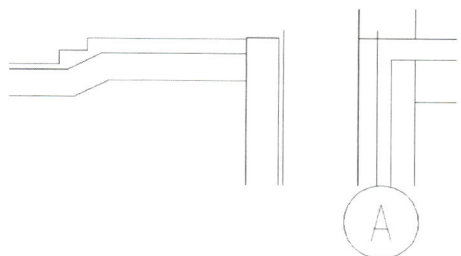

图 6-3-28　绘制人工地基底面

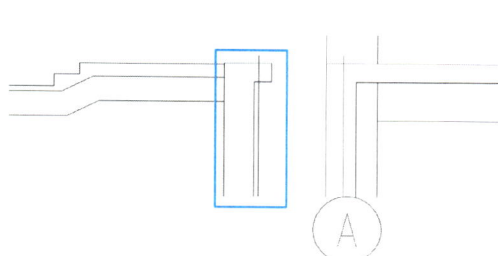

图 6-3-29　绘制风井檐口

（4）绘制雨篷及地台、扶手栏杆、幕墙

根据图 6-3-2 中二层雨篷位置的索引符号，找到相关位置处的详图（图 6-3-30）。

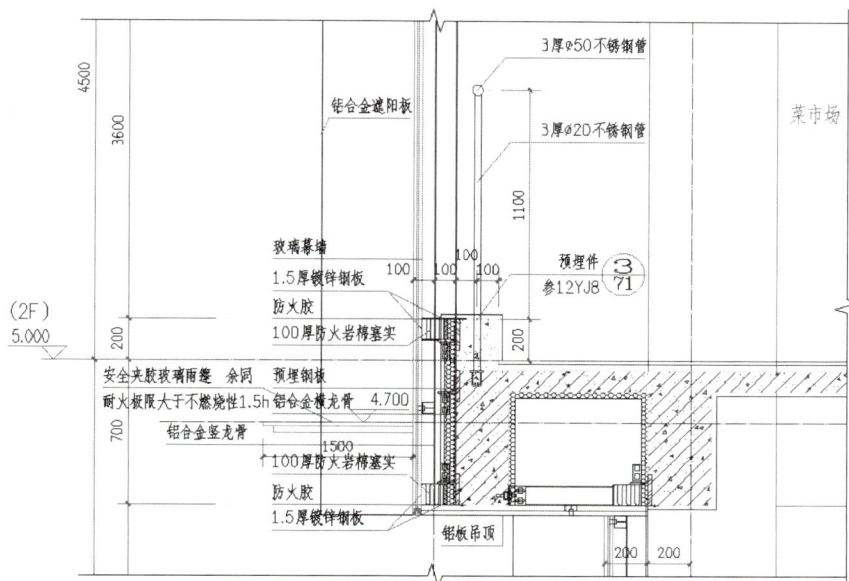

图 6-3-30　雨篷处详图

　　根据图 6-3-30，使用矩形命令【REC】绘制【200×200】的地台，再使用多段线命令【PL】，将线宽修改为【20】，从地台中心线处拾取作为起始点，输入【1100】绘制栏杆，然后使用圆环命令【DO】根据命令行提示，输入内径为【0】，外径为【50】，在栏杆终点处点击一点，绘制扶手，最后将所绘制的地台、扶手、栏杆放置到适当位置，并修剪多余线段（图 6-3-31）。

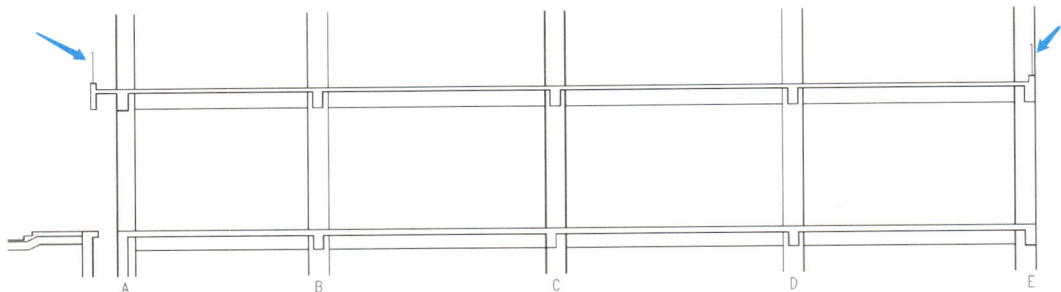

图 6-3-31　绘制地台、扶手、栏杆

　　使用同样的方法，结合图 6-3-2 绘制建筑剖面图中的幕墙，并放置到适当的图层，最终效果如图 6-3-32 所示。

　　最后，根据图 6-3-30 中的详细尺寸，使用直线、矩形等命令绘制雨篷、剖切到的门窗等，最终效果如图 6-3-33 所示。

图 6-3-32　绘制幕墙

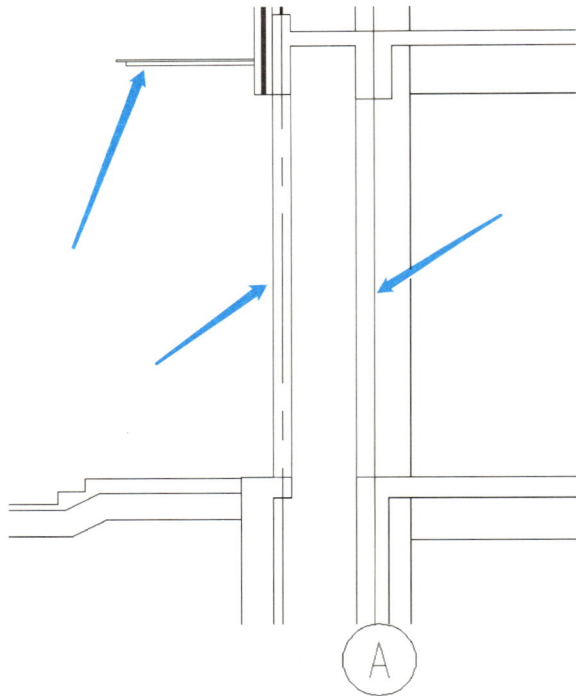

图 6-3-33　绘制雨篷、剖切到的门

（5）绘制立面门

根据图 6-3-2 中建筑内部门的位置信息，在图纸（建施-06、建施-07）中找到门的定位尺寸和宽度尺寸（图 6-3-34、图 6-3-35），使用矩形、直线等命令绘制一层、二层建筑内部门，最终效果如图 6-3-36 所示。

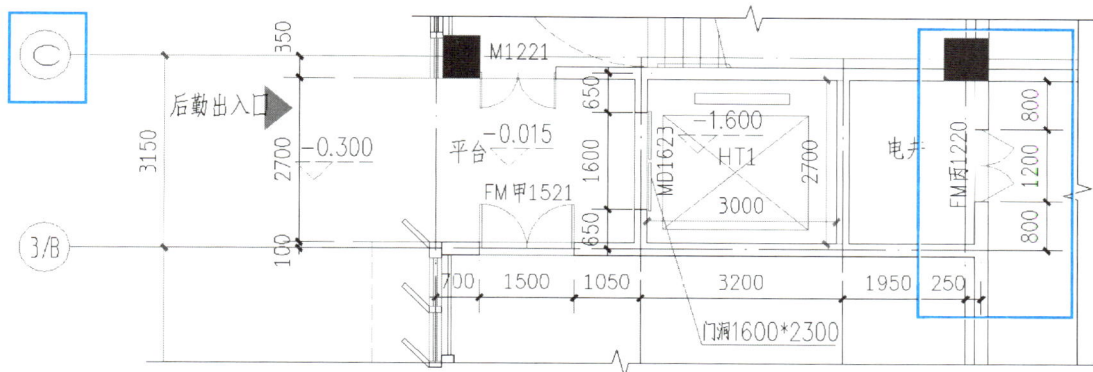

图 6-3-34　一层门定位、尺寸信息

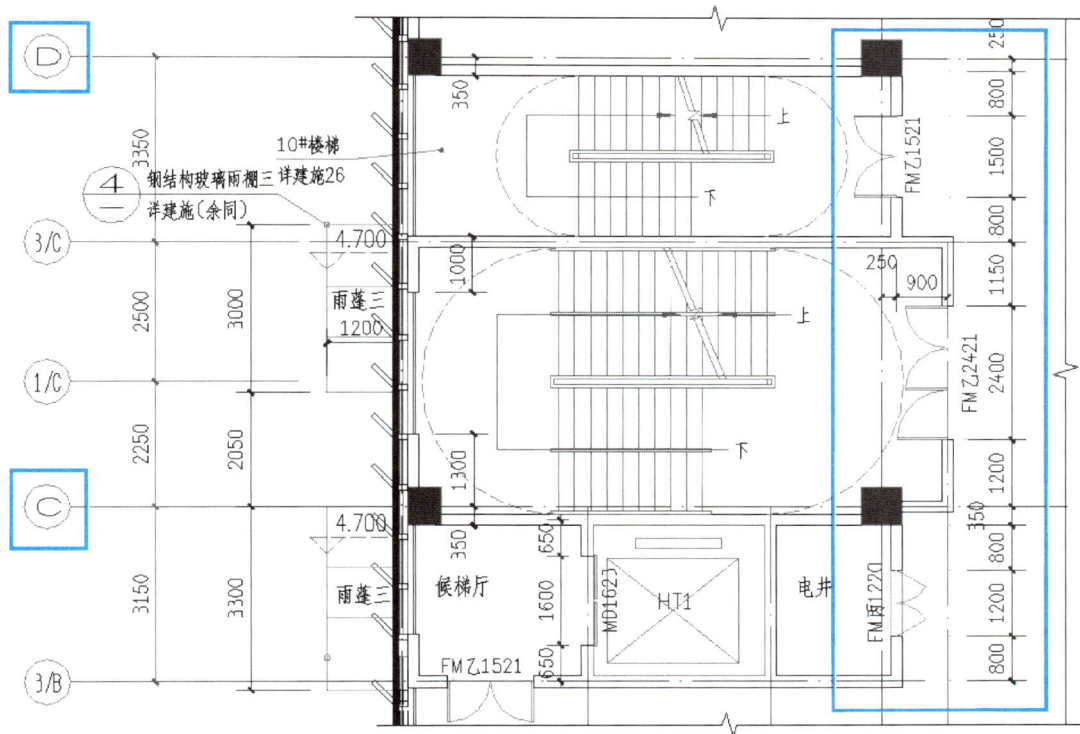

图 6-3-35　二层门定位、尺寸信息

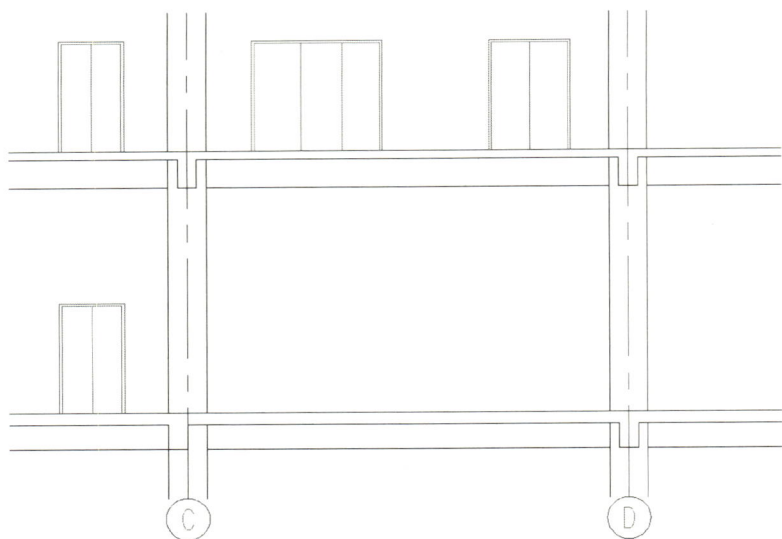

图 6-3-36　绘制建筑内部门

（6）注写注释信息、填充图例、绘制折断线

6-3-3
建筑剖面图
注释信息的
注写

图样绘制完成后，还需依据《房屋建筑制图统一标准》GB/T 50001-2017 中的相关规定，注写必要的尺寸标注、图名标注、标高标注等信息以及填充主体结构部分填充图例，无需绘制的部分绘制折断线，最终效果如图 6-3-37 所示。

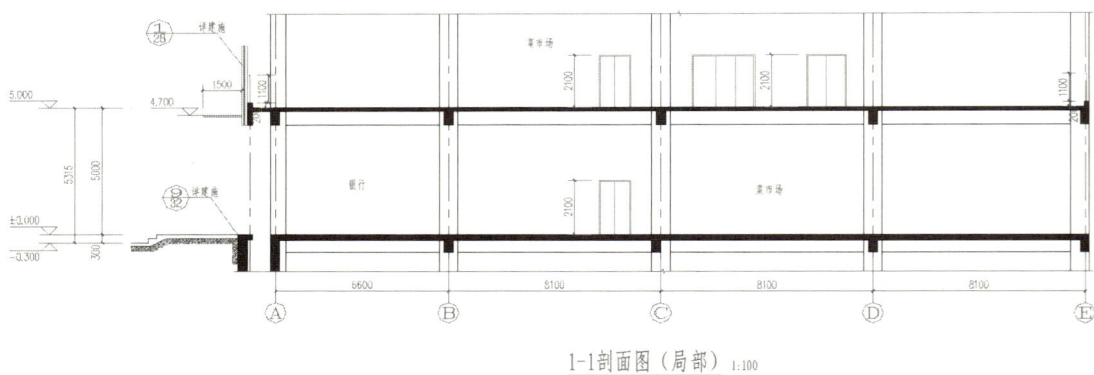

1-1剖面图（局部） 1:100

图 6-3-37　最终效果

提示

　　"1＋X"建筑工程识图技能等级证书主要考核学生根据给定的任务和施工图绘制建筑剖面图，要求学生以各类建筑施工图和结构施工图为依据，绘制指定范围的建筑剖面图，这种绘图方式与"建筑工程识图"全国职业院校技能大赛的考核方式类似，但不同的是"1＋X"证书中的立面图绘制任务会给出要求绘制的建筑剖面图，但"建筑工程识图"大赛中的楼梯剖面详图绘制任务则不会给出要求绘制的建筑剖面图。

6.4.1 建筑详图绘制内容（图6-4-1）

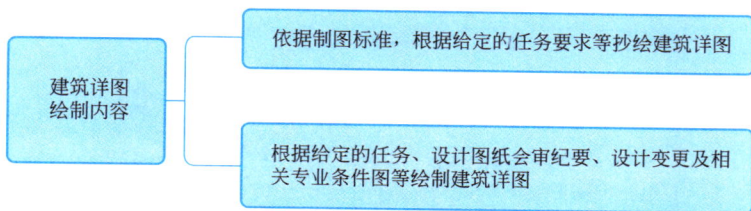

图6-4-1 建筑详图绘制内容

6.4.2 经典例题及分析（根据附图答题）

建筑详图绘图注意事项：

图层、文字、尺寸标注设置详见试题要求，并按设置的要求进行绘图及标注。建筑施工图绘图比例1：1，出图比例按试题要求。试题中未明确部分均按现行制图标准绘制。

【试题6-4-1：楼梯详图绘制】

保存要求：完成绘制任务后，将绘制好的建筑试题图纸保存在指定文件夹，文件名为"建筑试题-XXXX"。

打开样板图"建筑试题.dwg"，在给出的绘图区域内，绘制（图6-4-2）1♯楼梯1a-1a剖面详图（局部）。绘图比例1：1，出图比例1：50。

1. 图层设置

图层颜色可以自选，线宽按现行制图标准绘制（线宽组取 $b=0.5mm$）。

2. 文字样式设置、尺寸标注样式设置同建筑平面图要求。

3. 其他绘图要求。

绘制其各种构造形式及材料、规格、相互连接方法、相对位置等，并标注尺寸、标高，完成详图符号与比例的注写，线宽组【$b=0.5mm$】。

由于建筑施工图纸只提供了完成面标高、洞口尺寸、踢面高度、踏面宽度等尺寸信息，而结构板厚度、基础筏板厚度、梁的宽度、高度、栏杆高度、完成面厚度并未明确，所以在绘制楼梯剖面详图时，还需结合建筑设计说明、图集、结构施工图等相关的图纸来绘制。

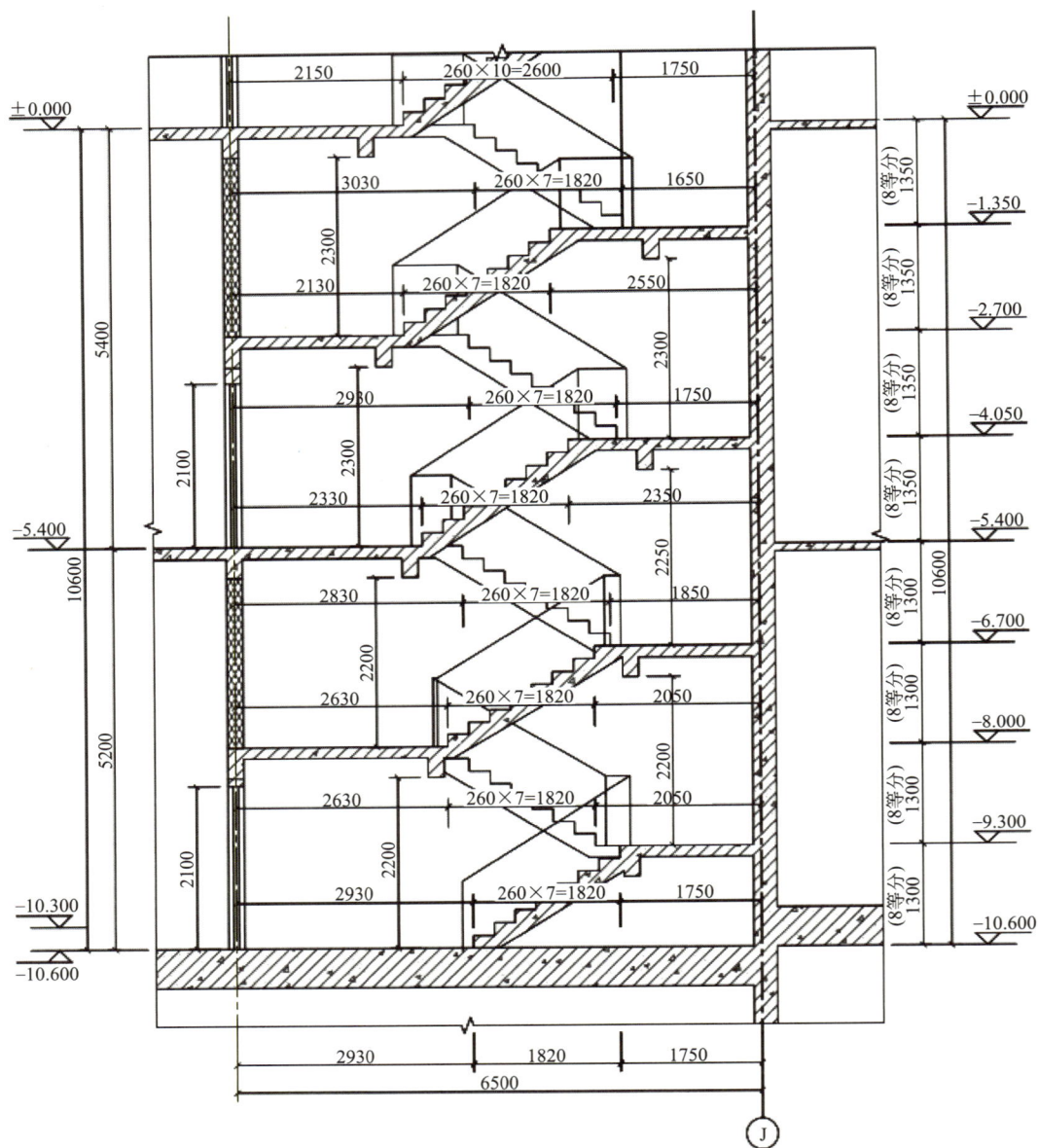

图 6-4-2　1♯楼梯 1a-1a 剖面详图（局部）

相关图纸如图 6-4-3～图 6-4-6 所示。

9.8　楼梯水平栏杆长度大于500mm时，栏杆高度为1100mm（应从可踏面处开始计算），且水平栏杆底部不得留空应做高100mm挡台；水平栏杆、楼梯栏杆的竖向栏杆净距≤110mm。（扶手顶部水平荷载标准值1.0kN/m）。

9.9　楼梯栏杆高900，楼梯及护窗栏杆应竖固安全，符合荷载规范要求。

图 6-4-3　楼梯栏杆高度规定

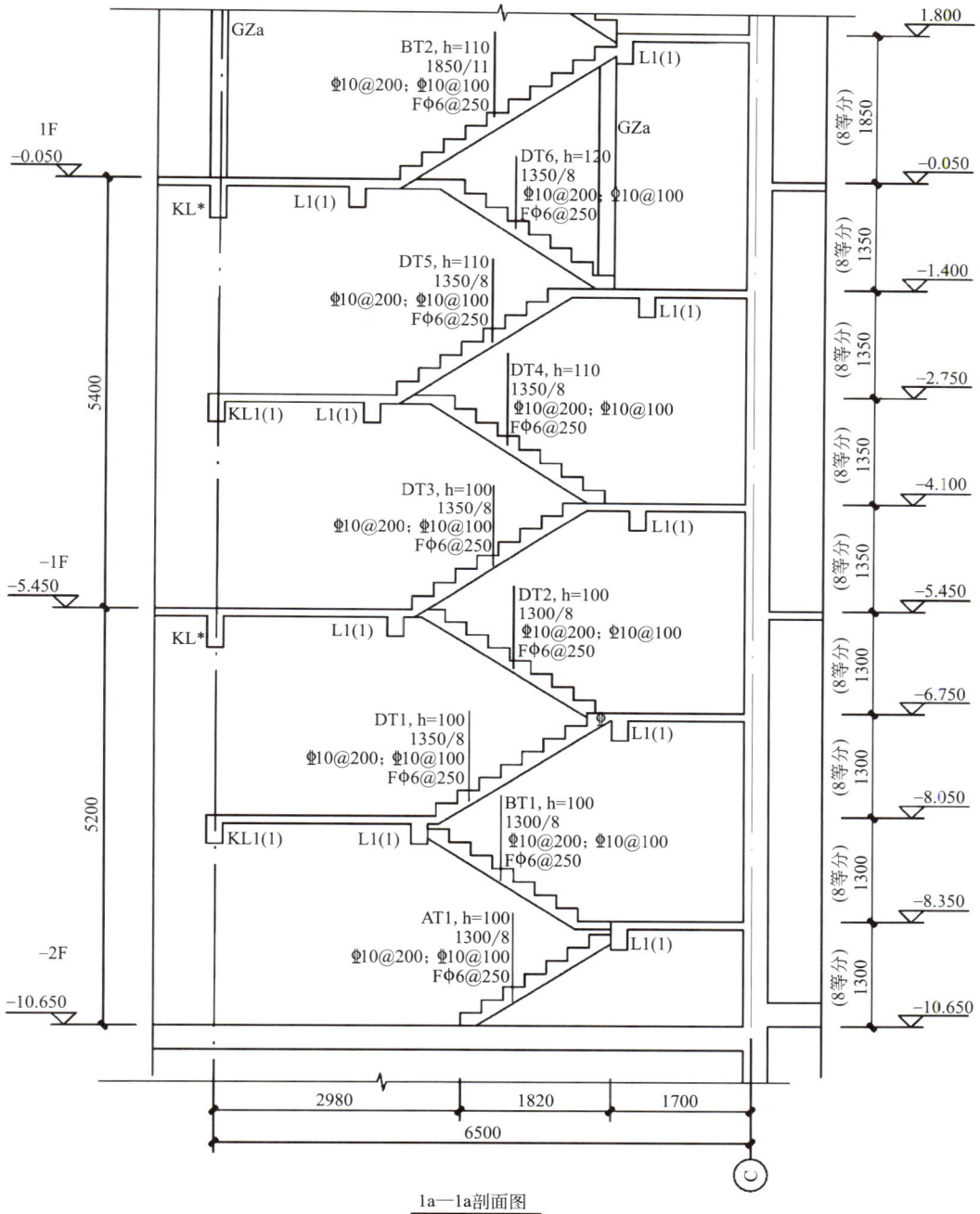

图 6-4-4　1♯楼梯 1a-1a 结构剖面施工详图（局部）

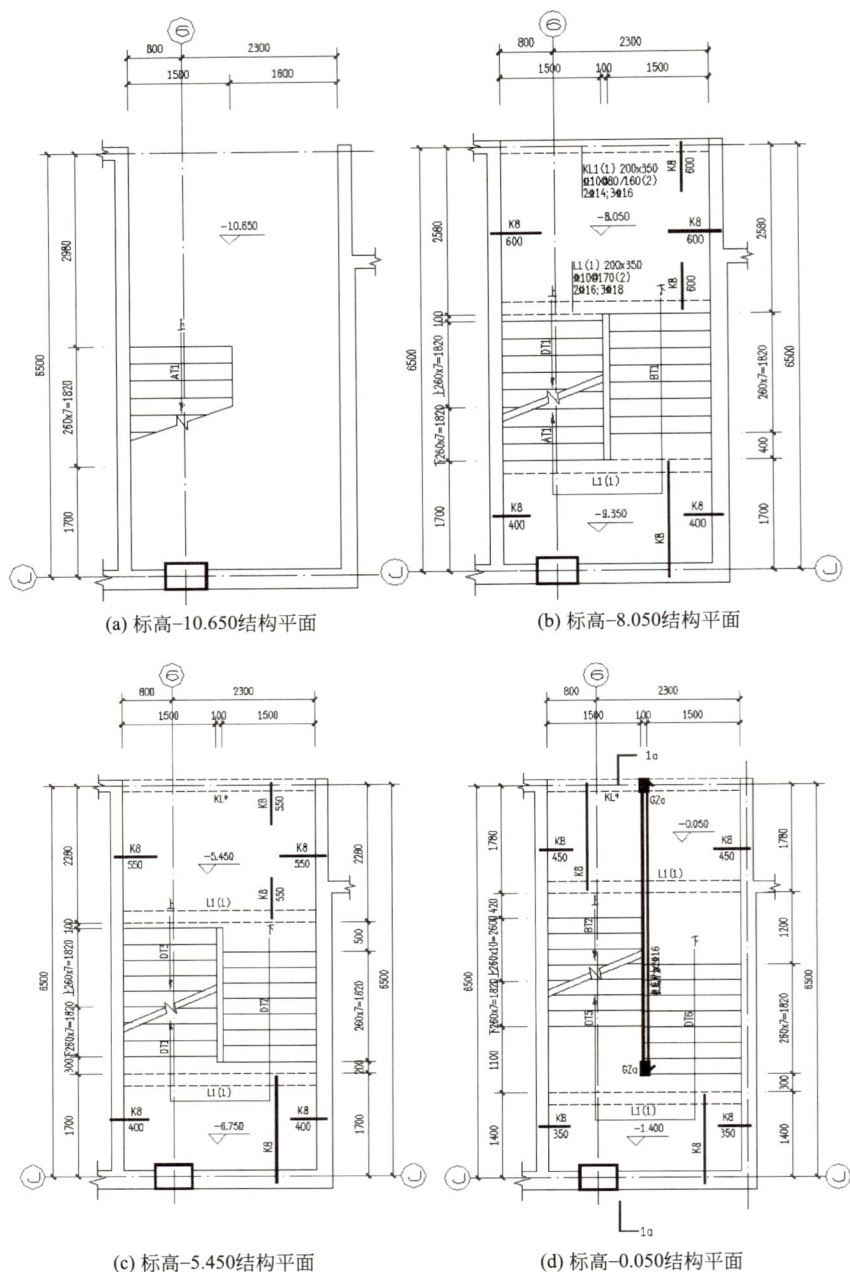

(a) 标高−10.650结构平面

(b) 标高−8.050结构平面

(c) 标高−5.450结构平面

(d) 标高−0.050结构平面

注：1. 栏杆预埋件详建施，图中K8表示ΦB8@200。
　　2. 图中未注明的梁板详梁板施工图。
　　3. 楼层平台和休息平台板厚均为100mm，板底配筋均为X&YΦB8@200。
　　4. 楼梯混凝土强度等级同楼层梁板混凝土强度等级。
　　5. 梯板的配筋构造做法详图集22G101-2。
　　6. 每个楼梯的梯梁、梯板、平台板均独立编号。
　　7. 标高−1.400～1.800梯段板板底附加2ΦB16。

图 6-4-5　1♯楼梯 1a-1a 结构平面施工详图及说明

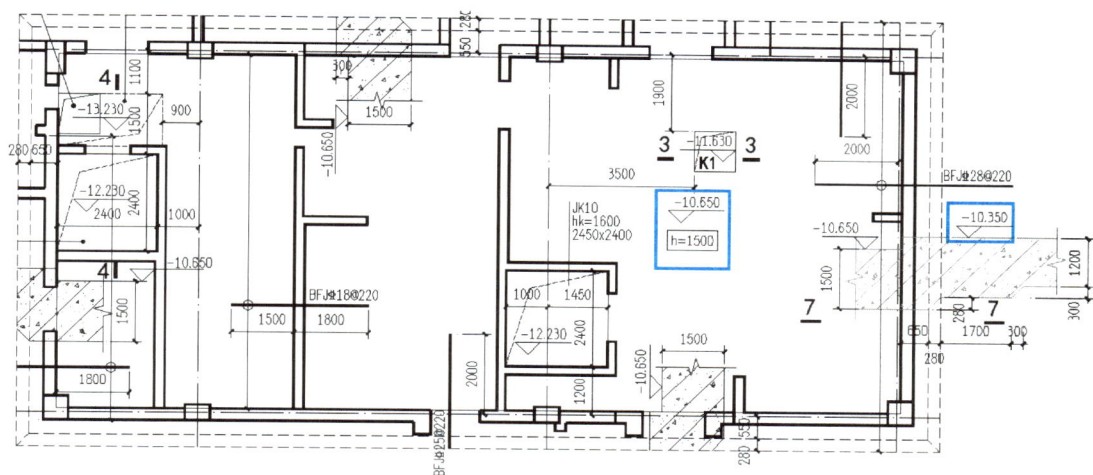

图 6-4-6　基础顶标高及筏板厚度

（1）绘制轴线、墙体、基础底板

根据图 6-4-2 绘制①轴线和左侧不带轴号的轴线，长度约【13000】，调整线型比例为【0.1】，并绘制轴号，轴号圆半径为【200】，字高为【4】（图 6-4-7）。

需要注意的是，由于出图比例为【1：50】，并且建立文字样式时勾选了"注释性"复选框，所以在注写文字之前，需要将右下角的注释性比例调整为【1：50】（图 6-4-8）。

图 6-4-7　绘制轴线

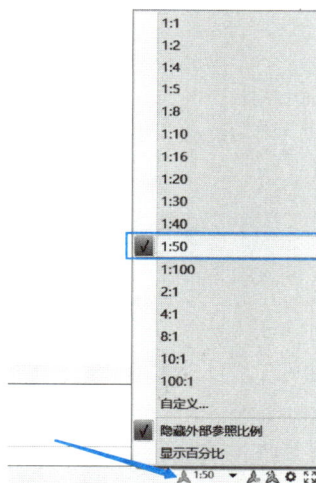

图 6-4-8　切换注释性比例

根据之前所绘制的建筑平面图，使用偏移命令【O】，将①轴线向左侧偏移【100】，向右侧偏移【200】，并修改图层为"墙柱"（图 6-4-9）。

使用直线命令【L】，在底部任意位置绘制基础顶面线以及筏板厚度线，由于幅面所限，且基础筏板厚度不是楼梯详图需要表达的主要信息，所以这里不依据图 6-4-6 标注的筏板厚度绘制，采用【500】代替筏板厚度（图 6-4-10）。

图 6-4-9　绘制墙体　　　　　图 6-4-10　绘制基础筏板线

（2）绘制第一梯段

使用偏移命令将左侧轴线向右偏移【2980】作为辅助线，确定踏步的起始位置。

根据图 6-4-4、图 6-4-5（a）在辅助线和基础底板线的交点处使用直线命令【L】，绘制第一个踢面高度【162.5】和踏面宽度【260】，并删除辅助线（图 6-4-11）。

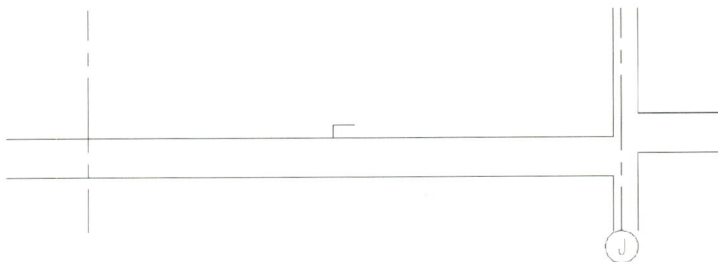

图 6-4-11　绘制第一个踢面及踏面

点击右侧修改工具栏第五个图标，或者输入简化命令【AR】，激活阵列命令（图 6-4-12）；根据图 6-4-4、图 6-4-5（a）中的踢面数量和踏面数量，在弹出的阵列对话框中输入行数为【1】，列数为【8】，行偏移为踢面的高度【162.5】，列偏移点击右侧的列图标（图 6-4-13），根据命令行提示选择第一点为踢面线和基础顶面线的交点，第二点选择第一个踏面线和第二个踢面线的交点（图 6-4-2），系统会自动计算列偏移的数值为【306.6044】，阵列角度也同样选择与列偏移相同的参数，自动计算的角度为【32】（图 6-4-13），再点击右侧选择对象前的复选框（图 6-4-14），根据命令行提示，【W 框选】或【C 窗选】所绘制的梯面和踏面（图 6-4-15），最后按确定按钮，且将最上方踏面线使用延伸命令延伸至墙体交点处，完成第一段梯段面层线的绘制（图 6-4-16）。

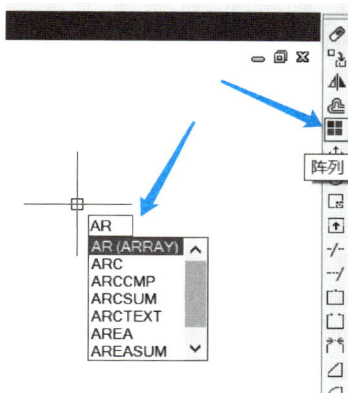

图 6-4-12　阵列命令

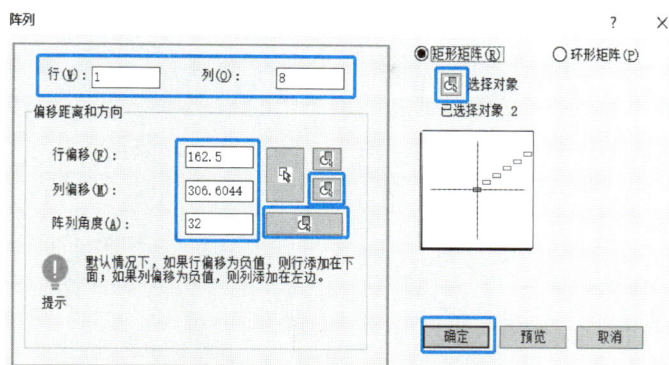

图 6-4-13　阵列参数设置

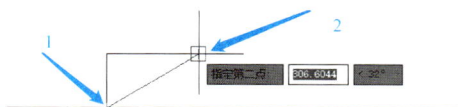

图 6-4-14　列偏移

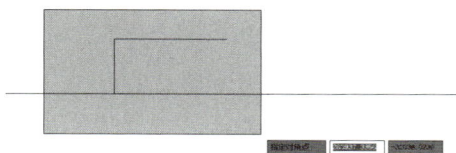

图 6-4-15　选择阵列对象

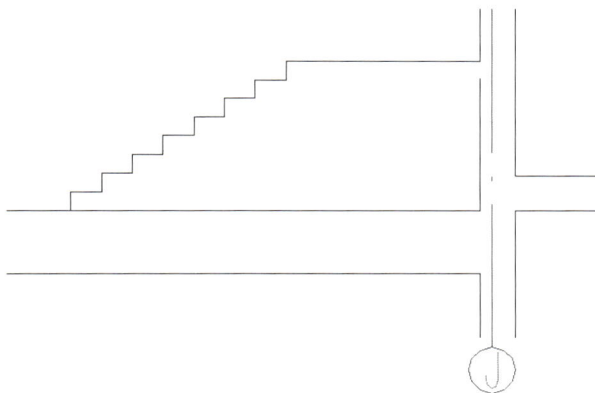

图 6-4-16　绘制第一段梯段面层线

　　结构面层线绘制完成后还需绘制梯段的板厚，根据图 6-4-4，梯段【AT1】的板厚为【100】，首先使用直线命令【L】将踢面和踏面的交点相连，作为辅助线（图 6-4-17），然后使用偏移命令【O】，输入偏移距离【100】，将绘制的线段向右偏移，最后使用延伸命令【EX】，将线段两端延伸至基础顶面线和休息平台面层线相交处，并删除辅助线（图 6-4-18）。

　　结合图 6-4-5（b）中梁【L1（1）】的集中标注以及说明，首先使用矩形命令【REC】在休息平台处绘制宽度为【200】、高度为【350】的梁线，再使用偏移命令【O】，输入【100】将休息平台结构面层线向下偏移【100】，最后使用修剪命令将多余的线段修剪，完成第一个梯段的结构线绘制（图 6-4-19）。

　　首先根据图 6-4-5（b），使用偏移命令【O】将①轴线向右偏移【2100】做第二梯段起始位置辅助线，然后使用直线命令【L】将休息平台结构面层线与辅助线相连（图 6-4-20），最后根据之前所介绍的方法，结合图 6-4-2、图 6-4-4、图 6-4-5（b）中平台尺寸、位置、踢面高度、数量、踏面高度、数量、集中标注等信息，使用直线、阵列、矩形等命令绘制第二个梯段，并修剪重叠的线段，最终效果如图 6-4-21 所示。

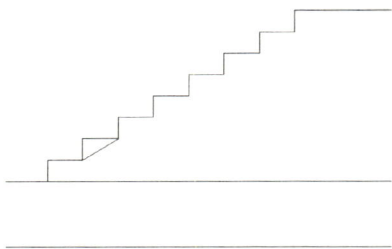

图 6-4-17　连接踢面和踏面交点

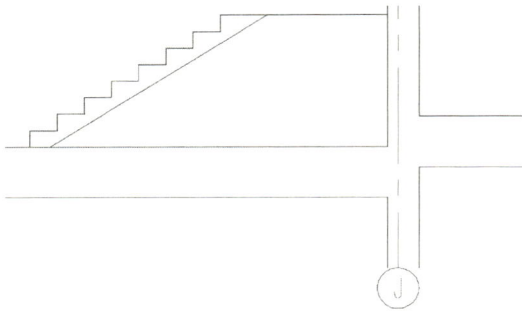

图 6-4-18　绘制楼梯板线

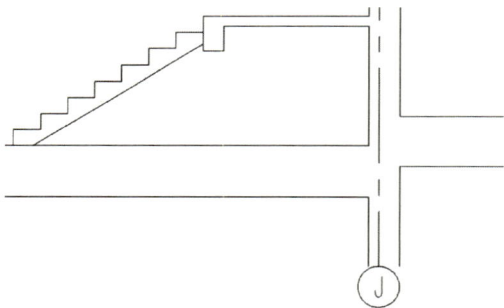

图 6-4-19　绘制第一个梯段的结构线

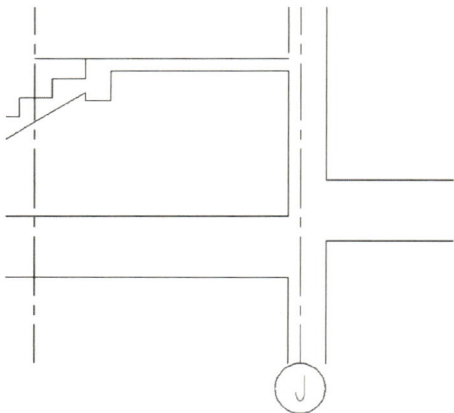

图 6-4-20　确定踏步起始位置

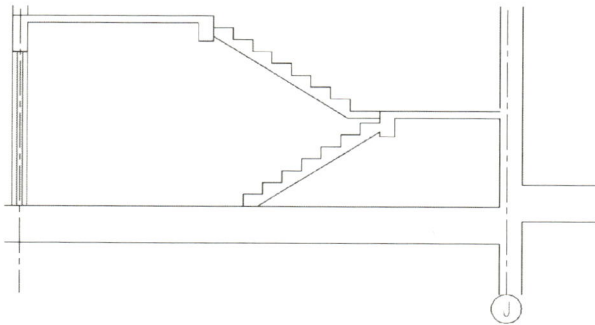

图 6-4-21　绘制第二个梯段

（3）绘制−10.600～±0.000标高楼梯结构施工图

结合前面的建筑施工图、结构施工图以及设计说明等，使用之前所介绍的相关命令，绘制【−10.600～±0.000】标高的所有结构梯段、梯梁、楼层梁等信息，并在无需绘制处标注折断线，最终效果如图6-4-22所示。

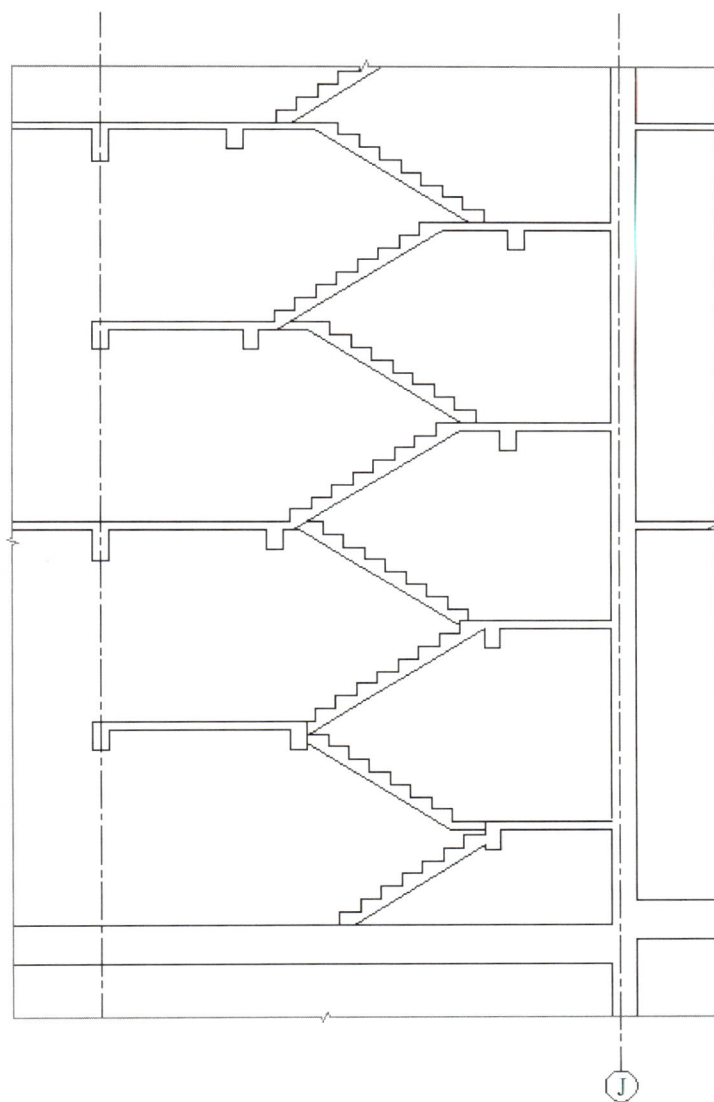

图6-4-22　−10.600～±0.000标高楼梯结构施工图

由于本任务所介绍的是1♯楼梯的建筑详图绘制，而上面所绘制的均为结构线，根据图6-4-2、图6-4-4的标高可以看出，完成面和结构面的标高高差为【50】，所以还需绘制建筑施工图中的完成面线。

首先输入多段线命令【PL】，沿着梯段和休息平台的结构面层线描绘一遍，将线段调整为首尾相连的整体，作为偏移的辅助线（图6-4-23），然后使用偏移命令【O】，输入偏移距离【50】，根据命令行提示，选择所绘制的辅助线后，点击左上方任意位置，完成面层线的绘制，最后删除与梯段上重叠的辅助线（图 6-4-24）。

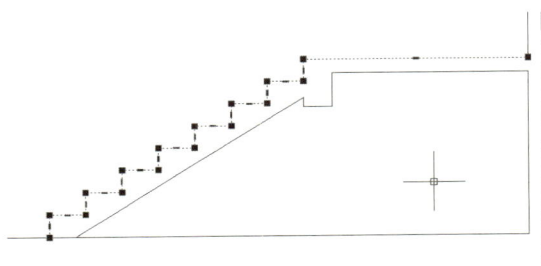

图 6-4-23　面层辅助线

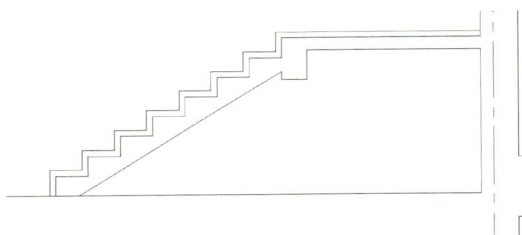

图 6-4-24　偏移面层线

根据上面所介绍的方法，绘制楼梯的建筑完成面，并删除楼梯的结构完成面线，最后根据剖切位置将剖切到的图线与看到的图线用图层区分开（图 6-4-25）。

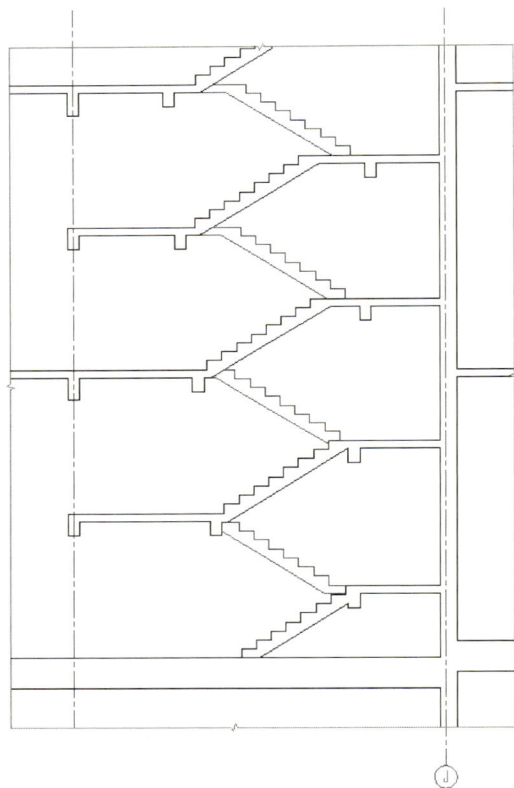

6-4-1
建筑详图
轴线、墙
体、基础
底板的绘制

图 6-4-25　绘制建筑完成面

6-4-2
梯段、样杆
的绘制

（4）绘制扶手栏杆

根据图 6-4-5（d）建筑设计总说明中对于栏杆高度的规定，使用直线命令【L】，绘制第一个梯段的扶手栏杆，栏杆起始位置和终止位置取踏面的 1/2＝【130】，最终效果如图 6-4-26 所示。

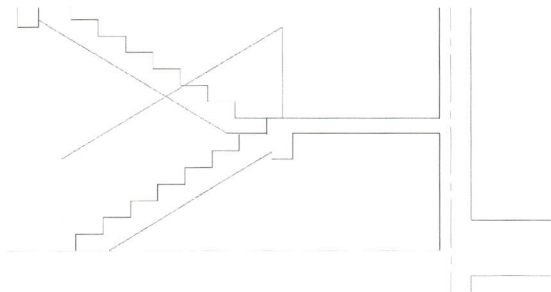

图 6-4-26 绘制扶手栏杆

（5）补全图 6.2.1 中的图线及注释信息

根据《房屋建筑制图统一标准》GB/T 50001-2017 中的相关规定，结合图 6-4-2，使用之前所介绍的相关命令，将图 6-4-25 中所缺少的门窗、注释信息、填充等补充完整，并合理分配图层，最终效果如图 6-4-27 所示。

6-4-3
建筑详图
注释信息
的注写

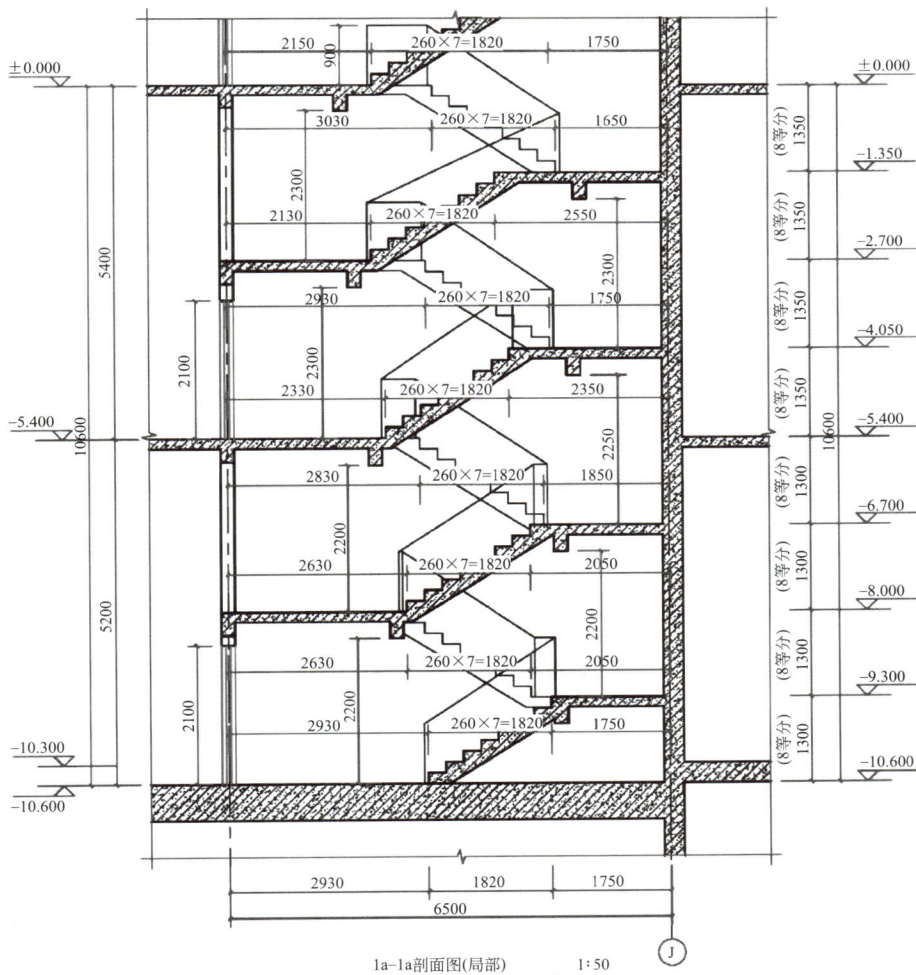

1a–1a剖面图(局部)   1:50   Ⓙ

图 6-4-27 最终效果

提示

　　"1+X"建筑工程识图技能等级证书主要考核学生根据给定的任务和施工图绘制楼梯剖面详图，要求学生以各类建筑施工图和结构施工图为依据，绘制指定范围的楼梯剖面详图，这种绘图方式与"建筑工程识图"全国职业院校技能大赛的考核方式类似，但不同的是"1+X"证书中的立面图绘制任务会给出要求绘制的楼梯剖面详图，但"建筑工程识图"大赛中的楼梯剖面详图绘制任务则不会给出要求绘制的楼梯剖面详图。

项目7

CAD绘制结构施工图

Chapter **07**

▶▶

结构施工图是工程师的"语言"，是结构设计者设计意图的体现，也是施工、监理、经济核算等的重要依据。因此，工程师应当具备绘制结构施工图纸这一基本技能。

一、结构施工图绘制的基本要求（图7-1）

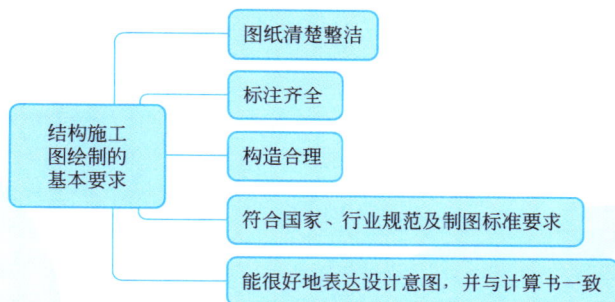

图 7-1　结构施工图绘制的基本要求

二、结构施工图绘制内容（图7-2）

一套完整的实际结构的结构施工图绘制内容如图7-2所示，而"1＋X"建筑工程识图职业技能等级考试和建筑工程识图全国职业院校技能大赛主要是根据给定的建筑工程施工图纸、图纸会审纪要、设计变更单等资料，运用中望CAD软件，完成指定结构施工图（例如：基础、柱墙、梁、板结构构造详图等）的绘制任务。

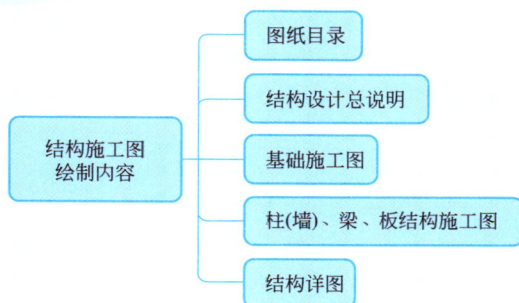

图 7-2　结构施工图绘制内容

任务 7.1　绘制基础施工图

7.1.1　基础施工图绘制内容（图 7-1-1）

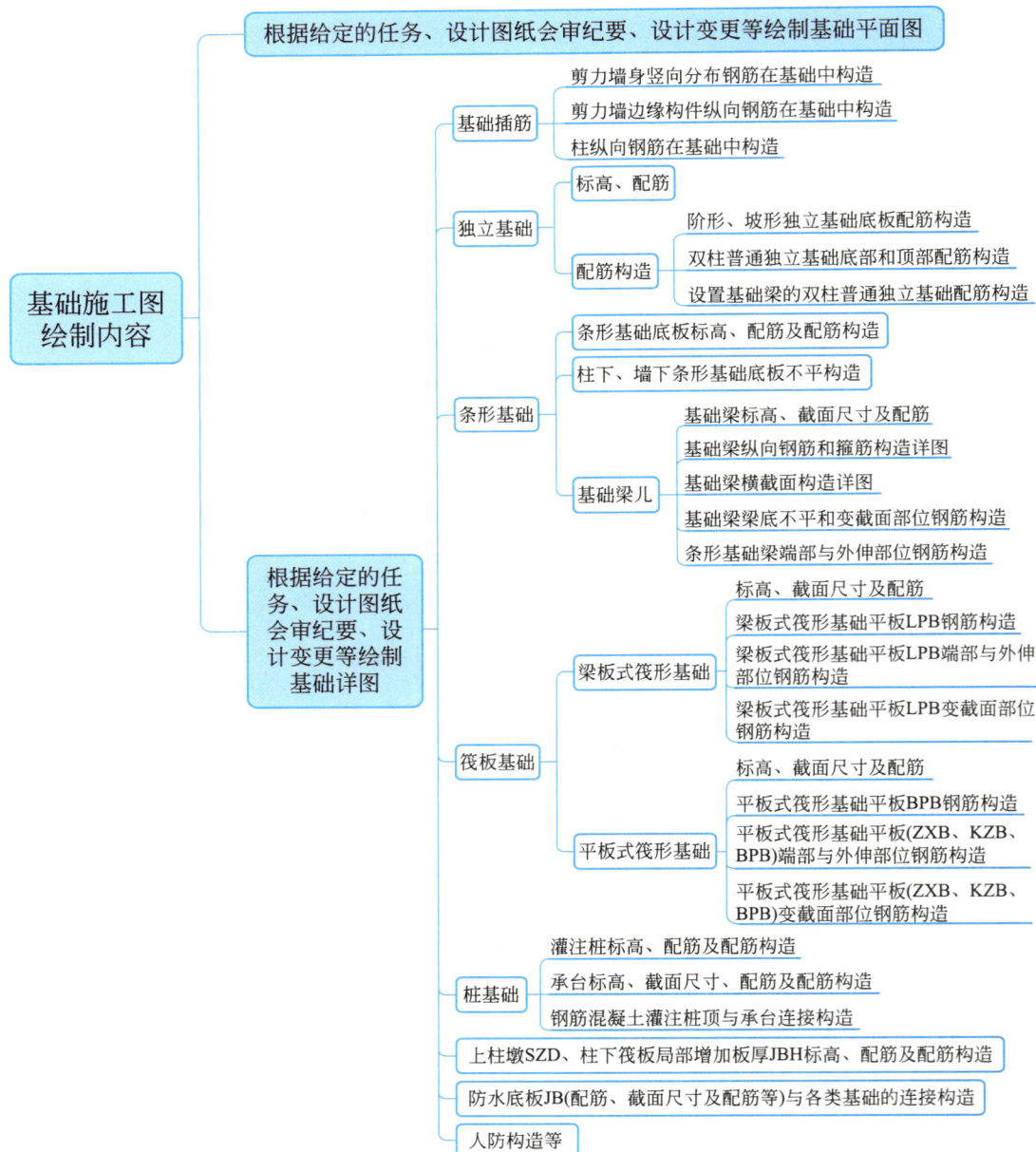

图 7-1-1　基础施工图绘制内容

7.1.2　经典例题及分析（根据附图答题）

基础施工图绘制要求：

1. 钢筋线用多段线命令绘制，并设置线宽，出图后粗线线宽为 0.5mm。

2. 结构构造按现行平法图集中最经济的构造标准要求；构造尺寸按最低限值取值，不得做人为放大调整，且小数点后数字进位。

　例：计算值 99 则取值 99，计算值 99.2 则取值 100。

3. 文字标注：采用样板文件中已设置的字体"仿宋"。

4. 尺寸标注：根据出图比例要求设置。当有样板文件时，选用样板文件中已设置的标注样式"比例 25 标注"或"比例 50 标注"。

5. 结构施工图绘制比例 1∶1，出图比例按题中或样板图中要求。

6. 图层设置不做要求。

【试题 7-1-1：绘制结施-03 中 JL5（2）基础梁 5-5 截面处构造详图。】

绘制要求：

1. 绘制基础梁、地下室底板轮廓线，地下室底板绘制范围为梁中心线起每边各 1200mm，基础垫层及砖胎膜无需绘制。

2. 标注基础梁截面尺寸、底板厚度、梁面标高。

3. 绘制基础梁、底板钢筋，并标注配筋信息。

4. 绘制比例 1∶1，出图比例 1∶25。

保存要求：

绘制完成后，将答案卷单独保存在指定文件夹，文件名为"试题 7-1-1.dwg"。

题 7-1-1
基础梁截面
构造详图

【参考答案】

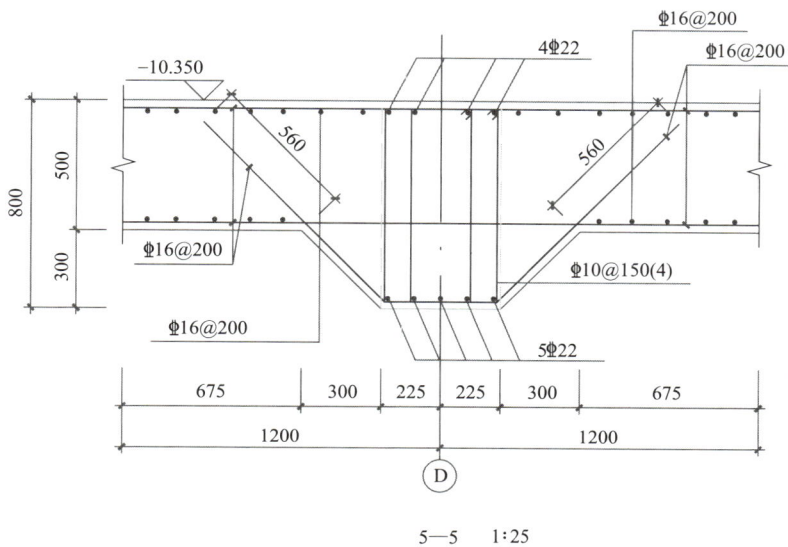

绘图步骤：

1. 绘制基础梁、地下室底板轮廓线。
2. 标注基础梁截面尺寸、防水底板厚度、梁面标高。
3. 绘制基础梁、防水底板钢筋。
4. 标注基础梁、防水底板钢筋信息及防水底板钢筋锚固信息。
5. 绘制图名、比例。

5—5　1∶25

图 7-1-2　试题 7-1-1 参考答案

【试题 7-1-2：根据提供的变更单，绘制 JL3（3）指定位置的基础梁截面图 1-1、2-2、3-3；并绘制 1-1 截面的箍筋分离图。】

绘制要求：

1. 截面图中绘制基础梁、地下室底板轮廓线，基础梁侧腋、基础垫层及砖胎膜无需绘制。

2. 截面图中标注基础梁截面尺寸、梁面标高。

3. 截面图中绘制基础梁钢筋，并标注配筋信息。

4. 箍筋分离图中标注箍筋弯钩平直段长度。

5. 绘制比例 1∶1，出图比例 1∶25。

保存要求：

绘制完成后，将答案卷单独保存在指定文件夹，文件名为"试题 7-1-2.dwg"。（不含变更单附图）

【参考答案】

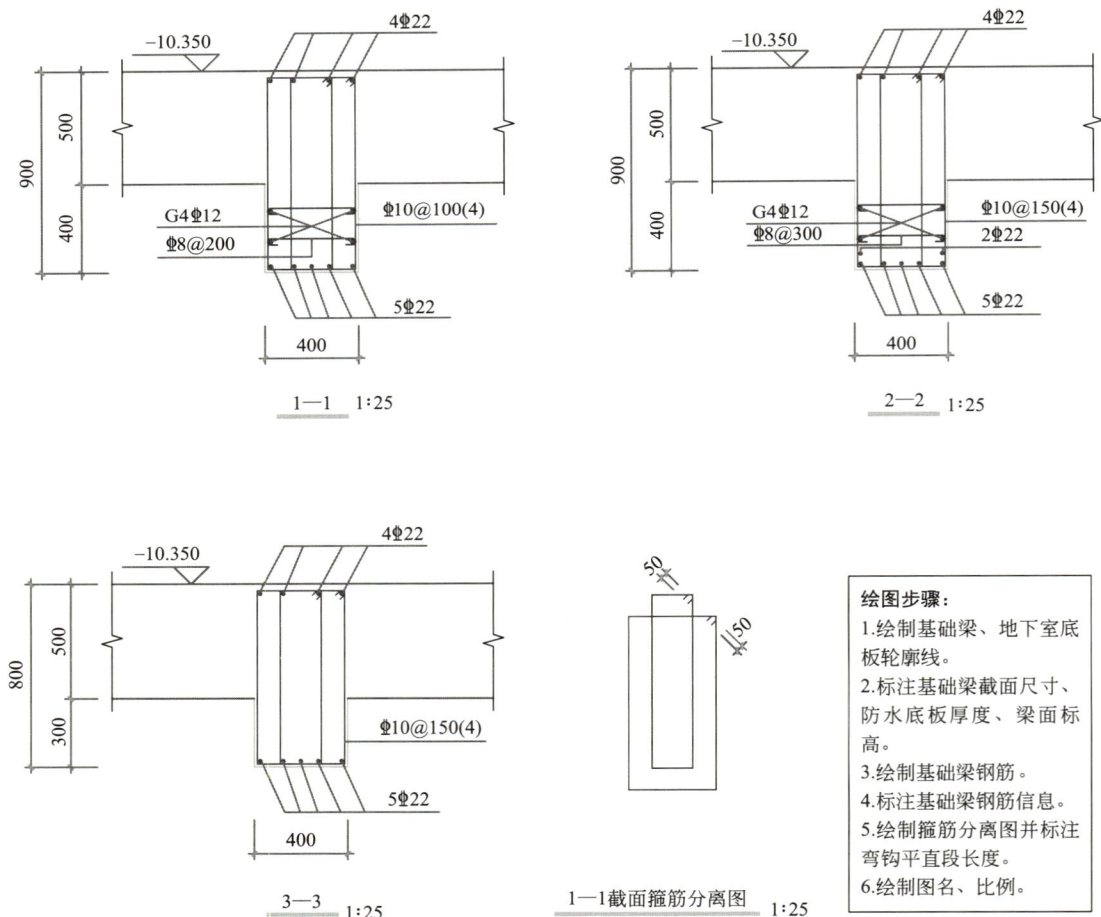

图 7-1-3　试题 7-1-2 参考答案

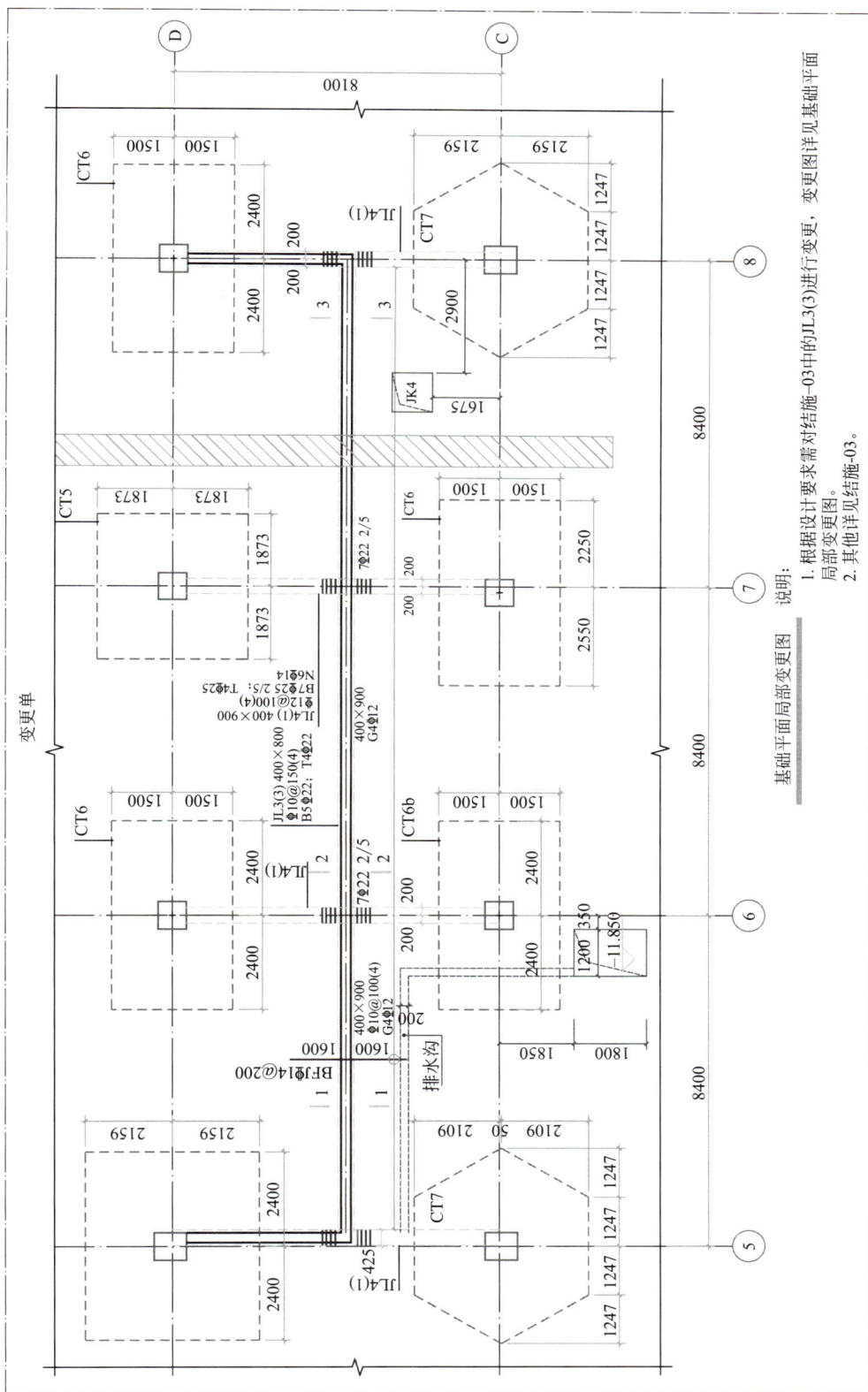

图 7-1-4 试题 7-1-2 变更单

变更单

基础平面局部变更图

说明：
1. 根据设计要求需对结施-03中的JL3(3)进行变更，变更图详见基础平面局部变更图。
2. 其他详见结施-03。

CT6 1500 1500 2400 200 200 200 3 CT6 2400

CT7 JL4(1) 2159 2159 1247 1247 2900 1247 1247 1247

JK4 1675

CT5 1873 1873 1247 1873 1873 7Φ22 2/5 200 200 CT6 1500 1500 2250 2550

N6Φ14
B7Φ25 2/5; T4Φ25
JL4(1) 400×900
Φ12②@100(4)
JL3(3) 400×800
Φ10@150(4)
B5Φ22; T4Φ22
400×900
G4Φ12

CT6 1500 1500 2400 JL4(1) 2 7Φ22 2/5 2 200 200 CT6b 1500 1500 2400 2400

400×900
G4Φ12
Φ10@100(4)
200
1600 1600

排水沟

BFΦ14@200
1

1350
1200
-11.850

1850 1800 1800

2159 2159 2400 425 JL4(1) 2400

CT7 2109 50 2109 1247 1247 1247 1247

8100 8400 8400 8400 8400

D C 8 7 6 5

【解题思路】

1. 本题主要考核根据设计变更单绘制基础梁横截面图及箍筋分离图。

2. 由变更单 JL3（3）基础梁集中标注可知，基础梁截面尺寸为 400×800，上部钢筋为 4 Φ22，下部钢筋为 5 Φ22，箍筋为 Φ10@150 (4)。

3. 由原位标注可知，1-1 截面尺寸为 400×900，上部钢筋为 4 Φ22，下部钢筋为 5 Φ22，箍筋为 Φ10@100 (4)，侧面构造钢筋为 G4 Φ12。2-2 截面尺寸为 400×900，上部钢筋为 4 Φ22，下部钢筋为 5 Φ22，箍筋为 Φ10@150 (4)，侧面构造钢筋为 G4 Φ12。3-3 截面尺寸为 400×800，上部钢筋为 4 Φ22，下部钢筋为 5 Φ22，箍筋为 Φ10@150 (4)。

4. 由结施-03 注 4、6 可知，防水底板顶标高为 $-10.350m$ 与基础梁顶标高平齐，厚度 500mm。

5. 1-1 截面箍筋为 4 肢箍，直径为 Φ10，JL3（3）不抗震，故箍筋弯钩平直段长度为 $5d = 5 \times 10 = 50mm$，d 为箍筋直径。

【试题 7-1-3. 打开样板图"试题 7-1-3. dwg"，绘制结施-03 中⑥轴交Ⓛ轴柱下筏板局部增加板厚 JBH 中 6-6 截面构造详图。】

绘制要求：

1. 标注柱下筏板局部增加板厚 JBH 截面尺寸、底板厚度、标高。

2. 绘制柱下筏板局部增加板厚 JBH 钢筋、底板钢筋，并标注配筋信息。

3. 绘制比例 1：1，出图比例 1：50。

保存要求：

绘制完成后，将答案卷单独保存在指定文件夹，文件名为"试题 7-1-3. dwg"。

【样板文件】

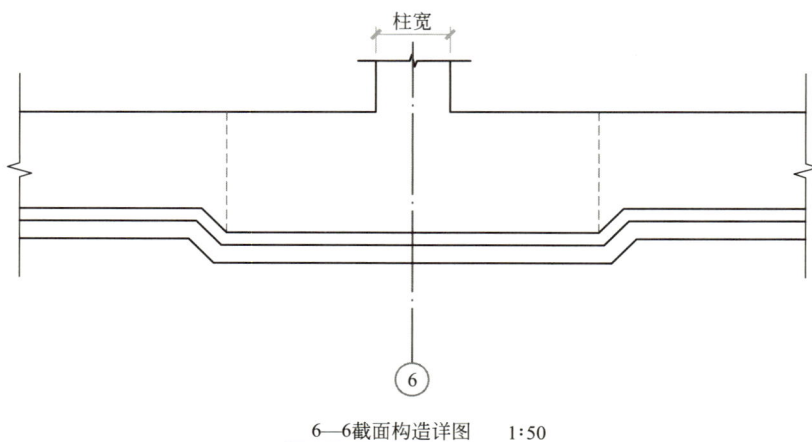

绘图步骤：
1.标注柱下筏板局部增加板厚JBH截面尺寸、筏板厚度、筏板与下柱墩标高。
2.绘制基础筏板、柱下筏板局部增加板厚JBH钢筋。
3.标注基础筏板、柱下筏板局部增加板厚JBH钢筋信息。
4.标注基础筏板、柱下筏板局部增加板厚JBH下部钢筋锚固长度。

6—6截面构造详图　1:50

图 7-1-5　试题 7-1-3 样板文件

【参考答案】

6—6截面构造详图　　1：50

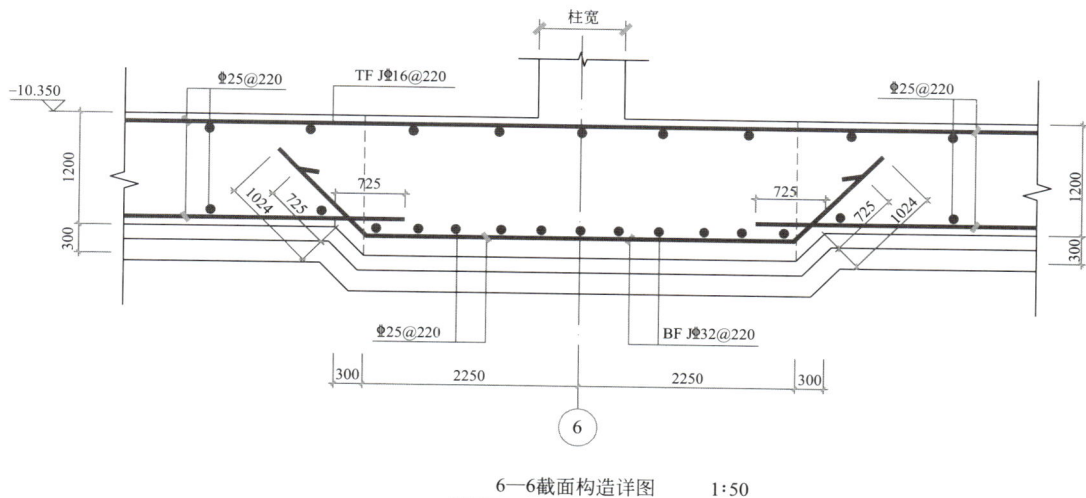

图 7-1-6　试题 7-1-3 参考答案

【试题 7-1-4：打开样板图"试题 7-1-4.dwg"，绘制结施-03 中⑧轴处 7-7 基础变截面筏板构造详图。】

绘制要求：

1. 标注基础筏板截面尺寸、底板厚度、标高。

2. 绘制基础筏板变截面钢筋、底板钢筋，并标注配筋信息。

3. 绘制比例 1：1，出图比例 1：50。

保存要求：

绘制完成后，将答案卷单独保存在指定文件夹，文件名为"试题 7-1-4.dwg"。

题7-1-4
基础筏板
变截面

【样板文件】

7—7基础变截面筏板构造详图　　1：50

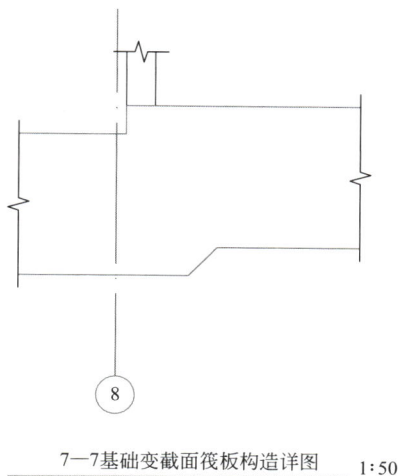

图 7-1-7　试题 7-1-4 样板文件

【参考答案】

绘图步骤：
1.标注基础筏板变截面处尺寸、厚度、标高。
2.绘制基础筏板钢筋。
3.标注基础筏板钢筋信息。
4.标注基础筏板钢筋锚固长度。

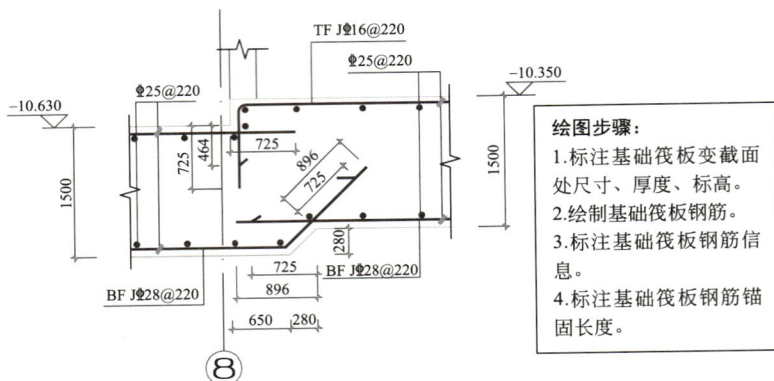

7—7基础变截面筏板构造详图　1:50

图 7-1-8　试题 7-1-4 参考答案

【试题 7-1-5：打开样板图"试题 7-1-5.dwg"，绘制结施-03 中⑥轴交Ⓔ轴防水底板与 CT6 的连接构造详图。】

绘制要求：
1. 标注 CT6 截面尺寸、防水底板厚度、承台及防水底板标高。
2. 绘制防水底板钢筋、承台钢筋，并标注配筋信息。
3. 绘制比例 1：1，出图比例 1：50。

保存要求：

绘制完成后，将答案卷单独保存在指定文件夹，文件名为"试题 7-1-5.dwg"。

（题7-1-5 防水板与承台连接构造）

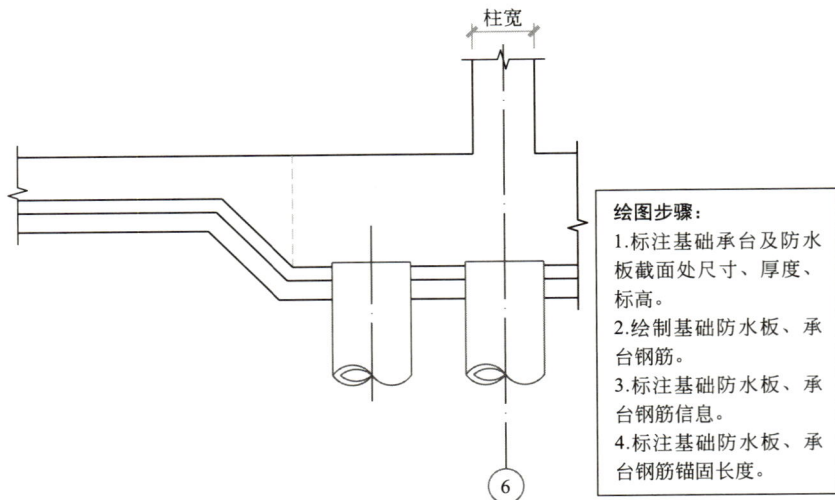

【样板文件】

柱宽

绘图步骤：
1.标注基础承台及防水板截面处尺寸、厚度、标高。
2.绘制基础防水板、承台钢筋。
3.标注基础防水板、承台钢筋信息。
4.标注基础防水板、承台钢筋锚固长度。

承台与防水底板相交时配筋构造大样　1:50

图 7-1-9　试题 7-1-5 样板文件

【参考答案】

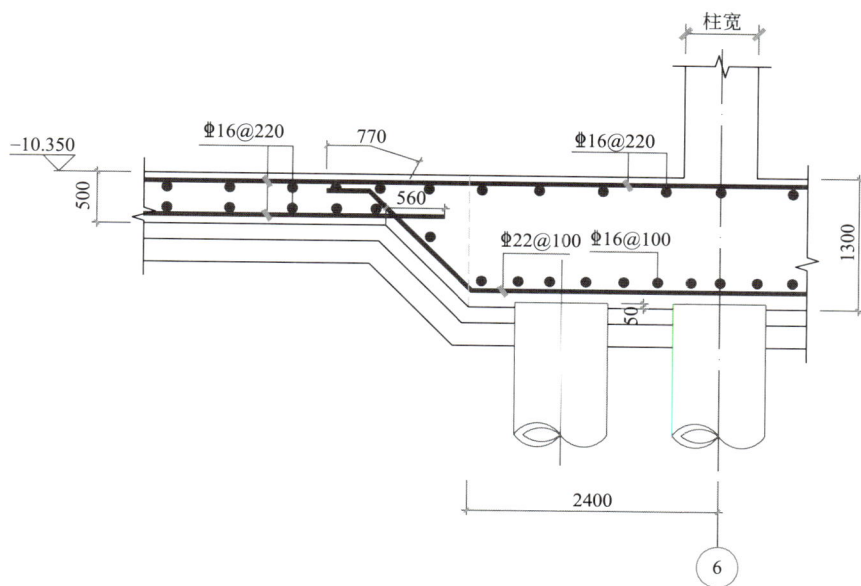

承台与防水底板相交时配筋构造大样　1:50

图 7-1-10　试题 7-1-5 参考答案

任务 7.2 绘制柱（墙）施工图

7.2.1 柱（墙）施工图绘制内容（图 7-2-1）

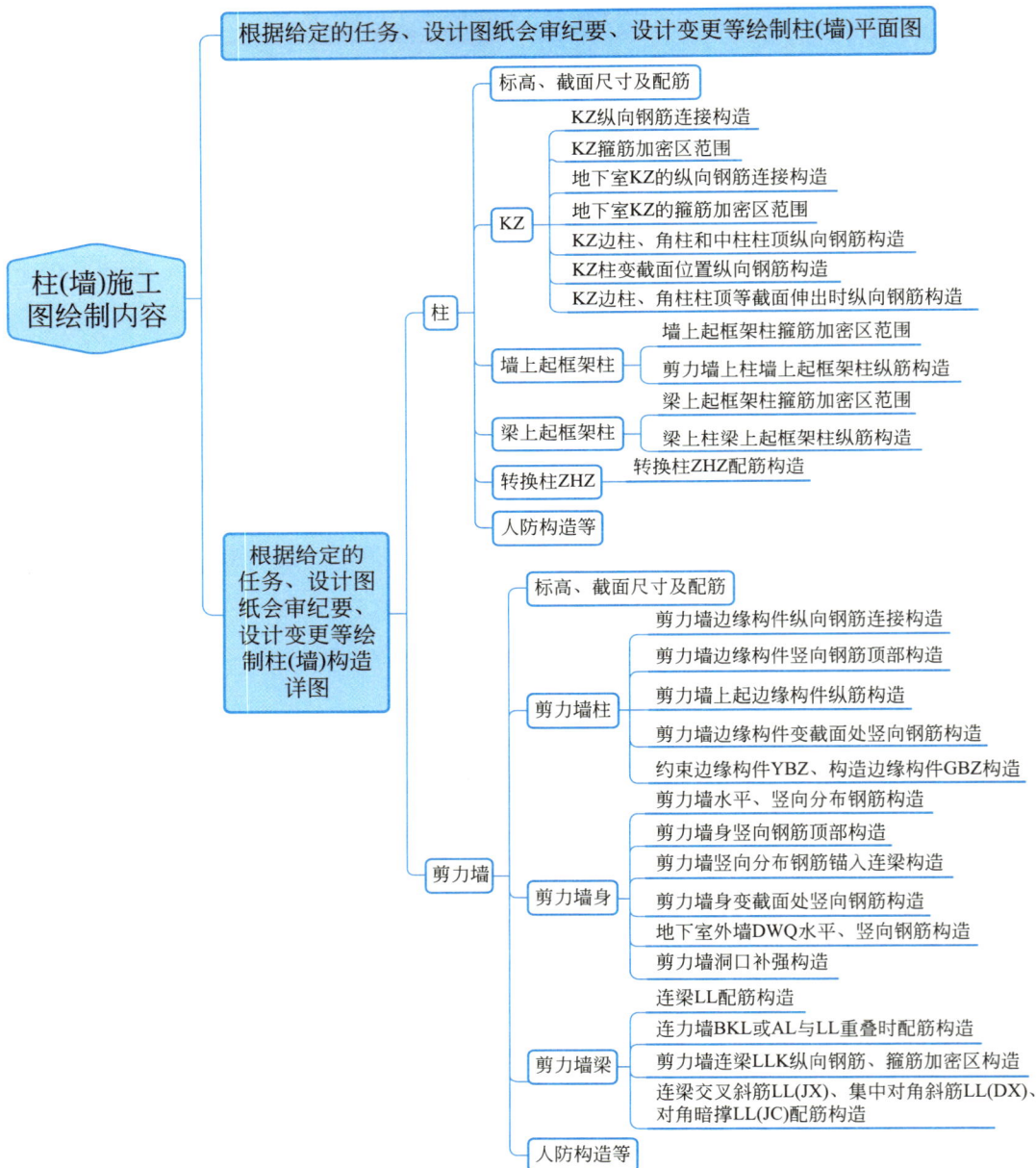

图 7-2-1 柱（墙）施工图绘制内容

7.2.2　经典例题及分析（根据附图答题）

柱（墙）施工图绘制要求：

1. 钢筋线用多段线命令绘制，并设置线宽，出图后粗线线宽为 0.5mm。

2. 结构构造按现行平法图集中最经济的构造标准要求；构造尺寸按最低限值取值，不得做人为放大调整，且小数点后数字进位。

例：计算值 99 则取值 99，计算值 99.2 则取值 100。

3. 文字标注：采用样板文件中已设置的字体"仿宋"。

4. 尺寸标注：根据出图比例要求设置，当有样板文件时，选用样板文件中已设置的标注样式"比例 25 标注"或"比例 50 标注"。

5. 结构施工图绘制比例 1∶1，出图比例按题中或样板图中要求。

6. 图层设置不做要求。

【试题 7-2-1：绘制⑨轴交Ⓚ轴框架柱构造详图。】

绘制要求：

1. 在样板图"试题 7-2-1.dwg"图中补绘柱纵筋、柱在基础内的箍筋，并标注柱纵筋在基础内的锚固长度、基础内箍筋信息及基础顶面处第一道箍筋的定位尺寸。

题7-2-1
框架柱构
造详图

2. 绘制柱纵筋的连接接头位置，并标注接头位置尺寸。

3. 绘制比例 1∶1，出图比例 1∶50。

注：柱为大偏心受压构件；柱纵筋采用焊接连接且每层设置连接接头。

保存要求：

绘制完成后，将答案卷单独保存在指定文件夹，文件名为"试题 7-2-1.dwg"。

【样板文件】

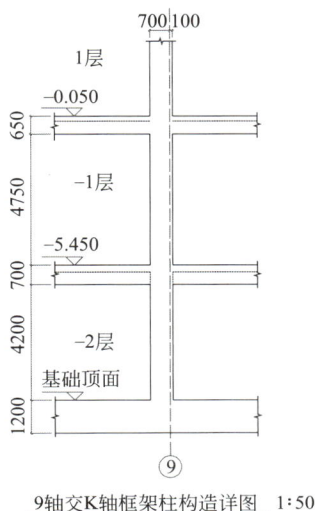

9轴交K轴框架柱构造详图　1∶50

绘图步骤：
1.绘制柱纵向钢筋和基础插筋。
2.绘制柱在基础中箍筋。
3.绘制柱焊接连接点位置。
4.标注焊接连接非连接区位置和相邻纵筋交错焊接连接位置。
5.标注柱地下一层多出钢筋在地下一层顶弯折长度。
6.标注柱地下一层多出钢筋锚入下二层的长度。
7.标注柱纵筋从基础顶面至基础底部钢筋网上的长度。
8.标注柱纵筋在基础内的弯折段水平长度。
9.标注基础顶面上部柱第一道箍筋和柱在基础内第一道箍筋的位置。
10.标注柱在基础内箍筋直径及数量，并说明为矩形封闭非复合箍筋。

图 7-2-2　试题 7-2-1 样板文件

【参考答案】

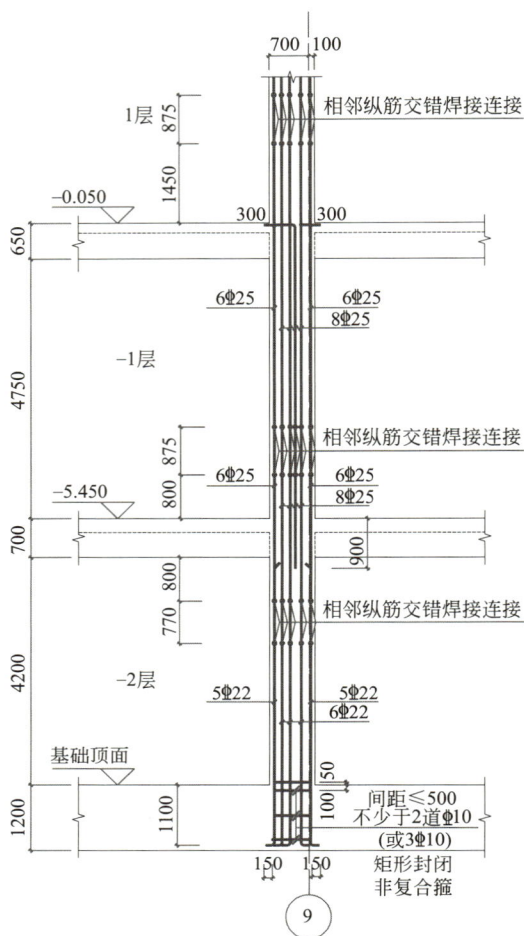

9轴交K轴框架柱构造详图　1:50

图 7-2-3　试题 7-2-1 参考答案

【试题 7-2-2：打开样板图"试题 7-2-2.dwg"，请在答案卷中补绘⑤轴交Ⓚ轴 KZ12 在标高 46.950～52.250m 段的柱纵剖图。】

题7-2-2
框架柱
纵剖图

　　注：柱纵筋采用焊接连接，每层分两批连接。

　　绘制要求：

　　1. 补绘 KZ12 和框架梁的构件轮廓线，并标注尺寸。

　　2. 左侧尺寸范围内注明柱箍筋信息（标高 48.150～51.750m 段）并标注相应箍筋范围尺寸（纵剖图中箍筋无需绘制）。

　　3. 绘制柱纵筋的连接接头位置（标高 48.150～51.750m 段），并标注接头位置尺寸。

　　4. 绘制比例 1∶1，出图比例 1∶50。

　　保存要求：

　　绘制完成后，将答案卷单独保存在指定文件夹，文件名为"试题 7-2-2.dwg"。

【样板文件】

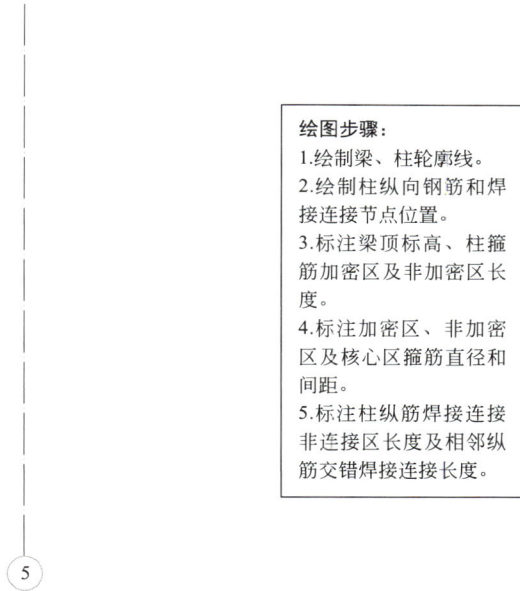

绘图步骤：
1.绘制梁、柱轮廓线。
2.绘制柱纵向钢筋和焊接连接节点位置。
3.标注梁顶标高、柱箍筋加密区及非加密区长度。
4.标注加密区、非加密区及核心区箍筋直径和间距。
5.标注柱纵筋焊接连接非连接区长度及相邻纵筋交错焊接连接长度。

KZ12在标高46.950～52.250段柱纵剖面图　1:50

图 7-2-4　试题 7-2-2 样板文件

【参考答案】

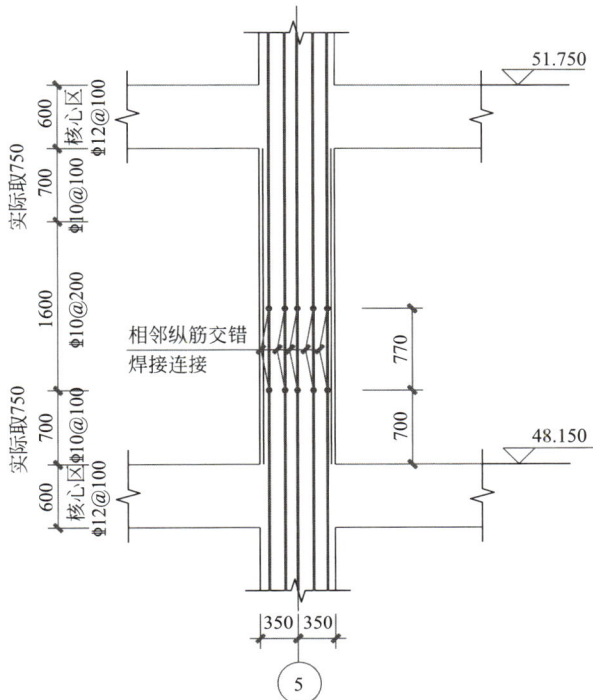

KZ12在标高46.950～52.250段柱纵剖面图　1:50

图 7-2-5　试题 7-2-2 参考答案

【试题 7-2-3：打开样板图"试题 7-2-3.dwg"，请在答案卷中补绘完成标高－5.450m 以下⑦轴交①轴的 KZ21 纵剖面，KZ21 对应的基础承台 CT5 高度变更为 1500mm。】

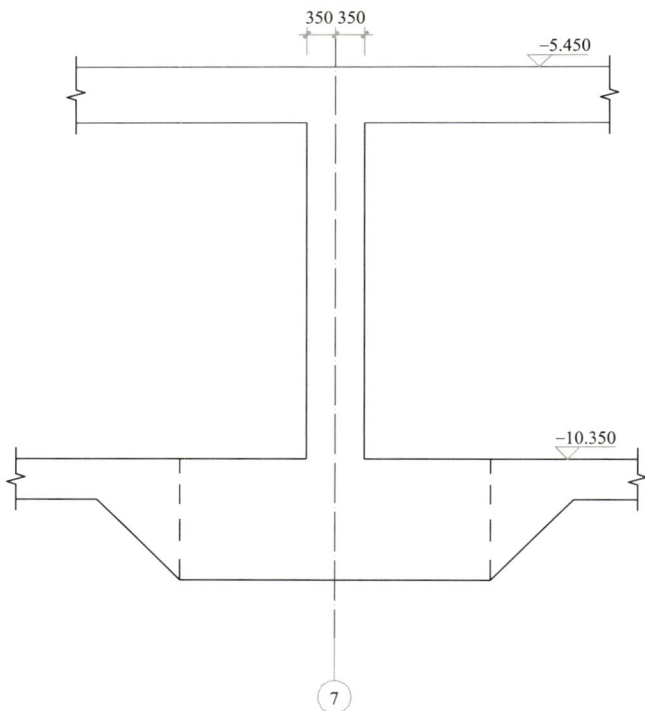

注：柱为大偏心受压构件。

绘制要求：

1. 补绘 KZ21 纵筋在基础内的锚固构造，并标注必要的尺寸和文字说明。

2. 注明柱箍筋信息，并标注相应箍筋范围尺寸。

3. 补绘基础顶面交界处的箍筋，并标注必要的定位尺寸。

4. 绘制比例 1∶1，出图比例 1∶50。

保存要求：

绘制完成后，将答案卷单独保存在指定文件夹，文件名为"试题 7-2-3.dwg"。

【样板文件】

绘图步骤：

1.绘制柱纵向钢筋和柱在基础中插筋。

2.标注柱箍筋加密区及非加密区长度、承台高度。

3.标注加密区、非加密区及核心区箍筋直径和间距。

4.标注柱钢筋根数和直径。

5.标注柱在基础顶上部第一道箍筋的位置和柱在基础内第一道箍筋的位置。

6.标注基础内矩形封闭非复合箍筋的直径和根数。

7.标注不伸入基础底部柱钢筋距离基础顶面的距离。

8.标注柱四角钢筋在基础底部弯折后水平段长度。

7轴交D轴KZ21在-5.450以下纵剖面图　1∶50

图 7-2-6　试题 7-2-3 样板文件

【参考答案】

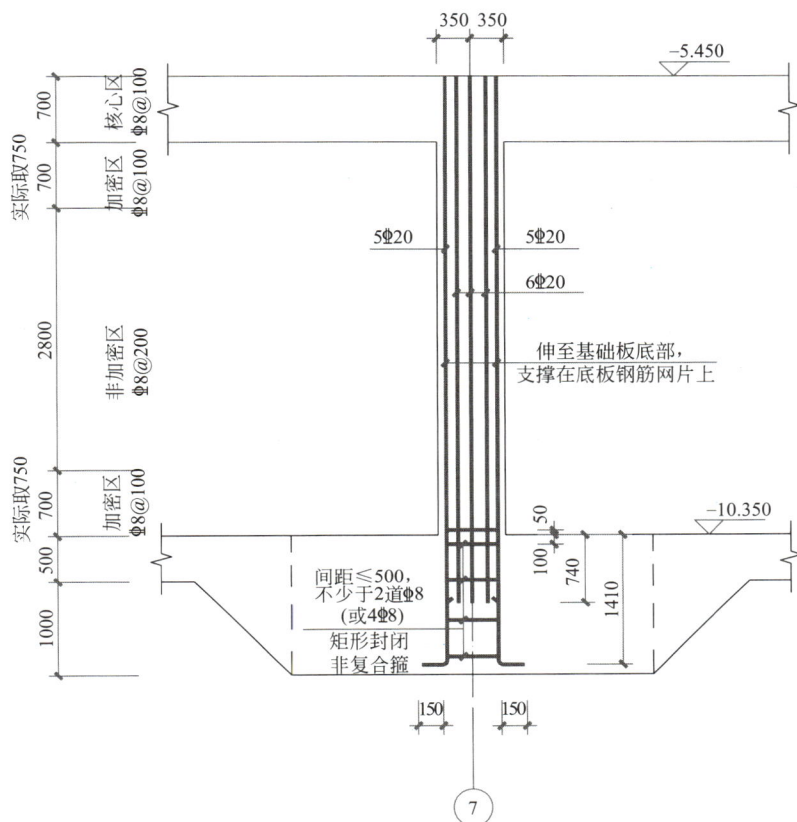

7轴交D轴KZ21在-5.450以下纵剖面图　1∶50

图 7-2-7　试题 7-2-3 参考答案

【试题 7-2-4：打开样板图"试题 7-2-4.dwg"，补绘标高 9.450～13.650m 层剪力墙钢筋构造详图。】

绘制要求：

1. 在样板图的"试题 7-2-4.dwg"图中补绘剪力墙钢筋，并标注配筋信息。

2. 标注剪力墙水平分布钢筋在端柱内的锚固长度（水平及竖向投影长度）。

3. 绘制比例 1∶1，出图比例 1∶25。

保存要求：

绘制完成后，将答案卷单独保存在指定文件夹，文件名为"试题 7-2-4.dwg"。

题7-2-4
剪力墙水平
分布钢筋
在端柱内
构造

【样板文件】

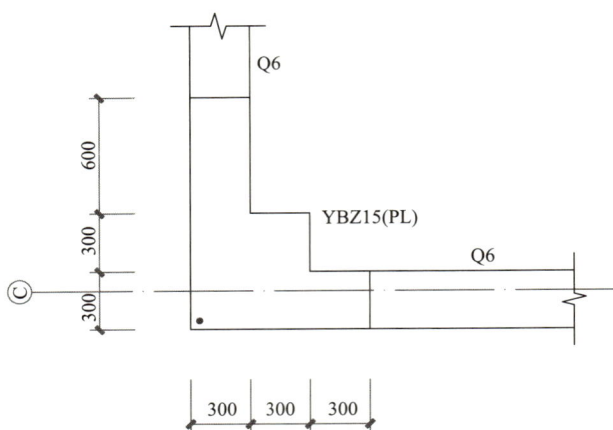

剪力墙水平分布钢筋构造　1:25

图 7-2-8　试题 7-2-4 样板文件

绘图步骤:
1.绘制剪力墙水平、竖向分布钢筋及拉筋。
2.标注剪力墙水平、竖向分布钢筋及拉筋配筋信息。
3.标注剪力墙外侧水平分布钢筋在端柱内水平段长度和弯折段长度。
4.标注剪力墙内侧水平分布钢筋在端柱内的锚固长度。

【参考答案】

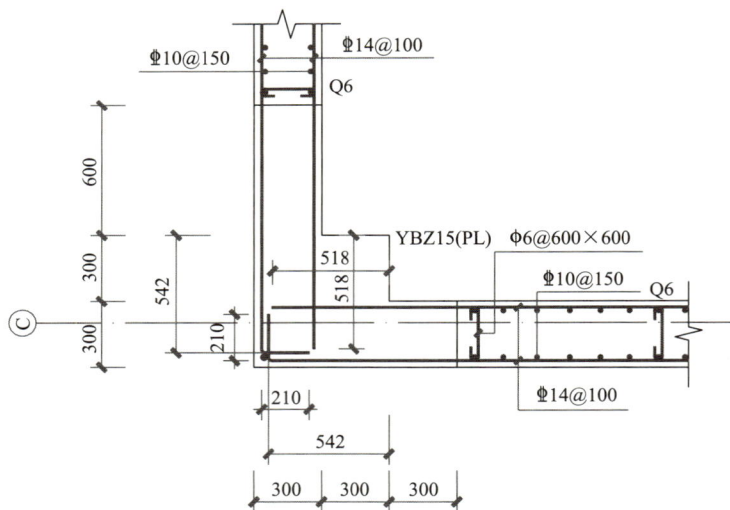

剪力墙水平分布钢筋构造　1:25

图 7-2-9　试题 7-2-4 参考答案

【试题 7-2-5：打开样板图"试题 7-2-5.dwg"，请在答案卷中补绘完成结施-27 水箱间梁平法施工图中墙顶 LL1n 的纵剖面。】

绘制要求：

1. 补绘 LL1n 的上下纵筋，并标注配筋信息。

2. 标注纵筋锚固长度。

3. 补绘箍筋，并标注箍筋范围尺寸、箍筋规格和间距、洞口边箍筋起放位置。

题7-2-5
连梁纵剖图

4. 绘制比例 1∶1，出图比例 1∶25。

保存要求：

绘制完成后，将答案卷单独保存在指定文件夹，文件名为"试题 7-2-5.dwg"。

【样板文件】

墙顶LL1n纵剖图　1:25

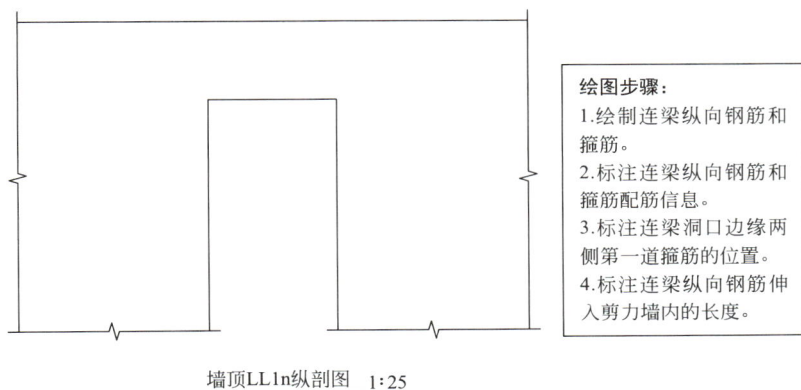

图 7-2-10　试题 7-2-5 样板文件

【参考答案】

墙顶LL1n纵剖图　1:25

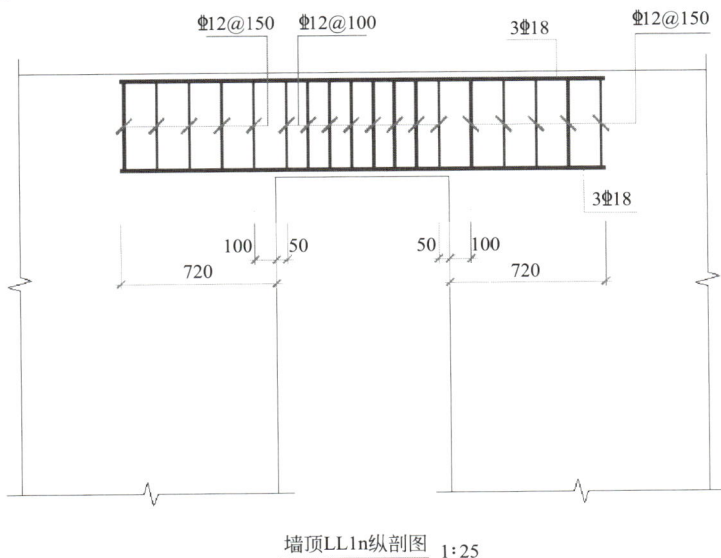

图 7-2-11　试题 7-2-5 参考答案

【试题7-2-6：打开样板图"试题7-2-6.dwg"，请在答案卷中补绘完成十五层平面核心筒指定位置的LL1n纵剖图。】

绘制要求：

1. 在图7-2-14（a）中按照图名要求补绘指定钢筋构造，并标注配筋信息和必要的构造尺寸。

2. 在图7-2-14（b）中按照图名要求补绘指定钢筋构造，并标注配筋信息和必要的构造尺寸。

3. 在标注的配筋信息处，绘制钢筋分离图示意，分离图上钢筋信息及尺寸可不注写。

4. 绘制比例1：1，出图比例1：50。

保存要求：

绘制完成后，将答案卷单独保存在指定文件夹，文件名为"试题7-2-6.dwg"。

题7-2-6
连梁交叉
斜筋和集中
对角斜筋

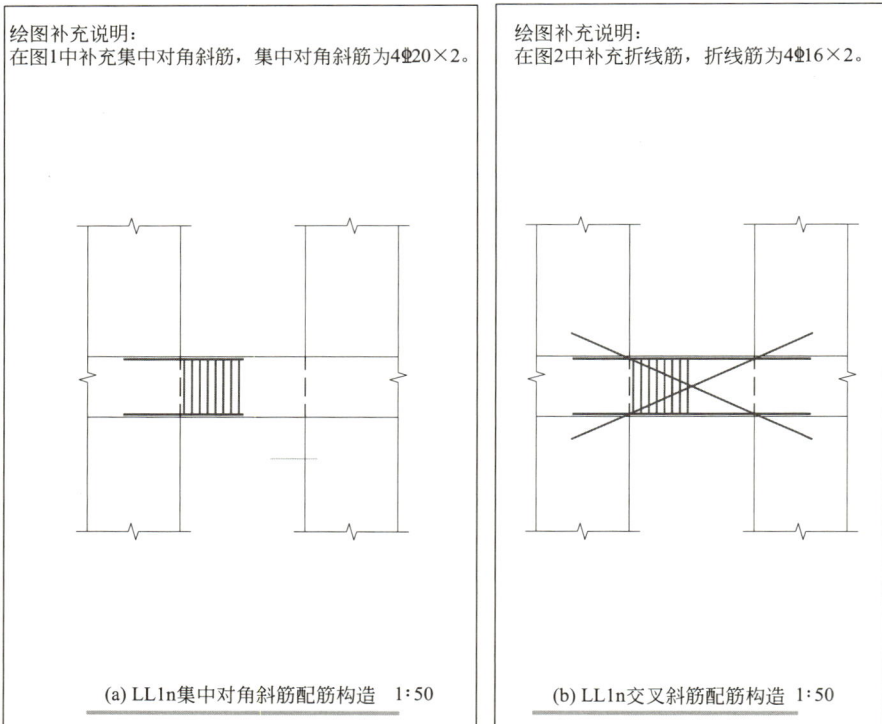

【样板文件】

绘图补充说明：
在图1中补充集中对角斜筋，集中对角斜筋为4Φ20×2。

(a) LL1n集中对角斜筋配筋构造　1:50

绘图补充说明：
在图2中补充折线筋，折线筋为4Φ16×2。

(b) LL1n交叉斜筋配筋构造　1:50

绘图步骤：
1.绘制连梁集中对角斜筋和折线筋。
2.标注连梁集中对角斜筋和折线筋配筋信息。
3.标注连梁集中对角斜筋和折线筋锚入剪力墙内的长度。

图 7-2-12　试题 7-2-6 样板文件

【参考答案】

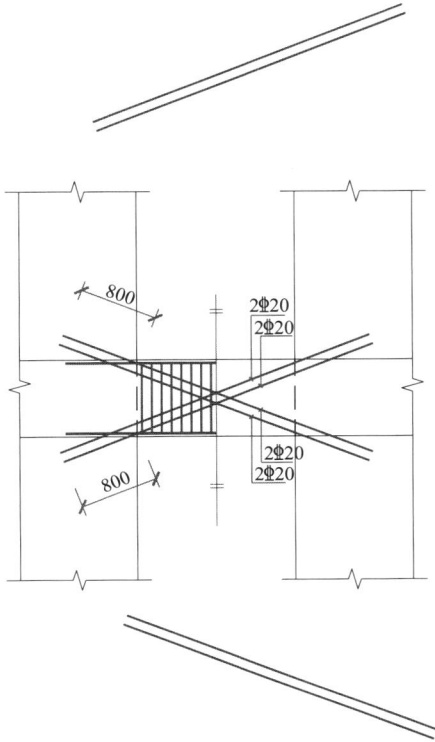

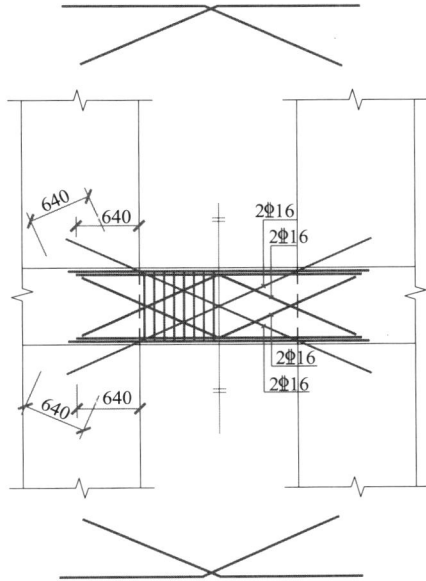

(a) LL1n集中对角斜筋配筋构造 1:50　　　(b) LL1n交叉斜筋配筋构造 1:50

图 7-2-13　试题 7-2-6 参考答案

任务 7.3　绘制梁施工图

7.3.1　梁施工图绘制内容（图 7-3-1）

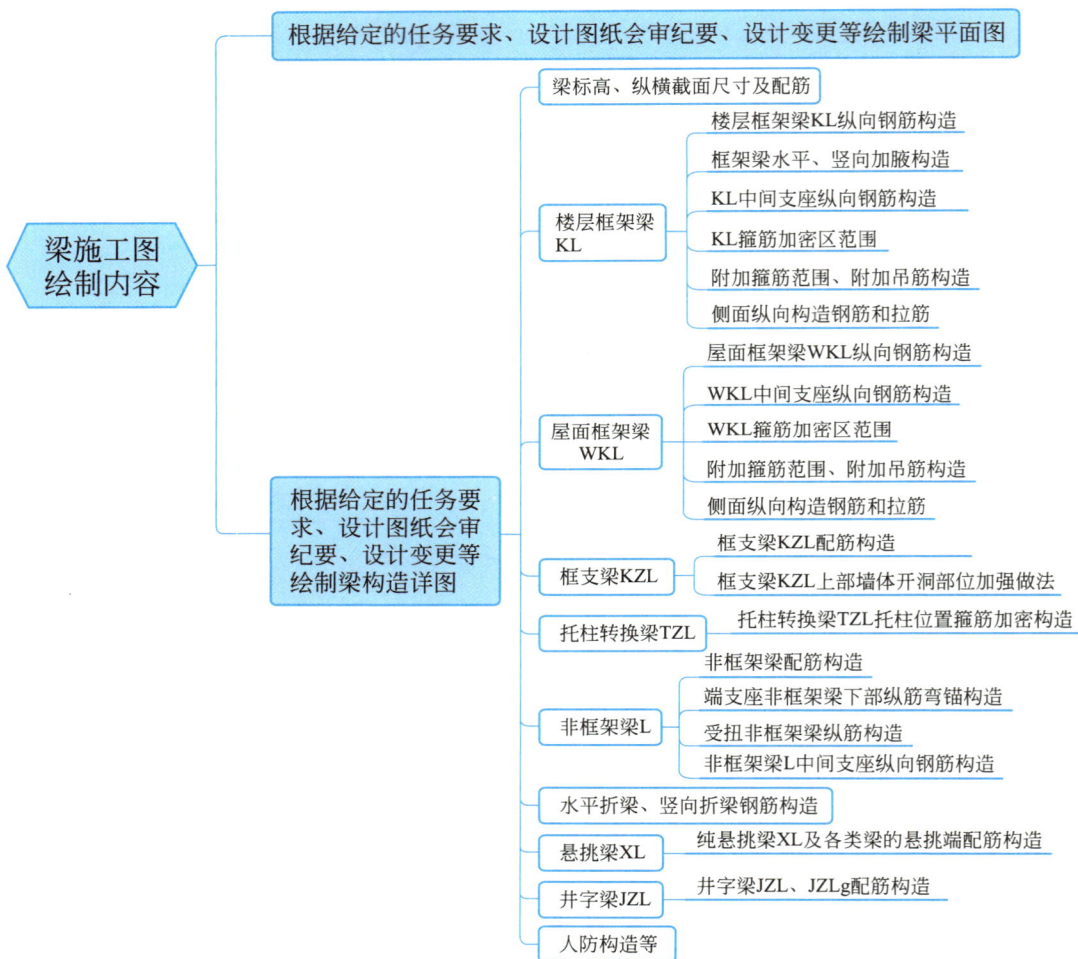

图 7-3-1　梁施工图绘制内容

7.3.2　经典例题及分析（根据附图答题）

梁施工图绘制要求：

1. 钢筋线用多段线命令绘制，并设置线宽，出图后粗线线宽为 0.5mm；矩形箍筋弯钩无需绘制。

2. 结构构造按现行平法图集中最经济的构造标准要求；构造尺寸按最低限值取值，不得做人为放大调整，且小数点后数字进位。

例：计算值 99 则取值 99，计算值 99.2 则取值 100。

3. 文字标注：采用样板文件中已设置的字体"仿宋"。

4. 尺寸标注：根据出图比例要求，选用样板文件中已设置的标注样式"比例 25 标注"或"比例 50 标注"。

5. 结构施工图绘制比例 1∶1，出图比例按题中或样板图中要求。

6. 图层设置不做要求。

【试题 7-3-1：打开样板图"试题 7-3-1.dwg"，补绘七层 KL18（2）构造详图。】

绘制要求：

1. 在样板图的"试题 7-3-1.dwg"纵剖面图中绘制梁纵筋，并标注梁纵筋配筋信息。梁水平加腋尺寸及加腋钢筋、侧向构造钢筋、箍筋、附加横向钢筋无需绘制；

题7-3-1
框架梁纵剖
及横断面

同时，标注纵剖面中梁非通常钢筋的截断点长度、梁纵筋在支座内的锚固长度（水平及竖向投影长度）。

注：本题计算要求：支座内梁纵筋、柱纵筋水平净距均为 25mm，在计算梁内纵筋在支座内锚固水平段长度时，柱、梁内钢筋有不同直径时，按较大直径计算。

2. 按图中指定位置，补绘 1-1～6-6 梁截面配筋详图共 6 个，要求绘制梁截面轮廓、板翼缘，并标注梁截面尺寸、梁面标高；

同时，绘制梁截面图中梁钢筋（纵筋、箍筋、梁侧向构造钢筋等），标注梁配筋信息。

3. 绘制比例 1∶1，梁纵剖面出图比例 1∶50，横截面出图比例为 1∶25。

保存要求：

绘制完成后，将答案卷单独保存在指定文件夹，文件名为"试题 7-3-1.dwg"。

【样板文件】

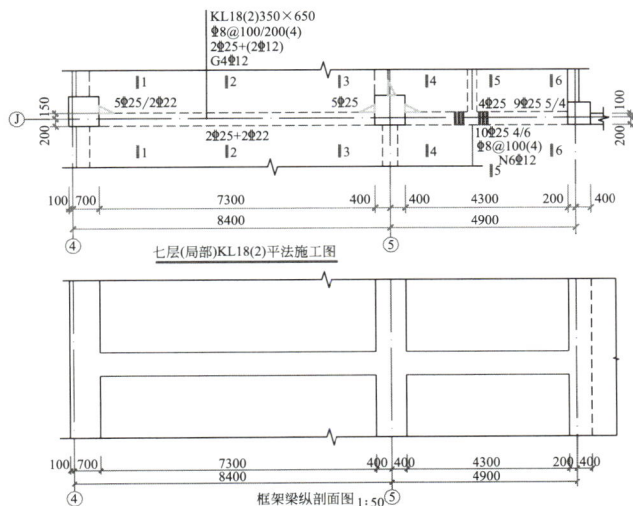

图 7-3-2　试题 7-3-1 样板文件

【参考答案】

框架梁纵剖面图 1:50

框架梁纵剖面图 1:50

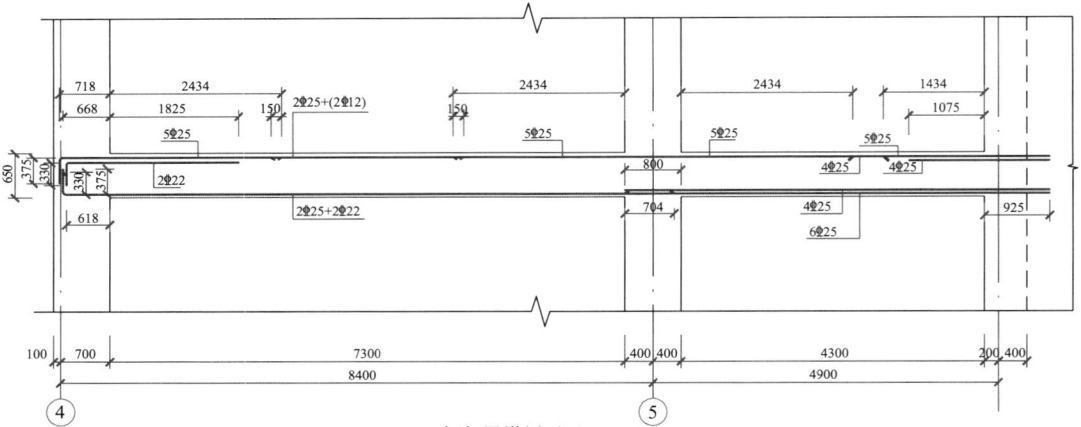

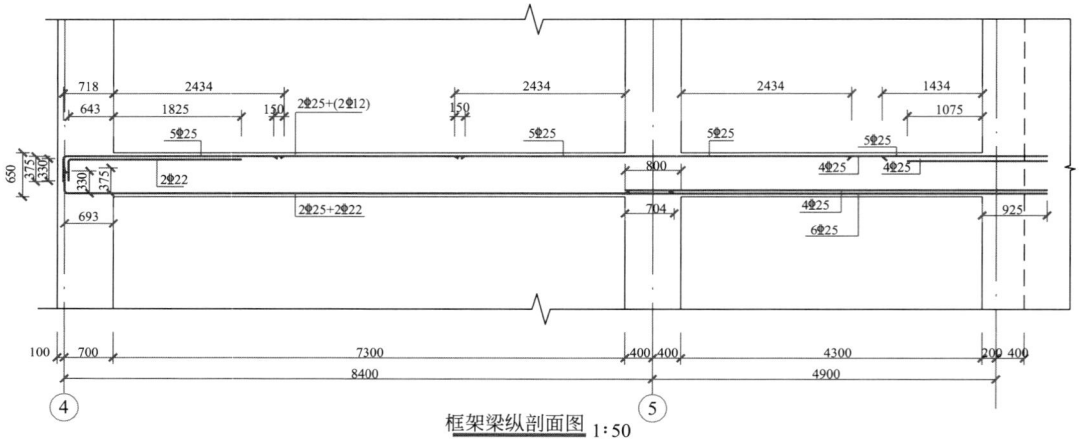

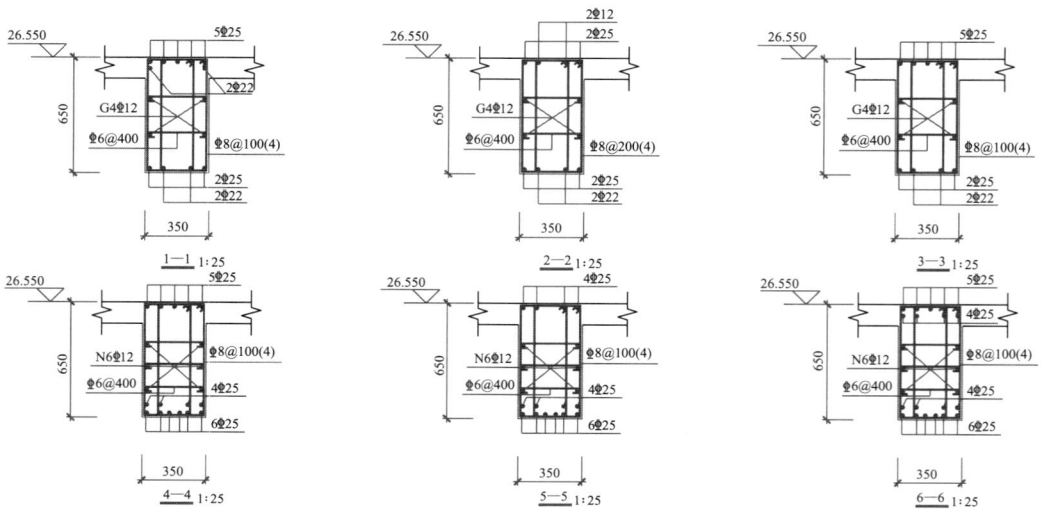

图 7-3-3　试题 7-3-1 参考答案

思考后练一练：本题增加绘制梁跨内箍筋加密区范围、跨内第一道箍筋距支座边缘的定位尺寸、箍筋配筋信息及箍筋分离图（参考 22G101-1 及 18G901-1 图集）。

【试题 7-3-2：打开样板图"试题 7-3-2.dwg"，根据提供的变更单，请在答案卷中补绘完成 WKL1（2）中支座构造；根据样板文件，完成结施-22 中 KL2Q（8）在⑦～⑧轴之间水平折梁节点构造图。】

题7-3-2
框架梁
变标高及
水平折梁
构造

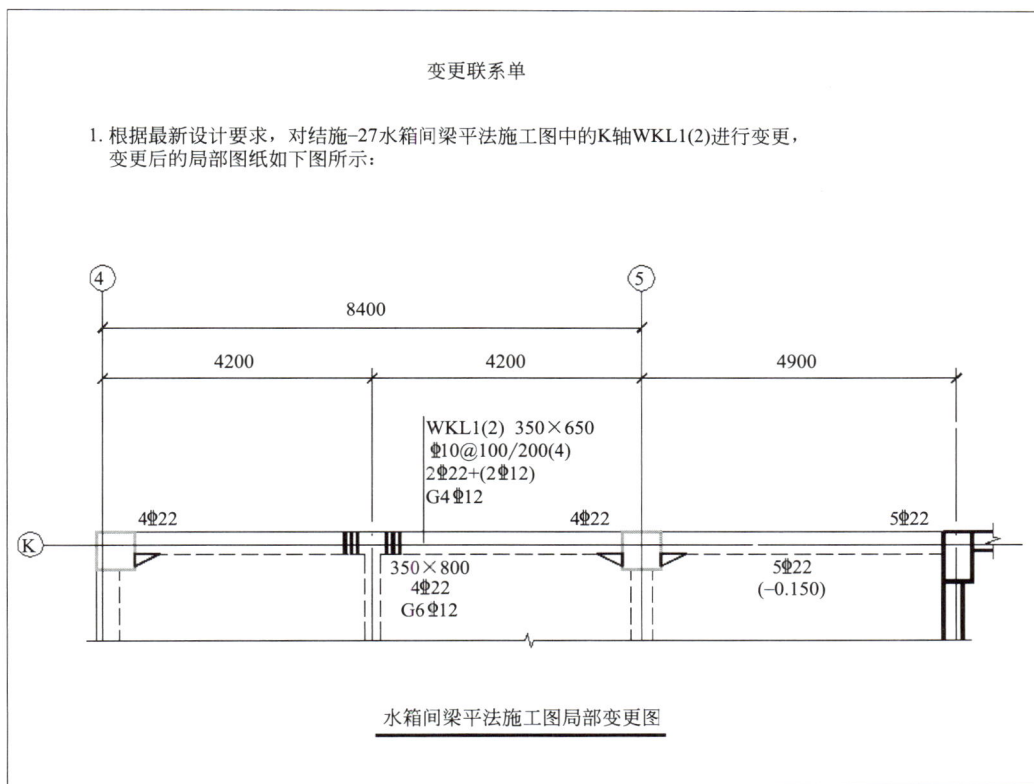

绘制要求：

1. 补绘 WKL1（2）中支座构造的梁纵筋，并标注配筋信息和必要的构造尺寸（梁箍筋无需绘制）。

2. 补绘水平折梁节点构造图的梁纵筋和箍筋，并标注梁纵筋必要的构造尺寸，纵向钢筋直径和根数、附加箍筋直径和间距无须标注。

3. 绘制比例 1∶1，出图比例 1∶50。

保存要求：

绘制完成后，将答案卷单独保存在指定文件夹，文件名为"试题 7-3-2.dwg"（不含变更单附图）。

【变更单】

图 7-3-4　试题 7-3-2 变更单

【样板文件】

绘图步骤：
1.绘制WKL1中间支座纵向钢筋。
2.标注WKL1中间支座纵向钢筋配筋信息。
3.标注WKL1中间支座钢纵向筋锚固长度。
4.绘制水平折梁纵向钢筋和附加箍筋。
5.标注水平折梁内侧纵向钢筋的配筋信息及锚固长度。

WKL1(2)中支座构造 1:50

水平折梁钢筋构造 1:50

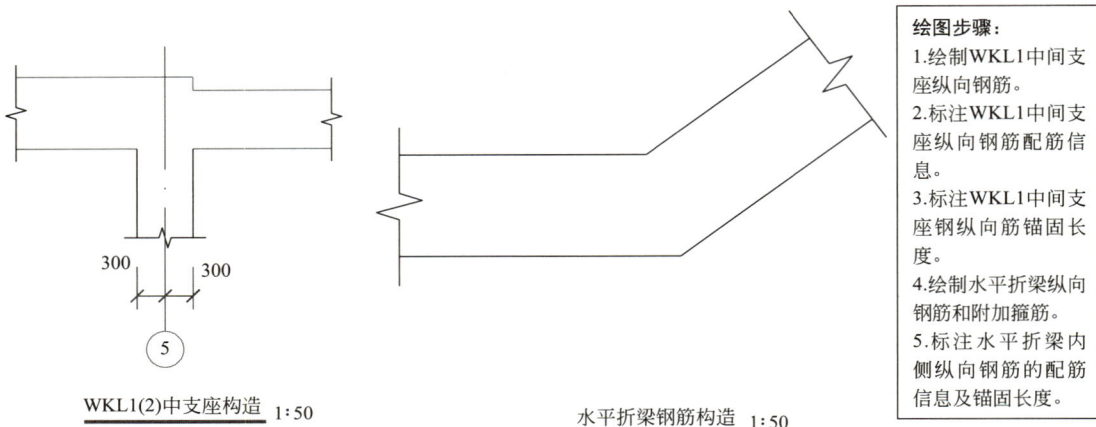

图 7-3-5　试题 7-3-2 样板文件

【参考答案】

WKLI(2)中支座构造 1:50

水平折梁钢筋构造 1:50

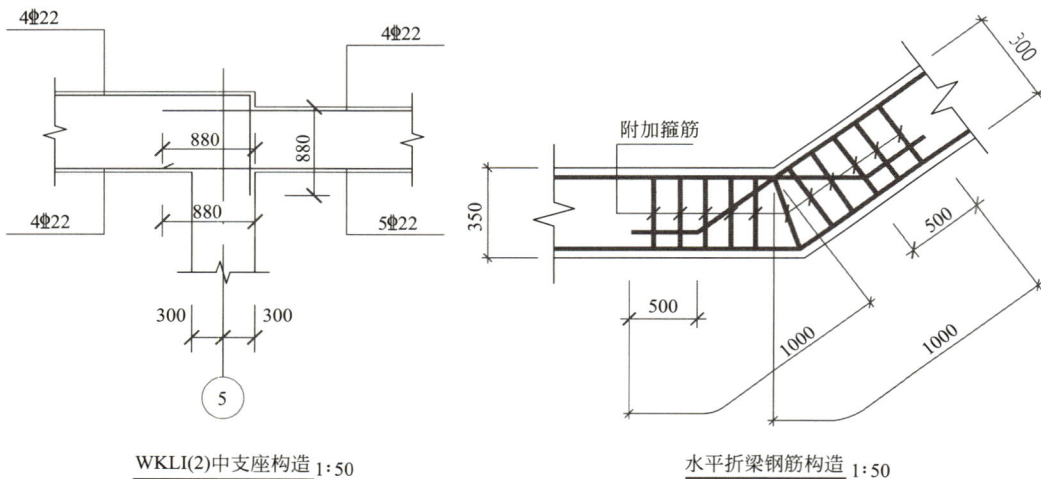

图 7-3-6　试题 7-3-2 参考答案

思考后练一练：题干中的屋框梁 WKL1 若变更为 KL1，绘图答案又该是什么样的呢？

【试题 7-3-3：打开样板图"试题 3.dwg"，根据样板文件，完成结施-25 七层梁平法施工图⑧轴处 KL14（1A）悬挑端配筋构造。】

题7-3-3
框架梁悬
挑端配筋
构造

绘制要求：

1. 绘制悬挑梁纵向配筋和箍筋构造，并标注配筋信息及必要的构造尺寸，梁侧受扭纵筋无须绘制。

2. 绘制比例 1：1，出图比例 1：50。

保存要求：

绘制完成后，将答案卷单独保存在指定文件夹，文件名为"试题 7-3-3.dwg"。

【样板文件】

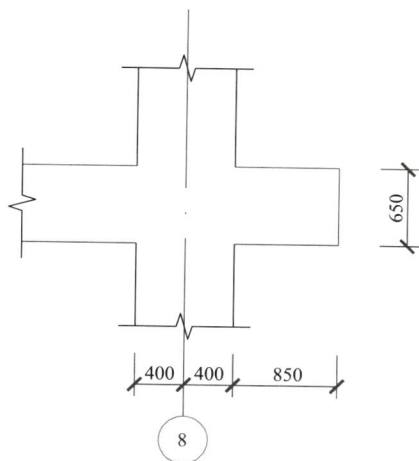

绘图步骤：
1. 绘制悬挑梁上部钢筋、下部钢筋和箍筋。
2. 标注悬挑梁上部钢筋、下部钢筋和箍筋配筋信息。
3. 标注悬挑梁根部第一道箍筋距离柱边的距离。
4. 标注悬挑梁上部钢筋在端部弯折长度。
5. 标注悬挑梁下部钢筋伸入柱内长度。

悬挑梁配筋构造 1:50

图 7-3-7　试题 7-3-3 样板文件

【参考答案】

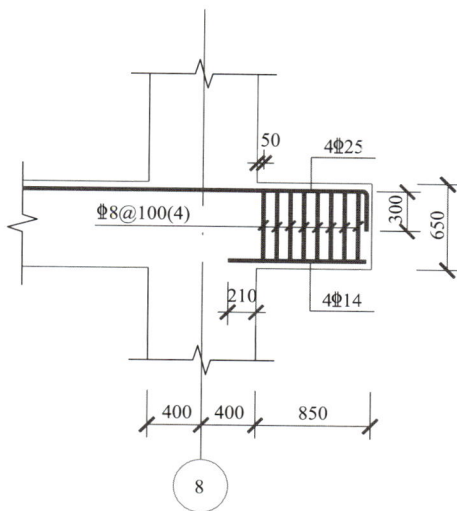

悬挑梁配筋构造 1:50

图 7-3-8　试题 7-3-3 参考答案

　　思考后练一练：本题中悬挑梁若悬挑长度由 $L = 850\text{mm}$ 变更为 3300mm，上部钢筋变更"9 Φ25 5/4"，最后的绘制答案又该是什么样的呢？

任务 7.4　绘制板施工图

7.4.1　板施工图绘制内容（图 7-4-1）

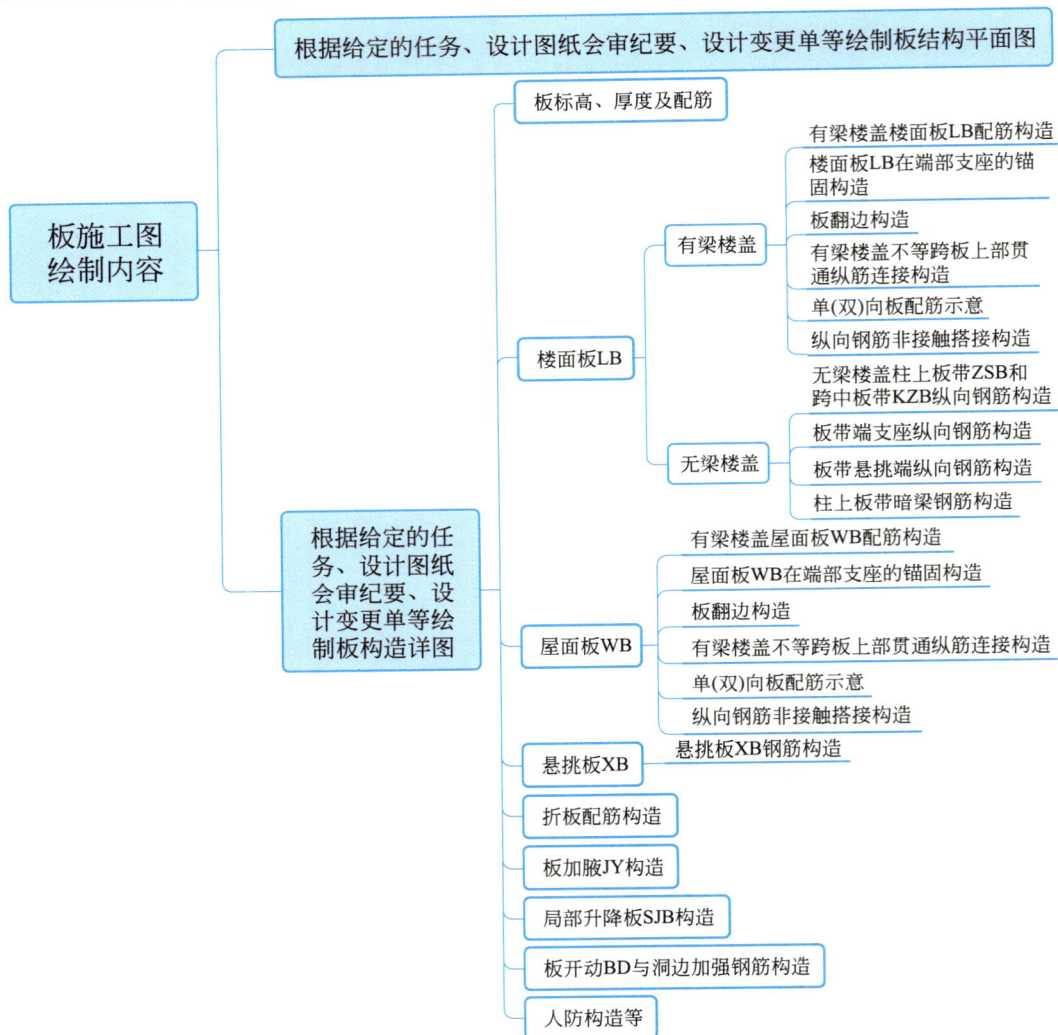

图 7-4-1　板施工图绘制内容

7.4.2　经典例题及分析（根据附图答题）

板施工图绘制要求：

1. 钢筋线用多段线命令绘制，并设置线宽，出图后粗线线宽为 0.5mm；矩形箍筋弯钩无需绘制。

2. 结构构造按现行平法图集中最经济的构造标准要求；构造尺寸按最低限值取值，不得做人为放大调整，且小数点后数字进位。

例：计算值 99 则取值 99，计算值 99.2 则取值 100。

3. 文字标注：采用样板文件中已设置的字体"仿宋"。

4. 尺寸标注：根据出图比例要求，选用样板文件中已设置的标注样式"比例 25 标注"或"比例 50 标注"。

5. 结构施工图绘制比例 1：1，出图比例按题中或样板图中要求。

6. 图层设置不做要求。

【试题 7-4-1：打开样板图"试题 7-4-1.dwg"，根据样板文件，完成结施-06 中⑥轴到⑦轴与Ⓐ轴和Ⓑ轴之间 a-a 板纵截面图。】

绘制要求：

1. 标注板厚度、标高。

2. 补绘板钢筋，并标注配筋信息和必要的构造尺寸。

3. 板下部纵筋绘制时按在支座内断开进行绘制。

4. 绘制比例 1：1，出图比例 1：25。

绘图步骤：
1.绘制板钢筋。
2.标注板钢筋配筋信息。
3.标注板钢筋构造尺寸。
4.标注板厚、标高。

题7-4-1
板纵截面图

保存要求：

绘制完成后，将答案卷单独保存在指定文件夹，文件名为"试题 7-4-1.dwg"。

【样板文件】

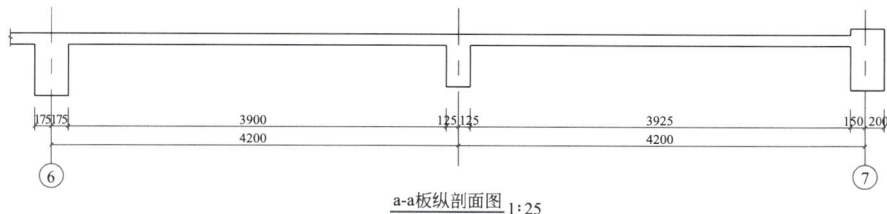

图 7-4-2　试题 7-4-1 样板文件

【参考答案】

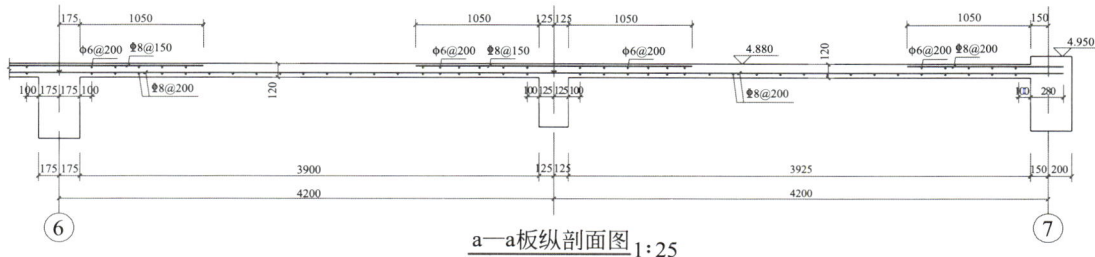

图 7-4-3　试题 7-4-1 参考答案

任务 7.5　绘制楼梯详图

7.5.1　楼梯详图绘制内容（图 7-5-1）

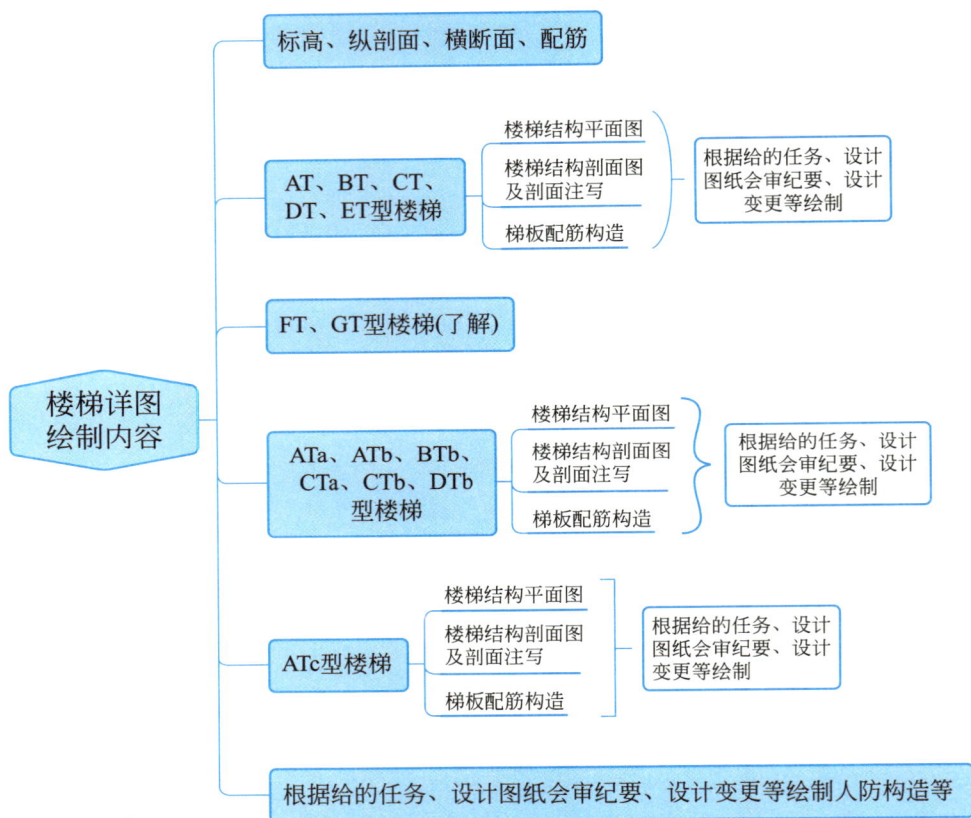

图 7-5-1　楼梯详图绘制内容

7.5.2　经典例题及分析（根据附图答题）

楼梯详图绘制要求：

1. 钢筋线用多段线命令绘制，并设置线宽，出图后粗线线宽为 0.5mm。

2. 结构构造按现行平法图集中最经济的构造标准要求；构造尺寸按最低限值取值，不得做人为放大调整，且小数点后数字进位。

例：计算值 99 则取值 99，计算值 99.2 则取值 100。

3. 文字标注：采用样板文件中已设置的字体"仿宋"。

4. 尺寸标注：根据出图比例要求设置，当有样板文件时，选用样板文件中已设置的标注样式"比例 25 标注"或"比例 50 标注"。

5. 结构施工图绘制比例 1：1，出图比例按题中或样板图中要求。

6. 图层设置不做要求。

【试题 7-5-1：绘制 1♯楼梯的梯板 CT1 构造详图。】

1. 绘制梯板和两端梯梁截面图，并标注以下尺寸和标高；

(1) 梯板跨度和高度；

(2) 踏步级数、踏面宽度和踢面高度；

(3) 梯梁宽度和高度；

(4) 梯板厚度；

(5) 梯板起止标高。

题7-5-1
CT楼梯构造

2. 绘制梯板的受力筋和分布钢筋，标注配筋信息，并标注梯板纵筋的截断长度、锚固长度（水平及竖向投影长度）、搭接长度。

注：本题计算要求：22G101-2 中"伸至支座对边"统一按照"伸至距支座对边 50mm"取值，22G101-2 中"伸过支座中线"统一按照"伸至支座中线"取值。

3. 绘制比例 1：1，出图比例 1：50。

保存要求：

绘制完成后，将答案卷单独保存在指定文件夹，文件名为"试题 7-5-1.dwg"。

【参考答案】

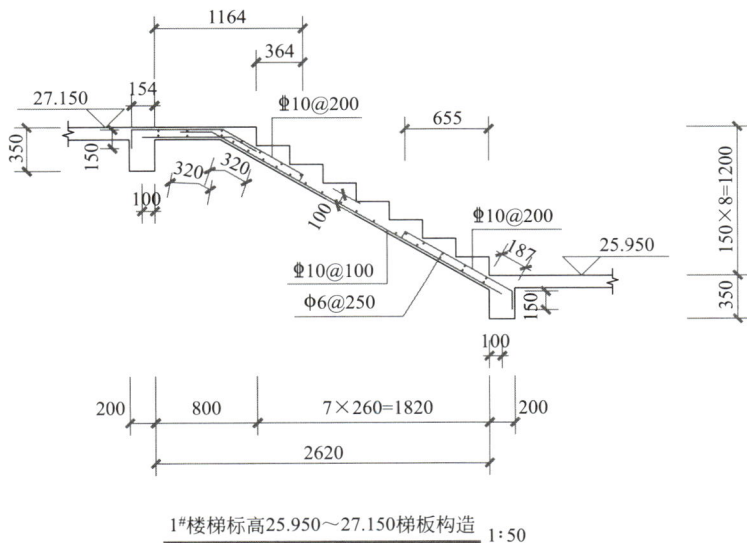

绘图步骤：
1.绘制梯板和两端梯梁截面图。
2.标注梯板跨度和高度、踏步级数、踏面宽度和踢面高度、梯梁宽度和高度、梯板厚度、梯板起止标高。
3.绘制梯板的受力筋和分布钢筋。
4.标注梯板的受力筋和分布钢筋配筋信息。
5.并标注梯板纵筋的截断长度、锚固长度(水平及竖向投影长度)。

1#楼梯标高25.950～27.150梯板构造　1:50

或

图 7-5-2　试题 7-5-1 参考答案（一）

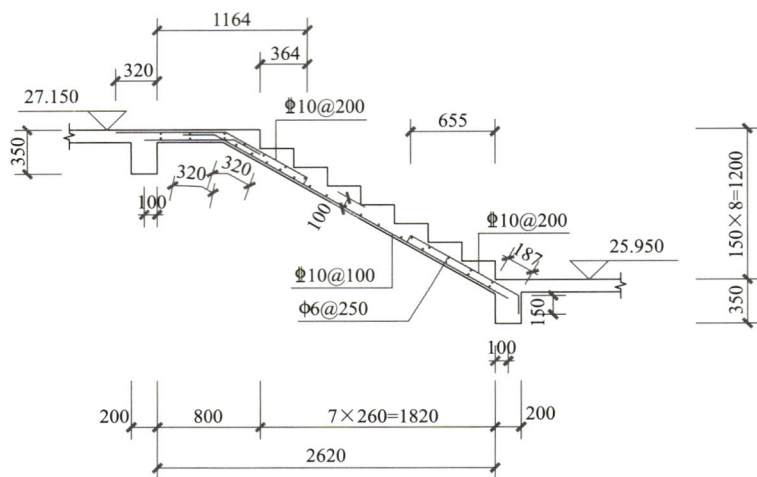

1#楼梯标高25.950～27.150梯板构造　1:50

图 7-5-2　试题 7-5-1 参考答案（二）

【试题 7-5-2：打开样板图"试题 7-5-2.dwg"，绘制 2♯楼梯的梯板 BT2 构造详图。】

绘制要求：

1. 绘制梯板的受力筋和分布钢筋，标注配筋信息，并标注梯板纵筋的截断长度、锚固长度（水平及竖向投影长度）、搭接长度。

注：本题计算要求：22G101-2 中"伸至支座对边"统一按照"伸至距支座对边 50mm"取值，22G101-2 中"伸过支座中线"统一按照"伸至支座中线"取值。

2. 绘制比例 1∶1，出图比例 1∶50。

保存要求：

绘制完成后，将答案卷单独保存在指定文件夹，文件名为"试题 7-5-2.dwg"。

【样板文件】

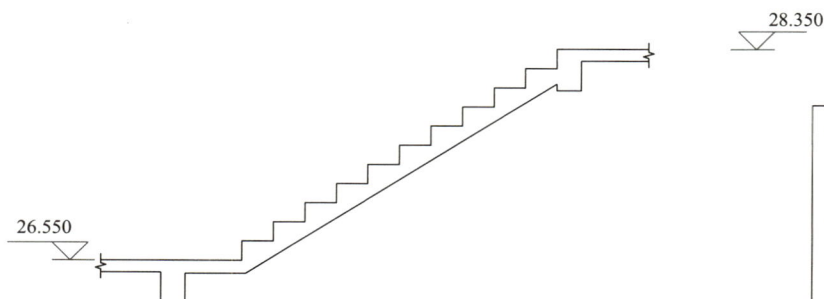

绘图步骤：

1. 绘制梯板的受力筋和分布钢筋。
2. 标注梯板的受力筋和分布钢筋配筋信息。
3. 并标注梯板纵筋的截断长度、锚固长度(水平及竖向投影长度)。

2#楼梯标高26.550～28.350梯板构造　1:50

图 7-5-3　试题 7-5-2 样板文件

【参考答案】

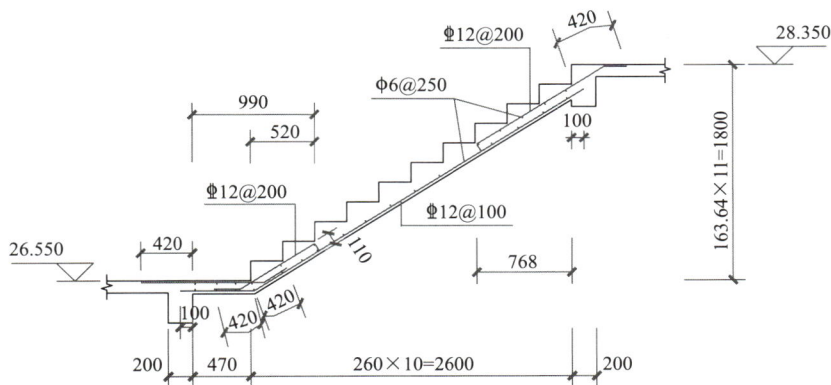

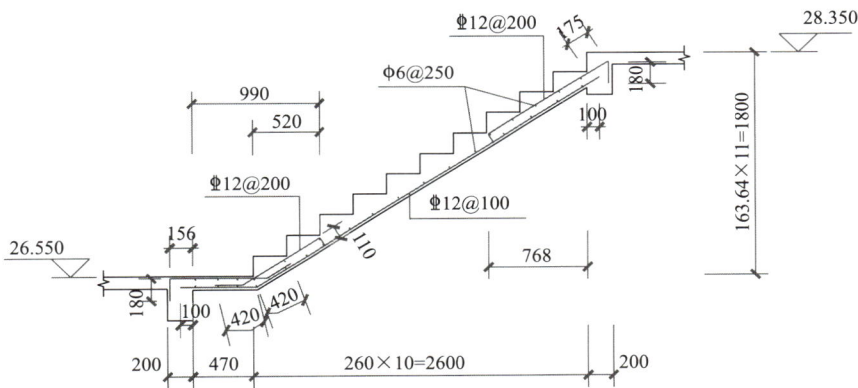

2#楼梯标高26.550～28.350梯板构造　1:50

或

2#楼梯标高26.550～28.350梯板构造　1:50

图 7-5-4　试题 7-5-2 参考答案

【试题 7-5-3：打开样板图"试题 7-5-3.dwg"，根据结施-35 中 10♯楼梯 10a-10a 剖面图，请在答案卷中补绘完成 ATb3 楼梯板配筋图和 1-1 截面图。】

绘制要求：

1. 在 ATb3 楼梯板配筋图中，补绘楼梯板配筋，并注明配筋信息。

2. 在 ATb3 楼梯板配筋图中，标注必要的纵筋锚固构造尺寸。

3. 在 1-1 截面图中，补绘楼梯板钢筋，并注明配筋。

4. 绘制比例 1：1，出图比例 1：50。

题7-5-3
ATb楼梯构造

保存要求：

绘制完成后，将答案卷单独保存在指定文件夹，文件名为"试题 7-5-3.dwg"。

【样板文件】

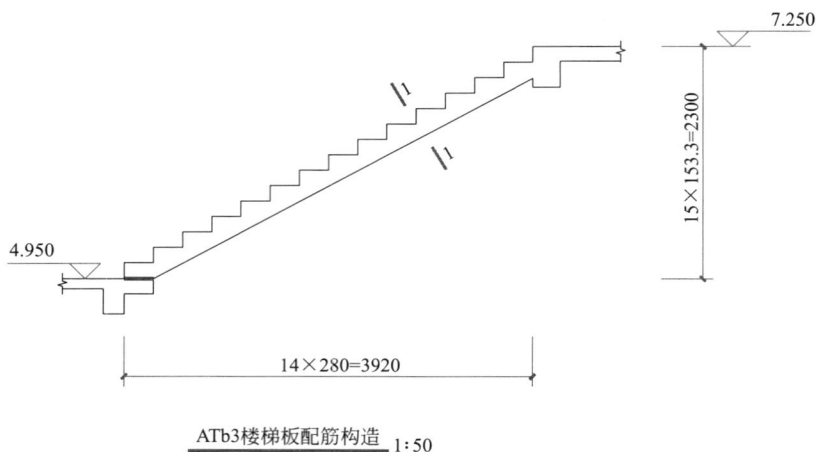

ATb3楼梯板配筋构造 1:50

图 7-5-5　试题 7-5-3 样板文件

【参考答案】

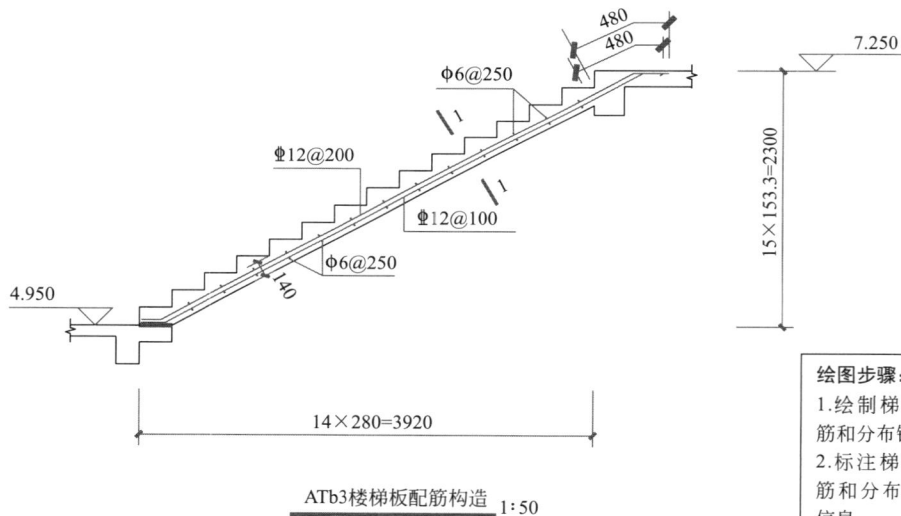

ATb3楼梯板配筋构造 1:50

绘图步骤:
1. 绘制梯板的受力筋和分布钢筋。
2. 标注梯板的受力筋和分布钢筋配筋信息。
3. 并标注梯板纵筋锚固长度。
4. 绘制1-1截面及配筋。
5. 标注1-1截面尺寸及配筋信息。

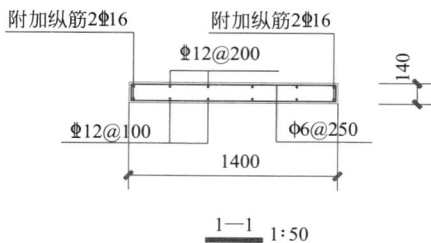

1—1　1:50

图 7-5-6　试题 7-5-3 参考答案

【试题 7-5-4：打开样板图"试题 7-5-4.dwg"，根据提供的设计变更及样板文件绘制完成楼梯梯段配筋。】

设计变更：

结施-29 中，将 2♯ 楼梯标高 −0.050～2.250m 处的 AT2 板变更为 ATc1，变更后的高端、低端梯梁为 300mm×500mm；梯板抗震等级为一级，边缘构件纵筋为 6 ⌀12，箍筋为 ⌀6@200（2）；梯板受力钢筋上下均为 ⌀12@100，分布钢筋为 ⌀8@200。

题7-5-4
ATc楼梯构造

绘制要求：

1. 根据 22G101-2 图集相关构造要求，以剖面注写方式注写梯段 ATc1 剖面配筋。

2. 根据 22G101-2 图集相关构造要求，绘制梯段 ATc1 楼梯板配筋构造。

3. 绘制 1-1 断面图，并对边缘构件的箍筋和梯段分布筋进行钢筋抽样绘制，标注必要尺寸及配筋信息，所有钢筋均应编号以示区别。

4. 绘制比例 1∶1，出图比例 1∶25。

保存要求：

绘制完成后，将答案卷单独保存在指定文件夹，文件名为"试题 7-5-4.dwg"。

【样板文件】

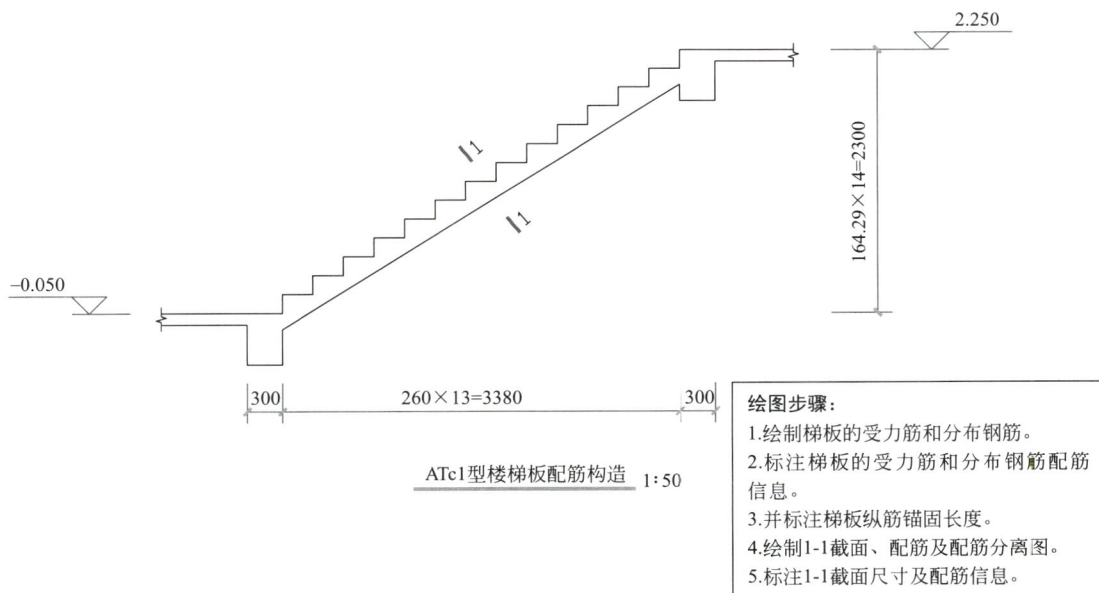

图 7-5-7　试题 7-5-4 样板文件

【参考答案】

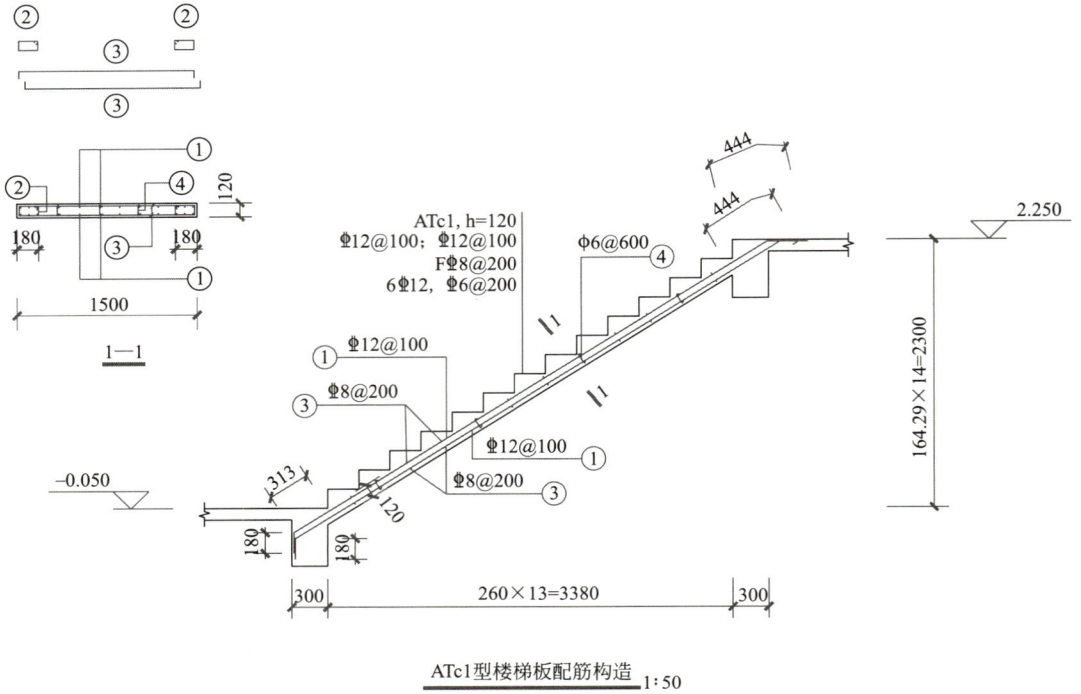

图 7-5-8　试题 7-5-4 参考答案

附　录

××市便民中心

为便于学习、强化训练，本教材配套有两套图纸，分别为建筑施工图和结构施工图。

因图纸篇幅较大，故不以纸质形式出现在教材中，请老师们加入交流群下载相关资料。

QQ 交流群

参考文献

［1］中国建筑标准设计研究院．混凝土结构施工图平面整体表示方法制图规则和构造详图（现浇混凝土框架、剪力墙、梁、板）：22G101－1［S］．北京：中国标准出版社，2022.

［2］中国建筑标准设计研究院．混凝土结构施工图平面整体表示方法制图规则和构造详图（现浇混凝土板式楼梯）：22G101－2［S］．北京：中国标准出版社，2022.

［3］中国建筑标准设计研究院．混凝土结构施工图平面整体表示方法制图规则和构造详图（独立基础、条形基础、筏形基础、桩基础）：22G101－3［S］．北京：中国标准出版社，2022.

［4］住房和城乡建设部标准定额研究所．工程结构通用规范：GB 55001—2021［S］北京：中国建筑工业出版社，2021.

［5］住房和城乡建设部标准定额研究所．混凝土结构通用规范：GB 55008—2021［S］．北京：中国建筑工业出版社，2021.

［6］白丽红，闫小春．建筑工程制图与识图［M］．北京：北京大学出版社，2019.

［7］马国祝，惠友行，李永康．建筑工程施工图审查常见问题详解［M］．北京：机械工业出版社，2015.

［8］吴学军．建筑施工图纸审图技巧及实例［M］．北京：中国建筑工业出版社，2015.

［9］魏国安，蔡跃东．平法识图与钢筋算量［M］．西安：西安电子科技大学出版社，2018.

［10］王仁田，林宏剑．建筑结构施工图识读［M］．北京：高等教育出版社，2015.

［11］李盛楠．混凝土结构施工图识读［M］．北京：中国建筑工业出版社，2018.

［12］姜学诗．建筑结构施工图设计文件审查常见问题分析［M］．北京：中国建筑工业出版社，2018.

［13］吴承霞．建筑CAD［M］．郑州：河南科学技术出版社，2019.